电气信息类基础课系列

U0652263

普通高等教育"十一五"国家级规划教材

"十二五"职业教育国家规划教材
经全国职业教育教材审定委员会审定

电 力 电 子 技 术

主 编　孟庆波　朱志伟

副主编　李学武　李文金

参 编　周继勇　武 杰

主 审　巩 奇

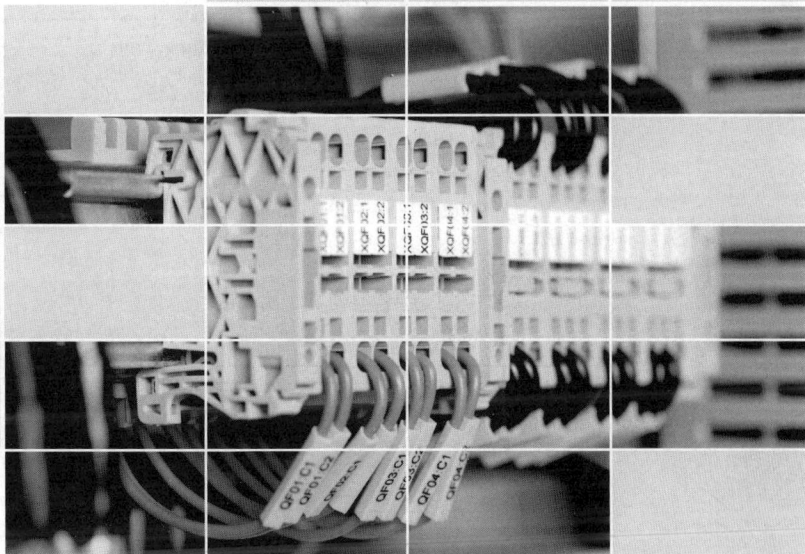

北京师范大学出版集团
BEIJING NORMAL UNIVERSITY PUBLISHING GROUP
北京师范大学出版社

图书在版编目(CIP)数据

电力电子技术/孟庆波,朱志伟主编. —北京:北京师范大学出版社,2021.3

("十二五"职业教育国家规划教材)

ISBN 978-7-303-24529-1

Ⅰ.①电… Ⅱ.①孟… ②朱… Ⅲ.①电力电子技术－高等职业教育－教材 Ⅳ.①TM1

中国版本图书馆 CIP 数据核字(2019)第 018028 号

营 销 中 心 电 话	010-58802181　58805532
北师大出版社科技与经管分社	www.jswsbook.com
电 子 信 箱	jswsbook@163.com

出版发行:北京师范大学出版社　www.bnupg.com

　　　　　北京市西城区新街口外大街 12-3 号

　　　　　邮政编码:100088

印　　刷:天津中印联印务有限公司

经　　销:全国新华书店

开　　本:787 mm×1092 mm　1/16

印　　张:18

字　　数:400 千字

版 印 次:2021 年 3 月第 1 版第 5 次印刷

定　　价:45.00 元

策划编辑:周光明	责任编辑:周光明
美术编辑:李向昕	装帧设计:刘　超
责任校对:赵非非	责任印制:赵非非

内 容 简 介

本书是普通高等教育"十一五"国家级规划教材,"十二五"职业教育国家规划教材。

本书主要内容有电力电子器件及其驱动电路、可控整流电路与有源逆变电路、交流-交流变换技术电路、直流-直流变换电路、无源逆变电路与交流-直流-交流变频电路、电力电子典型应用、电力电子技术应用中的一些问题、电力电子的 Matlab 仿真、电力电子技术实验。本书从实际应用的角度较为系统地介绍了电力电子器件、电力电子电路、控制技术、典型应用和各种实际问题。各章均附有小结、习题与思考题。

本书既可作为高职高专电气自动化技术、电机与电器、供用电技术、轨道交通机车车辆等专业的教材及其他相关专业的教材或教学参考书,亦可供从事电力电子技术工作的工程技术人员参考。

修 订 说 明

　　《电力电子技术》一书是普通高等教育"十一五"国家级规划教材,"十二五"职业教育国家规划教材。

　　《电力电子技术》自 2008 年出版以来,已历经多次修订。本次教材修订的基本原则是,围绕高等职业技术教育的培养目标,紧紧把握理论联系实际,基础理论以"必须、够用"为原则,注重和加强实际应用。

　　本次修订增强了对学科的整体认识,有利于学生整体把握课程,明确技术应用领域;简化了理论与计算,增加了图形、波形、仿真和实验等内容,有利于学生掌握与生产技术有关的技能;加强了典型应用和工程实践,以缩短理论和实践差距,贴近工作实际;更新了课程的内容,增加了新技术、新设备的介绍,帮助学生提前熟悉行业和企业的新应用。

　　本次在以下几个章节中进行了比较大的修订。

　　对绪论部分进行了补充和强化,增加了电力电子电路的发展、控制技术的发展等内容;对电力电子技术在电源、电力系统中的应用进行了完善。

　　在第 1 章中补充了绿色化的电力电子器件的发展趋势;增加了典型全控型器件的主要参数表,使学生对典型器件的电压、电流等级有了具体的数字认识。

　　在第 2 章中增加了单宽脉冲和双窄脉冲的波形;修订了有源逆变最小逆变角的限制;在整流电路的谐波分析中,增加了无源滤波器、静态无功补偿装置、静止无功发生器等内容。

　　在第 4 章中规范了斩波器的名称;增加了 Sepic 斩波器和 Zeta 斩波器的简介;增加了电流可逆斩波电路和桥式可逆斩波电路的原理及波形分析。

　　在第 5 章中统一和规范了无源逆变电路与交流-直流-交流变频电路的名称;增加了交-交变频电路与交-直-交变频电路的比较表;详述了交-直-交变频电路的基本结构、控制方式、典型结构;增加了 180°、120°导通型的时序图和特点;增加了工程实践中采用的综合调制控制方式。

　　增加了第 6 章,电力电子技术的典型应用包含不间断电源、太阳能发电系统及光伏逆变器、高压直流输电、有源电力滤波器、IGBT 在轨道交通中的应用分析等内容。

　　在修订过程中,编者参考和借鉴了部分经典教材、新出版教材、科研院所和行业

企业的技术资料，在此表示衷心感谢！同时，衷心感谢各位参编人员在修订过程中付出的辛勤劳动，衷心感谢北京师范大学出版社编辑、制图和校对老师的统筹和后期工作。

由于编者水平所限，书中疏漏之处在所难免，恳请各位读者批评指正。

编者

2019 年 1 月

前　言

　　《电力电子技术》一书是普通高等教育高职高专国家级"十一五"、"十二五"规划教材。

　　电力电子技术是利用电力电子器件组成各种电力电子系统，对电力进行变换和处理的技术，是电气工程学科中的一个最为活跃的分支，许多现代高新技术均与电力电子技术有关。电力电子技术及其相关产业的进一步发展也必将会给现代化工农业生产和人民生活带来极大的便利。近年来，随着电力电子器件制造技术的进步，各种新型电力电子器件及其组成的电路层出不穷，电力电子设备的数量和品种迅速增长，社会上急需大量的掌握一定理论基础和技能的人员去操作和使用它们。为了适应科技的发展对电力电子技术应用型人才的需求，在北京师范大学出版社的组织下，我们编写了本教材。

　　本教材在编写的过程中，围绕高等职业技术教育的培养目标，紧紧把握理论联系实际，注重加强应用，基础理论则以"必须、够用"为原则。教材减少了理论和数学推导的内容，增加了图形、波形、仿真和实验等内容，有利于学生掌握与生产技术有关的技能。本书既可作为高职高专电气类专业的教材，也可供从事电力电子技术的工程技术人员参考。本课程建议授课学时为 48～56 学时，实验 8～10 学时，上机仿真 2～4学时。

　　本教材共 9 章。第 1 章介绍电力电子器件的概念、特征及分类；电力二极管、晶闸管和全控型器件；电力电子器件的驱动、保护、缓冲、串并联技术等应用时的问题。第 2 章介绍整流电路的结构形式、工作原理，分析整流电路的工作波形；有源逆变的工作原理、工作波形；变压器漏抗对整流电路的影响；整流电路带电动机负载时的机械特性、触发电路；整流电路的谐波和功率因数等内容。第 3 章介绍交流-交流变换电路，包括交流调压、交-交变频以及几种交流变换电路的典型应用。第 4 章介绍各种斩波型直流-直流变换电路的工作原理、参数指标计算、各种斩波型直流-直流变换电路的比较及直流开关电源的应用。第 5 章介绍无源逆变电路与交流-直流-交流变频电路的原理、电压型逆变器与电流型逆变器以及 SPWM 型控制方式。第 6 章介绍 UPS 不间断电源、太阳能发电系统及光伏逆变器、高压直流输电 HVDC、有源电力滤波器 APF、IG-BT 在轨道交通中的应用分析等电力电子技术典型应用。第 7 章介绍变换器的保护电

路、电力电子器件散热器的设计和软开关技术。第 8 章介绍 Matlab 软件中 Simulink 和 Power System 工具箱的模块资源、模型窗口和菜单的构成、模块和系统模型的基本操作方法和系统的仿真技术,对典型电力电子电路建立仿真模型并进行仿真。第 9 章选择了 8 个实验,较详细地介绍各个实验的原理、步骤、注意事项、实验报告要求等事项,供实验教学时参考。

全书由郑州铁路职业技术学院孟庆波、武汉铁路职业技术学院朱志伟任主编。郑州铁路职业技术学院李学武、郑州地铁集团有限公司李金文任副主编,阿特斯光伏电力(洛阳)有限公司周继勇、郑州地铁集团有限公司吕征和武杰参编。其中绪论、第 1 章、第 6 章由孟庆波执笔,第 2、3 章由朱志伟执笔,第 4 章由李金文执笔,第 5 章由周继勇执笔,第 7、8 章由李学武执笔,第 9 章由吕征、武杰执笔。全书由郑州铁路职业技术学院孟庆波统稿。郑州地铁集团有限公司巩奇对本教材进行了主审。本书附有电子课件或教案,QQ:275362129。

由于编者水平有限,书中疏漏之处在所难免,恳请读者批评指正。

编　者

2019 年 1 月

目　录

绪　论

▶ 0.1　电力电子技术概述

以电力为处理对象的电子技术称为电力电子技术(Power Electronics)，它是一门利用电力电子器件对电能进行控制和转换的学科。电力电子技术的研究对象是(电)能量流动的控制过程，其处理功率流的能力要比单个器件的功率定额大得多。

电力电子技术包括电力电子器件、电力电子电路和控制技术3个部分。其中，电力电子器件的制造和应用技术是电力电子技术的基础和核心，电力电子技术电路是电力电子技术的主体，而控制技术则成为电力电子技术的精华。电力电子技术与其他学科的关系如图0-1所示。可以看出，电力电子技术交叉融合了电力、电子和控制三大电气工程技术领域。随着科学技术的发展，电力电子技术又与现代控制理论、材料科学、计算机技术、微电子技术等许多领域密切相关，并逐步发展成为一门多学科、相互渗透的综合性技术学科。

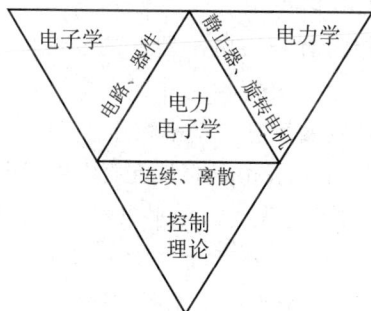

图 0-1　电力电子技术与其他学科的关系

通常，我们所用的电能有直流(Direct Current，DC)和交流(Alternating Current，AC)两大类。前者有电压幅值和极性的不同，后者除电压幅值和极性外，还有频率和相位的差别。实际应用中，常常需要在两种电能之间，或对同种电能的一个或多个参数(如电压、电流、频率)进行变换。

一般来说，电力变换可分为4种基本类型，如图0-2所示。

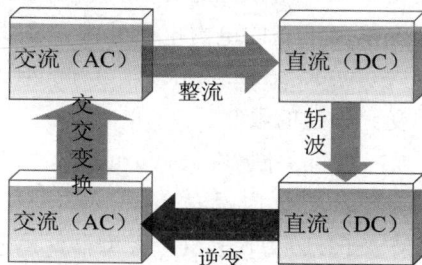

图 0-2　电力变换的 4 种基本类型

(1)交流-直流(AC-DC)变换：称为(可控)整流，即将交流电转换为直流电。

(2)直流-交流(DC-AC)变换：将直流电转换为交流电。它是与整流相反的过程，也称为逆变。当输出接电网时，称之为有源逆变；当输出接负载时，称之为无源逆变。

(3)交流-交流(AC-AC)变换：将交流电能的参数(有效电压、输出频率或平均功率等)加以变换。其中，改变交流电压有效值称为交流调压；将工频交流电直接转换成其他频率的交流电称为交-交变频；改变输出交流电平均功率称为交流调功。

(4)直流-直流(DC-DC)变换：传统的变换主要指直流斩波，是将恒定直流变成断续脉冲输出，以改变其平均值。

除了这些基本变换之外，还可以把上述电路进行组合，构成组合变换电路，使其具有更复杂的结构和功能、更优良的输出和应用。如交流-直流-交流(AC-DC-AC)变换、直流-交流-直流(DC-AC-DC)变换等。其中，交-直-交变换是变频器、不间断电源(Uninterruptible Power Supply，UPS)的拓扑结构，而直-交-直变换则是开关电源(SMPS)的主要拓扑结构。这些组合的新电路应用更为广泛，发展更为迅速。

▶ 0.2 电力电子技术的发展进程

0.2.1 电力电子器件的发展

电力电子技术的发展是伴随着电力电子器件的发展应运而生的，电力电子器件对电力电子技术的发展起着基础性和决定性的作用。电力电子技术的历史是同具有大功率处理能力的电子器件的不断发展和进步紧密相连的。

1904年出现了电子管(Vacuum Tube)，能在真空中对电子流进行控制，并应用于通信和无线电，从而开创了电子技术之先河。后来出现了水银整流器(Mercury Rectifier)，它把水银封于管内，利用对其蒸汽的点弧可对大电流进行控制，其性能和现在的晶闸管非常相似。20世纪30—50年代是水银整流器发展迅速并大量应用的时期。它被广泛用于电化学工业、电气铁道直流变电所以及轧钢用直流电动机的传动等场合，甚至被用于直流输电。

1947年，美国的贝尔实验室发明了晶体管(Transistor)，引发了电子技术的一场革命。此后，半导体器件在世界范围内很快发展起来，逐渐形成了半导体固态电子学。

1957年，美国的通用电气公司研制出了第一个晶闸管(Thyristor)，标志着电力电子技术的诞生。从此，半导体固态电子学逐渐分化为两个分支：一个分支是以晶体管集成电路为核心，以计算机为代表，对信息进行处理的微电子技术；另一个分支是以晶闸管为核心，对电能进行变换和控制的电力电子技术。在我国，1960年成功研究了硅整流管(Silicon Rectifying Tube/Rectifier Diode)，1962年成功研究了晶闸管，但晶闸管为半控型器件，其应用受到一定的限制。

20世纪70年代后期，以门极可关断(Gate-Turn-Off，GTO)晶闸管、电力晶体管(Giant Transistor，GTR)、电力场效应晶体管(Power Metal Oxide Semiconductor Field Effect Transistor，P-MOSFET)为代表的全控型器件迅速发展。

从20世纪80年代后期开始，以绝缘栅双极晶体管(Insulated-Gate Bipolar Transistor，IGBT)为代表的复合型器件异军突起，IGBT 是 P-MOSFET 和 GTR 的复合。它集 P-MOSFET 的驱动功率小、开关速度快的优点和 GTR 通态压降小、载流能力大的优点于一身，性能十分优越，使之成为现代电力电子技术的主导器件。与 IGBT 相对应，MOS 控制晶闸管(MOS Controlled Transistor，MCT)和集成门极换流晶闸管(Integrated Gate-Commutated Thyristor，IGCT)等都是 MOSFET 和 GTO 的复合，它们也综合了 MOSFET 和 GTO 两种器件的优点。

到了 20 世纪 90 年代，为了使电力电子装置的结构紧凑、体积减小，常常把若干个电力电子器件及必要的辅助元件做成功率模块(Power Module)的形式，这给应用带来了很大的方便。把驱动、控制、保护电路和功率器件集成在一起，就构成了功率集成电路(Power Integrated Circuit，PIC)。目前，其功率都还较小，但代表了电力电子技术发展的一个重要方向。此外，智能功率模块(Intelligent Power Module，IPM)专指IGBT 及其辅助器件与其保护和驱动电路的单片集成，也称智能 IGBT；高压集成电路(High Voltage Integrated Circuit，HVIC)指横向高压器件与逻辑或模拟控制电路的单片集成；智能功率集成电路(Smart Power Integrated Circuit，SPIC)一般指纵向功率器件与逻辑或模拟控制电路的单片集成。

电力电子器件的时间发展轴线如图 0-3 所示。其发展历程经历了从电子管到半导体器件，从半控型到全控型，从电流控制到电压控制，从双极型、单极型到复合型，从低频器件到高频器件的重要转变。目前，除了满足高电压、大电流的基本要求之外，电力电子器件正朝着模块化、集成化、高频化、专用化、多功能、智能化、数字化与绿色化的方向发展。这些趋势都表明，传统电力电子技术已经进入现代电力电子技术时代。

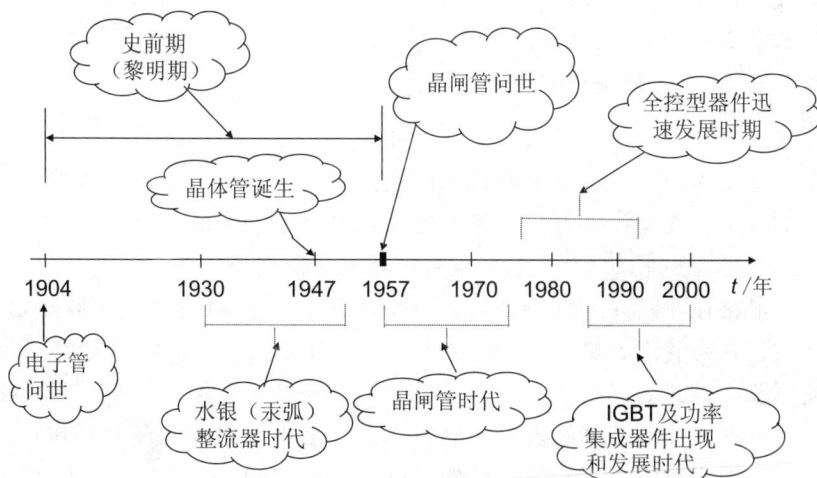

图 0-3　电力电子器件的时间发展轴线

0.2.2　电力电子电路的发展

电力电子电路先后经历了整流器时代、逆变器时代和变频器时代，并促进了电子电力技术在许多新领域的应用。

1. 整流器时代

大功率的工业用电由工频(50Hz)交流发电机提供，但是大约 20％的电能是以直流形式消费的，其中最典型的是电解(有色金属和化工原料需要直流电解)、电力牵引(电力机车、电传动的内燃机车、地铁车辆、城市无轨电车等)和直流传动(轧钢、造纸等)三大领域。大功率整流器能够高效地把工频交流电转变为直流电，因此，20 世纪 60—70 年代，电力二极管和晶闸管的开发与应用得以极大地发展。

2. 逆变器时代

20 世纪 70 年代出现的全球能源危机，使节能效果显著的交流电机变频调速技术迅速发展起来。变频调速的关键是将直流电逆变为 0～100Hz 的交流电。在 20 世纪 70—80 年代，随着变频调速装置的普及，大功率逆变用晶闸管、门极可关断晶闸管和电力晶体管成为当时电力电子器件应用的主角。类似的应用还包括高压直流输电、静态无功补偿等。当时的电力电子电路已经能够实现整流和逆变，但工作频率较低，还局限在中低频范围内。

3. 变频器时代

进入 20 世纪 80 年代，大规模和超大规模集成电路技术的迅猛发展，为现代电力电子技术的发展奠定了基础。集成电路精细加工技术和高压大电流技术有机结合，出现了一批全新的全控型功率器件，电力场效应晶体管的问世，导致了中、小功率电源向高频化发展，绝缘栅双极晶体管的出现，又为大、中型功率电源向高频化发展带来了机遇。电力场效应晶体管和绝缘栅双极晶体管的相继应用，成为传统电力电子技术向现代电力电子技术转化的标志。新型器件的发展不仅为交流电机变频调速提供了更高的频率，使其性能更加完善，还使现代电力电子技术不断向高频化发展，为用电设备的节能高效、小型轻量化、机电一体化和智能化提供了重要的基础性保证。

0.2.3 控制技术的发展

如前所述，电力电子器件经历了工频、低频、中频到高频的发展历程。与此相对应，电力电子电路的控制技术也由最初的模拟控制电路、专用模拟集成控制芯片来实现的相位控制方法，逐渐转变为旨在实现更高开关速度的通断控制方法，并借助计算机来实现，向着更高频率、更低损耗和全数字化的方向发展。

模拟控制电路存在元件一致性差、控制精度低、动态响应慢、参数整定不方便、温度漂移严重、容易老化等缺点。专用模拟集成控制芯片的出现大大简化了电力电子电路的控制电路，提高了控制开关频率，提高了电路的可靠性。但它需要外接若干阻容元件，以构成具有校正环节的模拟调节器。也正是由于阻容元件的存在，使得模拟控制电路的固有缺陷依然不可避免。另外，模拟集成控制芯片还存在功率较大、集成度低、控制不灵活、通用性不强等问题。

使用数字控制代替模拟控制，可以减少元件的数目、简化硬件结构，从而提高系统的可靠性；可以消除模拟调节器难以克服的温度漂移等缺点；有利于参数整定和变参数调节；便于通过程序软件的改变方便地调整控制方案和实现多种新型控制策略；实现运行数据的自动储存和故障自我诊断，有助于实现电力电子装置运行的智能化。

从器件、电路和控制方法的不同角度都可以看出，电力电子技术正在从低频的传统电力电子技术阶段向高频的现代电力电子技术阶段转变。近年来，许多现场应用对电力电子电路的稳态精度和动态性能提出了更高的要求，在这种背景下，多种自动控制技术和现代控制理论日益渗透到功率变换电路中，使得电力电子控制技术得到了进一步发展。

在传统电力电子技术阶段，电力电子器件以晶闸管为主，电力电子电路一般为相控型，其控制技术多采用模拟控制方式。这些由半控型器件所构成、以相位控制方法来实现的电力电子装置或系统，在消除电网侧的电流谐波、改善电网侧的功率因数、控制逆变器输出波形、减少环境噪声污染、提高电能的利用率、降低原材料消耗以及提高系统的动态性能等方面都遇到了困难。

进入现代电力电子技术阶段，电力电子器件以全控型、复合型器件为主，电力电子电路多采用脉宽调制型，控制技术采用通断控制方法。高频率、数字化的控制方式，改变了人们长期以来依赖低频方法处理电力电子技术问题的思维模式。目前，电力电子技术正朝着硬件结构模块化、应用技术高频化、产品性能绿色化的方向快速发展。

综上所述，在过去的发展进程中，电力电子技术发生了从"策略策动"向"应用策动"的转变。随着器件性能的改善和控制理论的发展，促进了电力电子电路和系统连续不断地改进，这也极大地推动了它们的应用。电路和器件的控制方法也逐渐由低频向高频、由相位控制向通断控制转变。可以预计，在不久的未来，我们将迎来这样时刻的到来，即从起始端到终端用户的路途中，任何一处所使用的电能，几乎都要通过电力电子技术加以处理。

随着全控型电力电子器件的不断进步，电力电子电路的开关频率不断提高，带来开关损耗随之增大的问题。为减小开关损耗而提出的软开关技术，在理论上可使开关损耗降低为零，使开关频率进一步提高，既增加了电力电子装置的功率密度，又提高了效率。

▶ 0.3　电力电子技术的应用

电力电子技术的应用范围十分广泛，下面举例说明。

1. 电源

从一定程度上来说，电力电子装置提供给负载的是各种不同的直流电源、恒压恒频(Constant Voltage Constant Frequency，CVCF)交流电源和变压变频(Variable Voltage Variable Frequency，VVVF)电源。因此，也可以说，电力电子技术研究的就是电源技术。

电力电子技术研究的电源涉及不间断电源、电解电源、电镀电源、开关电源(Switching Mode Power Supply，SMPS)、计算机及仪器仪表电源、航空电源、通信电源、稳压电源、脉冲功率电源、电力牵引机传动电源等。

2. 电力系统

智能电网(Smart Grid)中采用的许多新技术都与电力电子技术密切相关。

高压直流输电(High Voltage Direct Current，HVDC)的送电端的整流阀和受电端的逆变阀均采用了晶闸管变流装置。轻型直流输电(Light HVDC)系统采用 GTO、IG-

BT 等可关断器件组成换流器，省去了换流变压器，换流站可搬迁，使得中型直流输电在较短的输送距离上，也能与交流输电展开竞争。近年发展迅猛的柔性交流输电系统(Flexible AC Transmission Systems，FACTS)将电力电子技术与现代控制技术相结合，实现对电力系统电压、线路阻抗、相位角、功率潮流等参数的连续调节，进而大大降低输电损耗，大幅度提高输电线路输送能力和电力系统稳定水平。定质电力技术(用户用电技术)应用现代电力电子技术和控制技术，实现电能质量控制，为用户提供满足特定要求、可靠而优质的电力供应。

另外，无功补偿和谐波抑制对电力系统也有很重要的意义。晶闸管控制电抗器(Thyristor Controlled Reactor，TCR)、晶闸管投切电容器(Thyristor Switched Capacitor，TSC)都是重要的无功补偿装置。近年来出现的静态无功补偿器(Static Var Compensator，SVC)、静止无功发生器(Static Var Generator)、有源电力滤波器(Active Power Filter，APF)等新型电力电子装置具有更为优越的动态无功补偿和谐波抑制的功能。

3. 新能源利用

电力电子装置可用于太阳能发电、风力发电装置与电力系统的连接。

4. 节能

采用电力电子装置实现电动机调速，可以有效地提高电动机的效率。

5. 家用电器

照明在家用电器中占有十分突出的地位。由于电力电子照明电源体积小、发光效率高、可节省大量能源，也常被称为"节能灯"，它正逐步取代传统的白炽灯和日光灯。另外，家用冰箱和空调器等也应用了电力电子技术。

总之，电力电子技术已经渗透到工业、交通运输、新能源、计算机系统乃至于家庭的各个角落。随着电力电子器件制造技术的进步和电力电子电路的创新、优化，电力电子技术的应用领域也将会有进一步的突破。

▶ 0.4 电力电子技术课程的学习要求

"电力电子技术"是一门实用性很强的技术基础课程。其内容包括器件、电路、控制、应用等几个方面，学习时应以电路为主。器件的主要内容包括常用的电力电子器件的基本工作原理、特性、参数及它们的驱动和保护方法，目的是应用这些器件组成电路。电路主要研究由不同电力电子器件所构成的各种典型功率变换电路的工作原理、电路结构、分析方法、设计计算等内容。控制研究的是各种典型触发、驱动以及必要的辅助电路的工作原理和特点。

本课程的基本要求如下。

(1)熟悉和掌握常用电力电子器件的工作原理、特性和参数，能正确选择和使用它们。

(2)熟悉和掌握各种基本变换电路的工作原理，特别是各种基本电路中的电磁过程，掌握其分析方法、工作波形分析和变换电路的初步设计计算。

(3)了解各种开关元件的控制电路、缓冲电路和保护电路。

（4）了解各种变换电路的特点、性能指标和使用场合。

（5）掌握 Matlab/Simulink 在电力电子技术仿真中的应用。

（6）掌握基本实验方法，训练基本实验技能。

第 1 章 电力电子器件

【内容提要】电力电子技术包括电力电子器件、电力电子电路及控制技术三大部分。电力电子器件是电力电子技术得以快速发展的物质基础。因此，掌握各种常见电力电子器件的特点、原理和正确使用方法就成为学好电力电子技术的基础。本章首先简要介绍电力电子器件的概念、特征、分类等内容。其次，较详细地介绍电力二极管、晶闸管和 4 种典型全控型器件的结构、工作原理、基本特性、主要参数及选择。再次，简要介绍一些新型电力电子器件。最后，简单介绍一些电力电子器件的驱动、保护、缓冲、串并联技术等应用时的共性问题和基础性问题，以及一些选择和使用中应注意的问题。

▶ 1.1 电力电子器件概述

1.1.1 电力电子器件的概念

在电气设备或电力系统中，直接承担电能的变换或控制任务的电路被称为主电路(Power Circuit)。电力电子器件是指在可直接用于处理电能的主电路中，实现电能的变换或控制的电子器件。同在学习电子技术基础时广泛接触的处理信息的电子器件一样，广义上，电力电子器件也可分为电真空器件(Electron Device)和半导体器件(Semiconductor Device)两类。但是，自 20 世纪 50 年代以来，除了在频率很高(如微波)的大功率高频电源中还在使用真空管外，基于半导体材料的电力电子器件已逐步取代了以前的汞弧整流器(Mercury Arc Rectifier)、闸流管(Thyratron)等电真空器件，成为电能变换和控制领域的绝对主力。因此，电力电子器件目前也往往专指电力半导体器件。与普通半导体器件一样，目前电力半导体器件所采用的主要材料仍然是硅。

1.1.2 电力电子器件的发展趋势

电力电子器件是电力电子技术得以快速发展的物质基础，因而从一定程度上来说，电力电子器件的发展趋势彰显了电力电子技术的一些发展趋势。纵观电力电子器件的发展历程，结合当今电力电子技术的应用实际，这里对电力电子器件的发展趋势进行了归纳和总结。现代电力电子技术除了不断向高电压、大电流方向发展外，在器件发展方面也呈现出如下趋势。

1. 全控化

电力电子器件实现全控化，即元件本身具有门(栅)极自关断能力，是现代电力电子器件在功能上的重大突破。在电力电子器件的发展史中介绍到的门极可关断晶闸管、电力晶体管、电力场效应晶体管、绝缘栅双极晶体管、MOS 控制晶闸管和集成门极换流晶闸管等都已经实现了全控化，从而避免了传统电力电子器件在关断时所需要的强迫换流电路。

2. 高频化

目前，GTO 的工作频率可达 1～2kHz，电力晶体管的工作频率可达 2～5kHz，电力 MOSFET 的工作频率可达 100 kHz，静电感应晶体管的工作频率可达 10MHz，这标志着电力电子技术已经进入高频化发展时期。

3. 集成化

几乎所有的全控型器件都由许多功能相同的单元胞管并联组成。例如，一个 1000A 的 GTO 元件，其内部是由近千个单元 GTO 胞管并联组成的；一个 40A 的电力 MOSFET 由上万个单元并联集成。另外，问世于 20 世纪 80 年代中后期的电力电子器件第三代产品——智能功率模块(IPM)和智能功率集成电路(SPIC)是功率集成电路(PIC)中的尖端产品。IPM 把不同功能的功率单元与驱动单元及保护单元集成为一个模块，缩小了整机的体积，方便了整机的设计和制造；SPIC 把逻辑单元、传感单元、测量单元及保护单元等与功率单元集成于一体，使它具备了相当于某种复杂电路的功能。

4. 专用化

为了进一步提高器件的功能和降低成本，近年来国际上出现了电力电子器件的专业化集成电路(ASIC)以及专用的智能化功率集成模块(ASIPM)，它们把几乎所有的硬件都以芯片的形式安装到一个模块中，使元器件之间不再有传统的引线连接，这样的模块经过严格合理的热、电、机械方面的设计，达到优化完美的境地。其优点在于不仅使用方便、缩小了整机体积，更重要的是取消了传统连线，把寄生参数降到了最小，从而把器件承受的电应力降至最低，提高了系统的可靠性。

5. 多功能化和智能化

传统电力电子器件只有开关功能，多数用于整流。而现代电力电子器件的品种增多、功能扩大、使用范围拓宽，使其不但具有开关功能，有的还具有放大、调制、振荡以及逻辑运算和保护等功能，因而使电力电子器件多功能化，甚至智能化。

6. 控制技术数字化

全控型器件及高频化的功能促进了电力电子电路的弱电化。PWM 控制方法、谐振变换、高频斩波等如今已成为电力电子电路的重要形式。数字处理技术显示出越来越多的优点：便于计算机处理和控制，避免模拟信号的传递畸变失真，减小杂散信号的干扰，便于软件调试和遥感、遥测、遥控，便于自诊断、容错等技术的植入。随着微电子技术与电力电子技术的结合，控制技术也逐步实现数字化。

7. 绿色化

电力电子器件的产品设计性能要满足绿色化的要求，洁净、高效、无谐波，满足电磁兼容(Electro Magnetic Compatibility，EMC)认证要求，即器件能在一定的电磁环境下正常工作，应具备一定的电磁抗扰度；同时，器件自身产生的电磁干扰不对周边其他电子产品产生过大的电磁干扰(Electro Magnetic Interference，EMI)。

1.1.3　电力电子器件的特征

由于电力电子器件直接用于处理电能的主电路，因而同处理信息的电子器件相比，它一般具有如下特征。

(1)电力电子器件所能处理电功率的大小，也就是其承受电压和电流的能力，是其最重要的参数。其处理电功率的能力小至毫瓦级，大至兆瓦级，一般远大于处理信息的电子器件。

（2）因为处理的电功率较大，所以为了减小本身的损耗，提高效率，电力电子器件一般工作在开关状态。导通时（通态）阻抗很小，接近于短路，管压降接近于零，而电流由外电路决定；阻断时（断态）阻抗很大，接近于断路，电流几乎为零，而器件两端电压由外电路决定，就像普通晶体管的饱和与截止状态一样。因而，电力电子器件的动态特性（也就是开关特性）和参数，也是电力电子器件特性很重要的方面，有些时候甚至上升为第一位的重要问题。而在模拟电子电路中，电子器件一般工作在线性放大状态，数字电子电路中的电子器件虽然一般也工作在开关状态，但其目的是利用开关状态表示不同的信息。正因如此，也常常将一个电力电子器件或者外特性像一个开关的几个电力电子器件的组合称为电力电子开关，或称电力半导体开关。作电路分析时，为简单起见也往往用理想开关来代替。广义上讲，电力电子开关有时候也指由电力电子器件组成的在电力系统中起开关作用的电气装置。

（3）在实际应用中，电力电子器件往往需要由信息电子电路来控制。由于电力电子器件所处理的电功率较大，因此普通的信息电子电路信号一般不能直接控制电力电子器件的导通或关断。因而，在主电路和控制电路之间，需要一定的中间电路对这些信号进行适当的放大，这就是所谓的电力电子器件的驱动电路。

（4）尽管工作在开关状态，但是电力电子器件自身的功率损耗通常仍然大于信息电子器件的功率损耗，因而为了保证不致于因损耗散发的热量导致器件温度过高而损坏，不仅在器件封装上比较讲究散热设计，在其工作时还需要安装散热器。这是因为电力电子器件在导通或者阻断状态下，并不是理想的短路或者断路。导通时器件上有一定的通态压降，阻断时器件上有微小的断态漏电流流过，尽管其数值都很小，但分别与数值较大的通态电流和断态电压相作用，就形成了电力电子器件的通态损耗和断态损耗。此外，还有在电力电子器件由断态转为通态（开通过程）或者由通态转为断态（关断过程）的转换过程中产生的损耗，分别称为开通损耗和关断损耗，总称开关损耗。对某些器件来讲，驱动电路向其注入的功率也是造成器件发热的原因之一。通常来讲，除一些特殊的器件外，电力电子器件的断态漏电流都极其微小。因而，低频时，通态损耗是电力电子器件功率损耗的主要成因；而当器件的开关频率较高时，开关损耗会随之增大而可能成为器件功率损耗的主要因素。

1.1.4 电力电子器件的分类

电力电子器件种类繁多，因此有多种分类方法。

（1）按照器件能够被控制电路信号所控制的程度（开关控制性能），分为以下3类。

①不可控器件（Uncontrolled Device）——不能用控制信号来控制其通断，因而也就不需要驱动电路的电力电子器件被称为不可控器件。这种器件只有两个端子，其基本特性与信息电子电路中的二极管一样，器件的导通和关断完全是由其在主电路中承受的电压和电流决定的。不可控器件的代表元件为电力二极管（Power Diode）。

②半控型器件（Semi-controlled Device）——通过控制信号可以控制其导通而不能控制其关断的电力电子器件被称为半控型器件。这类器件的关断完全是由其在主电路中承受的电压和电流决定的。半控型器件的代表元件为晶闸管（Thyristor）及其大部分派生器件。

③全控型器件(Full-controlled Device)——通过控制信号既可控制其导通又可控制其关断的电力电子器件被称为全控型器件，也称自关断器件。全控型器件的代表元件为门极可关断晶闸管、电力晶体管、电力场效应晶体管、绝缘栅双极晶体管等。

(2)按照驱动电路加在器件控制端和公共端之间信号的性质，分为以下两类。

①电流驱动型(Current Driving Type)——通过从控制端注入或者抽出电流来实现导通或者关断控制的电力电子器件被称为电流驱动型器件，或电流控制型器件。电流驱动型的代表元件为晶闸管、门极可关断晶闸管、电力晶体管等。

②电压驱动型(Voltage Driving Type)——通过在控制端和公共端之间施加一定的电压信号即可实现导通或者关断控制的电力电子器件被称为电压驱动型器件，或电压控制型器件。电压驱动型器件实际上是通过加在控制端上的电压在器件的两个主电路端子之间产生可控的电场来改变流过器件的电流大小和通断状态的，所以又称为场控器件(Field Controlled Device)，或场效应器件。电压驱动型的代表元件为电力场效应晶体管、绝缘栅双极晶体管等。

(3)按照器件内部电子和空穴两种载流子参与导电的情况，分为以下 3 类(这种分类方法也是最根本、最本质的分类方法，它影响和决定了前两种分类方法)。

①双极型器件(Bipolar Device)——由电子和空穴两种载流子参与导电的电力电子器件被称为双极型器件。双极型器件具有通态压降较低、阻断电压高、电流容量大等优点，适用于中大容量的变流设备。双极型器件除了静电感应晶闸管(SITH)为电压控制型器件外，其余的均为电流驱动型(电流控制型)器件，其控制性能和能耗均不如单极型器件。双极型器件的代表元件为电力二极管、晶闸管、门极可关断晶闸管、电力晶体管等。

②单极型器件(Unipolar Device)——只有一种载流子即多数载流子参与导电的电力电子器件被称为单极型器件。单极型器件没有少数载流子的存储效应，因而开关时间短，一般为纳秒数量级(典型值为 20ns)。这类器件的另一个优点是输入阻抗很高，通常大于 40MΩ。此外，单极型器件的电流具有负的电流温度系数，即温度上升，电流下降，因而该类器件有良好的电流自动调节能力，二次击穿的可能性极小。单极型器件的不足之处是导通压降高，电压和电流的定额都较双极型器件的要小。单极型器件主要用于功率较小、工作频率高的高性能传动装置中。单极型器件的代表元件为电力场效应晶体管、静电感应晶体管等。

③复合型器件(Complex Device)——由单极型器件和双极型器件集成混合而成的电力电子器件被称为复合型器件，也称混合型器件。复合型器件既具有双极型器件的电流密度大、导通压降低等优点，又具有单极型器件的输入阻抗高、响应速度快的优点。复合型器件的代表元件为绝缘栅双极晶体管、MOS 控制晶闸管(MCT)等。图 1-1 给出了电力电子器件按照这种分类方法形成的"树"。

以上各分类方法需要在下面各节学习具体电力电子器件时加以深入体会。表 1-1 为几种典型电力电子器件的分类的简单归纳和总结。

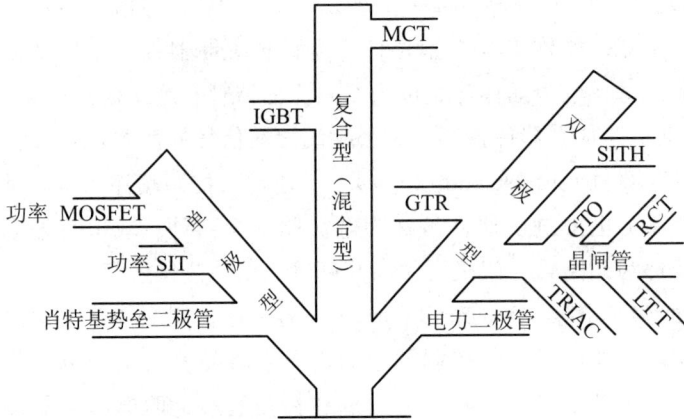

图 1-1 电力电子器件分类"树"

表 1-1 典型电力电子器件分类表

器　件	控制形式	驱动类型	极型
电力二极管	不可控型	—	双极型
晶闸管	半控型	电流驱动型	双极型
门极可关断晶闸管	全控型	电流驱动型	双极型
电力晶体管	全控型	电流驱动型	双极型
电力场效应晶体管	全控型	电压驱动型	单极型
绝缘栅双极晶体管	全控型	电压驱动型	复合型

1.1.5　应用电力电子器件的系统组成

如图 1-2 所示，在实际应用中，电力电子器件一般是由控制电路(Control Circuit)、驱动电路(Driving Circuit)和以电力电子器件为核心的主电路(Main Circuit)组成的一个系统。由信息电子电路组成的控制电路按照系统的工作要求形成控制信号，通过驱动电路去控制主电路中电力电子器件的导通或者关断，来完成整个系统的功能。因此，从宏观的角度讲，电力电子电路也被称为电力电子系统。在有的电力电子系统中，需要检验主电路或者应用现场中的信号，再根据这些信号并按照系统的工作要求来形成控制信号，这就需要有检测电路(Detect Circuit)。广义上，人们往往将检测电路和驱动电路这些主电路以外的电路都归为控制电路，从而粗略地说电力电子系统是由主电路和控制电路组成的。主电路中的电压和电流一般较大，而控制电路的元器件只能承受较小的电压和电流，因此，在主电路和控制电路连接的路径上，如驱动电路与主电路的连接处，或者驱动电路与控制信号信号的连接处，以及主电路与检测电路的连接处，一般需要进行电气隔离(Electrical Isolation)，通过其他手段如光、磁等来传递信号。此外，由于主电路中往往有电压和电流的过冲，而电力电子器件一般比主电路中普通的元器件昂贵，但承受过电压和过电流的能力却要差一些，因此在主电路和控制电路中需附加一些保护电路，以保证电力电子器件和整个电力电子系统正常可靠运行。

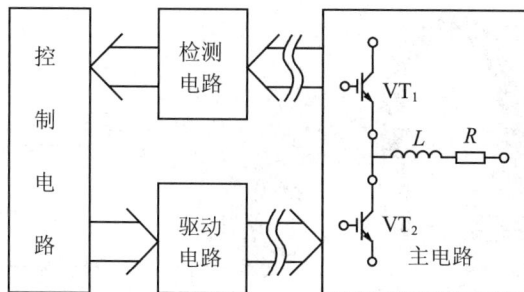

图 1-2　电力电子器件在实际应用中的系统组成

图 1-2 中所采用的电力电子器件为绝缘栅双极晶体管，负载为阻感性负载。可以看出，电力电子器件一般有 3 个端子（称为极或管脚），其中上下两个端子是连接在主电路中的流通主电路电流的端子，而第三端被称为控制端（或控制极）。电力电子器件的导通或者关断是通过在其控制端和一个主电路端子之间施加一定的信号来控制的。

▶ 1.2　不可控器件——电力二极管

电力二极管也被称为半导体整流器（Semiconductor Rectifier，SR），在 20 世纪 50 年代初期就获得应用，并开始逐步取代汞弧整流器。电力二极管为不可控器件，其结构和原理十分简单，工作可靠。电力二极管的基本结构和工作原理与信息电子电路中的普通二极管是一样的，都以半导体 PN 结为基础，实现正向导通、反向截止的基本功能。电力二极管的主要类型有普通二极管、快恢复二极管和肖特基二极管等。电力二极管被广泛地应用于许多电气设备中，特别是快恢复二极管和肖特基二极管，分别在中、高频整流和逆变，以及低压高频整流的场合，具有不可替代的地位。

1.2.1　PN 结与电力二极管的工作原理

电力二极管的基本结构和工作原理与信息电子电路中的二极管一样，都是以半导体 PN 结为基础的。

图 1-3 给出了电力二极管的外形、结构和电气图形符号。从图 1-3（a）所示的外形上看，电力二极管主要有螺栓型和平板型两种封装（还有其他封装形式）；电力二极管有两个端子，即阳极 A 和阴极 K。从图 1-3（b）所示的结构中可以看出，电力二极管是由一个面积较大的 PN 结和两端引线以及封装组成的，电流只能从阳极 A 流向阴极 K。图 1-3（c）所示为电力二极管的电路符号。

在图 1-4 中，P 型半导体和 N 型半导体结合后构成 PN 结。交界处电子和空穴的浓度差别造成了各区的多子向另一区的扩散运动，到对方区内成为少子，在界面两侧分别留下了带正、负电荷但不能任意移动的杂质离子。这些不能移动的正、负电荷称为空间电荷。空间电荷建立的电场被称为内电场或自建电场，其方向是阻止扩散运动的，另一方面，其又吸引对方区内的少子（对本区而言则为多子）向本区运动，即漂移运动。扩散运动和漂移运动既联系又矛盾，最终达到动态平衡，正、负空间电荷量达到稳定值，形成了一个稳定的由空间电荷构成的范围，被称为空间电荷区。其按所强调的角度不同也被称为耗尽层、阻挡层或势垒区。

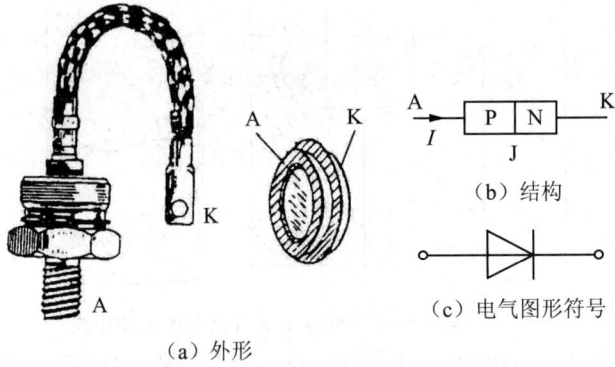

(b) 结构

(c) 电气图形符号

(a) 外形

图 1-3 电力二极管的外形、结构和电气图形符号

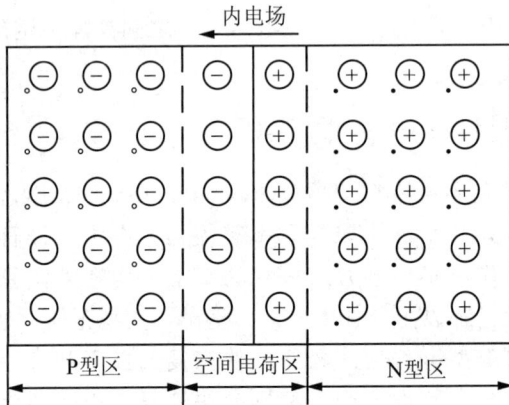

图 1-4 PN 结的形成

1. PN 结的正向导通状态

当 PN 结外加正向电压(正向偏置)时,即外加电压的正端接 P 区、负端接 N 区时,外加电场与 PN 结自建电场方向相反,使得多子的扩散运动大于少子的漂移运动,形成扩散电流,在内部造成空间电荷区变窄,而在外电路上则形成自 P 区流入从 N 区流出的电流,称之为正向电流 I_F。当外加电压升高时,自建电场将进一步被削弱,扩散电流进一步增加。这就是 PN 结的正向导通状态。

当 PN 结上流过的正向电流较小时,二极管的电阻值较高却为常量,因而管压降随正向电流的上升而增加。当 PN 结上流过的正向电流较大时,二极管的电阻率明显下降,即电导率大大增加,这就是二极管的电导调制效应。电导调制效应使得 PN 结在正向电流较大时压降仍然很低,维持在 1V 左右,所以正向偏置的 PN 结表现为低阻态。

2. PN 结的反向截止状态

当 PN 结外加反向电压(反向偏置)时,即外加电压的正端接 N 区、负端接 P 区时,外加电场与 PN 结自建电场方向相同,使得少子的漂移运动大于多子的扩散运动,形成漂移电流,在内部造成空间电荷区变宽,而在外电路上则形成自 N 区流入从 P 区流出的电流,称之为反向电流 I_R。但是少子的浓度很小,在温度一定时漂移电流的数值趋于恒定，被称为反向饱和电流 I_s。其值一般仅为微安数量级，因此反向偏置的 PN 结表现为高阻态，几乎没有电流通过，被称为反向截止状态。

这就是 PN 结的单向导电性，电力二极管的基本原理正是基于 PN 结单向导电性这一主要特征而体现的。

PN 结具有一定的反向耐压能力，但当施加的反向电压过大时，反向电流将会急剧增大，破坏 PN 结反向偏置为截止的工作状态，这就是反向击穿。反向击穿按其机理不同可分为雪崩击穿和齐纳击穿两种形式。反向击穿发生后，如果反向电流未被限制住，使得反向电流和反向电压的乘积超过了 PN 结所容许的耗散功率，就会因热量散发不出去而导致 PN 结温度上升，直至过热而烧毁，这就是热击穿。

PN 结的电荷量随外加电压而变化，呈现一定的电容效应。其等效电容称为结电容 C_J，又称为微分电容。结电容按其产生机制和作用的差别分为势垒电容 C_B 和扩散电容 C_D。势垒电容 C_B 只在外加电压变化时才起作用，外加电压频率越高，势垒电容作用越明显。势垒电容的大小与 PN 结的截面积成正比，与阻挡层厚度成反比，而扩散电容 C_D 仅在正向偏置时起作用。一般这样认为：在正向偏置时，当正向电压较低时，势垒电容 C_B 为主；正向电压较高时，扩散电容 C_D 为结电容的主要成分。结电容会影响 PN 结的工作频率，特别是在高速开关的状态下，可能使其单向导电性变差，甚至不能工作，应用时应加以注意。

造成电力二极管和信息电子电路中的普通二极管区别的主要因素如下。

(1) 电力二极管正向导通时要流过很大的电流，其电流密度较大，因而额外载流子的注入水平较高，电导调制效应不能忽略，对其引线和焊接电阻的压降等都有明显的影响。

(2) 承受的电流变化率 di/dt 较大，因而其引线和器件自身的电感效应也会有较大影响。

(3) 为了提高反向耐压，其掺杂浓度低也造成正向压降较大。

1.2.2　电力二极管的基本特性

1. 静态特性

电力二极管的静态特性 (Static State Characteristic) 主要是指其伏安特性，如图 1-5 所示。从图中可以看出，当电力二极管承受的正向电压大于 U_{TO} (门槛电压) 时，正向电流才开始明显增加，处于稳定导通状态。与正向电流 I_F 对应的电力二极管两端的电压 U_F 即为其正向电压降。当电力二极管承受反向电压时，只有少子引起的微小而数值恒定的反向漏电流。

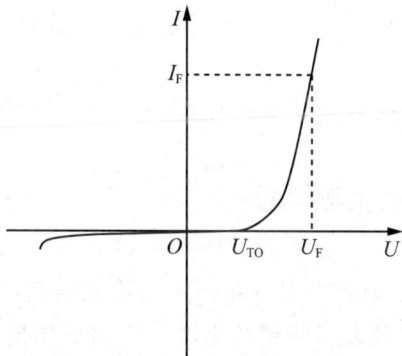

图 1-5　电力二极管的伏安特性

2. 动态特性

电力二极管由于结电容的存在，3 种状态(零偏置、正向偏置和反向偏置)之间的转换必然有一个过渡过程，此过程中的电压-电流特性是随时间变化的，电力二极管的动态特性(Dynamic Characteristic)主要指反映通态和断态之间的转换过程的开关特性。图 1-6 给出了电力二极管的动态过程波形。

图 1-6(a)是电力二极管由正向偏置转换为反向偏置即关断过程时的动态过程波形。可以看出，在关断之前有较大的反向电流出现，并伴随有明显的反向电压过冲，须经过一段短暂的时间才能重新获得反向阻断能力，进入截止状态。图 1-6(a)中的一些参数如下。

延迟时间 $t_d = t_1 - t_0$

电流下降时间 $t_f = t_2 - t_1$

反向恢复时间 $t_{rr} = t_d + t_f$

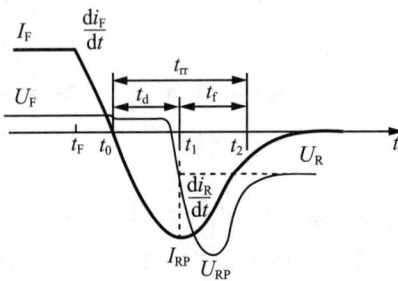

(a) 正向偏置转换为反向偏置   (b) 零偏置转换为正向偏置

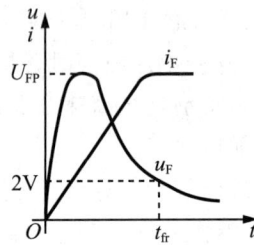

图 1-6   电力二极管的动态过程波形

恢复特性的软度：下降时间与延迟时间的比值 t_f/t_d，或称恢复系数，用 S_r 表示。S_r 越大表示恢复特性越软，也就是反向电流下降时间相对较长，在同样的外电路条件下造成反向电压 U_{RP} 较小。

图 1-6(b)是电力二极管由零偏置转换为正向偏置即开通过程时的动态过程波形。可以看出，电力二极管的正向压降先出现一个过冲 U_{FP}，经过一段时间才趋于接近稳态压降的某个值(如 2V)。这一动态过程时间被称为正向恢复时间 t_{fr}。出现电压过冲的原因如下。

(1)电导调制效应起作用需要一定的时间来储存大量的少子，在达到稳态导通前，管压降较大。

(2)正向电流的上升会因器件自身的电感而产生较大的压降。电流上升率越大，U_{FP} 越高。

1.2.3   电力二极管的主要参数

1. 正向平均电流 $I_{F(AV)}$

$I_{F(AV)}$ 是指电力二极管长期运行时，在指定的管壳温度(简称壳温，用 T_C 表示)和散热条件下，其允许流过的最大工频正弦半波电流的平均值。把这个电流平均值取标准等级后就是其额定电流的标称参数。

正向平均电流是按照电流的发热效应来定义的，因此使用时应按照工作中实际波形的电流与正向平均电流所造成的发热效应相等，即按有效值相等的原则来选取电力二极管的电流定额，并应留有一定的裕量。通过对正弦半波电流的换算可知，正向平均电流 $I_{F(AV)}$ 对应的有效值为 $1.57I_{F(AV)}$（详细内容在晶闸管的电流定额中讨论）。不过，应当注意的是，当应用在频率较高的场合时，除了正向电流造成的通态损耗外，电力二极管的开关损耗造成的发热效应往往不能忽略。当采用反向漏电流较大的电力二极管时，其断态损耗造成的发热效应也不小。在选择电力二极管的正向电流定额时，这些都要加以考虑。

2. 正向压降 U_F

U_F 是指电力二极管在指定温度下，流过某一指定的稳态正向电流时对应的正向压降，有时参数表中也给出在指定温度下流过某一瞬态正向大电流时器件的最大瞬时正向压降。

3. 反向重复峰值电压 U_{RRM}

U_{RRM} 是指对电力二极管所能重复施加的反向最高峰值电压，通常是其雪崩击穿电压 U_B 的 $2/3$。使用时，往往按照电路中电力二极管可能承受的反向最高峰值电压的两倍来选定。

4. 最高工作结温 T_{JM}

管芯 PN 结的平均温度用 T_J 表示。最高工作结温是指在 PN 结不致损坏的前提下所能承受的最高平均温度，用 T_{JM} 表示。T_{JM} 通常为 $125\sim175℃$。

5. 反向恢复时间 t_{rr}

t_{rr} 在电力二极管的动态特性中已有表述，是指在关断过程中，从电流降到 0 起到恢复反向阻断能力为止的时间。

6. 浪涌电流 I_{FSM}

浪涌电流 I_{FSM} 是指电力二极管所能承受的最大的连续一个或几个工频周期的过电流。

1.2.4　电力二极管的主要类型

1. 普通二极管

普通二极管（General Purpose Diode）又称整流二极管（Rectifier Diode），多用于开关频率不高（1kHz 以下）的整流电路中，其反向恢复时间较长，一般在 $5\mu s$ 以上（这在开关频率不高时并不重要）。正向电流定额和反向电压定额可以达到很高，分别可达数千安和数千伏。

2. 快恢复二极管

快恢复二极管（Fast Recovery Diode，FRD）的恢复过程很短，特别是反向恢复过程很短（$5\mu s$ 以下），简称为快速二极管。快恢复二极管在工艺上多采用了掺金措施，有的采用 PN 结型结构，有的采用改进的 PiN 结构。采用外延型 PiN 结构的快恢复外延二极管（Fast Recovery Epitaxial Diodes，FRED）的反向恢复时间更短（可低于 50ns），正向压降也很低（0.9V 左右），但其反向耐压多在 1200V 以下。快恢复二极管从性能上可

分为快速恢复和超快速恢复两个等级。前者反向恢复时间为数百纳秒或更长，后者则在 100ns 以下，甚至达到 30ns。

3. 肖特基二极管

以金属和半导体接触形成的势垒为基础的二极管称为肖特基势垒二极管（Schottky Barrier Diode，SBD），简称为肖特基二极管（Schottky Diode）。20 世纪 80 年代以来，肖特基二极管由于工艺的发展得以在电力电子电路中广泛应用。

肖特基二极管的弱点如下：当反向耐压提高时其正向压降也会高得不能满足要求，因此多用于 200V 以下的低压场合；反向漏电流较大且对温度敏感，因此反向稳态损耗不能忽略，而且必须更严格地限制其工作温度。肖特基二极管的优点如下：反向恢复时间很短（10～40ns）；正向恢复过程中也不会有明显的电压过冲；在反向耐压较低的情况下其正向压降也很小，明显低于快恢复二极管；其开关损耗和正向导通损耗都比快速二极管还要小，效率高。

▶ 1.3　半控型器件——晶闸管

晶闸管是晶体闸流管的简称，也称为可控硅整流器（Silicon Controlled Rectifier，SCR），经常被简称为可控硅。在电力二极管应用后不久，美国贝尔实验室于 1956 年发明了晶闸管。1957 年美国通用电气公司开发出了第一只晶闸管产品，并于 1958 年实现商业化。由于晶闸管的可控性（可控制开通），且各方面性能明显胜过以前的电力电子器件，因而得到了广泛的应用。晶闸管开辟了电力电子技术迅速发展和广泛应用的崭新时代，有人称其是晶体管发明和应用之后的又一次电子技术革命。但同样由于晶闸管的半控性（不能控制关断）和开关频率特性的限制，自 20 世纪 80 年代以来，晶闸管开始逐渐被性能更好的全控型器件取代。目前，晶闸管在大容量的应用场合具有重要的地位，其能承受的电压和电流容量最高，工作也可靠。

晶闸管往往专指晶闸管的一种基本类型——普通晶闸管。广义上讲，晶闸管还包括其许多类型的派生器件。

1.3.1　晶闸管的结构和工作原理

图 1-7 为晶闸管的外形、结构和电气图形符号。

从图 1-7(a)所示的外形图可以看出，晶闸管的外形有螺栓型和平板型两种封装形式，另外，还有一种小功率的封装形式为塑封型。从图 1-7(a)还可以看出，晶闸管有 3 个端子：阳极 A、阴极 K 和门极 G，门极 G 为晶闸管的控制端。对于螺栓型封装，螺栓通常是其阳极，粗辫子为阴极，细辫子为门极，晶闸管能与散热器紧密连接且安装方便；对于平板型封装，晶闸管可由两个散热器将其夹在中间，散热状态较好。

从图 1-7(b)所示的结构图可以看出，晶闸管的结构可概括为"四三三"结构：四层（P_1、N_1、P_2、N_2）、三端（A、K、G）、三结（J_1、J_2、J_3）。P_1 层引出阳极 A，N_2 层引出阴极 K，P_2 层引出门极 G。4 个层形成了 J_1、J_2、J_3 3 个 PN 结。图 1-7(c)所示为晶闸管的电气图形符号。

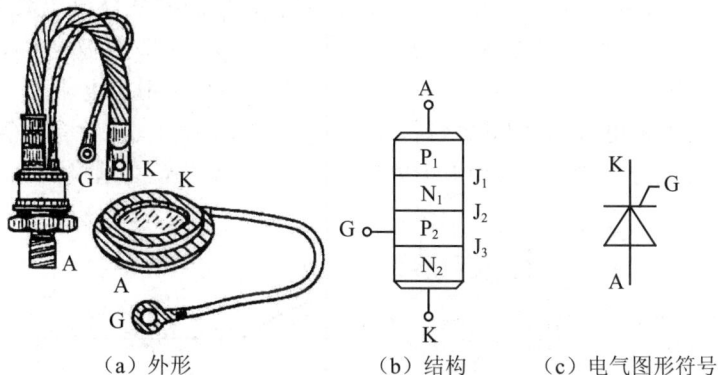

（a）外形　　　　　　（b）结构　　　　（c）电气图形符号

图 1-7　晶闸管的外形、结构和电气图形符号

晶闸管的结构可以用 3 个二极管（或 PN 结）的串联电路来进行等效：J_1、J_2、J_3 串联，在加正向电压的条件下，J_1 结正偏、J_2 结反偏、J_3 结正偏。

晶闸管更常用的一种等效结构是使用两个晶体管的等效电路，如图 1-8 所示。在图 1-8(a) 中，晶闸管是 4 层（P_1、N_1、P_2、N_2）器件，可以在器件中间取一倾斜截面，把 N_1、P_2 层分成两部分，构成一个 $P_1N_1P_2$ 型晶体管 VT_1 和一个 $N_1P_2N_2$ 型晶体管 VT_2 的复合管。在图 1-8(b) 中，两个晶体管的基极、集电极互相连接，每个晶体管的集电极电流同时是另一个晶体管的基极电流，晶闸管可以等效为 VT_1、VT_2 两个晶体管互补连接的内部结构，可以用这样的等效结构来分析晶闸管的工作原理。

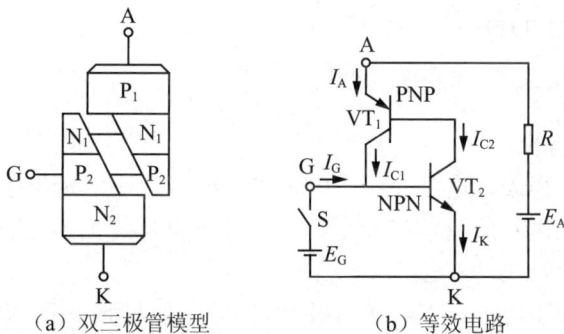

（a）双三极管模型　　　　　　（b）等效电路

图 1-8　晶闸管的双晶体管模型及其等效电路

从晶闸管的等效结构中可以看出，当晶闸管在承受正向阳极电压时，为使晶闸管导通，必须使反偏的 PN 结 J_2 失去阻挡作用。当有足够的电流 I_G 注入门极 G 时，就会形成 VT_1、VT_2 两个互相复合的晶体管电路之间的强烈正反馈，造成两个晶体管迅速进入完全饱和状态，晶闸管开通。此时，如果撤掉门极电流 I_G，由于晶闸管内部已形成了强烈的正反馈而仍然维持为导通状态。要关断晶闸管，必须去掉阳极所加的正向电压，或者给阳极施加反压，或者设法使流过晶闸管的电流降低到接近于零的某一数值以下，晶闸管才能可靠关断。通过以上的简单论述可知，晶闸管只能通过门极控制其开通，但不能控制其关断，这就是晶闸管的半控性。

下面对晶闸管的工作过程作进一步的分析。

设 $P_1N_1P_2$ 型晶体管 VT_1 和 $N_1P_2N_2$ 型晶体管 VT_2 的共基极电流放大系数分别为 $\alpha_1 = I_{C1}/I_A$ 和 $\alpha_2 = I_{C2}/I_K$，共基极电流放大系数 α_1 和 α_2 随其发射极电流 I_E 变化的情况如图 1-9 中的曲线 1、2 所示。从图 1-9 中可以看出，在低发射极电流 I_E 下，α_1 和 α_2 是很小的；而当发射极电流建立起来之后，α_1 和 α_2 迅速增大。另外，晶体管 VT_1 和 VT_2 的集电极电流分别为 I_{C1} 和 I_{C2}，发射极电流分别为 I_A 和 I_K，共基极漏电流分别为 I_{CBO1} 和 I_{CBO2}。

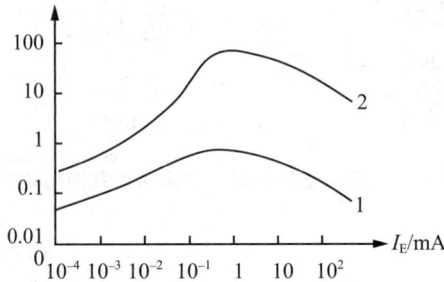

图 1-9 共基极电流放大系数 α_1 和 α_2 随其发射极电流 I_E 变化的情况

1—α_1 变化情况；2—α_2 变化情况

由电路分析理论，可列出如下方程：

$$I_{C1} = \alpha_1 I_A + I_{CBO1} \tag{1-1}$$

$$I_{C2} = \alpha_2 I_K + I_{CBO2} \tag{1-2}$$

$$I_K = I_A + I_G \tag{1-3}$$

$$I_A = I_{C1} + I_{C2} \tag{1-4}$$

由式(1-1)～式(1-4)可得

$$I_A = \frac{\alpha_2 I_G + I_{CBO1} + I_{CBO2}}{1 - (\alpha_1 + \alpha_2)} \tag{1-5}$$

分析式(1-5)，可知：

在晶闸管承受正向阳极电压，而门极未流入控制电流的情况下，$I_G = 0$，$(\alpha_1 + \alpha_2)$ 很小，此时，流过晶闸管的漏电流只是稍大于两个晶体管的漏电流之和，晶闸管处于正向阻断状态。

当晶闸管在正向阳极电压下，从门极 G 流入电流 I_G 时，发射极电流 I_E 增大。当 α_1、α_2 随发射极电流增加到 $(\alpha_1 + \alpha_2) \approx 1$ 时，式(1-5)中的分母 $1 - (\alpha_1 + \alpha_2) \approx 0$，晶闸管的阳极电流 I_A 将趋近于无穷大，这样强烈的正反馈过程迅速进行，从而实现晶闸管的饱和导通。此时，流过晶闸管的电流完全由主回路的电压和回路电阻决定。

在晶闸管导通后，$1 - (\alpha_1 + \alpha_2)$ 仍然约等于 0，即使此时门极电流 $I_G = 0$，晶闸管仍能保持原来的阳极电流 I_A 而继续导通。晶闸管在导通后，门极已失去控制作用。

在晶闸管导通后，如果不断地减小电源电压或增大回路电阻，使阳极电流 I_A 减小到维持电流 I_H 以下时，由于 α_1 和 α_2 迅速下降，当 $1 - (\alpha_1 + \alpha_2) \approx 1$ 时，晶闸管恢复阻断状态。

根据上面所介绍的晶闸管的工作原理，可以把晶闸管的工作特性总结成以下 4 条基本结论。

(1)晶闸管的开通条件。晶闸管在承受正向阳极电压时，仅在门极有触发电流的情况下才有可能被开通(这两个条件必须同时满足)。因此,晶闸管的阳极在承受反向电压时,不论门极是否有触发电流,晶闸管都不会导通。

(2)晶闸管的关断方法。要使晶闸管关断,可以给晶闸管的阳极直接施加一个反向电压。这种方法也称为强迫关断;或者使晶闸管的阳极电流降到接近于零的某一数值(维持电流 I_H)以下这种方法被称为自然关断(两种方法选择一种)。

(3)晶闸管的半控性。晶闸管一旦导通,其门极就失去控制作用,即只能通过门极控制晶闸管的开通,但不能控制其关断。

(4)晶闸管的单向导电性。晶闸管导通后,其电流只能从阳极 A 流向阴极 K。

这 4 条基本结论在对变流电路进行分析时非常有用。另外,在掌握这 4 条基本结论的同时,还应注意到,晶闸管在下面几种情况下都有可能被触发导通。

(1)门极触发,即晶闸管在承受正向阳极电压下,从门极 G 流入触发电流 I_G。

(2)光触发,即用光直接照射硅片。光触发可以保证控制电路与主电路之间的良好绝缘,而广泛应用于高压电力设备之中。光触发的晶闸管称为光控晶闸管(Light Triggered Thyristor,LTT)。

上述两种方式为正常触发方式,是最精确、迅速而可靠的控制手段。

(3)电压触发。阳极电压升高至相当高的数值造成雪崩效应。

(4)阳极电压上升率 du/dt 过高。

(5)结温较高。

上述 3 种方式为非正常触发方式,因不易控制而难以应用于实践。

1.3.2　晶闸管的基本特性

1. 静态特性

晶闸管的静态特性包含了阳极特性和门极特性。这里主要讨论的是晶闸管的阳极伏安特性。

1)阳极伏安特性

晶闸管的阳极伏安特性是指晶闸管阳极电流和阳极电压之间的关系曲线,如图 1-10 所示。

从图 1-10 可以看出,晶闸管的阳极伏安特性分成两个象限。其中,第Ⅰ象限的是正向特性;第Ⅲ象限的是反向特性。

①阳极正向伏安特性。当门极控制电流 $I_G=0$,在晶闸管两端施加较小的正向电压时,晶闸管处于正向阻断状态,只有很小的正向漏电流流过。但当正向电压超过临界极限,即正向转折电压 U_{BO} 时,漏电流急剧增大,曲线由高阻区经虚线进入负阻区、直到低阻区,晶闸管被开通。这种开通方式被称为"硬开通",也称电压触发,一般是不允许的。

随着门极电流幅值的增大($I_{G2}>I_{G1}>I_G$),晶闸管开通所需要的正向电压 $+U_A$ 在逐步降低。

晶闸管导通后的正向伏安特性和二极管的正向特性很相似。导通期间,晶闸管本身的压降很小,在 1V 左右。导通后,如果门极电流为零,并且阳极电流降至接近于零的某一数值 I_H(维持电流)以下,则晶闸管又回到正向阻断状态。

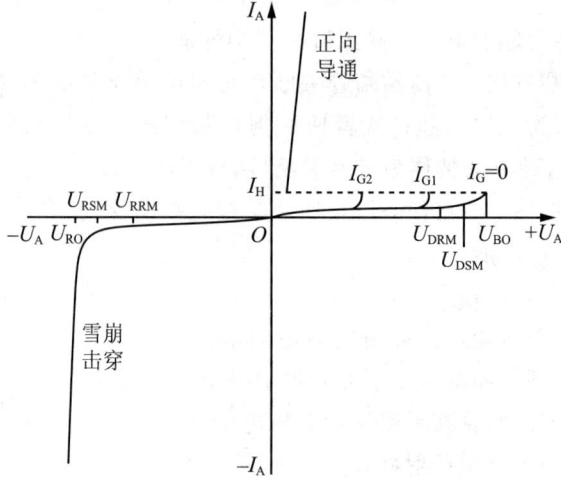

图 1-10　晶闸管阳极伏安特性

$(I_{G2} > I_{G1} > I_G)$

②阳极反向伏安特性。在晶闸管两端施加反向电压时，其伏安特性类似于二极管的反向特性。晶闸管处于反向阻断状态时，只能流过很小的反向漏电流。但当反向电压 $-U_A$ 进一步提高到反向转折电压 U_{RO} 时，若无限流措施，则反向漏电流会急剧增加，导致晶闸管反向击穿和过热损坏。

2)门极伏安特性

晶闸管的门极触发电流从门极流入晶闸管，从阴极流出。门极触发电流也往往是

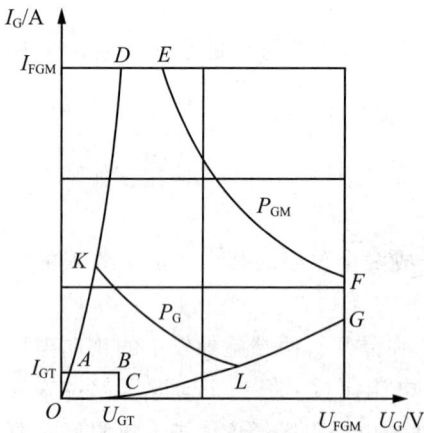

图 1-11　晶闸管的门极伏安特性

通过触发电路在门极和阴极之间施加触发电压而产生的。晶闸管的门极和阴极之间是 PN 结 J_3，其伏安特性称为门极伏安特性，如图 1-11 所示。由于实际产品的门极伏安特性分散性很大，因此常以一条典型的极限高阻门极伏安特性和一条极限低阻门极伏安特性之间的区域来代表所有器件的伏安特性，由门极正向峰值电流 I_{FGM}、允许的瞬时最大功率 P_{GM} 和正向峰值电压 U_{FGM} 划定的区域称为门极伏安特性区域。

P_G 为门极允许的最大平均功率。其中，$OABCO$ 为不可靠触发区，$ADEFGCBA$ 为可靠触发区。为保证可靠、安全触发，触发电路所提供的触发电压、电流和功率都应限制在可靠触发区内。

2. 动态特性

晶闸管的动态特性主要是指晶闸管开通与关断过程中的特性，其物理机理是很复杂的，这里只对其过程作一简单介绍。图 1-12 给出了晶闸管在开通和关断过程中随时间而变化的阳极电流和阳极电压波形。

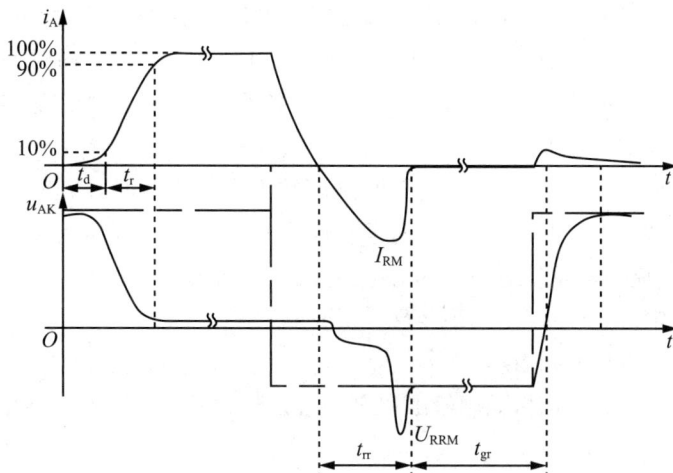

图 1-12　晶闸管的开通和关断过程波形

1）开通过程

由于晶闸管内部的正反馈过程需要时间，加上外电路阻感性负载对电流变化的限制作用，晶闸管在受到触发后，其阳极电流的增长不可能瞬时完成，而需要一定的时间。其中，从门极电流阶跃时刻开始，到阳极电流上升到稳态值的 10% 所需的时间称为延迟时间 t_d，与此同时，晶闸管的正向压降也在减小。阳极电流从 10% 上升到稳态值的 90% 所需的时间称为上升时间 t_r。晶闸管的开通时间 t_{gt} 定义为延迟时间 t_d 与上升时间 t_r 之和，即

$$t_{gt} = t_d + t_r \tag{1-6}$$

一般而言，普通晶闸管延迟时间为 $0.5 \sim 1.5 \mu s$，上升时间为 $0.5 \sim 3 \mu s$。

2）关断过程

同样，由于外电路阻感性负载的存在，晶闸管在由导通状态转为截止状态时，其关断过程也需要一定的时间，阳极电流的衰减必然也要经历一个过渡过程。其中，从正向电流降为零到反向恢复电流衰减至接近于零的时间称为反向阻断恢复时间 t_{rr}。晶闸管要恢复其对正向电压的阻断能力所需的时间称为正向阻断恢复时间 t_{gr}。晶闸管的关断时间 t_q 定义为反向阻断恢复时间 t_{rr} 与正向阻断恢复时间 t_{gr} 之和，即

$$t_q = t_{rr} + t_{gr} \tag{1-7}$$

普通晶闸管的关断时间约为数百微秒。

需要注意的是，在正向阻断恢复时间内，如果重新对晶闸管施加正向电压，则晶闸管会重新正向导通，而不是受门极电流控制而导通。所以，在实际应用中，应对晶闸管施加足够长时间的反向电压，使其充分恢复对正向电压的阻断能力，才能使晶闸管可靠关断。

1.3.3　晶闸管的主要参数

1. 电压定额

1）断态重复峰值电压 U_{DRM}

断态重复峰值电压 U_{DRM} 是指在门极断路而结温为额定值时，允许重复加在器件上

的正向峰值电压，如图 1-10 所示。断态重复峰值电压 U_{DRM} 被规定为断态不重复峰值电压 U_{DSM} 的 90%。另外，国标规定重复的频率为 50Hz，每次持续的时间不超过 10ms。断态重复峰值电压应低于正向转折电压 U_{BO}，所留裕量大小由生产厂家自行规定。

2）反向重复峰值电压 U_{RRM}

反向重复峰值电压 U_{RRM} 是指在门极断路而结温为额定值时，允许重复加在器件上的反向峰值电压，如图 1-10 所示。反向重复峰值电压 U_{RRM} 被规定为反向不重复峰值电压 U_{RSM} 的 90%。反向不重复峰值电压 U_{RSM} 应低于反向击穿电压 U_{RO}，所留裕量大小由生产厂家自行规定。

3）通态（峰值）电压 U_{Tm}

通态（峰值）电压 U_{Tm} 是指晶闸管通以某一规定倍数的额定通态平均电流时的瞬态峰值电压。

通常取晶闸管的 U_{DRM} 和 U_{RRM} 中较小的标值并取标准等级后作为该器件的额定电压。选用时，额定电压要留有一定的裕量，一般取额定电压为正常工作时晶闸管所承受峰值电压的 2～3 倍。

$$U_{Tn} = (2 \sim 3)U_{Tm} \tag{1-8}$$

2. 电流定额

1）通态平均电流 $I_{T(AV)}$（额定电流）

国标规定通态平均电流 $I_{T(AV)}$ 为晶闸管在环境温度为 40℃ 和规定的冷却状态下，稳定结温不超过额定结温时所允许流过的最大工频正弦半波电流的平均值，把这个参数取标准等级后即可标称晶闸管的额定电流。同电力二极管一样，晶闸管的通态平均电流 $I_{T(AV)}$ 也是按照正向电流造成的器件本身通态损耗的发热效应来定义的。因此，在使用时，同样应按照实际波形的电流与通态平均电流所造成的发热效应相等，即按有效值相等的原则来选取晶闸管电流定额，并留有一定的裕量，一般安全裕量取 1.5～2 倍。

设 I_{Tn} 为晶闸管流过电流波形的有效值，根据上述定义，有

$$I_{T(AV)} = \frac{1}{2\pi} \int_0^\pi I_m \sin \omega t \, d(\omega t) = \frac{I_m}{\pi} = 0.318 I_m \tag{1-9}$$

$$I_{Tn} = \sqrt{\frac{1}{2\pi} \int_0^\pi (I_m \sin \omega t)^2 \, d(\omega t)} = \frac{I_m}{2} = 0.5 I_m \tag{1-10}$$

定义波形系数 K_f 为有效值 I 与平均值 I_d 之比，则

$$K_f = \frac{I}{I_d} \tag{1-11}$$

额定状态下，晶闸管的电流波形系数为

$$K_f = \frac{I_{Tn}}{I_{T(AV)}} = \frac{\pi}{2} = 1.57 \tag{1-12}$$

选择晶闸管时，考虑 1.5～2 倍的安全裕量，则晶闸管的通态平均电流为

$$I_{T(AV)} = (1.5 \sim 2) \frac{I_{Tmn}}{1.57} \tag{1-13}$$

式中：I_{Tmn} 为晶闸管流过最大电流的有效值。

2）维持电流 I_H

维持电流 I_H 是指使晶闸管维持导通所必需的最小电流。其数值一般为几十毫安到几百毫安。I_H 与结温有关，结温越高，I_H 就越小。

3）擎住电流 I_L

擎住电流 I_L 是指晶闸管刚从断态转入通态并移除触发信号后，能维持导通所需的最小电流。对同一晶闸管来说，I_L 通常为 I_H 的 2～4 倍。

4）浪涌电流 I_{TSM}

浪涌电流 I_{TSM} 是指由于电路异常情况引起的并使结温超过额定结温的不重复性最大正向过载电流。浪涌电流 I_{TSM} 可用来作为设计保护电路的依据。

3. 动态参数

动态参数除了开通时间 t_{gt} 和关断时间 t_q 外，还有以下两个。

1）断态电压临界上升率 du/dt

断态电压临界上升率 du/dt 是指在额定结温和门极开路的情况下，不导致晶闸管从断态到通态转换的外加电压最大上升率。

如果在阻断的晶闸管两端施加的电压具有正向的上升率，则在阻断状态下相当于一个电容的 J_2 结会有充电电流（位移电流）流过。此电流流经 J_3 结时，起到类似门极触发电流的作用。如果电压上升率过大，使充电电流足够大，就会使晶闸管误导通。

2）通态电流临界上升率 di/dt

通态电流临界上升率 di/dt 是指在规定条件下，晶闸管能承受而无有害影响的最大通态电流上升率。

如果电流上升太快，则晶闸管刚开通，便会有很大的电流集中在门极附近的小区域内，从而造成局部过热而使晶闸管损坏。

1.3.4　晶闸管的派生器件

1. 快速晶闸管

快速晶闸管包括所有专为快速应用而设计的晶闸管，有常规的快速晶闸管和可以工作在更高频率的高频晶闸管。由于对普通晶闸管的管芯结构和制造工艺进行了改进，快速晶闸管的开关时间以及 du/dt 和 di/dt 耐量都有明显改善。普通晶闸管的关断时间为数百微秒，而快速晶闸管的关断时间为数十微秒，高频晶闸管的关断时间为 $10\mu s$ 左右。与普通晶闸管相比，快速晶闸管和高频晶闸管的不足之处在于其电压和电流定额都不易做高。由于工作频率较高，选择快速晶闸管和高频晶闸管的通态平均电流时不能忽略其开关损耗的发热效应。

2. 双向晶闸管

双向晶闸管（Triode AC Switch 或 Bidirectional Triode Thyristor）的电气图形符号和伏安特性如图 1-13 所示。双向晶闸管可看作一对反并联的普通晶闸管的集成，有两个主电极 T_1 和 T_2、一个门极 G。双向晶闸管在主电极的正反两个方向均可触发导通，所以双向晶闸管在第 I 象限和第 III 象限有对称的伏安特性。双向晶闸管与一对反并联的晶闸管相比是经济的，且控制电路简单，所以在交流调压电路、固态继电器（Solid

State Relay，SSR)和交流电动机调速等领域应用较多。需要注意的是，双向晶闸管通常使用在交流电路中，因此不用平均值而用有效值来表示其额定电流值。

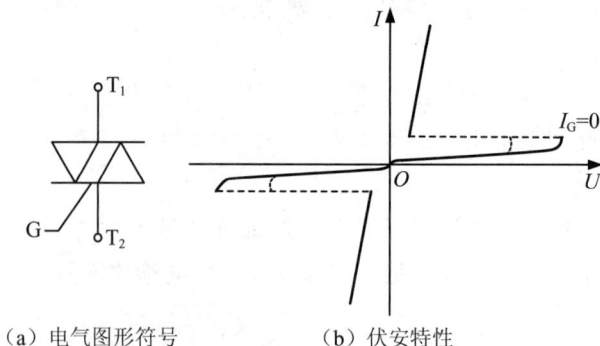

（a）电气图形符号　　　　　（b）伏安特性

图 1-13　双向晶闸管的电气图形符号和伏安特性

3. 逆导晶闸管

逆导晶闸管(Reverse Conducting Thyristor，RCT)的电气图形符号和伏安特性如图 1-14 所示。逆导晶闸管是将晶闸管反并联一个二极管并制作在同一管芯上的功率集成器件。与普通晶闸管相比，逆导晶闸管具有正向压降小、关断时间短、高温特性好、额定结温高等优点。由于逆导晶闸管反并联了一个二极管，因而不具有承受反向电压的能力，可用于不需要阻断反向电压的电路中。需要注意的是，逆导晶闸管的额定电流有两个：一个是晶闸管电流；另一个是反并联的二极管的电流。

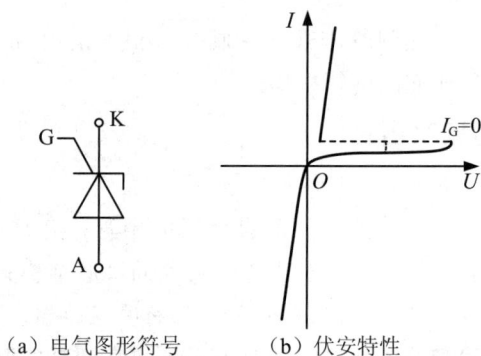

（a）电气图形符号　　　　　（b）伏安特性

图 1-14　逆导晶闸管的电气图形符号和伏安特性

4. 光控晶闸管

光控晶闸管(Light Triggered Thyristor，LTT)又称光触发晶闸管，是利用一定波长的光照信号触发导通的晶闸管。光控晶闸管的电气图形符号和伏安特性如图 1-15 所示。小功率的光控晶闸管只有阳极和阴极两个端子，大功率的光控晶闸管则还带有光缆，光缆上装有作为触发光源的发光二极管或半导体激光器。由于采用了光触发，可以保证主电路与控制电路之间的绝缘，而且可避免电磁干扰的影响，因此，在高压大功率的场合，如高压直流输电和高压核聚变装置中，光控晶闸管占据重要的地位。

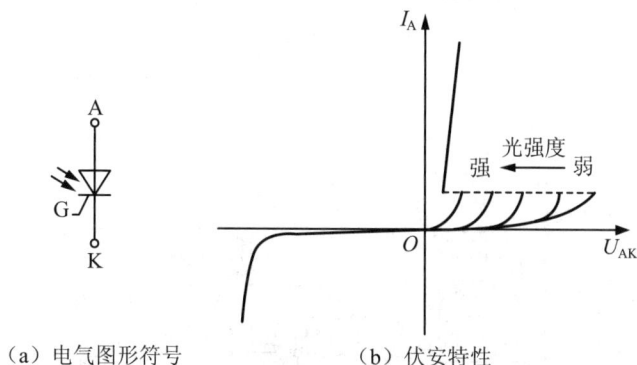

（a）电气图形符号　　　　（b）伏安特性

图 1-15　光控晶闸管的电气图形符号和伏安特性

▶ 1.4　典型全控型器件

20 世纪 80 年代以来，信息电子技术与电力电子技术在各自发展的基础上相结合，产生了新一代高频化、全控型、采用集成电路制造工艺的电力电子器件，从而将电力电子技术带入了一个崭新的时代。这些全控型电力电子器件的典型代表是门极可关断晶闸管、电力晶体管、电力场效应晶体管和绝缘栅双极晶体管等。

1.4.1　门极可关断晶闸管

门极可关断晶闸管是晶闸管的一种派生器件，它可以在门极施加负的脉冲电流使其关断，因而实现了全控。门极可关断晶闸管的电压、电流容量较大，与普通晶闸管接近，因而在兆瓦级以上的大功率场合仍有较多的应用。

1. GTO 的结构和工作原理

GTO 与普通晶闸管的结构很相似，也是四层三端三结结构。它同样有四个层（P_1、N_1、P_2、N_2），有三个端子（阳极 A、阴极 K 和门极 G），四层中间形成三个 PN 结（J_1、J_2、J_3）。GTO 和普通晶闸管结构上的区别在于：GTO 是一种多元的功率集成器件，内部包含数十个甚至数百个共阳极的小 GTO 元，这些 GTO 元的阴极和门极在器件内部被并联在一起。这种特殊结构是为了便于实现门极控制关断而设计的。图 1-16 给出

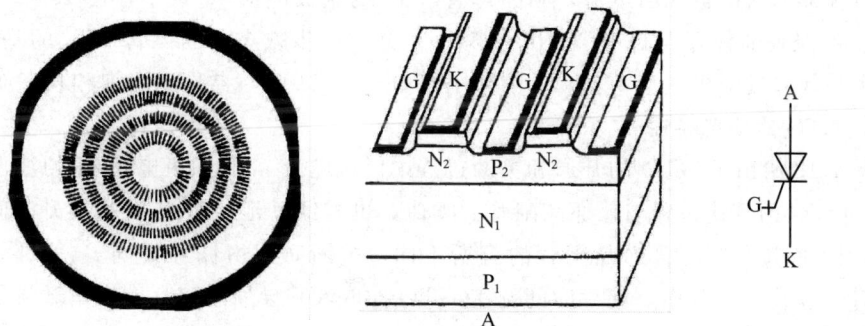

（a）各单元的阴极、门极间隔排列的图形　（b）并联单元结构断面示意图　（c）电气图形符号

图 1-16　GTO 的内部结构和电气图形符号

了 GTO 的内部结构和电气图形符号。从图中可以看出，GTO 各单元之间阴极、门极间隔排列，且为并连接构，门极 G 为 GTO 的控制端。

与普通晶闸管一样，GTO 的工作原理也可以用图 1-17 所示的双晶体管等效模型来分析。

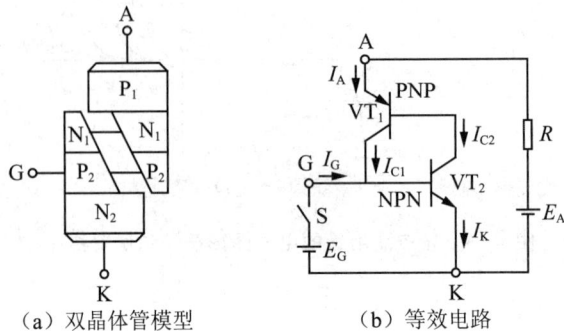

（a）双晶体管模型　　　　（b）等效电路

图 1-17　GTO 的双晶体管等效模型

若 PNP 型晶体管 VT_1 和 NPN 型晶体管 VT_2 的共基极电流放大系数分别为 α_1 和 α_2，则由前面对晶闸管的分析可知：$\alpha_1 + \alpha_2 = 1$ 为器件临界导通的条件；当 $\alpha_1 + \alpha_2 > 1$ 时，两个等效晶体管过饱和而使器件导通；当 $\alpha_1 + \alpha_2 < 1$ 时，两个等效晶体管不能维持饱和导通而关断。GTO 能够通过门极而关断的原因是其与普通晶闸管有如下区别。

(1)设计 α_2 较大，使晶体管 VT_2 控制灵敏，易于 GTO 的关断。

(2)导通时，$\alpha_1 + \alpha_2$ 更接近 1(GTO 设计的 $\alpha_1 + \alpha_2 \approx 1.05$，而普通晶闸管设计的 $\alpha_1 + \alpha_2 \geq 1.15$)。这样的设计使得 GTO 在导通时饱和程度不深，更接近于浅饱和状态或临界饱和状态，GTO 退出饱和状态更容易，可以通过门极来控制其关断。但负面的影响是 GTO 导通时管压降增大了许多。

(3)多元集成结构使 GTO 元阴极面积很小，门极、阴极间距大为缩短，使得 P_2 基区的横向电阻很小，从而使从门极抽出较大的电流成为可能。GTO 的多元集成结构还使其比普通晶闸管的开通过程更快，承受 $\mathrm{d}i/\mathrm{d}t$ 的能力增强。

所以，GTO 的开通过程与普通晶闸管的一样，是一个正反馈过程，只不过导通时饱和程度较浅。而 GTO 的关断过程也是通过一个强烈正反馈来实现的：GTO 的门极加上负脉冲即从门极抽出电流，则晶体管 VT_2 的基极电流 I_{B2} 减小，使 I_K 和 I_{C2} 减小，I_{C2} 的减小又使晶体管 VT_1 的 I_A 和 I_{C1} 减小，又进一步减小了晶体管 VT_2 的基极电流。当两个晶体管发射极电流 I_A 和 I_K 的减小使 $\alpha_1 + \alpha_2 < 1$ 时，器件退出饱和状态而关断。

2. GTO 的动态特性

图 1-18 给出了 GTO 的开通和关断过程中门极电流 i_G 和阳极电流 i_A 的波形。可以看出，GTO 的开通过程与普通晶闸管的类似，也需经过延迟时间 t_d 和上升时间 t_r。而 GTO 的关断过程则与普通晶闸管的有所不同，关断时间由储存时间 t_s、下降时间 t_f、尾部时间 t_t 构成。其中，储存时间 t_s 为 GTO 抽取饱和导通时储存的大量载流子，使等效晶体管退出饱和所需要的时间；下降时间 t_f 为等效晶体管从饱和区退至放大区，阳极电流逐渐减小所对应的时间；尾部时间 t_t 为残存载流子复合所需要的时间。通常 t_f

比 t_s 小得多，而 t_t 比 t_s 要大。若门极负脉冲电流幅值越大，前沿越陡，抽走储存载流子的速度越快，t_s 就越短；若使门极负脉冲的后沿缓慢衰减，在 t_t 阶段仍保持适当负电压，则可缩短尾部时间 t_t。

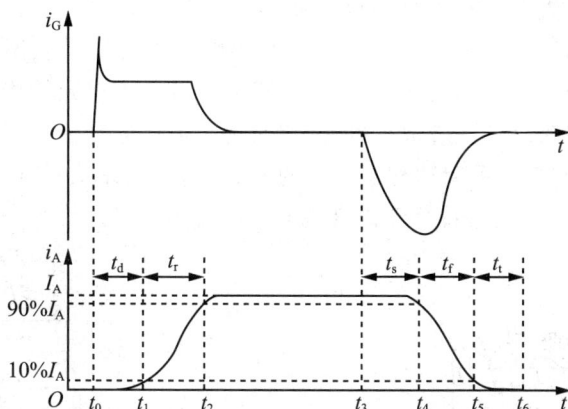

图 1-18　GTO 的开通和关断过程电流波形

3. GTO 的主要参数

GTO 的许多参数和普通晶闸管相应的参数意义相同，以下只简单介绍意义不同的几个参数。

1）最大可关断阳极电流 I_{ATO}

这是用来标称 GTO 额定电流的参数，与普通晶闸管用通态平均电流来标称其额定电流不同。

2）电流关断增益 β_{off}

最大可关断阳极电流 I_{ATO} 与门极负脉冲电流最大值 I_{GM} 之比称为电流关断增益，即

$$\beta_{off} = \frac{I_{ATO}}{I_{GM}} \tag{1-14}$$

β_{off} 值一般很小，在 5 左右。这样，一个 1000A 的 GTO，关断时门极负脉冲电流峰值要 200A，这是一个相当大的电流。因此，这是 GTO 的一个主要缺点。

3）开通时间 t_{on}

开通时间 t_{on} 为延迟时间 t_d 与上升时间 t_r 之和。延迟时间 t_d 一般为 1～2μs，而上升时间 t_r 随通态阳极电流值的增大而增大。

4）关断时间 t_{off}

关断时间 t_{off} 一般指储存时间 t_s 和下降时间 t_f 之和，而不包括尾部时间 t_t。储存时间 t_s 随阳极电流的增大而增大，而下降时间 t_f 一般小于 2μs。

另外，不少 GTO 会制成逆导型，类似于逆导晶闸管。需承受反压时，其应和电力二极管串联使用。

1.4.2　电力晶体管

电力晶体管或巨型晶体管是一种耐高电压、大电流的双极结型晶体管（Bipolar Junction Transistor，BJT），英文名称有时候也称为 Power BJT。在电力电子技术的范围内，GTR 与 BJT 这两个名称是等效的。电力晶体管自 20 世纪 80 年代以来，在中、

小功率范围内逐步取代晶闸管，但目前又逐渐被电力 MOSFET 和 IGBT 所取代。

1. GTR 的结构和工作原理

单管 GTR 与普通双极结型晶体管的结构和基本原理都是相似的。但 GTR 最主要的特性是耐压高、电流大、开关特性好，而不像小功率的用于信息处理的双极结型晶体管那样注重单管电流放大系数、线性度、频率响应以及噪声和温漂等性能参数。因此，GTR 通常采用至少由两个晶体管按达林顿接法组成的单元结构，采用集成电路工艺将许多这种单元并联而成。通常，单管 GTR 的 β 值比处理信息用的小功率晶体管要小得多，一般为 10 左右，采用达林顿接法的 GTR 可有效增大电流的增益。图 1-19 给出了 GTR 的结构、电气图形符号和内部载流子的流动情况。

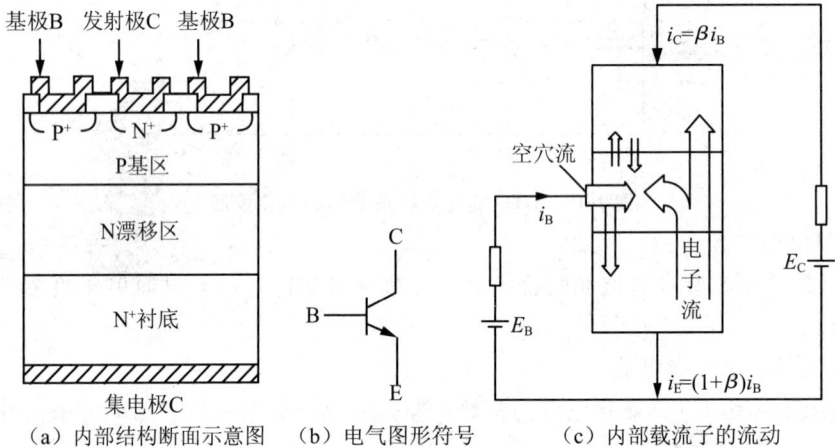

（a）内部结构断面示意图　（b）电气图形符号　（c）内部载流子的流动

图 1-19　GTR 的结构、电气图形符号和内部载流子的流动

从图 1-19(a) 中可以看出，GTR 由 3 层半导体形成两个 PN 结，并分别引出基极（Base，B）、集电极（Collector，C）和发射极（Emitter，E）。GTR 多采用 NPN 结构。注意，在图 1-19(a) 中，半导体类型字母右上角的标记"＋"表示高掺杂密度，"－"表示低掺杂密度。

在应用时，GTR 一般采用共发射极接法，图 1-19(c) 给出了这种接法下 GTR 内部主要载流子的流动情况。

集电极电流 i_C 与基极电流 i_B 之比为

$$\beta = \frac{i_C}{i_B} \tag{1-15}$$

式中：β 为 GTR 的电流放大系数，反映了基极电流对集电极电流的控制能力。考虑到集电极和发射极间的漏电流 I_{CEO} 时，i_C 和 i_B 的关系为

$$i_C = \beta i_B + I_{CEO} \tag{1-16}$$

需要注意的是，GTR 产品说明书中通常给的是直流电流增益 h_{FE}，它是指 GTR 工作在直流时集电极电流与基极电流之比。一般可认为 $\beta \approx h_{FE}$。

2. GTR 的基本特性

1）静态特性

图 1-20 给出了共发射极接法时，GTR 的典型输出特性。它可以分为截止区、放大

区和饱和区 3 个区域。在电力电子电路中，GTR 工作在开关状态，即工作在截止区或饱和区。但在开关过程中，即在截止区和饱和区之间过渡时，要经过放大区。

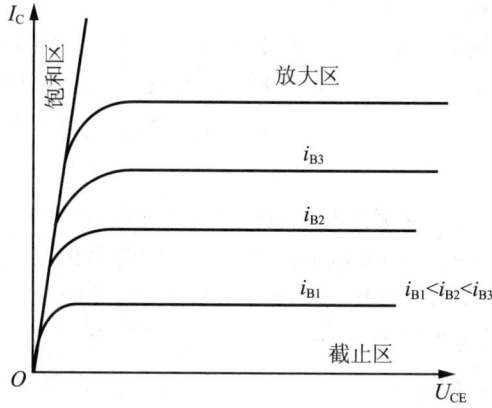

图 1-20　共发射极接法时 GTR 的输出特性

2）动态特性

GTR 是用基极电流来控制集电极电流的，图 1-21 给出了 GTR 开通和关断过程中集电极电流和基极电流的关系波形。

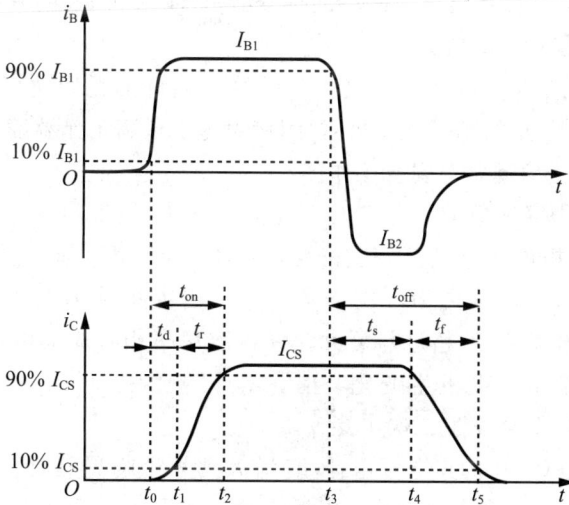

图 1-21　GTR 开通和关断过程的电流波形

从图 1-21 中可以看出，GTR 开通时要经过延迟时间 t_d 和上升时间 t_r，两者之和即为开通时间 t_{on}。其中，延迟时间 t_d 主要是由发射结势垒电容和集电结势垒电容充电产生的。增大 i_B 的幅值并增大 $\mathrm{d}i_B/\mathrm{d}t$，可缩短延迟时间 t_d 和上升时间 t_r，从而加快开通过程。

GTR 关断时要经历储存时间 t_s 和下降时间 t_f，两者之和为关断时间 t_{off}。其中，储存时间 t_s 是用来除去饱和导通时储存在基区的载流子的，是关断时间的主要部分。减小导通时的饱和深度以减小储存的载流子，或者增大基极抽取负电流 I_{B2} 的幅值和负偏压，可缩短储存时间，从而加快关断速度。其负面作用是会使集电极和发射极间的饱

和导通压降 U_{CES} 增加，从而增大通态损耗，这是一对矛盾。

GTR 的开关时间在几 $\mu\mathrm{s}$ 以内，比晶闸管和 GTO 的都短很多。

3. GTR 的主要参数

除了前面所述的电流放大倍数 β、直流电流增益 h_{FE}、集射极间漏电流 I_{CEO}、集射极间饱和压降 U_{CES}、开通时间 t_{on} 和关断时间 t_{off} 等参数外，GTR 的主要参数还有最高工作电压 U_{CEM}、集电极最大允许电流 I_{CM} 和集电极最大耗散功率 P_{CM} 等。

1）最高工作电压 U_{CEM}

GTR 上所加的电压超过规定值时，就会发生击穿。击穿电压不仅和晶体管本身特性有关，还与外电路接法有关。各种击穿电压之间的关系满足下式

$$BU_{\mathrm{CBO}} > BU_{\mathrm{CEX}} > BU_{\mathrm{CES}} > BU_{\mathrm{CER}} > BU_{\mathrm{CEO}} \tag{1-17}$$

式中：BU_{CBO} 为发射极开路时，集电极与基极间的反向击穿电压；BU_{CEX} 为发射结反向偏置时，集电极与发射极间的击穿电压；BU_{CES} 为发射极和基极间短路连接时，集电极与发射极间的击穿电压；BU_{CER} 为发射极和基极间用电阻连接时，集电极与发射极间的击穿电压；BU_{CEO} 为基极开路时，集电极与发射极间的击穿电压。

实际使用 GTR 时，为确保安全，最高工作电压 U_{CEM} 要比 BU_{CEO} 低得多。

2）集电极最大允许电流 I_{CM}

通常规定直流电流增益 h_{FE} 下降到规定值的 $1/3 \sim 1/2$ 时，所对应的 I_{C} 为集电极最大允许电流 I_{CM}。实际使用时要留有较大的裕量，只能用到 I_{CM} 的一半或稍多一点。

3）集电极最大耗散功率 P_{CM}

集电极最大耗散功率 P_{CM} 指在最高工作温度下允许的耗散功率。产品说明书中在给出 P_{CM} 的同时，一般也给出了壳温 T_{C}，间接表示了最高工作温度。

4. GTR 的二次击穿现象与安全工作区

1）GTR 的二次击穿现象

当 GTR 的集电极电压升高至一次击穿电压临界值 BU_{CEO} 时，集电极电流 I_{C} 会迅速增大，出现雪崩击穿，称之为一次击穿，一次击穿也称为电压击穿。一次击穿发生后，只要集电极电流 I_{C} 不超过与最大允许耗散功率相对应的电流限度，GTR 一般不会损坏，工作特性也不会发生变化。但在实际应用中，一次击穿发生后，如果不能有效地限制电流，就会发生二次击穿。

二次击穿是指当 GTR 的集电极电流 I_{C} 增大到某个临界点时会突然急剧上升，并伴随电压的陡然下降，二次击穿也称为电流击穿，如图 1-22 所示。

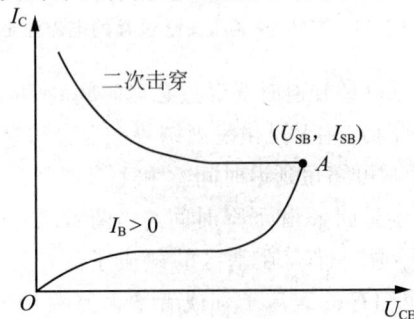

图 1-22 GTR 的二次击穿示意图

二次击穿常常会立即导致器件的永久损坏，或者工作特性明显衰变，对 GTR 危害极大。

2)GTR 的安全工作区

将不同基极电流下二次击穿的临界点连接起来，就构成了二次击穿临界线，临界线上的点反映了二次击穿功率 P_{SB}。这样，工作时不仅不能超过最高电压 U_{CEM}、集电极最大电流 I_{CM}、最大耗散功率 P_{CM}，也不能超过二次击穿临界线的限定。由这些限制条件所围成的区域就构成了 GTR 的安全工作区(Safe Operating Area，SOA)，如图 1-23 所示的阴影区。

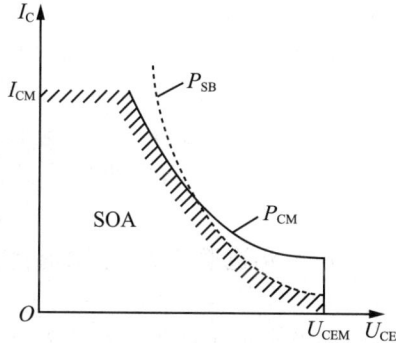

图 1-23　GTR 的安全工作区

在应用 GTR 时，为了防止发生二次击穿，应该把 GTR 限制在安全工作区内运行。综合考虑各种因素之后，在开通 GTR 时，驱动电流应使 GTR 处于准饱和导通状态，使之不进入放大区和深饱和区。关断 GTR 时，施加一定的负基极电流有利于减小关断时间和关断损耗，关断后同样应在基射极之间施加一定幅值(6V 左右)的负偏压。

另外，还可以设计缓冲电路(Snubber Circuit)来对 GTR 进行保护。

1.4.3　电力场效应晶体管

电力场效应晶体管可分为结型和绝缘栅型两种类型，但通常主要指绝缘栅型中的 MOS 型，简称为电力 MOSFET 或 Power-MOSFET(Power Metal Oxide Semiconductor Field Effect Transistor，即金属氧化物半导体场效应管)。基于结型的电力场效应晶体管一般称为静电感应晶体管。这里主要介绍电力 MOSFET。

电力 MOSFET 为单极型器件，开关速度快，工作频率高，热稳定性优于 GTR，不会发生二次击穿现象。同时，电力 MOSFET 还是电压驱动器件，或称为场控器件，其用栅极电压来控制漏极电流，因而驱动电路简单，所需要的驱动功率小。电力 MOSFET 的缺点在于电流容量小，耐压低，一般只适用于功率不超过 10kW 的电力电子装置。

1. 电力 MOSFET 的结构和工作原理

MOSFET 是由金属、氧化物(SiO_2 或 SiN)及半导体 3 种材料制成的器件。小信号的 MOSFET 主要用于模拟电路的信号放大和阻抗变换，也可应用于开关或斩波电路。大信号的 MOSFET 除少数应用于音频功率放大器，工作于线性范围外，大多数用作开关和驱动器，工作于开关状态。其耐压从几十伏到上千伏，工作电流可达几安到几十

安。电力 MOSFET 就是指能输出较大的工作电流（几安到几十安），用于功率输出级的器件。

1）分类

（1）按沟道半导体材料的不同，MOSFET 可分为 P 沟道和 N 沟道。

（2）按导电方式来划分，MOSFET 可分成耗尽型与增强型。

耗尽型与增强型的主要区别是在制造 SiO_2 绝缘层中有大量的带电离子。当栅极电压为零时，漏源极之间就存在导电沟道的称为耗尽型。对于 N(P) 沟道器件，栅极电压大于（小于）零时才存在导电沟道的称为增强型。

增强型功率 MOSFET 具有下述主要特点：输入阻抗极高，最高可达 $10^{15}\ \Omega$；噪声低，没有少数载流子存储效应，因而作为开关时不会因存储效应而引起开关时间的延迟，故开关速度快；没有偏置残余电压，在作斩波器时可提高斩波电路的性能；可用作双向开关电路；在 $U_{GS}=0$ 时，$U_{DS}=0$，在导通时其导通电阻很小（目前可做到几毫欧），损耗小，是较理想的开关。由于损耗小，故可在小尺寸封装时输出较大的开关电流，而无需加散热片。

在电力 MOSFET 中，主要是 N 沟道增强型，它具有优良的开关特性。

2）结构

电力 MOSFET 是一种单极型电力电子器件，在导通时只有一种极性的载流子（多子）参与导电，其导电机理与小功率 MOS 管相同，但结构上有较大区别。小功率 MOS 管是一次扩散形成的器件，其栅极、源极和漏极大致处于同一水平面，导电沟道平行于芯片表面，工作电流基本上是沿水平方向流动的，因而是横向导电器件。而目前，电力 MOSFET 大都采用垂直导电结构，所以又称为 VMOSFET（Vertical MOSFET），全称为 V 型槽 MOS 场效应管。VMOSFET 是继 MOSFET 之后新发展起来的高效功率开关器件。其漏极是从芯片的背面引出的，所以 I_D 不是沿芯片水平流动，而是自重掺杂 N^+ 区（源极 S）出发，经过 P 沟道流入轻掺杂 N^- 漂移区，最后垂直向下到达漏极 D。因为流通截面积增大，所以能通过大电流。这种导电结构大大提高了 MOSFET 器件的耐压和耐电流能力。另外，按照垂直导电结构的差异，电力 MOSFET 又分为利用 V 形槽实现垂直导电的 VVMOSFET（Vertical V-groove MOSFET）和具有垂直导电双扩散 MOS 结构的 VDMOSFET（Vertical Double-diffused MOSFET）。这里主要以 VD-MOS 器件为例进行讨论。

电力 MOSFET 还是一种多元集成结构，一个器件由许多个小的 MOSFET 元组成。每个元的形状和排列方法，因不同的生产厂家采用了不同的设计，而对其产品取了不同的名称。例如，国际整流器公司（International Rectifier）的 HEXFET 采用了六边形单元，西门子公司（Siemens）的 SIPMOSFET 采用了正方形单元，摩托罗拉公司（Motorola）的 TMOS 采用了矩形单元并按"品"字形排列。但不管名称怎么变化，垂直导电的基本思想没有变。

图 1-24 给出了电力 MOSFET 的结构和电气图形符号。

在图 1-24(a) 所示的内部结构断面示意图中，源极 S 和漏极 D 与 P 型衬底材料之间用扩散杂质而形成一个 N 区，这样各形成一个 PN 结。栅极 G 是做在 SiO_2 绝缘层上的，与 P 型硅衬底、源极及漏极都是绝缘的。在图 1-24(b) 所示的电气图形符号中，中

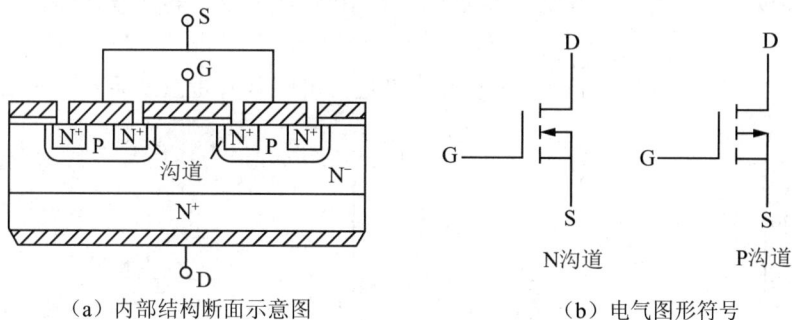

（a）内部结构断面示意图   （b）电气图形符号

图 1-24   电力 MOSFET 的结构和电气图形符号

间箭头向里的是 N 沟道，而箭头向外的是 P 沟道。这两类 MOSFET 的工作原理相同，仅电源电压控制电压的极性相反。另外，电力 MOSFET 有 3 个极：栅极（Grid，G）、漏极（Drain，D）和源极（Source，S）。

3）电力 MOSFET 的工作原理

（1）截止状态。当漏源极间加正向电压 U_{DS}（漏极 D 接电源正端，源极 S 接电源负端），栅源极间电压 U_{GS} 为零时，漏极 D 与源极 S 通道是由两个背靠背的 PN 结和 P 型硅本体电阻串联组成的，P 基区与 N 漂移区之间形成的 PN 结 J_1 反偏，由于其 PN 结反向电流极小，在常温 25℃下，其最大值只有 $1\mu A$，相当于漏极 D 和源极 S 关断，漏极 D 和源极 S 之间就没有电流流过。

（2）导电状态。如果在栅源极间加正电压 U_{GS}，由于栅极是绝缘的，所以不会有栅极电流流过。但栅极的正电压会将其下面 P 区中的空穴推开，而将 P 区中的少子——电子吸引到栅极下面的 P 区表面。当 U_{GS} 大于 U_T（开启电压或阈值电压）时，栅极下 P 区表面的电子浓度将超过空穴浓度，使 P 型半导体反型成 N 型半导体，形成反型层，该反型层形成 N 沟道而使 PN 结 J_1 消失，漏极 D 和源极 S 导电。U_{GS} 超过 U_T 越多，导电能力越强，漏极电流越大。

2. 电力 MOSFET 的基本特性

1）静态特性

电力 MOSFET 的静态特性主要包括转移特性和输出特性。转移特性是指漏极电流 I_D 和栅源间电压 U_{GS} 的关系。输出特性是指电力 MOSFET 的漏极伏安特性。图 1-25 给出了电力 MOSFET 的这两种特性。

在图 1-25（a）所示的转移特性中，I_D 较大时，I_D 与 U_{GS} 的关系近似线性，曲线的斜率定义为跨导 G_{fs}。电力 MOSFET 是电压控制型器件，其输入阻抗极高，输入电流非常小。

在图 1-25（b）所示的输出特性中，电力 MOSFET 的输出特性可分为截止区（对应于 GTR 的截止区）、饱和区（对应于 GTR 的放大区）和非饱和区（对应于 GTR 的饱和区）3 个区域。电力 MOSFET 的饱和与非饱和概念与 GTR 的不同，在这里，饱和是指漏源电压增加时漏极电流不再增加，非饱和是指漏源电压增加时漏极电流相应增加。电力 MOSFET 工作在开关状态，即在截止区和非饱和区之间来回转换。

另外，电力 MOSFET 漏源极之间形成了一个与之反向并联的寄生二极管，使得在

漏源极间加反向电压时器件导通。在使用电力 MOSFET 时，要注意这个寄生二极管的影响。

电力 MOSFET 还有一个突出的优点：其通态电阻具有正温度系数，对器件并联时的均流非常有利。

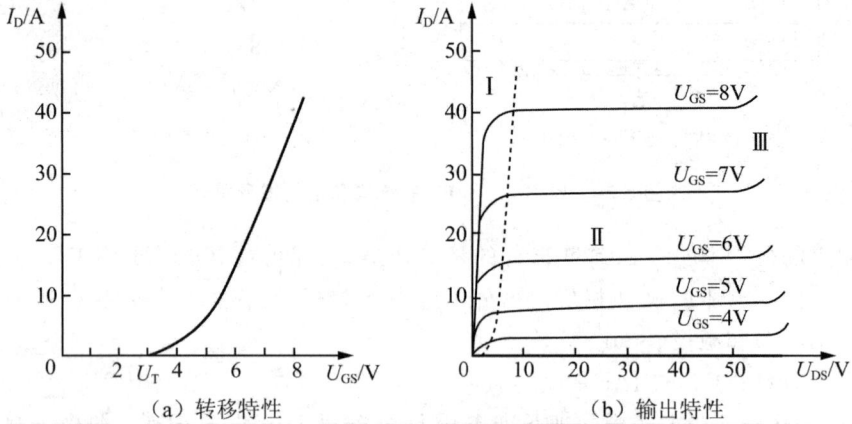

图 1-25　电力 MOSFET 的转移特性和输出特性

2)动态特性

图 1-26 给出了电力 MOSFET 的开关过程。用图 1-26(a)所示的电路来测试电力 MOSFET 的开关特性，其开关过程的波形如图 1-26(b)所示。

由于电力 MOSFET 存在输入电容 C_{in}，这个输入电容会对开通过程和关断过程产生影响。

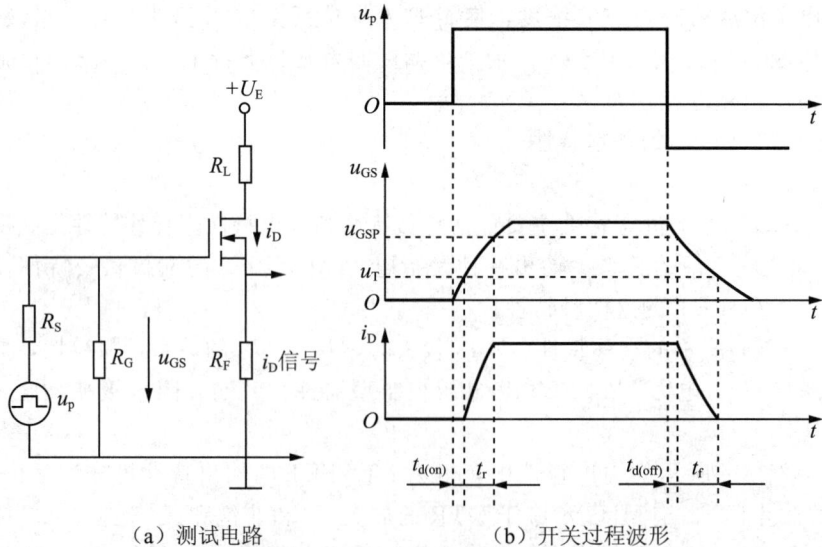

图 1-26　电力 MOSFET 的开关过程

u_p—矩形脉冲电压信号源；R_S—信号源内阻；R_G—栅极电阻；

R_L—漏极负载电阻；R_F—检测漏极电流用电阻

(1)开通过程。当脉冲电压 u_p 的前沿到来时，C_{in} 有一个充电过程，栅极电压 u_{GS} 呈指数规律上升。当 u_{GS} 上升到开启电压 U_T 时，开始出现漏极电流 i_D。从 u_p 前沿时刻到 $u_{GS}=U_T$ 并开始出现 i_D 的时刻所对应的时间段被定义为开通延迟时间 $t_{d(on)}$。此后，i_D 随 u_{GS} 的上升而上升。u_{GS} 从 U_T 上升到 MOSFET 进入非饱和区的栅压 U_{GSP} 所对应的时间段被定义为上升时间 t_r。此时，漏极电流达到稳定值，相当于 GTR 的临界饱和状态。i_D 的稳态值由漏极电源电压 U_E 和漏极负载电阻决定，U_{GSP} 的大小和 i_D 的稳态值有关。u_{GS} 达到 U_{GSP} 后，在 u_p 作用下继续升高直至达到稳态，但 i_D 已不再变化，这相当于 GTR 的深饱和状态。

电力 MOSFET 的开通时间 t_{on} 等于开通延迟时间 $t_{d(on)}$ 与上升时间 t_r 之和，即

$$t_{on}=t_{d(on)}+t_r \tag{1-18}$$

(2)关断过程。当 u_p 下降到零时，C_{in} 通过信号源内阻 R_S 和栅极电阻 R_G 放电，u_{GS} 按指数曲线下降到 U_{GSP} 时，i_D 开始减小，这段时间被定义为关断延迟时间 $t_{d(off)}$。此后，C_{in} 继续放电，u_{GS} 从 U_{GSP} 继续下降，i_D 减小，到 $u_{GS}<U_T$ 时沟道消失，i_D 下降到零，这段时间被定义为下降时间 t_f。

电力 MOSFET 的关断时间 t_{off} 等于关断延迟时间 $t_{d(off)}$ 和下降时间 t_f 之和，即

$$t_{off}=t_{d(off)}+t_f \tag{1-19}$$

从上面的分析可以看出，电力 MOSFET 的开关速度和它的输入电容 C_{in} 的充放电有很大的关系。使用者无法降低 C_{in} 的值，但可降低驱动电路的内阻 R_S 来减小栅极回路的充放电时间常数，加快开关速度。通过以上分析还可以看出，电力 MOSFET 只靠多子导电，不存在少子储存效应，因而关断过程非常迅速。电力 MOSFET 的开关时间为 $10\sim100$ns，工作频率可达 100kHz 以上，是主要电力电子器件中最高的。另外，电力 MOSFET 是场控器件，静态时几乎不需输入电流。但在开关过程中需对输入电容 C_{in} 充放电，仍需一定的驱动功率。开关频率越高，所需的驱动功率越大。

3. 电力 MOSFET 的主要参数

除了前面提及的跨导 G_{fs}、开启电压 U_T 以及各时间参数开通时间 t_{on}、关断时间 t_{off} 之外，电力 MOSFET 的主要参数还有以下几个。

(1)漏极电压 U_{DS}——它是标称电力 MOSFET 电压定额的参数。

(2)漏极直流电流 I_D 和漏极脉冲电流幅值 I_{DM}——它们是标称电力 MOSFET 电流定额的参数。

(3)栅源电压 U_{GS}——电力 MOSFET 栅源之间的绝缘层很薄，$|U_{GS}|>20$V 将导致绝缘层击穿。

(4)极间电容——电力 MOSFET 的 3 个电极之间分别存在极间电容 C_{GS}、C_{GD} 和 C_{DS}。一般厂家提供的是漏源极短路时的输入电容 C_{iss}、共源极输出电容 C_{oss} 和反向转移电容 C_{rss}。它们之间的关系是

$$C_{iss}=C_{GS}+C_{GD} \tag{1-20}$$

$$C_{rss}=C_{GD} \tag{1-21}$$

$$C_{oss}=C_{DS}+C_{GD} \tag{1-22}$$

前面提到的输入电容可近似用 C_{iss} 代替。这些电容都是非线性的。

漏源间的耐压、漏极最大允许电流和最大耗散功率决定了电力 MOSFET 的安全工

作区。图 1-27 给出了电力 MOSFET 的正向偏置安全工作区，图中的时间表示脉冲宽度。

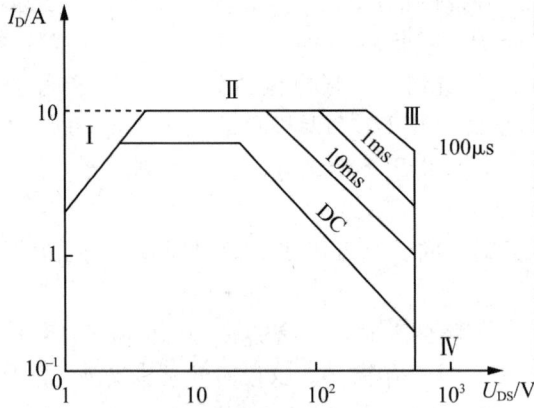

图 1-27　电力 MOSFET 正向偏置安全工作区

一般来说，电力 MOSFET 不存在二次击穿问题，这是它的一大优点。但在实际使用中仍应注意留出适当的裕量。

4. 电力 MOSFET 的静电击穿现象及防止措施

1）静电击穿现象

电力 MOSFET 是单极型场控器件，在使用时，输入端呈现高阻抗的特点。在静电较强的场合，栅极 G 容易受到感应而积累电荷难以释放，从而引起器件的静电击穿，使栅极的薄氧化层击穿，造成栅极 G 与源极 S 短路，或者引起器件内部的金属化薄膜铝条被熔断，造成栅极 G 或源极 S 开路。所以，在使用或储存电力 MOSFET 时，要防止静电击穿。

2）防止措施

(1)限制电力 MOSFET 的栅极-源极电压 U_{GS} 的极限值在 $\pm(15\sim20)$V 内。

(2)在测试和接入电路前，电力 MOSFET 应存放在抗静电包装袋或金属容器中。

(3)电力 MOSFET 接入电路时，工作台、电烙铁和测量仪表等都必须接地。

(4)电力 MOSFET 3 个电极未全部接好前，电路不应加上电压。

1.4.4　绝缘栅双极晶体管

电力 MOSFET 是一种单极型的电压驱动器件，由于没有少数载流子的存储效应，其开关速度快，输入阻抗高，热稳定性好，所需驱动功率小且驱动电路简单。GTR 是一种双极型的电流驱动器件，由于具有电导调制效应，因此其通流能力很强，但开关速度较低，所需驱动功率大，驱动电路也比较复杂。将这两类器件相互取长补短结合而成的复合型器件通常称为 Bi-MOS 器件。绝缘栅双极晶体管把 P-MOSFET 和 GTR 结合起来，综合了二者的优点，具有良好的特性，自 1986 年投入市场后，在开关电路和逆变电路中得到了广泛应用，并迅速扩展至其应用领域，成为中小功率电力电子设备的主导器件。目前，正在继续提高其电压和电流容量，以期取代 GTO 的地位。

1. IGBT 的结构和工作原理

图 1-28 给出了 IGBT 的结构、简化等效电路和电气图形符号。从图中可以看出，IGBT 是一种三端器件：栅极 G、集电极 C 和发射极 E。图 1-27(a)给出了由 N 沟道 VDMOSFET 与双极晶体管组合而成的 N 沟道 IGBT(N-IGBT)的基本结构。将其与图 1-23(a)所示电力 MOSFET 的内部结构进行对照，可以看出，IGBT 比 VDMOSFET 多了一层 P^+ 注入区，因而形成了一个大面积的 P^+N 结 J_1。这样，使 IGBT 导通时由 P^+ 注入区向 N 基区发射少子，从而对漂移区的电导率进行调制，使得 IGBT 具有很强的通流能力。图 1-27(b)所示的简化等效电路表明，IGBT 是电力 MOSFET 与 GTR 组成的达林顿结构，相当于一个由电力 MOSFET 驱动的厚基区 PNP 晶体管。R_N 为晶体管基区内的调制电阻。N 沟道 IGBT 在实际中应用较多，其电气图形符号如图 1-27(c) 所示。除了 N 沟道 IGBT 外，相应的还有 P 沟道 IGBT(P-IGBT)，其箭头与 N 沟道 IGBT 的方向相反。

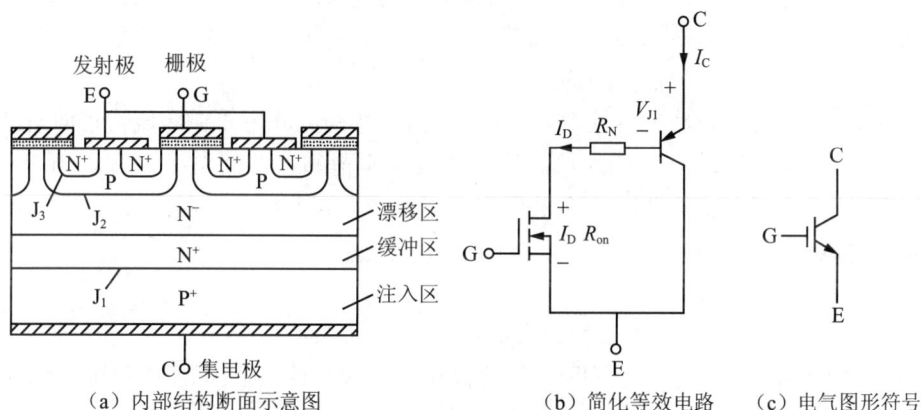

（a）内部结构断面示意图   （b）简化等效电路   （c）电气图形符号

图 1-28　IGBT 的结构、简化等效电路和电气图形符号

IGBT 的驱动原理与电力 MOSFET 基本相同，它也是一种场控器件，其通断由栅极和射极间的电压 u_{GE} 决定。当 u_{GE} 为正且大于开启电压 $U_{GE(th)}$ 时，电力 MOSFET 内形成沟道，为晶体管提供基极电流而使 IGBT 导通。由于前面提及的电导调制效应，使电阻 R_N 减小，这样使得高耐压的 IGBT 也具有很小的通态压降。当栅极与发射极间施加反压或不加信号时，电力 MOSFET 内的沟道消失，晶体管的基极电流被切断，IGBT 被关断。

2. IGBT 的基本特性

1）IGBT 的静态特性

IGBT 的静态特性主要包括转移特性和输出特性。转移特性是指集电极电流 I_C 与栅射极电压 U_{GE} 之间的关系，其与电力 MOSFET 的转移特性很相似。输出特性是指以栅射极电压 U_{GE} 为参考变量时，集电极电流 I_C 与集射极电压 U_{CE} 之间的关系，也称伏安特性，其与 GTR 的转移特性相似。图 1-29 给出了 IGBT 的这两种特性。

（a）转移特性　　　　　　　（b）输出特性

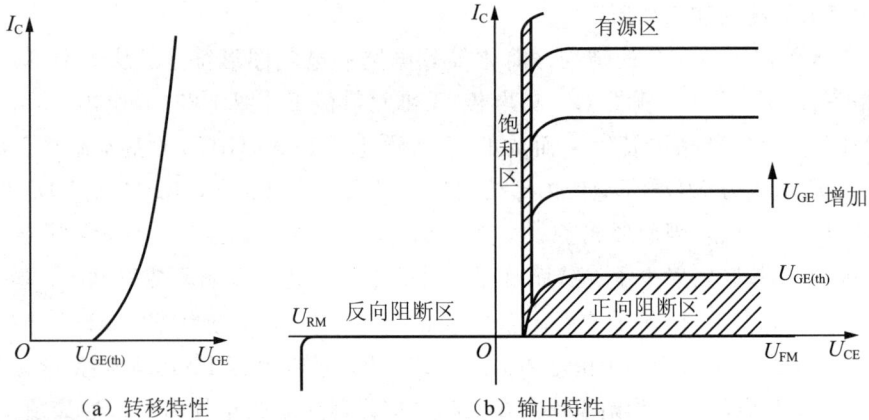

图 1-29　IGBT 的转移特性和输出特性

在图 1-29(a)所示的转移特性中，开启电压 $U_{GE(th)}$ 是 IGBT 能实现电导调制而导通的最低栅射电压。$U_{GE(th)}$ 随温度升高而略有下降，温度每升高 1℃，其值下降 5mV 左右。在 +25℃时，$U_{GE(th)}$ 的值一般为 2～6V。

在图 1-29(b)所示的输出特性中，IGBT 的输出特性可分为 3 个区域：正向阻断区、有源区和饱和区，分别与 GTR 的截止区、放大区和饱和区相对应。此外，当 $U_{CE}<0$ 时，IGBT 为反向阻断工作状态。在电力电子电路中，IGBT 工作在开关状态，即在正向阻断区和饱和区之间来回转换。

2）IGBT 的动态特性

图 1-30 给出了 IGBT 开关过程的波形。

IGBT 的开通过程与电力 MOSFET 的很相似，这是因为在开通过程中，IGBT 在大部分时间是作为电力 MOSFET 来运行的。从驱动电压 u_{GE} 的前沿上升至其幅值 10% 的时刻，到集电极电流 i_C 上升至其幅值 10% 的时刻为止，这段时间被定义为开通延迟时间 $t_{d(on)}$。i_C 从 10% 的 i_{CM} 上升至 90% 的 i_{CM} 所需的时间被定义为电流上升时间 t_r。开通时间 t_{on} 为开通延迟时间 $t_{d(on)}$ 与电流上升时间 t_r 之和。开通时，u_{CE} 的下降过程分为 t_{fv1} 和 t_{fv2} 两段。其中，t_{fv1} 对应于 IGBT 中电力 MOSFET 单独工作的电压下降过程；t_{fv2} 对应于电力 MOSFET 和 PNP 型晶体管同时工作的电压下降过程。由于 u_{CE} 下降时 IGBT 中电力 MOSFET 的栅漏电容增加，而且 IGBT 中的 PNP 型晶体管由放大状态转入饱和状态也需要一个过程，因此 t_{fv2} 段电压下降过程缓慢。只有在 t_{fv2} 段结束时，IGBT 才会完全进入饱和状态。

IGBT 关断时，从脉冲电压 u_{GE} 的后沿下降到其幅值 90% 的时刻起，到集电极电流 i_C 下降至 90% 的 i_{CM} 为止，这段时间被定义为关断延迟时间 $t_{d(off)}$。集电极电流 i_C 从 90% 的 i_{CM} 下降至 10% 的 i_{CM} 所需的时间被定义为电流下降时间 t_f。关断时间 t_{off} 为关断延迟时间 $t_{d(off)}$ 与电流下降时间 t_f 之和。电流下降时间又可分为 t_{fi1} 和 t_{fi2} 两段。其中，t_{fi1} 对应于 IGBT 内部的电力 MOSFET 的关断过程，这段时间内 i_C 下降较快。t_{fi2} 对应于 IGBT 内部的 PNP 型晶体管的关断过程，这段时间内电力 MOSFET 已经关断，又无反向电压，所以 N 基区内的少数载流子复合缓慢，造成集电极电流 i_C 下降较慢。较长的

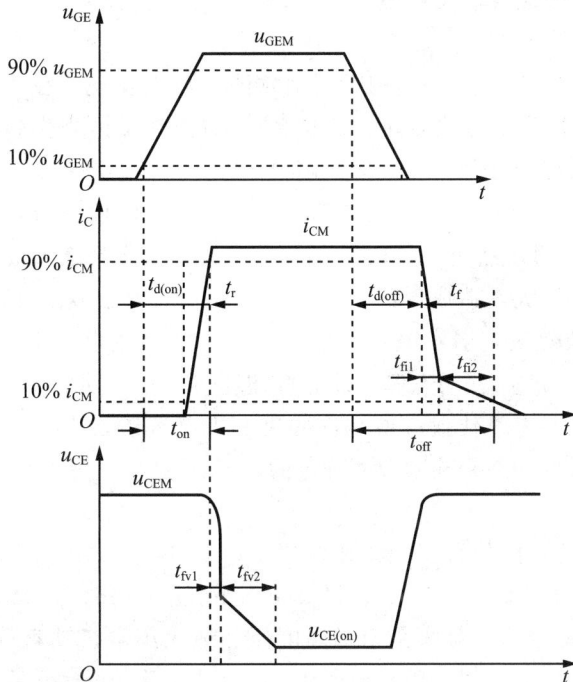

图 1-30　IGBT 的开关过程

电流下降时间会产生较大的关断损耗，因此 IGBT 要通过减轻饱和程度来缩短电流下降时间，不过其要与通态压降综合考虑。

IGBT 中双极性 PNP 型晶体管的存在虽然带来了电导调制效应的好处，但也引入了少子储存现象，因而 IGBT 的开关速度低于电力 MOSFET。此外，IGBT 的击穿电压、通态压降和关断时间也是需要综合考虑的因素。

3. IGBT 的主要参数

除了前面所提到的参数外，IGBT 的主要参数还包括以下 3 个。

(1) 最大集射极间电压 U_{CES}——由器件内部 PNP 型晶体管所能承受的击穿电压确定。

(2) 最大集电极电流——包括额定直流电流 I_C 和 1ms 脉宽最大电流 I_{CP}。

(3) 最大集电极功耗 P_{CM}——在正常工作温度下所允许的最大耗散功率。

IGBT 的特性和参数特点可以总结如下。

①IGBT 的开关速度快，开关损耗小。在电压 1000V 以上时，其开关损耗只有 GTR 的 1/10，与电力 MOSFET 相当。

②在相同电压和电流定额的情况下，IGBT 的安全工作区比 GTR 的大，且具有耐脉冲电流冲击能力。

③IGBT 的通态压降比 VDMOSFET 的低，特别是在电流较大的区域。

④IGBT 的输入阻抗高，其输入特性与电力 MOSFET 类似。

⑤IGBT 与电力 MOSFET 和 GTR 相比，其耐压和通流能力还可以进一步提高，同时可保持开关频率高的特点。

4. IGBT 的擎住效应及防止措施

1) IGBT 的擎住效应

从图 1-28 所示的 IGBT 内部结构断面示意图中可以发现，在 IGBT 内部寄生着一个 N^-PN^+ 晶体管和作为主开关器件的 P^+N^-P 晶体管组成的寄生晶闸管。其中，NPN 型晶体管的基极与发射极之间存在体区短路电阻，P 型区的横向空穴电流会在该电阻上产生压降，相当于对 J_3 结施加一个正向偏压，在额定集电极电流范围内，这个偏压很小，不足以使 J_3 结开通。然而，一旦 J_3 结开通，栅极就会失去对集电极电流的控制作用，导致集电极电流增大，造成器件由于功耗过高而损坏。这种电流失控的现象，被称为擎住效应或自锁效应。引发擎住效应的原因可能是集电极电流过大（静态擎住效应），也可能是 du_{CE}/dt 过大（动态擎住效应），温度升高也会加重发生擎住效应的危险。

动态擎住效应比静态擎住效应所允许的集电极电流还要小，因此所允许的最大集电极电流实际上是根据动态擎住效应而确定的。

2) 防止措施

(1) 设定 IGBT 的正向偏置安全工作区（Forward Biased Safe Operating Area，FBSOA）和反向偏置安全工作区（Reverse Biased Safe Operating Area，RBSOA）。其中，FBSOA 由最大集电极电流、最大集射极间电压和最大集电极功耗确定；RBSOA 由最大集电极电流、最大集射极间电压和最大允许电压上升率 du_{CE}/dt 确定。

(2) 在使用 IGBT 时，要使栅极电流不超过最大允许电流 I_{DM}。

(3) 加大栅极电阻 R_G，以延长 IGBT 的关断时间，减少重加 du_{CE}/dt 的数值。

擎住效应曾经是限制 IGBT 电流容量提高的主要因素之一，但经过多年的努力，从 20 世纪 90 年代中后期开始，该问题得到逐步解决，促进了 IGBT 研究和制造水平的进一步提高。

1.5 其他新型电力电子器件

1.5.1 MOS 控制晶闸管

MOS 控制晶闸管（MOS Controlled Thyristor，MCT）最早由美国 GE 公司研制。MCT 是将 MOSFET 与晶闸管组合而成的复合型器件。MCT 将 MOSFET 的高输入阻抗、低驱动功率、快速的开关过程和晶闸管的高电压大电流、低导通压降的特点结合起来，也是 Bi－MOS 器件的一种。一个 MCT 器件由数以万计的 MCT 元组成，每个元的组成如下：一个 PNPN 型晶闸管，一个控制该晶闸管开通的 MOSFET 和一个控制该晶闸管关断的 MOSFET。

MCT 具有高电压、大电流、高载流密度、低通态压降的特点。其通态压降只有 GTR 的 1/3 左右，硅片的单位面积连续电流密度在各种器件中是最高的。另外，MCT 可承受极高的 di/dt 和 du/dt，使得其保护电路可以简化。MCT 的开关速度超过了 GTR，开关损耗也较小。

MCT 曾一度被认为是一种最有发展前途的电力电子器件，自 20 世纪 80 年代以来一度成为研究的热点。但经过十多年的努力，其关键技术问题没有大的突破，电压和电流容量都远未达到预期的数值，未能投入实际应用。而其竞争对手 IGBT 却进展飞速，所以，目前从事 MCT 研究的人不是很多。

1.5.2　静电感应晶体管

静电感应晶体管(Static Induction Transistor，SIT)的概念早在 1950 年就被提出了，但直到 1970 年才由日本的西泽润一和渡边提出并报道了第一只静电感应晶体管器件。SIT 实际上是一种结型电力场效应晶体管。把用于信息处理的小功率 SIT 器件的横向导电结构改为垂直导电结构，即可制成大功率的 SIT 器件。SIT 通常采用 N 沟道的结型场效应结构，具有 3 个电极：栅极 G、漏极 D 和源极 S。其工作原理是通过改变栅极和漏极电压来改变沟道势垒高度，从而控制来自源区的多数载流子的数量，通过静电方式控制沟道内部电位分布，从而实现对沟道电流的控制。

SIT 是一种多子导电的器件，其工作频率与电力 MOSFET 相当，甚至超过电力 MOSFET。而其电压、电流容量都比 MOSFET 大，适用于高频、大功率的场合。当栅极不加任何信号时，SIT 是导通的，栅极加负偏压时关断。这种类型的 SIT 称为正常导通型，使用起来不太方便。另外，SIT 通态压降大，因此通态损耗也较大。因而，SIT 还未在大多数电力电子设备中得到广泛应用。

SIT 器件的研究和生产在日本、美国等国家非常活跃，目前已达到 250A/2000V。国内水平尚有差距，在"九五"期间，正在开发 180A/800V 的器件，是 2010 年前应重点发展的新型电力电子器件之一。

1.5.3　静电感应晶闸管

静电感应晶闸管(Static Induction Thyristor，SITH)诞生于 1972 年。SITH 是在 SIT 的漏极层上附加一层与漏极层导电类型不同的发射极层而得到的，又称场控晶闸管(Field Controlled Thyristor，FCT)。SITH 的结构与 SIT 类似，不同的只是阳极 P^+ 代替了 N^+ 漏区，多了一个具有少子注入功能的 PN 结。因而，SITH 是两种载流子导电的双极型器件，具有电导调制效应，通态电阻小，通态压降低，通流能力强。其很多特性与 GTO 类似，但开关速度比 GTO 快得多，开关损耗小，di/dt 及 du/dt 的耐量高，是大容量的快速器件。

SITH 一般也是正常导通型，但也有正常关断型。此外，其制造工艺比 GTO 复杂得多，电流关断增益较小，因而其应用范围还有待拓展。

1.5.4　集成门极换流晶闸管

集成门极换流晶闸管(Intergrated Gate Commutated Thyristor，IGCT)是 1996 年问世的用于巨型电力电子成套装置中的新型电力半导体器件，有时也称为 GCT(Gate Commutated Thyristor)。IGCT 是一种基于 GTO 结构、利用集成栅极结构进行栅极硬驱动、采用缓冲层结构及阳极透明发射极技术的新型大功率半导体开关器件，具有晶闸管的通态特性及晶体管的开关特性。由于采用了缓冲结构以及浅层发射极技术，因而动态损耗降低了约 50%。另外，此类器件还在一个芯片上集成了具有良好动态特性的续流二极管，从而以其独特的方式实现了晶闸管的低通态压降、高阻断电压和晶体管稳定的开关特性的有机结合。

IGCT 将 GTO 技术与现代功率晶体管 IGBT 的优点集于一身，具有电流大、电压

高、开关频率高、可靠性高、结构紧凑、损耗低等特点，而且制造成本低，成品率高，有很好的应用前景。在大功率 MCT 技术尚未成熟以前，IGCT 将成为大功率高电压变频器的首选功率器件。

1.5.5 功率模块与功率集成电路

自 20 世纪 80 年代中后期开始，电力电子器件研制和开发中的一个共同趋势是模块化。按照典型电力电子电路所需要的拓扑结构，将多个相同的电力电子器件或者多个相互配合使用的不同电力电子器件封装在一个模块中，可以缩小装置体积，降低成本，提高可靠性。更重要的是，对于工作频率较高的电路，这可以大大减小线路电感，从而简化对保护和缓冲电路的要求。这种模块被称为功率模块(Power Module)。

更进一步，如果将电力电子器件与逻辑、控制、保护、传感、检测、自诊断等信息电子电路制作在同一个芯片上，则称为功率集成电路(PIC)。例如，高压集成电路(High Voltage IC，HVIC)一般指横向高压器件与逻辑或模拟控制电路的单片集成。问世于 20 世纪 80 年代中后期的电力电子器件第三代产品——智能功率模块(IPM)和智能功率集成电路(Smart Power IC，SPIC)是功率集成电路中的尖端产品。IPM 把不同功能的功率单元与驱动单元及保护单元集成一个模块，缩小了整机的体积，方便了整机设计和制造。SPIC 把逻辑单元、传感单元、测量单元及保护单元等与功率单元集成一体，使它具备了相当于某种复杂电路的功能。功率集成电路实现了电能和信息的集成，成为机电一体化的理想接口，具有广阔的应用前景。

▶ 1.6 电力电子器件的驱动概述

电力电子器件的驱动电路是电力电子主电路与控制电路之间的接口。采用性能优良的驱动电路，可使电力电子器件工作在较理想的工作状态，缩短开关时间，减小开关损耗，对装置的运行效率、可靠性和安全性都有重要的意义。另外，对电力电子器件或整个装置的一些保护措施也往往就近设在驱动电路中，或通过驱动电路来实现，这就使驱动电路的设计更为重要。

驱动电路的基本任务是将信息电子电路传来的信号按其控制目标的要求，转换为加在电力电子器件控制端和公共端之间，可以使其开通或关断的信号。对半控型器件只需提供开通控制信号，而对全控型器件则既要提供开通控制信号，又要提供关断控制信号。

驱动电路还要提供控制电路与主电路之间的电气隔离环节，一般采用光隔离或磁隔离。

光隔离一般采用光耦合器，它由发光二极管和光敏晶体管组成，封装在一个外壳内。光耦合器的类型有普通、高速和高传输比 3 种。其内部电路和基本接法分别如图 1-31 所示。

磁隔离的元件通常是脉冲变压器。当脉冲较宽时，为避免铁芯饱和，常采用高频调制和解调的方法。

1.6.1 晶闸管触发电路

晶闸管是半控型电力电子器件，其触发电路的作用是产生符合要求的门极触发脉

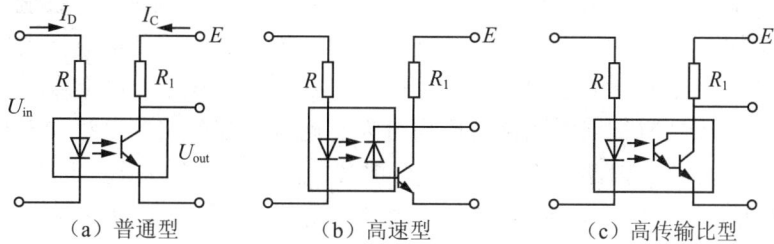

（a）普通型　　　　　　（b）高速型　　　　　　（c）高传输比型

图 1-31　光耦合器的类型及接法

冲，保证晶闸管在需要的时刻由阻断转为导通。广义上讲，晶闸管触发电路往往还包括对其触发时刻进行控制的相位控制电路。

晶闸管触发电路应满足下列要求。

（1）触发脉冲的宽度应保证晶闸管可靠导通。对感性负载和反电势负载应采用宽脉冲或脉冲列，对变流器的启动、双星形带平衡电抗器电路的触发脉冲宽度应大于 30°，三相全控桥电路应采用宽于 60° 的单宽脉冲或相隔 60° 的双窄脉冲。

（2）触发脉冲应有足够的幅度但不要超过晶闸管门极的电压、电流和功率定额，且在可靠触发区域之内。脉冲电流的幅度应增大为器件最大触发电流的 3～5 倍，且脉冲的前沿要尽可能地陡。

（3）触发脉冲要满足主电路移相范围的要求。

（4）施加触发脉冲的时刻要和晶闸管所承受的阳极电压保持同步。

（5）触发电路应有良好的抗干扰性能、温度稳定性及与主电路的电气隔离。

理想的晶闸管触发脉冲的电流波形如图 1-32 所示。

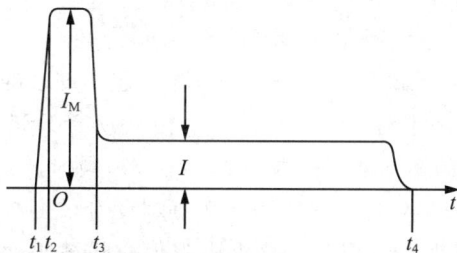

图 1-32　理想的晶闸管触发脉冲的电流波形

$t_1 \sim t_2$—脉冲前沿上升时间（$<1\mu s$）；　$t_1 \sim t_3$—强脉宽度；　$t_1 \sim t_4$—脉冲宽度；

I_M—强脉冲幅值（$3I_{GT} \sim 5I_{GT}$）；　I—脉冲平顶幅值（$1.5I_{GT} \sim 2I_{GT}$）

1.6.2　典型全控型器件的触发电路

典型的全控型电力电子器件包括门极可关断晶闸管、电力晶体管、电力场效应管和绝缘栅双极晶体管等，其触发电路可分为电流驱动型和电压驱动型两大类。

1. 电流驱动型器件的驱动电路

GTO 和 GTR 为电流驱动型器件。

GTO 的开通控制与普通晶闸管相似，但对脉冲前沿的幅值和陡度要求较高，且一般需在整个导通期间施加正的门极电流。GTO 关断时需施加负门极电流，对其幅值和

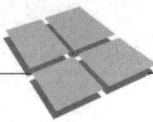

陡度的要求更高，关断后还应在门阴极施加约 5V 的负偏压以提高抗干扰能力。

图 1-33 给出了一个推荐的 GTO 门极电压、电流波形。GTO 的驱动电路通常包括开通驱动电路、关断驱动电路和门极反偏电路 3 部分，可分为脉冲变压器耦合式和直接耦合式两种类型。直接耦合式驱动电路可避免电路内部的相互干扰和寄生振荡，可得到较陡的脉冲前沿，因此目前应用较广，但其功耗大，效率较低。

GTR 的开通驱动电流应使 GTR 处于准饱和导通状态，且不进入放大区和深饱和区。关断 GTR 时，施加一定的负基极电流有利于减小关断时间和关断损耗，关断后同样应在基射极之间施加一定幅值(6V 左右)的负偏压。

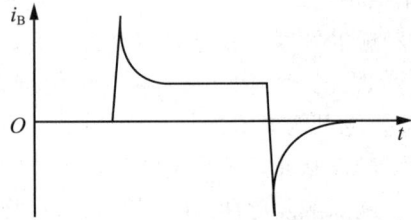

图 1-34 给出了一个理想的 GTR 基极驱动电流波形。GTR 的驱动电路通常包括电气隔离和晶体管放大电路两部分。

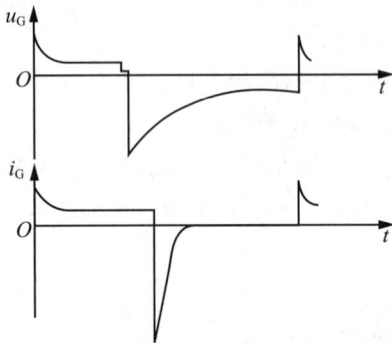

图 1-33　推荐的 GTO 门极电压、电流波形　　图 1-34　理想的 GTR 基极驱动电流波形

2. 电压驱动型器件的驱动电路

P-MOSFET 和 IGBT 是电压驱动型器件。

P-MOSFET 的栅源极间和 IGBT 栅射极间都有数千皮法的极间电容，为快速建立驱动电压，要求驱动电路具有较小的输出电阻。使 P-MOSFET 开通的驱动电压一般为 10～15V，使 IGBT 开通的驱动电压一般为 15～20V。同样，关断时施加一定幅值的负驱动电压(一般取−15～−5V)，有利于减小关断时间和关断损耗。在栅极串入一只低值电阻(数十欧姆)可以减小寄生振荡，该电阻阻值应随被驱动器件电流额定值的增大而减小。

电力 MOSFET 的驱动电路通常包括电气隔离和晶体管放大电路两部分。而 IGBT 的驱动多采用专用的混合集成驱动器，如三菱公司的 M579 系列(如 M57962L 和 M57959L)和富士公司的 EXB 系列(如 EXB840、EXB841、EXB850 和 EXB851)等。其内部具有退饱和检测和保护环节，当发生过电流时能快速响应但慢速关断 IGBT，并向外部电路给出故障信号。

应该说明的是，驱动电路的具体形式可为分立元件的，但目前的趋势是多采用专用集成驱动电路。为达到参数最佳配合，首选所用器件生产厂家专门开发的集成驱动电路。

▶ 1.7　电力电子器件的串、并联技术

当单个电力电子器件的电压、电流定额不能满足大功率应用场合的要求时，往往需要把电力电子器件或装置串联或并联起来工作，这就涉及电力电子器件的串、并联使用技术问题。

1.7.1　晶闸管的串联

当晶闸管的额定电压小于应用要求时，可以把两个以上同型号的晶闸管串联起来进行使用。理想情况下，希望串联的各器件分压相等，但因特性差异，各器件的电压分配会存在不均匀问题。

串联时器件流过的漏电流相同，但因其静态伏安特性的分散性，各器件分压并不等。承受电压高的器件首先达到转折电压而导通，使另一个器件承担全部电压也导通，两个器件都失去控制作用。反向时，可能会使其中一个器件先反向击穿，另一个随之击穿。这种由于器件静态特性不同而造成的均压问题称为静态不均压问题。

静态均压的措施主要包括以下几个方面。

(1)选用参数和特性尽量一致的器件。

(2)采用电阻均压。在图 1-35 中，均压电阻 R_P 的阻值应比任一器件阻断时的正、反向电阻小得多，这样才能使每个晶闸管分担的电压决定于均压电阻的分压。

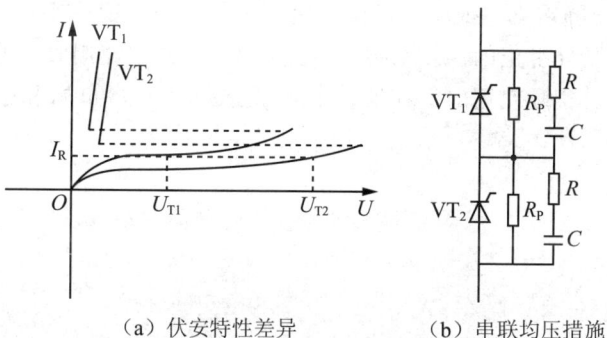

（a）伏安特性差异　　　　　（b）串联均压措施

图 1-35　晶闸管的串联

同样，由于器件动态参数和特性的差异造成的不均压问题称为动态不均压问题。

动态均压的措施主要包括以下几个方面。

(1)选择动态参数和特性尽量一致的器件。

(2)用与 R_P 并联的 RC 支路作为动态均压，如图 1-35 所示。

(3)采用门极强脉冲触发可以显著减小晶闸管器件开通时间上的差异。

1.7.2　晶闸管的并联

在大功率晶闸管装置中，常采用多个器件并联来承担较大的电流，但也会分别因静态和动态特性参数的差异而存在电流分配不均匀，造成有的器件不足，有的器件过载。

均流的措施主要包括以下几个方面。

(1)挑选特性参数尽量一致的器件。

(2)采用均流电抗器，如图 1-36 所示。

(3)用门极强脉冲触发有助于动态均流。

(4)当需要同时串联和并联晶闸管时，通常采用先串后并的方法连接。

（a）　　　　　　　　　　　　（b）

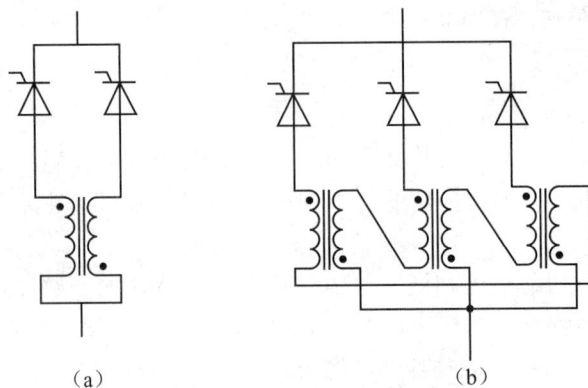

图 1-36　晶闸管并联均流电路

1.7.3　电力 MOSFET 和 IGBT 并联运行的特点

电力 MOSFET 的 R_{on} 具有正温度系数，并联使用时具有自动均衡电流的能力，易于并联。但也要注意以下问题：尽量选用特性参数相近的器件；电路走线和布局应尽量对称；还可在源极电路中串入小电感，起到均流电抗器的作用。

IGBT 的通态压降在 1/2 或 1/3 额定电流以下的区段，具有负的温度系数，在 1/2 或 1/3 以上的区段则具有正的温度系数。因此，IGBT 并联使用时也具有自动均衡电流的能力，易于并联。实际使用时，在器件的参数选择、电路布局和走线等各方面也应尽量一致。

本 章 小 结

本章首先简单介绍了电力电子器件的概念、发展史、发展趋势、特征和分类等问题。其次，介绍了不可控器件——电力二极管的结构、工作原理、基本特性、主要参数和主要类型；较为详细地介绍了半控型器件——晶闸管的结构、工作原理、基本特性、主要参数以及晶闸管的派生器件；介绍了典型全控型器件——门极可关断晶闸管、电力晶体管、电力场效应晶体管、绝缘栅双极晶体管等器件的结构、工作原理、基本特性、主要参数和典型现象。再次，介绍了其他新型的电力电子器件，包括 MOS 控制晶闸管、静电感应晶体管、静电感应晶闸管、集成门极换流晶闸管、功率模块与功率集成电路等。最后，简单介绍了电力电子器件的驱动、串并联技术等在器件应用时的共性问题和基础性问题。

在学习电力电子器件的过程中，要掌握一些重点问题。例如，要把握电力电子器件的发展趋势和特征；要掌握电力电子器件的分类，掌握单极型、双极型、复合型器件的优缺点，掌握电流驱动型和电压驱动型器件的特点；要理解晶闸管的 4 条基本结论，因为它们是今后分析整流、有源逆变电路等电路的理论基础；要掌握晶闸管额定参数尤其是额定电流的计算方法，学会合理地选择电力电子器件的主要参数；要掌握常见全控型电力电子器件的特点和正确使用方法，掌握全控型电力电子器件典型现象（如 GTR 的二次击穿、P-MOSFET 的静电击穿和 IGBT 的擎住效应）及防止措施。另外，掌握一些电力电子器件的串、并联技术也是很必要的。可以说，全面理解和掌握本章的重点内容是学好电力电子技术的基础。

当前，电力 MOSFET 在中小功率领域特别是低压场合占据牢固的地位，而在兆瓦以上的大功率场合，GTO 仍然占据主导地位。在功率更大的场合，光控晶闸管的地位依然无法取代，构成目前容量最大的电力电子装置。同时，经历多年的技术创新、市场竞争和应用实践，电力电子技术器件已逐步形成了以 IGBT 为主体的格局。IGBT 已发展到第四代产品，成为兆瓦功率以下电力电子器件的首选。IGBT 在与 IGCT 等新器件的激烈竞争中不断发展，正试图在兆瓦功率以上取代 GTO 而一统天下。

表 1-2 列出了全控型电力电子器件的特点及性能，以供读者参考。

表 1-2　全控型电力电子器件的特点及性能

类别	名　称	主要特点及性能
双极型	门极可关断晶闸管（GTO）	三极（阳极、阴极、门极）结构，电流控制器件，正脉冲触发导通，负脉冲控制关断，对门极电路性能要求较严
	电力晶体管（GTR）	电流控制器件，最高工作频率 50kHz 以下，工业应用中常使用达林顿结构，开关频率 2kHz 以下，存在二次击穿现象
	静电感应晶闸管（SITH）	正、反向具有阻断能力及电导调制效应，通态压降低、通流能力强。其很多特性与 GTO 类似，但开关速度比 GTO 快得多，是大容量的电压控制型快速器件。SITH 的突出优点是开关速率快，工作频率高，在高频应用领域占有绝对优势
单极型	电力场效应晶体管（P-MOSFET）	高速开关型电压控制三端（栅极 G、源极 S、漏极 D）器件，驱动功率较小，工作频率高，同时难于控制大电流和高电压，存在导通压降较大、栅极击穿等问题
	静电感应晶体管（SIT）	属于结型场效应晶体管，是一种多数载流子导电的器件，其工作频率、功率容量与电力 MOSFET 相比有过之而无不及

类别	名 称	主要特点及性能
复合型	绝缘栅双极晶体管（IGBT）	为三极（栅极 G、发射极 E、集电极 C）器件，电压控制器件，兼有 GTR 及 MOSFET 的优点，具有控制功率小、开关速度快、电流处理能力强和饱和压降低等特点
	MOS 控制晶闸管（MCT）	MCT 是电压控制器件，它将 MOS 门极易控和晶闸管的高电压大电流、导通压降低的优点组合起来，具有高输入阻抗、低驱动功率、开关速度快，di/dt、du/dt 耐量高，通态压降低
	集成门极换流晶闸管（IGCT）	IGCT 是将 IGBT 与 GTO 的优点结合起来，其容量与 GTO 相当，开关速度比 GTO 快 10 倍，而且缓冲电路简单，但驱动功率仍然很大

表 1-3 给出了典型全控型器件的主要参数。

表 1-3 典型全控型器件的主要参数

	GTO	GTR	P-MOSFET	IGBT	SIT	SITH	MCT
最高耐压/V	9000	1400	1000	4500	1500	4500	4500
最大额定电流/A	9000	800	700	2500	200	2200	4000
浪涌电流/A	$10I_m$	$3I_m$	$5I_m$	$5I_m$	$5I_m$	$10I_m$	——
驱动方式	电流	电流	电压	电压	电压	电压	电压
驱动消耗	中	高	低	低	低	中	低
关断时间的典型值/μs	几十	10	0.3	1	0.1	3	3
极限开关频率/Hz	10k	50k	20M	150k	100M	100k	50k
承受 du/dt 的能力	低	中	高	高	高	高	很高
承受 di/dt 的能力	低	中	高	高	高	中	很高
最高结温/℃	125	150	200	200	200	200	200
抗辐射能力	很差	差	中	中	好	好	中
制造工艺	复杂	复杂	很复杂	很复杂	很复杂	很复杂	很复杂
使用难易程度	难	较难	很容易	中	容易	容易	容易

注：I_m 为器件的最大额定电流。

>>> **思考题**

1-1 简述电力电子器件的发展趋势。

1-2 简述电力电子器件的特征。

1-3 简述电力电子器件的分类。

1-4 双极型器件和单极型器件各有什么特点?

1-5 简述关于晶闸管工作特性的 4 条基本结论。

1-6 简述晶闸管可能被触发导通的 5 种方式。

1-7 晶闸管通态平均电流 $I_{\text{T(AV)}}$ 的意义是什么?

1-8 晶闸管的派生器件有哪些?

1-9 门极可关断晶闸管和晶闸管的区别是什么?

1-10 简述 GTR 的二次击穿现象。

1-11 电力 MOSFET 的特点是什么?

1-12 简述 IGBT 的擎住效应。

1-13 晶闸管触发电路应满足什么要求?

1-14 晶闸管的串联和并联应注意什么问题?

第2章　可控整流电路与有源逆变电路

【内容提要】本章主要介绍整流电路的结构形式、工作原理，分析整流电路的工作波形，整流电路各参数的数学关系和设计方法；整流电路工作在逆变状态时的工作原理、工作波形；变压器漏抗对整流电路的影响；晶闸管触发电路；整流电路带电动机负载时的机械特性；整流电路的谐波和功率因数等内容。

▶ 2.1　引言

整流电路是能够直接将交流电能转换为直流电能的电路，利用晶闸管的可控单向导电性，可组成可控整流电路，把交流电能变成大小可调的直流电能。

按照交流电源的相数，晶闸管可控整流电路可分为单相、三相和多相整流电路；根据整流电路的结构形式，又可分为半波、全波和桥式等类型。另外，可控整流电路常见的负载有电阻性负载、阻感性负载和反电动势负载等。

逆变电路是把直流电逆变成交流电的电路，是整流的逆向过程。在一定的条件下，一套晶闸管电路既可以作整流电路又可作逆变电路，这种装置称之为变流装置或变流器。

逆变可分为有源逆变和无源逆变。有源逆变是将逆变电路的交流侧接到交流电网上，把直流电逆变成同频率的交流电反馈给电网，它用于直流电动机的可逆调速、绕线型异步电动机的串级调速、高压直流输电和太阳能发电等方面。无源逆变是逆变器的交流侧不与电网连接，而是直接接到负载上，即将直流电逆变成某一频率或可变频率的交流电供给负载，它在交流电动机变频调速、感应加热、不间断电源等方面应用十分广泛。

▶ 2.2　单相半波可控整流电路

2.2.1　电阻性负载

带电阻性负载的单相半波可控整流电路如图 2-1(a)所示。图中 Tr 为整流变压器，设整流变压器二次侧输出电压为

$$u_2 = \sqrt{2}U_2 \sin \omega t = U_{2m} \sin \omega t$$

1. 工作原理

当电源电压 u_2 为正半波时，极性为上正下负，此时晶闸管 VT 承受正向电压，在控制角 $\omega t = \alpha$ 期间由于未加触发脉冲 u_g，VT 处于正向阻断状态并且承受 u_2 的全部电压，负载 R 中无电流流过，负载上电压 u_d 为零。在 $\omega t = \alpha$ 时出现正向脉冲，根据晶闸管触发导通条件，就能使晶闸管触发导通，电压 u_2 全部加在负载 R 上(忽略管压降)。当 $\omega t = \pi$ 时，电压 u_2 过零，VT 中电流下降到小于维持电流而关断，此时 i_d、u_d 均为零。

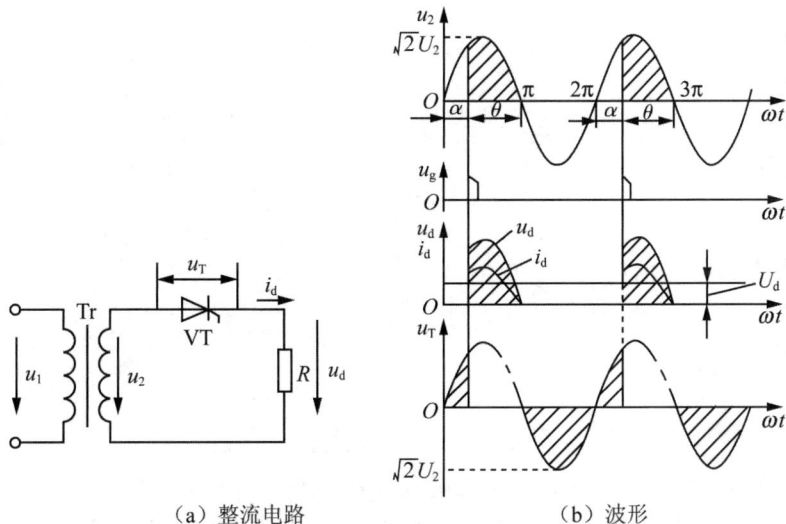

（a）整流电路　　　　　　　　　（b）波形

图 2-1　单相半波可控整流电路及波形（电阻性负载）

当电源电压 u_2 为负半波时，上负下正，此时 VT 承受反向电压，不论有无脉冲出现，晶闸管都处于截止状态，u_2 电压全部加在 VT 两端。

在单相可控整流电路中，晶闸管从承受正向电压起到触发导通之间的电角度 α 称为控制角（或移相角）。晶闸管在一个周期内导通的电角度称为导通角，用 θ 表示。改变 α 的大小即改变触发脉冲在每周期内出现的时刻称为移相。对单相半波而言，α 是从原点 O 开始算起的，即 $\alpha = 0°$ 与原点重合，所以 α 的移相范围为 $0 \sim \pi$，则导通角 $\theta = \pi - \alpha$。

图 2-1(b) 是 $\alpha = 30°$ 时电压的波形。

2. 基本数量关系

(1)整流输出电压 U_d 是波形 u_d 在一个周期内面积的平均值，即

$$U_d = \frac{1}{2\pi} \int_\alpha^\pi \sqrt{2} U_2 \sin \omega t \, \mathrm{d}(\omega t) = 0.45 U_2 \frac{1 + \cos \alpha}{2} \tag{2-1}$$

式中：U_2 为变压器二次侧电压有效值；α 为控制角。

由式(2-1)可见，当控制角 α 从 π 向零方向变化（即触发脉冲向左移动）时，负载直流电压 U_d 从零到 $0.45 U_2$ 连续变化，起到了直流调压的目的。

(2)输出电压的有效值（即均方根）为

$$U = \sqrt{\frac{1}{2\pi} \int_\alpha^\pi (\sqrt{2} U_2 \sin \omega t)^2 \, \mathrm{d}(\omega t)} = U_2 \sqrt{\frac{\sin 2\alpha}{4\pi} + \frac{\pi - \alpha}{2\pi}} \tag{2-2}$$

(3)整流输出电流的平均值和有效值分别为

$$I_d = \frac{U_d}{R} \tag{2-3}$$

$$I = \frac{U}{R} \tag{2-4}$$

（4）电流波形的波形系数 K_f 为

$$K_f=\frac{I}{I_d}=\frac{\sqrt{\dfrac{\sin 2\alpha}{4\pi}+\dfrac{\pi-\alpha}{2\pi}}}{\dfrac{\sqrt{2}}{\pi}\dfrac{1+\cos \alpha}{2}}=\frac{\sqrt{\pi\sin 2\alpha+2\pi(\pi-\alpha)}}{\sqrt{2}(1+\cos \alpha)} \tag{2-5}$$

当 $\alpha=0°$ 时，$\qquad K_f=\dfrac{\sqrt{2\pi\times\pi}}{2\sqrt{2}}\approx1.57$

（5）晶闸管所承受的最大正、反向电压为

$$U_{TM}=\sqrt{2}U_2$$

（6）功率因数 $\cos \varphi$ 为

$$\cos \varphi=\frac{P}{S}=\frac{UI}{U_2I}=\sqrt{\frac{1}{4\pi}\sin 2\alpha+\frac{\pi-\alpha}{2\pi}} \tag{2-6}$$

从式（2-6）可以看出，$\cos \varphi$ 是 α 的函数，$\alpha=0°$ 时，$\cos \varphi$ 最大为 0.707。这说明尽管是电阻性负载，由于存在谐波电流，电源的功率因数也不会为 1。α 越大，$\cos \varphi$ 越小。

例 2-1 有一单相半波可控整流电路，电阻性负载，直接接到交流电源 220V 上。要求输出的直流平均电压在 50～92V 之间连续可调，最大输出直流平均电流为 30A，试求：

（1）控制角 α 的可调范围。

（2）最大功率因数。

解：（1）由式（2-1）可得

当 $U_d=50V$ 时，$\cos \alpha=\dfrac{2U_d}{0.45U_2}-1=\dfrac{2\times 50}{0.45\times 220}-1\approx0$

$$\alpha=90°$$

当 $U_d=92V$ 时，$\cos \alpha=\dfrac{2U_d}{0.45U_2}-1=\dfrac{2\times 92}{0.45\times 220}-1\approx0.87$

$$\alpha=30°$$

（2）当 $\alpha=30°$ 时，输出直流电压平均值最大为 92V，此时负载消耗的有功功率最大，可求得

$$\cos \varphi=\sqrt{\frac{1}{4\pi}\sin 2\alpha+\frac{\pi-\alpha}{2\pi}}=\sqrt{\frac{1}{4\pi}\sin (2\times 30°)+\frac{\pi-\pi/6}{2\pi}}=0.693$$

2.2.2 阻感性负载

带阻感性负载（电感 L 和电阻 R 串联）的单相半波可控整流电路如图 2-2(a)所示。图中 Tr 为整流变压器，设整流变压器二次侧输出电压为

$$u_2=\sqrt{2}U_2\sin \omega t=U_{2m}\sin \omega t$$

1. 工作原理

当电源电压 u_2 为正半周时，VT 承受正向电压，在 $\omega t=\omega t_1=\alpha$ 时出现脉冲，此刻触发晶闸管导通，阻感性负载两端电压 $u_d=u_2$。由于电感 L 的存在，流过电感的电流不能突变，在电感两端会产生上正下负的电压阻碍电流的变化，使 i_d 只能从零开始上

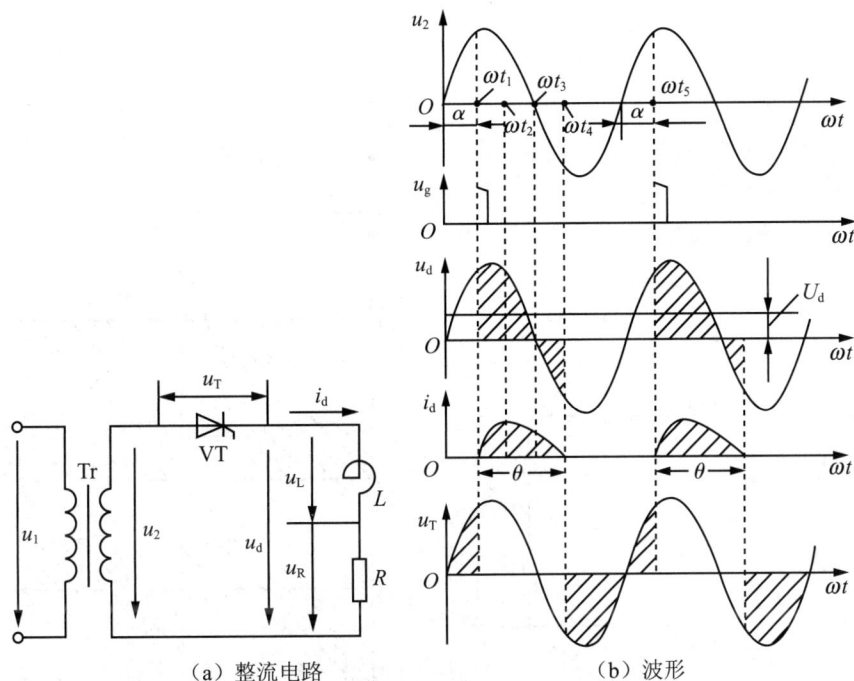

（a）整流电路   （b）波形

图 2-2   单相半波可控整流电路及波形（阻感性负载）

升，在 $\omega t=\omega t_2$ 时达到最大值，随后 i_d 开始减小，此时电感要产生上负下正的电动势阻碍电流减小，当 $\omega t=\omega t_3$ 时，u_2 过零变负时刻，i_d 并未下降至零，此时负载两端的电压 u_d 为负值。直到 $\omega t=\omega t_4$ 时，电感上的感应电动势与电源电压相等，i_d 下降到零，晶闸管 VT 关断。此后晶闸管承受反压，到下一周期的 ωt_5 时刻，晶闸管 VT 重复开通。

图 2-2(b)是 $\alpha=30°$ 时电压的波形。

2. 基本数量关系

(1)在电源电压和 α 相同的条件下，感性负载的单相半波可控整流电路的整流输出电压比电阻性负载的小，因为感性负载的 u_d 出现了负值。

(2)在一定范围内，感性负载的导通角 θ 比电阻性负载的大，并随电感量 L 的增加而增大。

(3)移相范围 α：$0\sim\pi$。

(4)晶闸管所承受的最大正、反向电压：$U_{TM}=\sqrt{2}U_2$。

2.2.3   阻感性负载加续流二极管

由于感性负载的 u_d 出现负值，降低了整流输出电压，为了克服这个问题，可在负载两端并联一个续流二极管，如图 2-3(a)所示。

1. 工作原理

当电源电压 u_2 为正半周时，晶闸管 VT 承受正向压降，而二极管 VD 承受反向电压，在 $\omega t=\alpha$ 时出现脉冲触发晶闸管 VT 导通，负载上的电压波形与不加二极管时的相同。当电源电压过零变负时，二极管 VD 承受正向电压而导通，晶闸管被加上反向电压而关断，负载电流经二极管继续流通，故二极管 VD 称为续流二极管，此时负载上

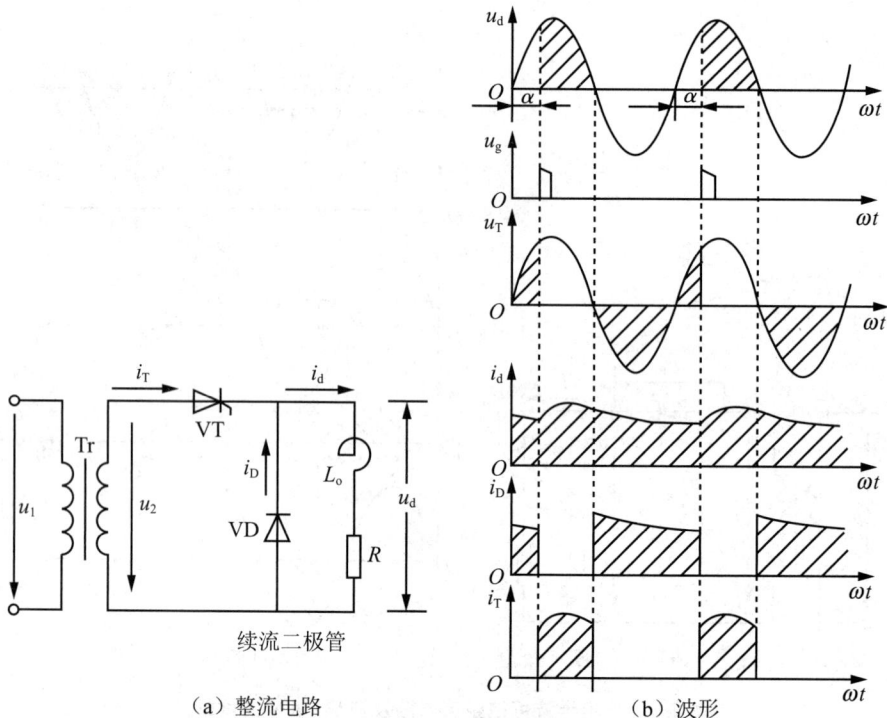

（a）整流电路 　　　　　（b）波形

图 2-3　单相半波可控整流电路及波形（阻感性负载加续流二极管）

的电压为零（忽略二极管管压降），不会出现负电压。在电源正半周时，负载电流由晶闸管导通提供；而在电源负半周时，续流二极管 VD 维持负载电流，因此负载电流是一个连续且平稳的直流电流。阻感性负载时，负载电流波形是一条平行于横轴的直线，其值为 I_d，波形如图 2-3(b)所示。

2. 基本数量关系

（1）从图 2-3(b)可以看出，加了续流二极管以后，输出直流电压 u_d 的波形与电阻负载时的一样，所以整流输出电压 U_d 与式(2-1)相同。

（2）当 $\omega L = 2\pi f L \gg R$ 时，可近似为大电感负载。负载电流是一个连续且平稳的直流电流，因此整流输出电流平均值与式(2-3)相同。

（3）流过晶闸管的电流平均值为

$$I_{dT} = \frac{\theta_{VT}}{2\pi} I_d = \frac{\pi - \alpha}{2\pi} I_d \qquad (2-7)$$

（4）流过续流二极管的电流平均值为

$$I_{dD} = \frac{\theta_{VD}}{2\pi} I_d = \frac{\pi + \alpha}{2\pi} I_d \qquad (2-8)$$

（5）流过晶闸管和续流二极管的电流有效值分别为

$$I_T = \sqrt{\frac{\theta_T}{2\pi}} I_d = \sqrt{\frac{\pi - \alpha}{2\pi}} I_d \qquad (2-9)$$

$$I_D = \sqrt{\frac{\theta_D}{2\pi}} I_d = \sqrt{\frac{\pi + \alpha}{2\pi}} I_d \qquad (2-10)$$

其中：以上各式中的 θ_{VT}、θ_{VD} 分别表示晶闸管和续流二极管在一个周期内的导通角。

(6)移相范围 α：$0 \sim \pi$。

(7)晶闸管所承受的最大正、反向电压：$U_{TM} = \sqrt{2}U_2$。

例 2-2　图 2-4 为中、小型发电机采用的单相半波自励稳压可控整流电路。已知发电机的相电压为 220V，励磁电压为 40V，励磁回路电阻为 2Ω，电感量为 0.1H。试求：

(1)晶闸管及续流二极管的电流平均值和有效值各是多少？

(2)晶闸管及续流二极管可能承受的最大电压是多少？并选择晶闸管及续流二极管的型号。

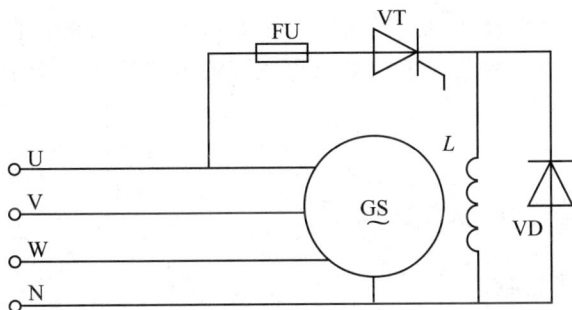

图 2-4　中、小型发电机单相半波自励稳压可控整流电路

解：(1)由式(2-1)可得

当 $U_d = 40V$ 时

$$\cos \alpha = \frac{2U_d}{0.45U_2} - 1 = \frac{2 \times 40}{0.45 \times 220} - 1 \approx -0.192$$

$$\alpha = 100°$$

则 $\theta_T = 180° - 100° = 80°$ 和 $\theta_D = 180° + 100° = 280°$，

由于 $\omega L = 2\pi f L = 2 \times 3.14 \times 50 \times 0.1\Omega = 31.4\Omega \gg R = 2\Omega$，

可判断为大电感负载，所以

$$I_d = \frac{U_d}{R} = \frac{40}{2}A = 20A$$

$$I_{dT} = \frac{180° - \alpha}{360°} \times I_d = \frac{180° - 100°}{360°} \times 20A \approx 4.4A$$

$$I_{dD} = \frac{180° + \alpha}{360°} \times I_d = \frac{180° + 100°}{360°} \times 20A \approx 15.6A$$

$$I_T = \sqrt{\frac{180° - 100°}{360°}} \times 20A \approx 9.4A$$

$$I_D = \sqrt{\frac{180° + 100°}{360°}} \times 20A \approx 17.6A$$

(2) $U_{TM} = U_{DM} = \sqrt{2}U_2 \approx 311V$。

晶闸管型号为

$$U_{Tn} = (2 \sim 3)U_{Tm} = (2 \sim 3) \times 311V = (622 \sim 933)V，选取 800V$$

$$I_{T(AV)}=(1.5\sim2)\frac{I_T}{1.57}=(1.5\sim2)\frac{9.4}{1.57}A\approx(9\sim12)A，选取\ 10A$$

选择晶闸管的型号为 KP10-8。

续流二极管的型号为

$$U_{TD}=(2\sim3)U_{Dm}=(2\sim3)\times311V=(622\sim933)V$$

$$I_{D(AV)}=(1.5\sim2)\frac{I_D}{1.57}=(1.5\sim2)\frac{17.6}{1.57}A\approx(16.8\sim22)A，选取\ 20A$$

选择续流二极管的型号为 ZP20-8。

单相半波可控整流电路的优点是线路简单、调整方便，缺点是输出电压脉动大，其中电阻性负载电流脉动大，且整流变压器二次侧绕组中存在直流电流分量，使铁芯磁化，变压器容量不能充分利用。若不用变压器，则交流回路有直流电流，使电网波形畸变而引起额外损耗。因此，单相半波可控整流电路只适用于小容量、波形要求不高的场合。

▶ 2.3 单相桥式全控整流电路

2.3.1 电阻性负载

1. 工作原理

带电阻性负载的单相桥式全控整流电路如图 2-5(a)所示。图中 Tr 为整流变压器，VT_1、VT_2、VT_3、VT_4 4 个晶闸管组成的整流桥。设整流变压器二次侧输出电压为

$$u_2=\sqrt{2}U_2\sin\omega t=U_{2m}\sin\omega t$$

当电源电压 u_2 为正半周时，晶闸管 VT_1、VT_4 承受正向电压，在该范围内给它们提供触发脉冲即可触发导通。设 $\omega t=\alpha$，则电流回路为 a→VT_1→R→VT_4→b。当 u_2 过零时，i_d 下降至零，VT_1、VT_4 关断，在此期间，VT_2、VT_3 承受反向电压而截止。

当电源电压 u_2 为负半周时，晶闸管 VT_2、VT_3 承受正向电压，$\omega t=\pi+\alpha$ 时，VT_2、VT_3 触发导通，其通路为 b→VT_3→R→VT_2→a。当 u_2 过零时，VT_2、VT_3 因电流小于维持电流而关断。在此期间，VT_1、VT_4 承受反向电压而截止。一个周期过后，又是 VT_1、VT_4 被触发导通，如此循环下去。带电阻性负载的单相桥式全控整流电路的输出电压、电流波形如图 2-5(b)所示。

2. 基本数量关系

(1)两组触发脉冲 u_{g1}、u_{g4} 和 u_{g2}、u_{g3} 在相位上相差 180°。

(2)在一个周期内，4 个晶闸管 VT_1、VT_4 和 VT_2、VT_3 两两轮流导通。

(3)整流输出电压平均值 U_d 为

$$U_d=2\times0.45U_2\frac{1+\cos\alpha}{2}=0.9U_2\frac{1+\cos\alpha}{2} \tag{2-11}$$

当 $\alpha=0°$ 时，$U_d=0.9U_2$；当 $\alpha=180°$ 时，$U_d=0$，故 α 的移相范围为 0°～180°。

(4)整流输出电压有效值 U 为

$$U=\sqrt{2}U_2\sqrt{\frac{\sin2\alpha}{4\pi}+\frac{\pi-\alpha}{2\pi}}=U_2\sqrt{\frac{\sin2\alpha}{2\pi}+\frac{\pi-\alpha}{\pi}} \tag{2-12}$$

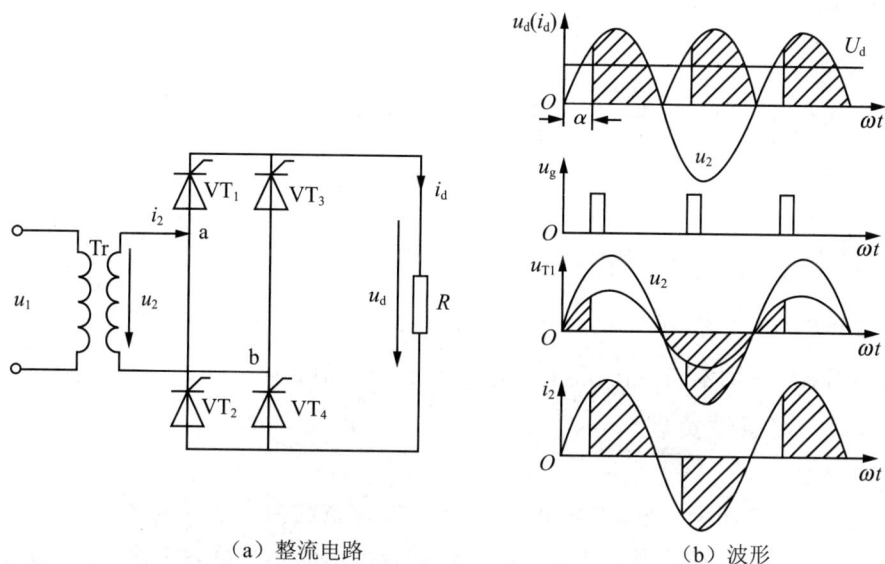

（a）整流电路　　　　　　　（b）波形

图 2-5　单相桥式全控整流电路及波形（电阻性负载）

（5）整流输出电流平均值为

$$I_d = \frac{U_d}{R} \tag{2-13}$$

（6）流过每个晶闸管的电流平均值为

$$I_{dT} = \frac{1}{2} I_d \tag{2-14}$$

（7）变压器二次侧绕组的电流有效值和负载电流有效值相同，为

$$I = I_2 = \sqrt{\frac{1}{\pi} \int_\alpha^\pi \left(\frac{\sqrt{2}U_2 \sin \omega t}{R}\right)^2 \mathrm{d}(\omega t)} = \frac{U_2}{R}\sqrt{\frac{\sin 2\alpha}{2\pi} + \frac{\pi - \alpha}{\pi}} \tag{2-15}$$

（8）流过每个晶闸管的电流有效值为

$$I_T = \frac{1}{\sqrt{2}} I = \frac{1}{\sqrt{2}} I_2 \tag{2-16}$$

（9）功率因数 $\cos \varphi$ 为

$$\cos \varphi = \frac{P}{S} = \frac{UI}{U_2 I} = \sqrt{\frac{1}{2\pi} \sin 2\alpha + \frac{\pi - \alpha}{\pi}} \tag{2-17}$$

（10）晶闸管所承受的最大正、反向电压：$U_{TM} = \sqrt{2}U_2$。

例 2-3　有一单相桥式全控整流电路如图 2-5（a）所示，电阻性负载 $R = 4\Omega$，要求 I_d 在 0～25A 之间连续可调，试求：

（1）变压器二次侧电压的有效值 U_2。

（2）晶闸管额定电压、额定电流，考虑 2 倍裕量，试选择晶闸管的型号。

（3）电路最大功率因数。

解：（1）$U_{dmax} = I_{dmax} \times R = 25 \times 4\mathrm{V} = 100\mathrm{V}$

当 $\alpha = 0°$ 时，　　　　　　　　　　$U_2 = \frac{U_d}{0.9} = 111\mathrm{V}$。

（2）晶闸管的型号为

$$U_{Tn} = 2U_{Tm} = 2 \times \sqrt{2}U_2 = 314V，选取 400V$$

$$I_T = \frac{U_2}{\sqrt{2}R}\sqrt{\frac{\sin 2\alpha}{2\pi} + \frac{\pi - \alpha}{\pi}} = \frac{111}{\sqrt{2} \times 4}A = 19.625A$$

$$I_{T(AV)} = 2 \times \frac{I_T}{1.57} = 2 \times \frac{19.625}{1.57}A = 25A，选取 30A$$

选择晶闸管的型号为 KP30-4。

（3）$\cos \varphi = \sqrt{\frac{1}{2\pi}\sin 2\alpha + \frac{\pi - \alpha}{\pi}}$

功率因数随 α 的不同而在 0～1 中变化。当 $\alpha = 0°$ 时，$\cos \varphi = 1$。

2.3.2 阻感性负载

1. 工作原理

对阻感性负载而言，当 $\omega L \geq 10R$ 时，可判断该负载为大电感负载。工业现场中的负载绝大多数是大电感负载，此时电路分析过程得以简化，负载电流连续，其波形可看作一条水平直线。后续电路若没有特殊说明，均指的大电感负载。

带阻感性负载的单相桥式全控整流电路如图 2-6（a）所示。图中 Tr 为整流变压器，VT_1、VT_2、VT_3、VT_4 为 4 个晶闸管组成的整流桥。设整流变压器二次侧输出电压为

$$u_2 = \sqrt{2}U_2\sin \omega t = U_{2m}\sin \omega t$$

当电源电压 u_2 为正半周时，晶闸管 VT_1、VT_4 承受正向电压，在该范围内给它们提供触发脉冲即可触发导通。设 $\omega t = \alpha$，则电流回路为 $a \to VT_1 \to R \to VT_4 \to b$。由于大电感的存在，$u_2$ 过零变负时，电感上的感应电动势使 VT_1、VT_4 继续导通，输出电压的波形出现负值。

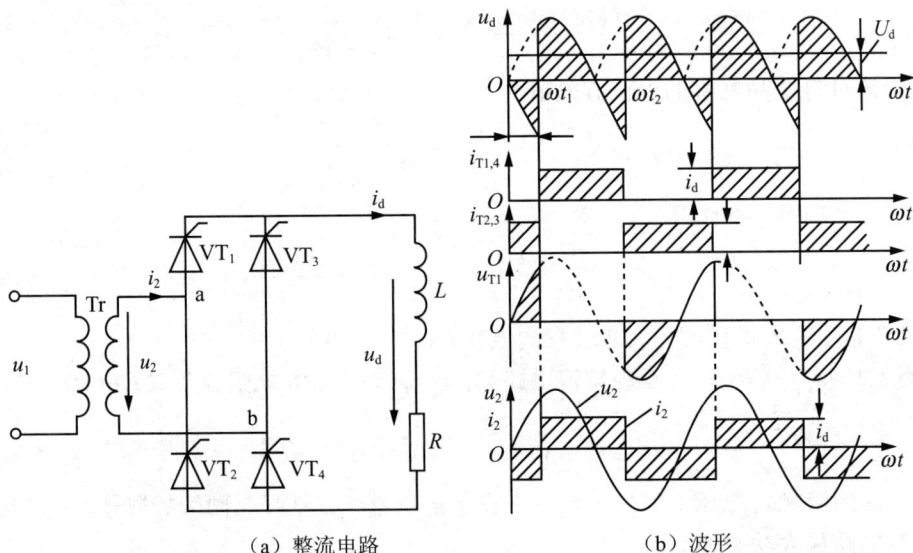

（a）整流电路　　　　　　　　（b）波形

图 2-6　单相桥式全控整流电路及波形（阻感性负载）

当电源电压 u_2 为负半周时，晶闸管 VT_2、VT_3 承受正向电压，$\omega t = \pi + \alpha$ 时，VT_2、VT_3 被触发导通，其通路为 $b \rightarrow VT_3 \rightarrow R \rightarrow VT_2 \rightarrow a$，$VT_1$、$VT_4$ 承受反向电压而关断。当 u_2 过零时，VT_2、VT_3 同样因大电感的存在而不关断，直到下一个周期 VT_1、VT_4 被触发导通时加上反向电压才关断。带阻感性负载的单相桥式全控整流电路的输出电压、电流波形如图 2-6(b)所示。

2. 基本数量关系

(1)两组触发脉冲 u_{g1}、u_{g4} 和 u_{g2}、u_{g3} 在相位上相差180°。

(2)在一个周期内，4 个晶闸管 VT_1、VT_4 和 VT_2、VT_3 两两轮流导通，每组导通180°。

(3)整流输出电压平均值为

$$U_d = \frac{1}{\pi} \int_{\alpha}^{\pi+\alpha} \sqrt{2} U_2 \sin \omega t \, d(\omega t) = 0.9 U_2 \cos \alpha \quad (0° \leqslant \alpha \leqslant 90°) \tag{2-18}$$

(4)整流输出电流平均值为

$$I_d = \frac{U_d}{R} \tag{2-19}$$

(5)流过每个晶闸管的电流平均值和有效值分别为

$$I_{dT} = \frac{1}{2} I_d \tag{2-20}$$

$$I_T = \frac{1}{\sqrt{2}} I_d \tag{2-21}$$

(6)晶闸管所承受的最大正、反向电压：$U_{TM} = \sqrt{2} U_2$。

例 2-4　有一单相桥式全控整流电路阻感性负载如图 2-6(a)所示，$U_2 = 220V$，$R = 4\Omega$。试计算 $\alpha = 60°$ 时的 U_d、I_d、晶闸管电流平均值 I_{dT} 与有效值 I_T。

解：电压、电流波形如图 2-6(b)所示。

$$U_d = 0.9 U_2 \cos \alpha = 99V$$

$$I_d = \frac{U_d}{R} = \frac{99}{4} A = 24.8A$$

$$I_{dT} = \frac{1}{2} I_d = 12.4A$$

$$I_T = \frac{1}{\sqrt{2}} I_d = 17.5A$$

2.3.3　反电动势负载

蓄电池、直流电动机等负载本身具有一定的直流电动势，对于可控整流电路来说，它们是一种反电动势负载，其等效电路用电动势 E 和电阻 R 表示，如图 2-7 所示。

整流电路接反电动势负载时，只有当电源电压 $|u_2|$ 大于反电动势 E 时，晶闸管才能被触发导通；$|u_2| < E$ 时，晶闸管承受反向电压而关断，如图 2-7(b)所示。在晶闸管导通期间，输出整流电压 $u_d = E + i_d R$，在晶闸管关断期间，负载端电压保持原有电动势，故整流电压平均值较阻感性负载时大，这一点在实际应用电路中可容易地测得。负载电流平均值为

（a）负载电路 （b）波形

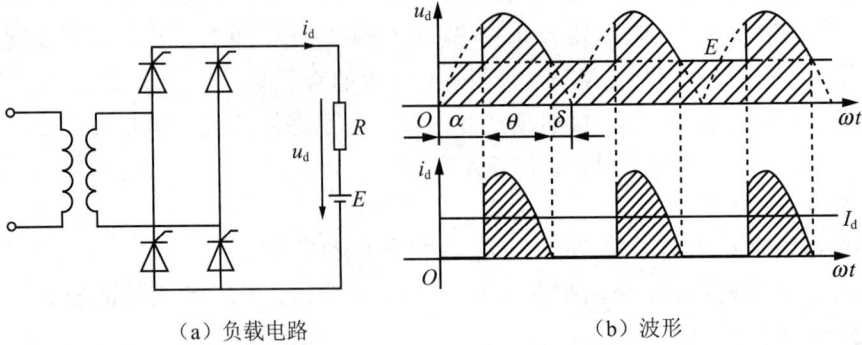

图 2-7 反电动势负载电路及波形

$$I_\mathrm{d} = \frac{U_\mathrm{d} - E}{R_\mathrm{d}} \qquad\qquad (2\text{-}22)$$

当整流输出直接带反电动势负载时，由于晶闸管导通角 θ 小，电流断续。而负载回路中的电阻又很小，在输出同样的平均电流时，峰值电流大，因而电流有效值将比平均值大许多。对于直流电动机负载来说，由于电流断续，随着 I_d 的增大，转速 n 随着（反电动势 E）降落较大，相当于整流电源的内阻增大，较大的峰值电流在电动机换向时易产生火花。对于交流电源来说，因电流有效值大，要求电源的容量大，功率因数低。因此，在反电动势负载回路中一般要串联平波电抗器。串联平波电抗器 L_d 之后，减小了电流的脉动并延长了晶闸管的导通时间，输出电压中交流分量降落在电抗器上，输出电流波形连续、平直。当电感足够大时，其工作情况与阻感性负载相同，大大改善了整流装置及电动机的工作条件。

单相桥式全控整流电路输出电流脉动小，功率因数高，变压器二次侧中电流为两个大反向的半波，没有直流磁化问题，变压器的利用率高。然而，值得注意的是，在阻感性负载情况下，当 α 接近 $\pi/2$ 时，输出电压的平均值接近于零，负载上的电压太小，且理想的阻感性负载是不存在的，故实际电流波形不可能是一条直线，而且在 $\alpha = \pi/2$ 之前，电流就出现了断续。电感量越小，电流开始断续的值就越小。单相半波可控整流电路因其性能较差，实际中很少采用，在中小功率场合更多地采用了单相桥式全控整流电路。

▶ 2.4 三相半波可控整流电路

2.4.1 电阻性负载

1. 电路结构

三相半波可控整流电路如图 2-8(a)所示。为得到零线，变压器二次侧必须接成星形，而一次侧接成三角形，避免 3 次谐波电流流入电网，3 个晶闸管分别接入 U、V、W 三相电源。图 2-8(a)中 3 个晶闸管的阴极连在一起，为共阴极接法。

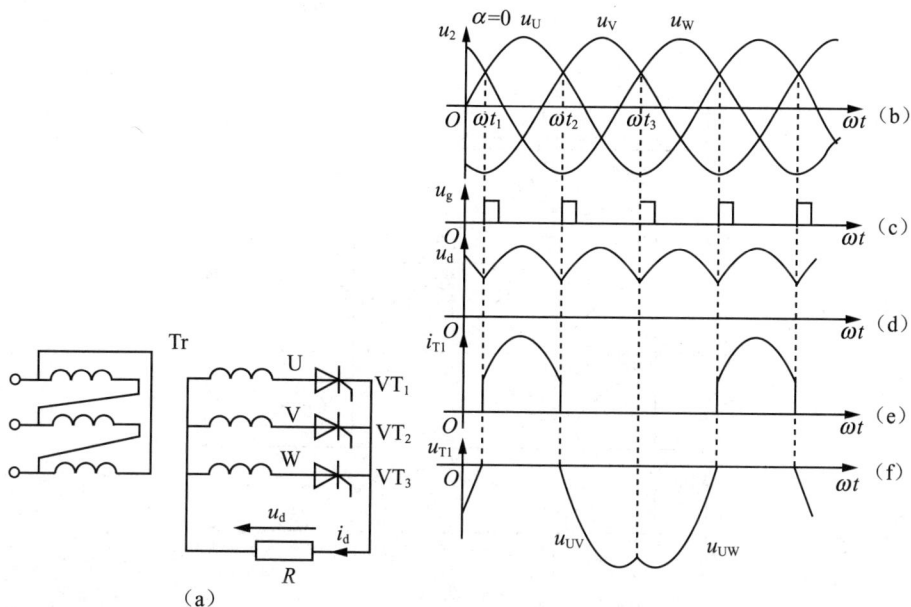

图 2-8　三相半波可控整流电路共阴极接法电阻性负载及 $\alpha=0°$ 时的波形

2. 工作原理

假设将电路中的晶闸管换作二极管，并用 VD 表示，该电路就成为三相半波不可控整流电路，下面分析其工作情况。此时，3 个二极管对应的相电压中哪一个的值最大，则该相所对应的二极管导通，并使另两相的二极管承受反压关断，输出整流电压即为该相的相电压，波形如图 2-8(d)所示。在一个周期中，器件的工作情况如下：$\omega t_1 \sim \omega t_2$ 期间，U 相电压最高，VD_1 导通，$u_d = u_U$；$\omega t_2 \sim \omega t_3$ 期间，V 相电压最高，VD_2 导通，$u_d = u_V$；$\omega t_3 \sim \omega t_4$ 期间，W 相电压最高，VD_3 导通，$u_d = u_W$。此后，在下一周期相当于 ωt_1 的位置即 ωt_4 时刻，VD_1 又导通，重复前一周期的工作情况。一周期中 VD_1、VD_2、VD_3 轮流导通，每个二极管各导通 120°，u_d 波形为 3 个相电压在正半周的包络线。

在相电压的交点 ωt_1、ωt_2、ωt_3 处，均出现了二极管换相，即电流由一个二极管向另一个二极管转移，称这些交点为自然换相点。对三相半波可控整流电路来说，自然换相点是各相晶闸管能触发导通的最早时刻，将其作为计算各晶闸管触发角 α 的起点。从图 2-8(b)中可以看出，三相可控整流电路中的 $\alpha=0°$ 点距离原点 30°。

从图 2-8(b)中还可看出：电阻性负载 $\alpha=0°$ 时，VT_1 在 VT_2、VT_3 导通时仅受反压，随着 α 的增加，晶闸管承受正向电压增加，如图 2-9 和图 2-10 所示，其他两个晶闸管承受的电压波形相同，仅相位依次相差 120°。增大 α，即触发脉冲从自然换相点向后移，整流输出电压相应减小。

电阻性负载 $\alpha=30°$、$\alpha=60°$ 时的输出电流、电压波形分别如图 2-9 和图 2-10 所示。

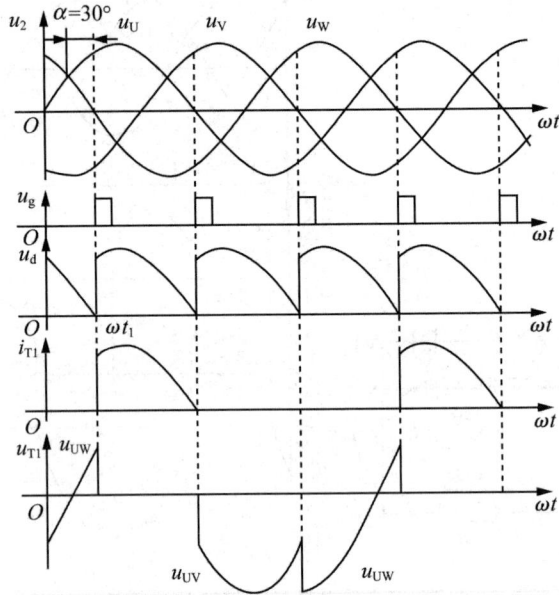

图 2-9　三相半波可控整流电路电阻性负载 $\alpha=30°$ 时的波形

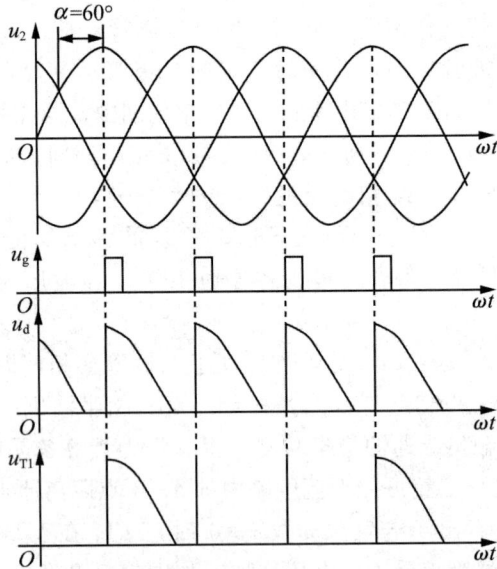

图 2-10　三相半波可控整流电路电阻性负载 $\alpha=60°$ 时的波形

图 2-9 是 $\alpha=30°$ 时的电压和电流波形，从波形可以看出，$\alpha=30°$ 是输出电压、电流连续和断续的临界点。当 $\alpha<30°$ 时，输出电压、电流连续，后一相的晶闸管导通使得前一相的晶闸管关断；当 $\alpha>30°$ 时，输出电压、电流断续，前一相的晶闸管由于交流电压过零变负而关断后，后一相的晶闸管未到触发时刻，此时 3 个晶闸管都不导通，输出电压 $u_d=0$，直到后一相的晶闸管被触发导通，输出电压为该相电压。图 2-10 为

$\alpha=60°$ 时的波形。显然，$\alpha=150°$ 时输出电压为零，所以三相半波整流电路电阻性负载的移相范围是 $0°\sim150°$。

3. 基本数量关系

(1)当 $\alpha=0°$ 时，整流输出电压平均值最大，增大 α，U_d 减少；当 $\alpha=150°$ 时，$U_d=0$。移相范围 α：$0°\sim150°$。

(2)当 $\alpha\leqslant30°$ 时，负载电流连续，每个管子每周期轮流导通 $120°$，输出电压平均值 U_d 为

$$U_d=\frac{3}{2\pi}\int_{\frac{\pi}{6}+\alpha}^{\frac{\pi}{6}+\alpha+\frac{2\pi}{3}}\sqrt{2}U_2\sin\omega t\,\mathrm{d}(\omega t)=1.17U_2\cos\alpha \tag{2-23}$$

式中：U_2 为整流变压器二次侧相电压的有效值。

(3)当 $30°<\alpha\leqslant150°$ 时，负载电流出现断续，输出电压平均值 U_d 为

$$U_d=\frac{3}{2\pi}\int_{\frac{\pi}{6}+\alpha}^{\pi}\sqrt{2}U_2\sin\omega t\,\mathrm{d}(\omega t)=1.17U_2\frac{1+\cos(30°+\alpha)}{\sqrt{3}}$$
$$=0.675U_2[1+\cos(30°+\alpha)] \tag{2-24}$$

(4)一个周期内，3 个触发脉冲 u_{g1}、u_{g2}、u_{g3} 相位相差 $120°$。

(5)负载电流的平均值为

$$I_d=\frac{U_d}{R} \tag{2-25}$$

(6)流过每个晶闸管的平均电流为

$$I_{dT}=\frac{I_d}{3} \tag{2-26}$$

(7)流过每个晶闸管的电流有效值为

当 $0°\leqslant\alpha\leqslant30°$ 时，

$$I_T=\frac{U_2}{R}\sqrt{\frac{1}{2\pi}\left(\frac{2\pi}{3}+\frac{\sqrt{3}}{2}\cos2\alpha\right)} \tag{2-27}$$

当 $30°<\alpha\leqslant150°$ 时，

$$I_T=\frac{U_2}{R}\sqrt{\frac{1}{2\pi}\left(\frac{5\pi}{6}-\alpha+\frac{\sqrt{3}}{4}\cos2\alpha+\frac{1}{4}\sin2\alpha\right)} \tag{2-28}$$

(8)晶闸管所承受的最大反向电压为 $U_{TM}=\sqrt{6}U_2$；晶闸管所承受的最大正向电压为 $U_{TM}=\sqrt{2}U_2$。

2.4.2　阻感性负载

1. 工作原理

阻感性负载的三相半波可控整流电路及其波形如图 2-11 所示。

当 $\alpha\leqslant30°$ 时，相邻两相的换流是在原导通相的交流电压过零变负之前的，其工作情况与电阻性负载相同，输出电压 u_d、u_T 波形也相同。由于负载电感的储能作用，输出电流 i_d 是近似平直的直流波形，晶闸管中分别流过幅度为 I_d、宽度为 $120°$ 的矩形波电流，导通角 $\theta=120°$。

当 $\alpha>30°$ 时，假定 $\alpha=60°$，VT_1 已经导通，在 U 相交流电压过零变负后，由于未到 VT_2 的触发时刻，VT_2 未导通，VT_1 在负载电感产生的感应电动势作用下继续导

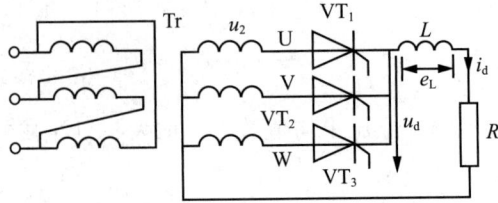

（a）整流电路

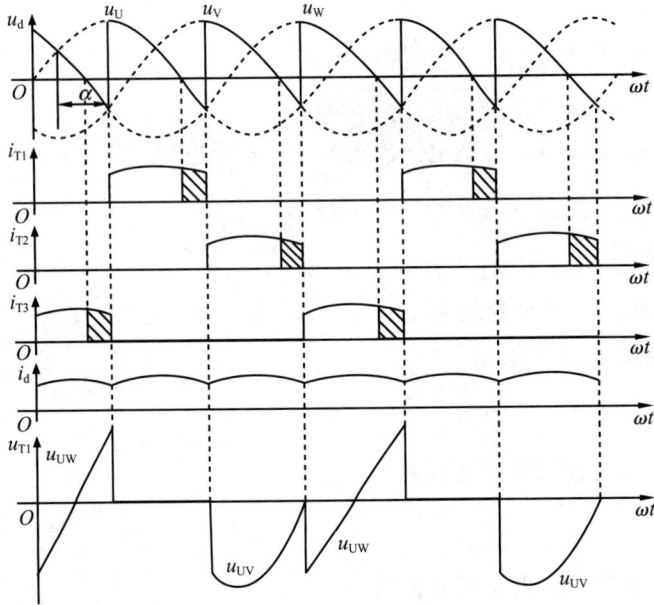

（b）波形

图 2-11　三相半波可控整流电路阻感性负载 $\alpha=60°$时的波形

通，输出电压 $u_d<0$，直到 VT$_2$ 被触发导通，VT$_1$ 承受反向电压而关断，输出电压 $u_d=u_V$，并重复 V 相的过程。

从图 2-11 可以看出，当 $\alpha>30°$时，u_d 波形出现负面积，但只要正面积能大于负面积，其整流输出电压平均值总大于零，电流 i_d 可连续平稳。

显然，当触发脉冲后移到 $\alpha=90°$时，u_d 波形的正、负面积相等，其输出电压平均值 U_d 为零，所以阻感性负载移相范围只能为 $0°\sim90°$。

2. 基本数量关系

（1）输出直流电压为

$$U_d = \frac{3}{2\pi}\int_{\frac{\pi}{6}+\alpha}^{\frac{5\pi}{6}+\alpha}\sqrt{2}U_2\sin\omega t\,\mathrm{d}(\omega t) = 1.17U_2\cos\alpha \qquad (2\text{-}29)$$

（2）输出直流电流的平均值为

$$I_d = \frac{U_d}{R} \qquad (2\text{-}30)$$

（3）流过每个晶闸管的电流平均值和有效值为

$$I_{dT} = \frac{I_d}{3} \qquad (2\text{-}31)$$

$$I_{\mathrm{T}}=\sqrt{\frac{1}{3}}I_{\mathrm{d}}=0.577I_{\mathrm{d}} \tag{2-32}$$

(4)晶闸管承受的最高电压为 $U_{\mathrm{TM}}=\sqrt{6}U_2$。

三相半波整流电路只需 3 个晶闸管，与单相整流相比，输出电压脉动小、输出功率大、三相负载平衡。其不足之处是整流变压器二次侧只有 1/3 周期有单方向电流流过，变压器使用率低，且直流分量造成变压器直流磁化。因克服直流磁化引起的较大漏磁通，需增大变压器截面并增加用铁用铜量。因此，三相半波电路应用受到了限制，在较大容量或性能要求高时，广泛采用三相桥式全控整流电路。

2.5　三相桥式全控整流电路

2.5.1　电阻性负载

1. 电路结构

三相桥式全控整流电路如图 2-12(a)所示，它是一组共阴极组与一组共阳极组的三相半波可控整流电路的串联，VT_1、VT_3、VT_5 为共阴极接法，VT_2、VT_4、VT_6 为共阳极接法。图 2-12(a)中的 Tr 为三相整流变压器，采用△/Y 接法。设整流变压器二次侧输出三相对称电压分别为：

$$u_{2\mathrm{UN}}=\sqrt{2}U_2\sin\omega t=U_{2\mathrm{m}}\sin\omega t$$

$$u_{2\mathrm{VN}}=\sqrt{2}U_2\sin(\omega t-120°)=U_{2\mathrm{m}}\sin(\omega t-120°)$$

$$u_{2\mathrm{WN}}=\sqrt{2}U_2\sin(\omega t+120°)=U_{2\mathrm{m}}\sin(\omega t+120°)$$

2. 工作原理

由三相半波电路分析可知，共阴极组的自然换相点($\alpha=0°$)在 ωt_1、ωt_3、ωt_5 时刻分别触发晶闸管 VT_1、VT_3、VT_5；共阳极组的自然换相点($\alpha=0°$)在 ωt_2、ωt_4、ωt_6 时刻分别触发晶闸管 VT_2、VT_4、VT_6。

在一个周期内，晶闸管的导通顺序为 $VT_1\rightarrow VT_2\rightarrow VT_3\rightarrow VT_4\rightarrow VT_5\rightarrow VT_6$。首先分析 $\alpha=0°$ 时电路的工作情况，如图 2-12(b)所示，将一周期相电压分为 6 个区间。

(1)在 $\omega t_1\sim\omega t_2$ 期间，U 相电压为正，V 相电压为最低，在触发脉冲的作用下，VT_6、VT_1 同时导通，电流从 U 相流出，经 $VT_1\rightarrow$负载$\rightarrow VT_6$ 流回 V 相，负载上的电压 $u_{\mathrm{d}}=u_{\mathrm{UV}}$。

(2)在 $\omega t_2\sim\omega t_3$ 期间，U 相电压仍保持电位最高，但 W 相电压开始比 V 相负了，此时脉冲 u_{g2} 触发 VT_2 导通，迫使 VT_6 承受反压而关断，负载电流从 VT_6 换到 VT_2，电流路径为 U 相$\rightarrow VT_1\rightarrow$负载$\rightarrow VT_2\rightarrow$W 相，负载上的电压 $u_{\mathrm{d}}=u_{\mathrm{UW}}$。

(3)在 $\omega t_3\sim\omega t_4$ 期间，由于 V 相电位比 U 相电位高，故触发 VT_3 导通后，能迫使 VT_1 关断，电流从 VT_1 中换到了 VT_3。电流路径为 V 相$\rightarrow VT_3\rightarrow$负载$\rightarrow VT_2\rightarrow$W 相，负载上的电压 $u_{\mathrm{d}}=u_{\mathrm{VW}}$。

(4)在 $\omega t_4\sim\omega t_5$ 期间，V 相电压仍保持电位最高，但 U 相电压开始比 W 相负了，此时脉冲 u_{g4} 触发 VT_4 导通，迫使 VT_2 承受反压而关断，负载电流从 VT_2 中换到了 VT_4，电流路径为 V 相$\rightarrow VT_3\rightarrow$负载$\rightarrow VT_4\rightarrow$U 相，负载上的电压 $u_{\mathrm{d}}=u_{\mathrm{VU}}$。

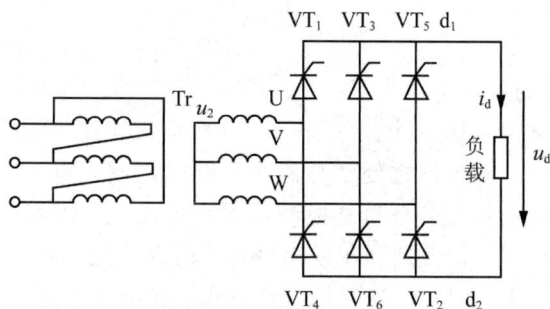

（a）整流电路

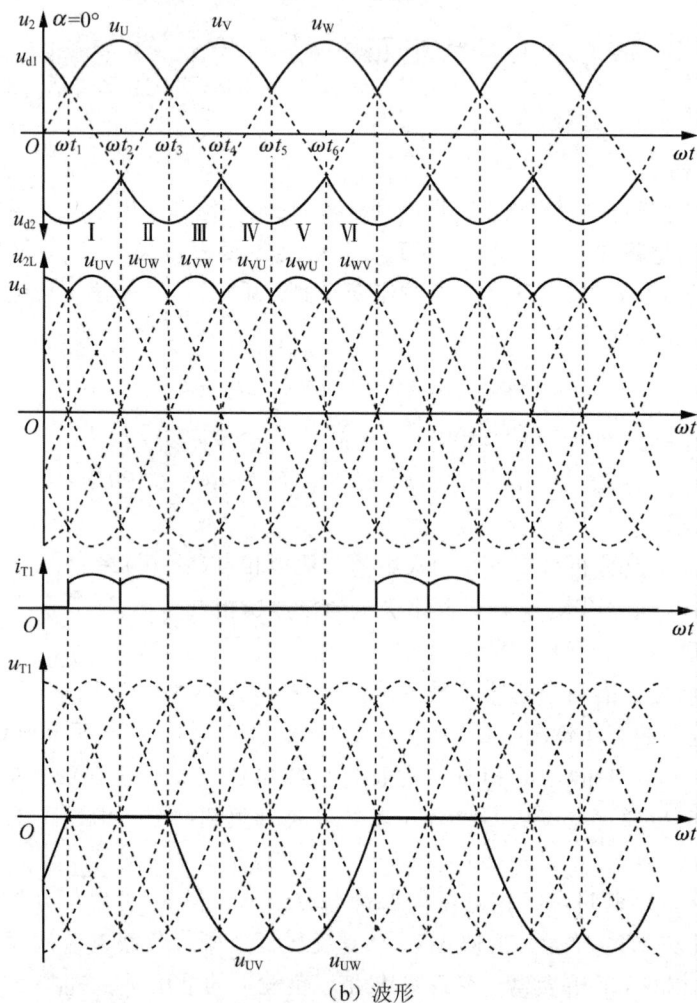

（b）波形

图 2-12 三相桥式全控整流电路及波形（电阻性负载 $\alpha=0°$）

（5）在 $\omega t_5 \sim \omega t_6$ 期间，由于 W 相电位比 V 相电位高，故触发 VT_5 导通后，能迫使 VT_3 关断，电流从 VT_3 换到了 VT_5。电流路径为 W 相 $\rightarrow VT_5 \rightarrow$ 负载 $\rightarrow VT_4 \rightarrow$ U 相，负载上的电压 $u_d = u_{WU}$。

（6）在 $\omega t_6 \sim \omega t_7$ 期间（图中未画出），W 相电压仍保持电位最高，但 V 相电压开始比 U 相负了，此时脉冲 u_{g6} 触发 VT_6 导通，迫使 VT_4 承受反压而关断，负载电流从 VT_4 中换到了 VT_6，电流路径为 W 相→VT_5→负载→VT_6→V 相，负载上的电压 $u_d = u_{WV}$。

表 2-1 列写了三相桥式全控整流电路输出电压、晶闸管导通情况。

表 2-1　三相桥式全控整流电路输出电压、晶闸管导通情况

ωt	$\omega t_1 \sim \omega t_2$	$\omega t_2 \sim \omega t_3$	$\omega t_3 \sim \omega t_4$	$\omega t_4 \sim \omega t_5$	$\omega t_5 \sim \omega t_6$	$\omega t_6 \sim \omega t_7$
输出电压	$u_d = u_{UV}$	$u_d = u_{UW}$	$u_d = u_{VW}$	$u_d = u_{VU}$	$u_d = u_{WU}$	$u_d = u_{WV}$
导通晶闸管	VT_6、VT_1	VT_1、VT_2	VT_2、VT_3	VT_3、VT_4	VT_4、VT_5	VT_5、VT_6

依此类推，可得 $\alpha = 60°$、$\alpha = 90°$ 时，工作波形分别如图 2-13 和图 2-14 所示。

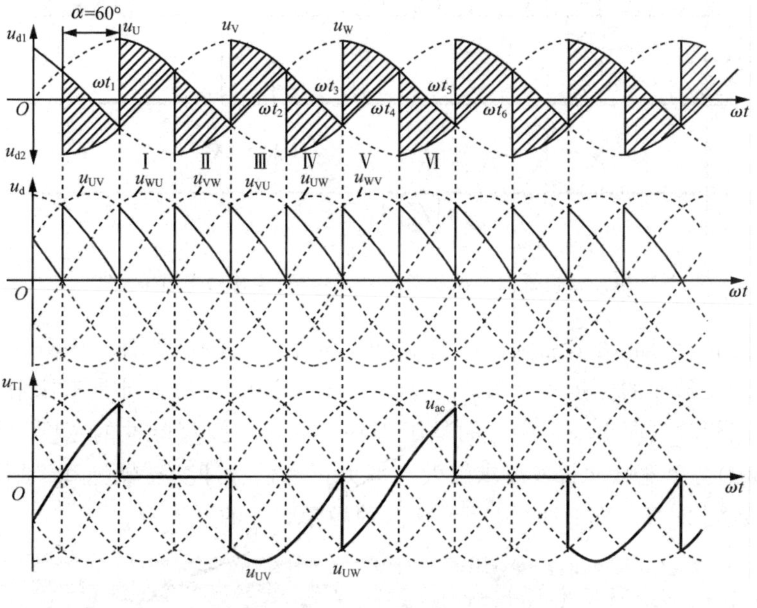

图 2-13　三相桥式全控整流电路及波形（电阻性负载 $\alpha = 60°$）

从上述分析可以总结出三相桥式全控整流电路的工作特点。

（1）无论任何时候，共阴、共阳极组各有一只元件同时导通才能形成电流通路。

（2）共阴极组晶闸管 VT_1、VT_3、VT_5 按相序依次触发导通，相位相差 120°，共阳极组晶闸管 VT_2、VT_4、VT_6 相位相差 120°，同一相的晶闸管相位相差 180°，每个晶闸管导通角 120°。

（3）输出电压 u_d 由 6 段线电压组成，每周期脉动 6 次，脉动频率为 300Hz。

（4）晶闸管承受的电压波形与三相半波时的相同，它只与晶闸管的导通情况有关，其波形由 3 段组成：一段为零（忽略导通时的压降），两段为线电压。晶闸管承受最大正、反向电压的关系也相同。

（5）变压器二次绕组流过正、负两个方向的电流，消除了变压器的直流磁化，提高了变压器的利用率。

（6）对触发脉冲宽度的要求：整流桥开始工作时以及电流中断后，要使电路正常工

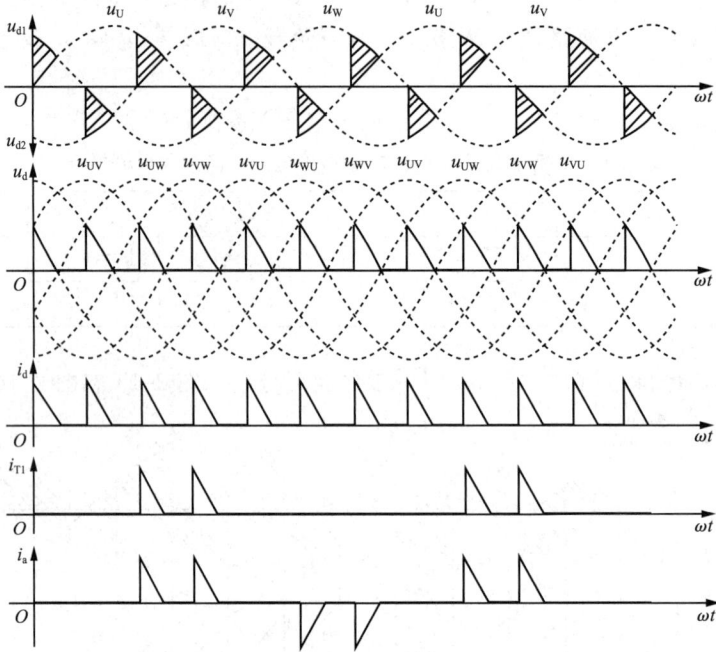

图 2-14 三相桥式全控整流电路及波形(电阻性负载 $\alpha=90°$)

作，需保证同时导通的两个晶闸管均有脉冲。常用的方法有两种：一种是单宽脉冲触发，它要求触发脉冲的宽度大于 $60°$（一般为 $80°\sim100°$）；另一种是双窄脉冲触发，即触发一个晶闸管时，向小一个序号的晶闸管补发脉冲。双窄脉冲的宽度要小于 $60°$（一般为 $20°\sim30°$）。单宽脉冲触发要求触发功率大，易使脉冲变压器饱和，所以多采用双窄脉冲触发。图 2-15、图 2-16 显示了这两种触发脉冲的波形。

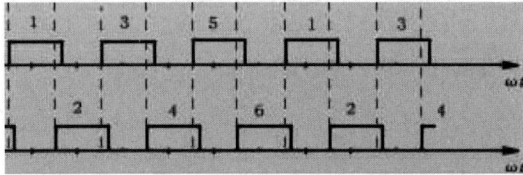

图 2-15 单宽脉冲触发

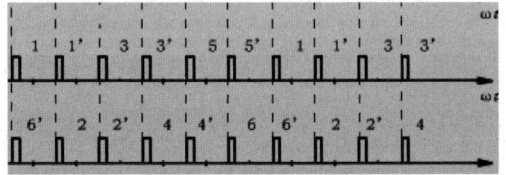

图 2-16 双窄脉冲触发

电阻性负载 $\alpha\leqslant60°$ 时的 u_d 波形连续，$\alpha>60°$ 时的 u_d 波形断续。$\alpha=120°$ 时，输出电压为零（$U_d=0$），因此三相桥式全控整流电路电阻性负载移相范围为 $0°\sim120°$。可以看出，晶闸管元件两端承受的最大正、反向电压是变压器二次线电压的峰值 $U_{TM}=\sqrt{6}U_2$。

3. 基本数量关系

从图 2-13 中可以看出，$\alpha=60°$ 是输出电压 u_d 波形连续和断续的分界点，输出电压平均值应分成以下两种情况计算。

（1）当 $\alpha\leqslant60°$ 时，

$$U_d = \frac{1}{\pi/3}\int_{\frac{\pi}{3}+\alpha}^{\frac{2\pi}{3}+\alpha}\sqrt{6}U_2\sin\omega t\,d(\omega t) = 2.34U_2\cos\alpha \qquad (2\text{-}33)$$

（2）当 $\alpha > 60°$ 时，

$$U_d = \frac{1}{\pi/3} \int_{\frac{\pi}{3}+\alpha}^{\pi} \sqrt{6} U_2 \sin \omega t \mathrm{d}(\omega t) = 2.34 U_2 \left[1 + \cos\left(\frac{\pi}{3} + \alpha\right) \right] \qquad (2\text{-}34)$$

当 $\alpha = 120°$ 时，$U_d = 0$。

2.5.2　阻感性负载

1. 工作原理

当 $\alpha \leqslant 60°$ 时，阻感性负载的工作情况与电阻性负载的相似，各晶闸管的通断情况、输出整流电压 u_d 波形、晶闸管承受的电压波形等都一样。其区别在于由于电感的作用，使得负载电流波形变得平直，当电感足够大的时候，负载电流的波形可近似为一条水平线。当 $\alpha = 0°$ 时的波形如图 2-17 所示。

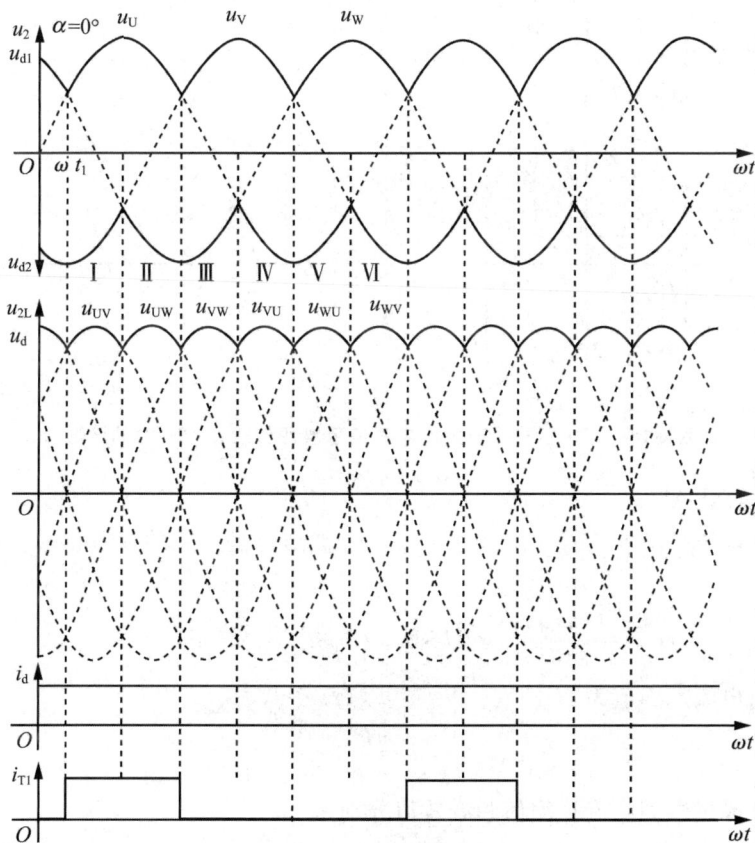

图 2-17　三相桥式全控整流电路带阻感性负载 $\alpha = 0°$ 时的波形

当 $\alpha > 60°$ 时，阻感性负载的工作情况与电阻负载的不同，由于负载电感感应电动势的作用，u_d 波形会出现负的部分。图 2-16 为带阻感性负载当 $\alpha = 90°$ 时的波形，可以看出，当 $\alpha = 90°$ 时，u_d 波形上下对称，平均值为零，因此带阻感性负载三相桥式全控整流电路的 α 角移相范围为 $90°$。

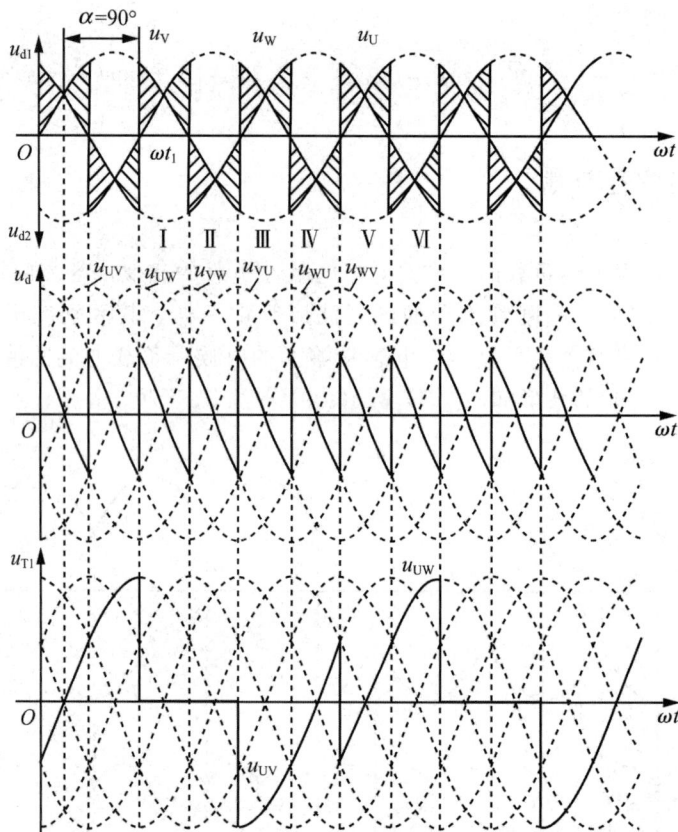

图 2-18 三相桥式全控整流电路带阻感性负载 $\alpha=90°$ 时的波形

2. 基本数量关系

(1)输出电压平均值。对于阻感性负载，u_d 波形总是连续的，所以输出电压平均值的表达式为

$$U_d = \frac{1}{\pi/3} \int_{\frac{\pi}{3}+\alpha}^{\frac{2\pi}{3}+\alpha} \sqrt{6}U_2 \sin \omega t \, d(\omega t) = 2.34U_2 \cos \alpha \tag{2-35}$$

(2)输出电流平均值为

$$I_d = \frac{U_d}{R} \tag{2-36}$$

(3)流过晶闸管的电流平均值和有效值分别为

$$I_{dT} = \frac{1}{3} I_d \tag{2-37}$$

$$I_T = \sqrt{\frac{1}{3}} I_d = 0.577 I_d \tag{2-38}$$

(4)变压器二次侧电流的有效值为

$$I_2 = \sqrt{\frac{2}{3}} I_d = 0.816 I_d \tag{2-39}$$

(5)晶闸管所承受的最大电压为

$$U_{TM} = \sqrt{6} U_2$$

综上所述，三相桥式全控整流电路各项指标好，用于电压控制要求高或要求逆变的场合，但晶闸管要 6 个，触发比较复杂。

▶ 2.6　变压器漏抗对整流电路的影响

电源变压器的绕组都存在着漏抗，在前面单相和三相可控整流电路的分析过程中，均忽略漏抗的影响，假设晶闸管的换相是瞬时完成的。在下面的分析中，将每相的漏抗用一个集中的电感来表示，如图 2-17(a) 所示的 L_B，且其值是折算到变压器二次侧的。由于电感要阻止电流的变化，因此它使流过晶闸管的电流不能跃变，相邻两相所接晶闸管的换流不可能瞬时完成，存在着两个晶闸管同时导通换流的过程，即存在着换相重叠角问题。

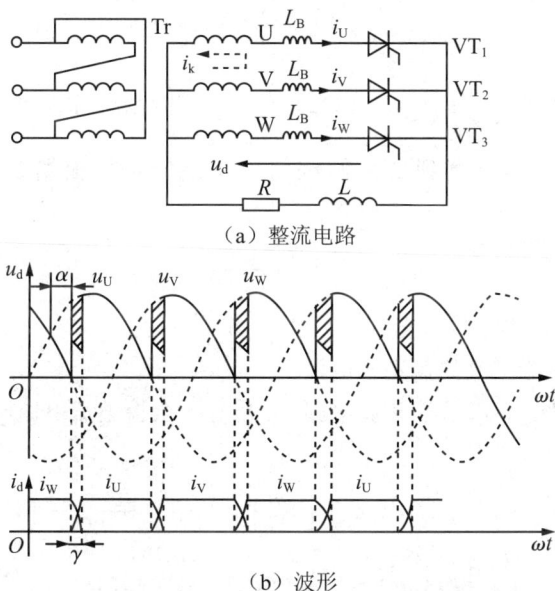

(a) 整流电路

(b) 波形

图 2-19　变压器漏抗对整流电路换流的影响

1. 换相过程与换相重叠角

下面以三相半波可控整流电路带阻感性负载电路为例，分析晶闸管从 U 相到 V 相的换相过程。如图 2-17(a) 所示，图中 L_B 为变压器每相折算到二次侧绕组的漏抗参数，三相漏抗相等，忽略交流侧的电阻，并假设负载回路的电感足够大，负载电流连续且平直。

在 U 相到 V 相的换流前，VT₁ 仍导通，在某一时刻触发 VT₂(如 $\alpha=30°$)，由于变压器漏抗的作用，VT₁ 不立即关断，U 相电流 $i_u=I_d-i_k$ 逐渐减小到零；VT₂ 导通，$i_v=0$ 逐渐增加到 I_d，电流有一个换相重叠过程，换相重叠时间为 γ。换相过程中，两个晶闸管同时导通，相当于 U、V 两相电压短路，在 u_{vu} 电压作用下产生短路电流 i_k，当 $i_U=0$、$i_V=I_d$ 时，U 相和 V 相之间完成了换相，如图 2-17(b) 所示。

2. 换相期间的整流电压

忽略变压器内阻压降和晶闸管的管压降，换相期间变压器漏抗 L_B 两端的电压为

$$u_V - u_U = 2L_B \frac{di_k}{dt}$$

$$L_B \frac{di_k}{dt} = \frac{1}{2}(u_V - u_U) \tag{2-40}$$

电路输出的整流电压 u_d 为

$$u_d = u_V - L_B \frac{di_k}{dt} = u_U + L_B \frac{di_k}{dt} = u_V - \frac{u_V - u_U}{2} = \frac{u_U + u_V}{2} \tag{2-41}$$

3. 换相压降

由式(2-41)可知,在换相过程中输出的整流电压 u_d 波形是 u_U 与 u_V 两相电压波形平均值的轨迹,如图2-19(b)所示。可见,在 α 相同时,与不考虑变压器漏抗(即 $\gamma = 0$)时整流输出电压波形相比,一周期内少了3块阴影面积(若是三相桥式全控整流电路就少6块阴影面积)。这3块面积对应的换相压降平均值 ΔU_d 为

$$\Delta U_d = \frac{3}{2\pi}\int_\alpha^{\alpha+\gamma}(u_V - u_d)\mathrm{d}(\omega t) = \frac{3}{2\pi}\int_\alpha^{\alpha+\gamma}\left(u_V - \frac{u_U + u_V}{2}\right)\mathrm{d}(\omega t)$$

$$= \frac{3}{2\pi}\int_\alpha^{\alpha+\gamma}L_B\frac{di_k}{dt}\mathrm{d}(\omega t) = \frac{3}{2\pi}\int_\alpha^{\alpha+\gamma}L_B\omega\frac{di_k}{\mathrm{d}(\omega t)}\mathrm{d}(\omega t) = \frac{3X_B}{2\pi}I_d$$

式中:X_B 为变压器每相折算到二次侧绕组的漏抗,它可根据变压器的铭牌数据求得,即

$$X_B = \frac{U_2 u_k \%}{I_{2N}} \tag{2-42}$$

$u_k\%$ 为变压器的短路电压百分比,一般为 $5\% \sim 10\%$;U_2 为变压器二次侧相电压的有效值;I_{2N} 为变压器二次的额定相电流。

同理,如果是换相 m 次可控整流电路(三相桥式全控整流电路时 $m=6$),则其换相压降平均值为

$$\Delta U_d = \frac{m}{2\pi}\int_\alpha^{\alpha+\gamma}(u_V - u_d)\mathrm{d}(\omega t) = \frac{m}{2\pi}\int_\alpha^{\alpha+\gamma}\left(u_V - \frac{u_U + u_V}{2}\right)\mathrm{d}(\omega t)$$

$$= \frac{m}{2\pi}\int_\alpha^{\alpha+\gamma}L_B\frac{di_k}{dt}\mathrm{d}(\omega t) = \frac{m}{2\pi}\int_\alpha^{\alpha+\gamma}L_B\omega\frac{di_k}{\mathrm{d}(\omega t)}\mathrm{d}(\omega t) = \frac{mX_B}{2\pi}I_d \tag{2-43}$$

可见,换相平均压降 ΔU_d 的大小与负载电流 I_d 成正比,这相当于可控整流电源增加了一项内电阻,其阻值为 $\frac{mX_B}{2\pi}$,但这项内阻并不消耗有功功率。

4. 换相重叠角

三相半波与三相桥式整流电路的重叠角 γ 可由下式计算。

$$\cos \alpha - \cos(\alpha + \gamma) = \frac{2I_d X_B}{\sqrt{6}U_2} \tag{2-44}$$

由式(2-44)可见,当 α 一定时,X_B、I_d 增大则 γ 增大,即换流时间增大,因此大电流时更要考虑重叠角的影响。当 X_B、I_d 一定时,α 越大,γ 越小。

经分析可知,变压器漏抗的存在能限制短路电流和抑制电流、电压的变化率。但漏抗的存在产生了换相重叠,使整流电路的交流输入端电压波形发生畸变,使电源电压波形出现很小的缺口和毛刺,同时要影响到晶闸管上的电压波形。这种畸变波形将对自身的控制电路以及其他设备的正常工作带来不良影响。因此,实际的整流电源装

置的输入端应加滤波器，以消除这种畸变波形。另外，漏抗还会使整流装置的功率因数变坏、电压脉动系数增加，输出电压的调整率也会降低。

▶ 2.7　有源逆变电路

在实际应用中，有些场合需要将交流电源变成直流电源，这就是前面介绍的整流电路。在另外一些场合则需要将直流电源变成交流电源，这种整流的逆向过程称为逆变。把直流电逆变成交流电的电路称为逆变电路。在一定的条件下，一套晶闸管电路既可以作整流电路又可以作逆变电路，这种装置称之为变流装置或变流器。

逆变可分为有源逆变和无源逆变。有源逆变是将逆变电路的交流侧接到交流电网上，把直流电逆变成同频率的交流电反馈给电网，它用于直流电动机的可逆调速、绕线型异步电动机的串级调速、高压直流输电和太阳能发电等方面。无源逆变是逆变器的交流侧不与电网连接，而是直接接到负载上，即将直流电逆变成某一频率或可变频率的交流电供给负载，它在交流电动机变频调速、感应加热、不间断电源等方面应用十分广泛。

2.7.1　单相全波有源逆变的工作原理

下面以单相全波整流电路给直流电动机供电为例来说明有源逆变的工作原理。

1. 全波整流电路工作在整流状态

当移相控制角 α 在 $0\sim\frac{\pi}{2}$ 范围内变化时，单相全波整流电路直流侧输出电压 $U_d>0$，如图 2-18 所示，电动机 M 为电动机运行状态。整流电路输出功率，电动机吸收功率，电流值为

$$I_d=\frac{U_d-E}{R}$$

式中：E 为电动机的反电动势；R 为电动机电枢绕组电阻。

因为 R 阻值很小，其电压也很小，因此，$U_d\approx E$，此时电流从电动机反电动势 E 的正端流入，直流电动机吸收功率。如果电动机运动过程中使控制角 α 减小，则 U_d 增大，I_d 瞬时值也随之增大，电动机电磁转矩增大，所以电动机的转速提高。随着转速的升高，E 增大，I_d 随之减小，最后恢复到原来的数值，此时电动机稳定运行在较高转速状态。反之，如果使 α 增大，则电动机转速会下降。所以，改变晶闸管的控制角，可以很方便地对电动机进行无级调速。

2. 全波整流电路工作在逆变状态

在实际应用中，电动机除了正转外，有时在外力的作用下还会发生反转。电动机反转时，其电动势 E 极性改变，上负下正，如图 2-19 所示，为了防止两电动势顺向串联形成短路，求 U_d 的极性也必须反过来，即上负下正。因此，整流电路的控制角 α 必须在 $\frac{\pi}{2}\sim\pi$ 范围内变化。此时，电流 I_d 为

$$I_d=\frac{|E|-|U_d|}{R}$$

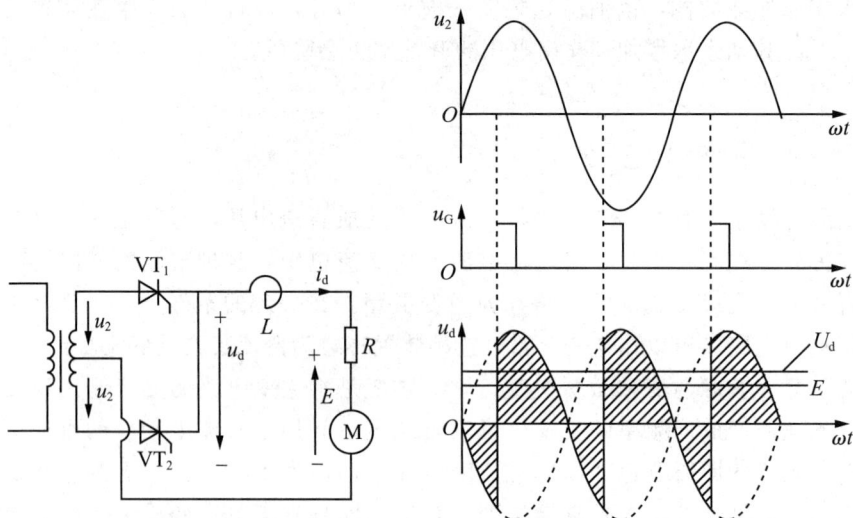

图 2-20　全波整流电路工作在整流状态

由于晶闸管的单向导电性，I_d 方向仍然保持不变。如果 $|E|=|U_d|$，则 $I_d=0$；如果 $|E|>|U_d|$，则 $I_d\neq0$。电动势的极性改变了，而电流的方向未变，因此，功率的传递关系便发生了变化，电动机处于发电机状态，发出直流功率，整流电路将直流功率逆变为 50Hz 的交流电返送到电网，这就是有源逆变工作状态。

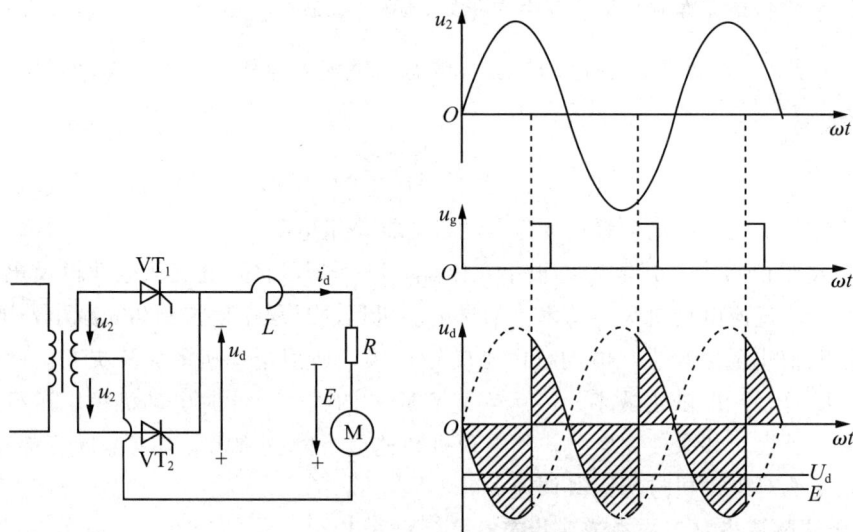

图 2-21　全波整流电路工作在逆变状态

逆变时，电流 I_d 的大小取决于 E 与 U_d，而 E 由电动机的转速决定，U_d 可以通过调节控制角 α 来改变其大小。为了防止过电流，同样应满足 $E\approx U_d$ 的条件。

在逆变工作状态下，虽然控制角 α 在 $\dfrac{\pi}{2}\sim\pi$ 之间变化，晶闸管的阳极电位大部分处于交流电压的负半周期，但由于有外接直流电动势 E 的存在，因此晶闸管仍能承受正向电压导通。

由此可以看出，在特定的场合，同一套晶闸管电路既可以工作在整流状态，又可以工作在逆变状态，这种电路又称为变流器。

从上面的分析中可归纳出晶闸管电路有源逆变的条件有两个，现介绍如下。

（1）一定要有直流电动势源，其极性必须与晶闸管的导通方向一致，其值应稍大于变流器直流侧的平均电压。

（2）整流电路必须工作在 $\alpha > \dfrac{\pi}{2}$ 的区域内，使 $U_d < 0$。

（3）回路中应有大电感，以使电流连续。

由于半控桥式有续流二极管的电路不能输出负电压，也不允许直流侧出现负极性的电动势，故不能实现有源逆变。

2.7.2　三相半波有源逆变电路

图 2-22(a) 为三相半波整流电路带电动机负载时的电路，并假设负载电流连续。当 α 在 $\dfrac{\pi}{2} \sim \pi$ 范围内变化时，变流器输出电压的瞬时值在整个周期内有正有负或者全部为负，但负的面积总是大于正的面积，故输出电压的平均值 U_d 为负值，具备有源逆变的条件，即当 α 在 $\dfrac{\pi}{2} \sim \pi$ 范围内变化且 $E_M > U_d$ 时，可以实现有源逆变。

图 2-22(b) 给出了 $\alpha = 150°$ 时，逆变电路的输出电压和电流波形。I_d 从 E 的正极流出，从 U_d 的正端流入，电动机反送电能。变流器逆变时，直流侧电压的计算公式与整流时的一样。当电流连续时，有

$$U_d = 1.17 U_2 \cos \alpha \tag{2-45}$$

式中：U_2 为相电压的有效值。

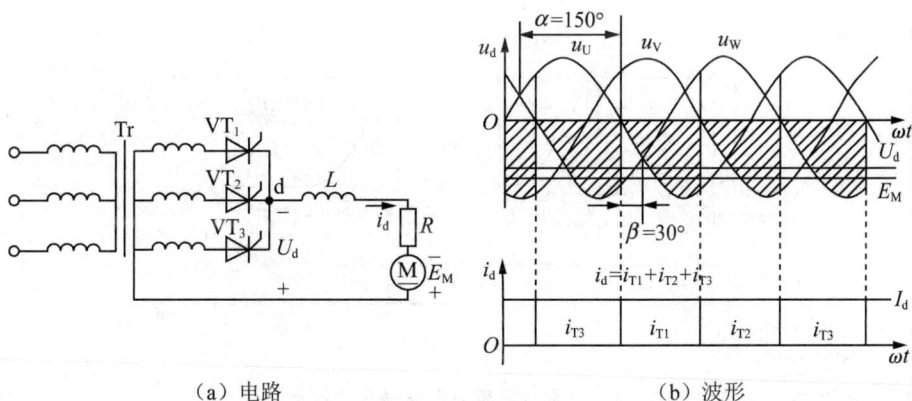

（a）电路　　　　　　　　　　　（b）波形

图 2-22　三相半波有源逆变电路及其波形

由于逆变时 $\alpha > 90°$，故计算 $\cos \alpha$ 不大方便，于是引入逆变角 β，令 $\beta = \pi - \alpha$，则式 (2-45) 改写成

$$U_d = -1.17 U_2 \cos \beta \tag{2-46}$$

逆变角为 β 的触发脉冲的位置由 $\alpha = \pi$ 的时刻左移 β 来确定。

2.7.3　三相桥式有源逆变电路

三相桥式全控整流电路用作有源逆变时，就成为三相桥式逆变电路。三相桥式逆变电路的工作与三相桥式整流电路一样，要求每 $60°$ 依次触发晶闸管，电流连续时，每个管子导通 $120°$，触发脉冲必须是双窄脉冲或者是宽脉冲。直流侧电压计算公式为

$$U_d = -2.34U_2\cos\beta \tag{2-47}$$

或者

$$U_d = -1.35U_{21}\cos\beta \tag{2-48}$$

式中：U_2 为逆变电路输入相电压有效值；U_{21} 为逆变电路输入线电压有效值。

2.7.4　有源逆变最小逆变角 β_{min} 的限制

在有源逆变电路中，应考虑变压器漏抗对逆变电路换流的影响。由于变压器漏抗的影响，电流换流不能瞬间完成，从而产生换相重叠角 γ，如图 2-23 所示。如果逆变角 β 太小，即 $\beta<\gamma$ 时，从图 2-23 所示的波形中可清楚看到，换流还未结束，电路的工作状态到达 u_W 与 u_U 的交点 P，从 P 点之后，u_W 将高于 u_U，晶闸管 VT_1 承受反压而重新关断，而应该关断的 VT_3 却承受正压而继续导通，从而造成逆变失败。

（a）电路

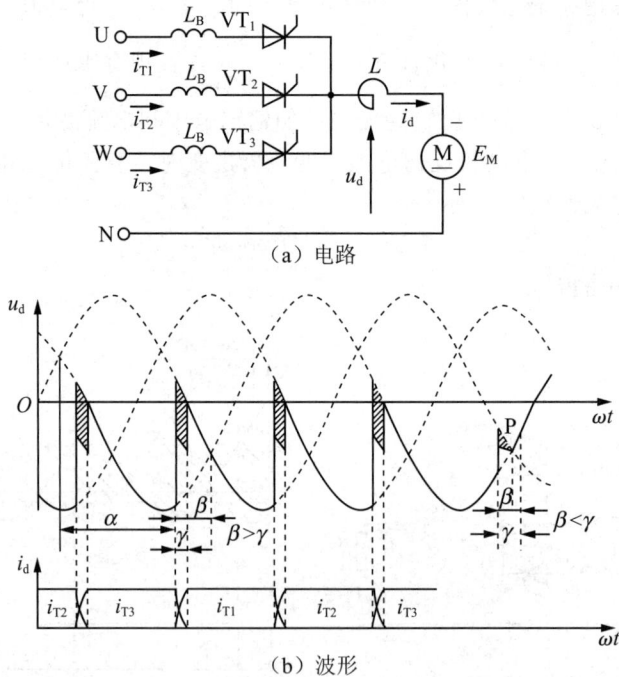

（b）波形

图 2-23　交流侧电抗对逆变换相过程的影响

因此，为了防止逆变失败，逆变角 β 不仅不能等于零，还不能太小，必须限制在某一允许的最小角度内。最小逆变角 β_{min} 的选取要考虑以下因素。

(1)换相重叠角 γ。此值随电路形式、工作电流的大小而不同，一般选取为 $15°\sim25°$。

(2)晶闸管关断时间 t_q 所对应的电角度 δ。一般 t_q 可达 $200\sim300\mu s$，折算电角度为 $4°\sim5°$。

(3)安全裕量角 θ。考虑到脉冲调整时不对称、电网波动等因素的影响，还必须留有一个安全裕量角，一般选取 θ 为 $10°$。

综上所述，最小逆变角 $\beta_{\min}$ 为

$$\beta_{\min} \geqslant \gamma + \delta + \theta \approx 30° \sim 35°$$

设计有源逆变电路时，必须保证 β 大于 $\beta_{\min}$。因此，常在触发电路中附加一保护环节，保证控制脉冲不进入 $\beta_{\min}$ 区域内。

▶ 2.8　晶闸管触发电路

晶闸管最重要的特性是正向导通的可控性，当阳极加上正向电压后，还必须在门极与阴极之间加上足够功率的正向控制电压(即触发电压)，元件才能从阻断转化为导通。为门极提供触发电压与电流的电路称为晶闸管的触发电路，它决定每个晶闸管的触发导通时刻，是晶闸管装置中不可缺少的部分。触发电路根据控制晶闸管的通断状况可分为移相触发、过零触发两类。移相触发就是改变晶闸管每周期导通的起始点即控制角 α 的大小，以达到改变输出电压、功率的目的。过零触发是指晶闸管在设定的时间间隔内，通过改变导通的周波数来实现电压或功率的控制。

2.8.1　对触发电路的要求

在第 1 章中，简要介绍了晶闸管对门极触发电路的要求，并绘制了理想的晶闸管触发脉冲的电流波形。为满足三相桥式全控整流电路中晶闸管的导通要求，触发电路应能输出双窄脉冲或单宽脉冲。下面讨论几种典型的晶闸管触发电路。

2.8.2　单结晶体管触发电路

单结晶体管触发电路结构简单，输出脉冲前沿陡，抗干扰能力强，运行可靠，调试方便，广泛应用于中、小容量晶闸管的触发控制。

1. 单结晶体管

单结晶体管的结构及其图形符号如图 2-24 所示。在一块高电阻率的 N 型硅片两端，用欧姆接触方式引出第一基极 b_1 和第二基极 b_2，b_1 与 b_2 之间的电阻为 N 型硅片的体电阻，为 $3 \sim 12 k\Omega$，在硅片靠近 b_2 极掺入 P 型杂质，形成 PN 结，由 P 区引出发

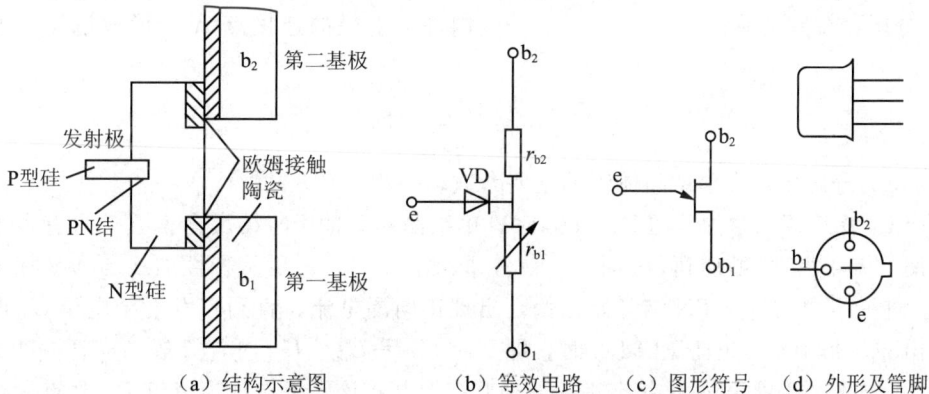

(a) 结构示意图　　(b) 等效电路　　(c) 图形符号　　(d) 外形及管脚

图 2-24　单结晶体管的结构、等效电路、图形符号和外形及管脚

射极 e。由以上结构可知，该器件只有一个 PN 结，但有两个基极，所以其名称为单结晶体管，或称为双基极管。

常用的国产单结晶体管型号有 BT33 和 BT35 两种，其中 B 表示半导体，T 表示特种管，第一个数字 3 表示有 3 个电极，第二个数字 3(或 5)表示耗散功率为 300mW(或 500mW)。单结晶体管的主要参数如表 2-2 所示。

表 2-2　单结晶体管的主要参数

参数名称		分压比 η	基极电阻 $r_{bb}/\mathrm{k\Omega}$	峰点电流 $I_P/\mu A$	谷点电流 I_V/mA	谷点电压 U_V/V	饱和电压 U_{ES}/V	最大反压 U_{B2E}/V	射极反漏电流 $I_{EO}/\mu A$	耗散功率 P_{MAX}/mW
测试条件		$U_{BB}=20V$	$U_{BB}=3V$ $I_e=0$	$U_{BB}=0$	$U_{BB}=0$	$U_{BB}=0$	$U_{BB}=0$ I_E 为最大		U_{B2E} 为最大	
BT33	A	0.45~0.9	2~4.5	<4	>1.5	<3.5	<4	≥30	<2	300
	B							≥60		
	C	0.3~0.9	>4.5~12			<4.5	<4.5	≥30		
	D							≥60		
BT35	A	0.45~0.9	2~4.5			<3.5	<4	≥30		500
	B					>4.5		≥60		
	C	0.3~0.9	>4.5~12			<4	<4.5	≥30		
	D							≥60		

用万用表来判别单结晶体管的好坏比较容易，可选择 $R\times 1\mathrm{k\Omega}$ 电阻挡进行测量，若某个电极与另外两个电极的正向电阻小于反向电阻，则该电极为发射极 e，再测量另外两个电极的正、反向电阻，阻值应该相等。

单结晶体管的伏安特性：当两基极 b_2 和 b_1 间加某一固定直流电压 U_{BB} 时，发射极电流 I_E 与发射极正向电压 U_E 之间的关系曲线称为单结晶体管的伏安特性 $I_E=f(U_E)$，实验电路图及特性如图 2-25 所示。

当开关 S 断开，加发射极电压 U_e 时，得到如图 2-25(b)所示的伏安特性曲线①，该曲线与晶体管伏安特性曲线相似。

(1)截止区：AP 段。当开关 S 闭合时，电压 U_{bb} 通过单结晶体管等效电路中的 r_{b1} 和 r_{b2} 分压，在单结晶体管 VT 的两个基极内部与射极的连接点 A 上形成电压，可表示为

$$U_A=\frac{r_{b1}U_{bb}}{r_{b1}+r_{b2}}=\eta U_{bb} \tag{2-49}$$

式中：η 为分压比，是单结晶体管的主要参数，一般为 0.3~0.9。

当 U_e 从零逐渐增加，但 $U_e<U_A$ 时，单结晶体管的 PN 结反向偏置，只有很小的反向漏电流。当 U_e 增加到 U_A 时，$I_e=0$，即如图 2-25(b)所示特性曲线与横坐标交点 b 处。进一步增加 U_e，PN 结开始正偏，出现正向漏电流，直到当发射结电位 U_e 增加到高出 ηU_{bb} 加 PN 结正向压降 U_D 时，即 $U_e=U_P=\eta U_{bb}+U_D$ 时，等效二极管 VD 才导通，此时单结晶体管由截止状态进入导通状态，并将该转折点称为峰点 P。P 点所对应的电压称为峰点电压 U_P，所对应的电流称为峰点电流 I_P。

（a）实验电路图   （b）单结晶体管的伏安特性

（c）特性曲线簇

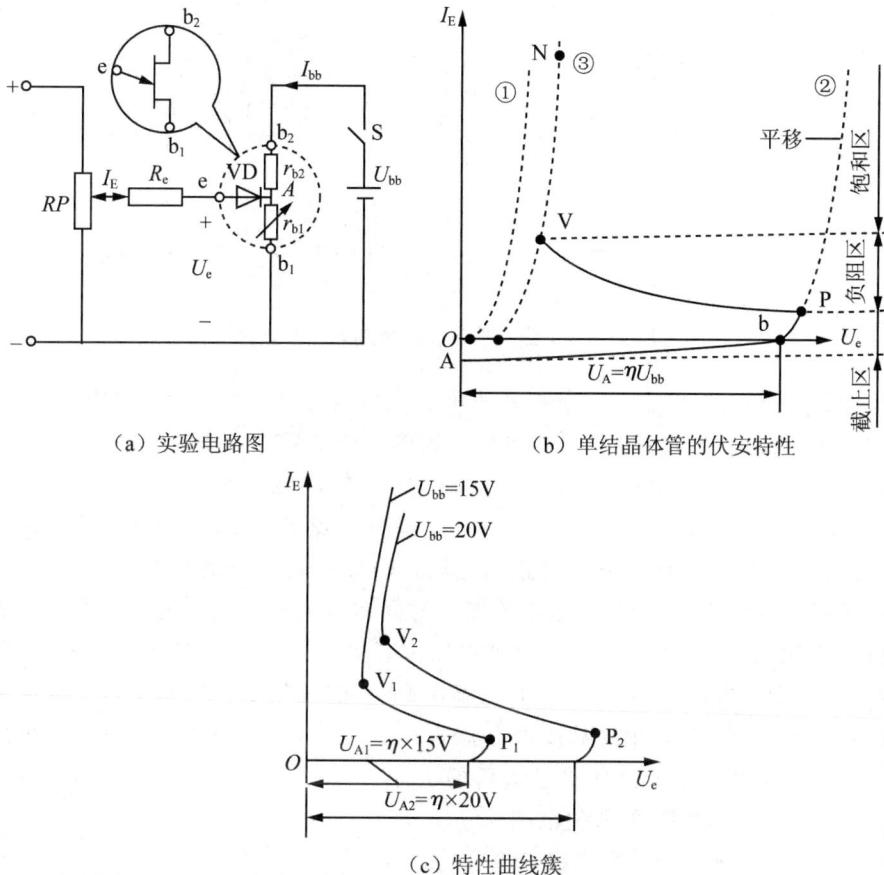

图 2-25   单结晶体管的伏安特性

（2）负阻区：PV 段。当 $U_e > U_P$ 时，等效二极管 VD 导通，I_e 增大，此时大量的空穴载流子从发射极注入 A 点到 b_1 的硅片，使 r_{b1} 迅速减小，导致 U_A 下降，因而 U_e 也下降。U_A 的下降使 PN 结承受更大的正偏，引起更多的空穴载流子注入硅片中，使 r_{b1} 进一步减小，形成更大的发射极电流 I_e，这是一个强烈的增强式正反馈过程。当 I_e 增大到一定程度时，硅片中载流子的浓度趋于饱和，r_{b1} 已减小至最小值，A 点的分压 U_A 最小，因而 U_e 也最小，得曲线上的 V 点。V 点称为谷点，谷点所对应的电压和电流称为谷点电压 U_V 和谷点电流 I_V。这一区间称为特性曲线的负阻区。

（3）饱和区：VN 段。当硅片中载流子饱和后，欲使 I_e 继续增大，必须增大电压 U_e，单结晶体管处于饱和导通状态。改变电压 U_{bb}，器件等效电路中的 U_A 和特性曲线中的 U_P 也随之改变，从而可获得一簇单结晶体管伏安特性曲线，如图 2-25(c)所示。

2. 单结晶体管自激振荡电路

利用单结晶体管的负阻特性和 RC 电路的充、放电特性，可以组成单结晶体管自激振荡电路，如图 2-26 所示。

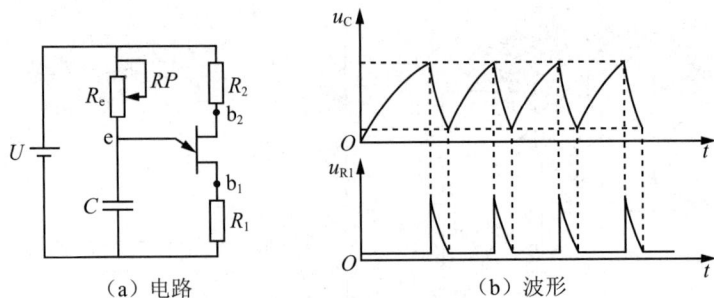

图 2-26　单结晶体管自激振荡电路及波形

设电源未接通时，电容 C 上的电压为零。电源接通后，电源通过电阻 R_e 对电容 C 充电，充电时间常数为 R_eC。当电容电压达到单结晶体管的峰点电压 U_P 时，单结晶体管进入负阻区，并很快饱和导通，电容 C 通过 eb_1 结向电阻 R_1 放电，在 R_1 上产生脉冲电压 u_{R1}。在放电过程中，u_C 按指数曲线下降到谷点电压 U_V，单结晶体管由导通迅速转变为截止，R_1 上的脉冲电压终止。此后，C 又开始下一次充电，重复上述过程。由于放电时间常数 $(R_1+r_{b1})C$ 远远小于充电时间常数 R_eC，故在电容两端得到的是锯齿波电压，在电阻 R_1 上得到的是尖脉冲电压。应注意的是，R_e 的值太大或太小时，电路不能产生振荡。当 R_e 太大时，充电电流在 R_e 上的压降太大，电容 C 上的充电电压始终达不到峰点电压 U_P，单结晶体管不能进入负阻区，一直处于截止状态，电路无法振荡。当 R_e 太小时，单结晶体管导通后的 I_e 将一直大于 I_V，单结晶体管无法关断。因此，满足电路振荡的 R_e 的取值范围为

$$\frac{U-U_P}{I_P} \geqslant R_e \geqslant \frac{U-U_V}{I_V} \tag{2-50}$$

为了防止 R_e 取值过小电路不能振荡，一般取一固定电阻 r 与另一可调电阻 R_e 串联，以调整到满足振荡条件的合适频率。若忽略电容 C 的放电时间，电路的自激振荡频率近似为

$$f=\frac{1}{T}=\frac{1}{R_eC\ln\dfrac{1}{1-\eta}} \tag{2-51}$$

电路中，R_1 上的脉冲电压宽度取决于电容放电时间常数。R_2 是温度补偿电阻，作用是保持振荡频率的稳定。例如，当温度升高时，由于管子 PN 结具有负的温度系数，U_D 减小，而 r_{bb} 具有正的温度系数，r_{bb} 增大，R_2 上的压降略减小，使加在 b_1、b_2 上的电压略升高，U_A 略增大，从而使峰点电压 $U_P=U_A+U_D$ 基本不变。

3. 具有同步环节的单结晶体管触发电路

如果用上述单结晶体管自激振荡电路输出的脉冲电压去触发相控整流电路中的晶闸管，则得到的电压 u_d 的波形将是不规则的，无法进行正常地控制，这是因为触发电路缺少与主电路晶闸管保持电压同步的环节。

图 2-27 是加了同步环节的单结晶体管触发电路，主电路为单相半波整流电路。要求图中 VT_2 在每个周期内以同样的触发延迟角 α 被触发导通，即触发脉冲必须在电源电压每次过零后滞后 α 角出现。为了使触发脉冲与电源电压的相位同步，采用一个同

步变压器，它的一次侧接主电路电源，二次侧经二极管半波整流、稳压削波后得梯形波，作为触发电路电源，也作为同步信号。当主电路电压过零时，触发电路的同步电压也过零，单结晶体管的 U_{bb} 也降为零，使电容 C 放电到零，保证了下一个周期电容 C 从零开始充电，起到了同步作用。从图 2-27 可以看出，每周期中电容 C 的充、放电不止一次，晶闸管由第一个脉冲触发导通，后面的脉冲不起作用。改变 R_e 的大小，可改变电容的充电速度，也就改变了第一个脉冲出现的角度，达到调节 α 的目的。

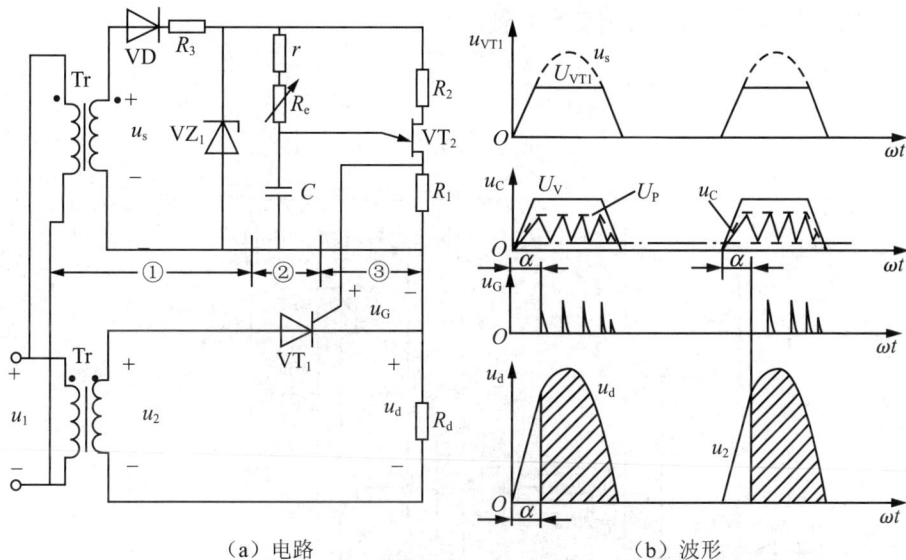

图 2-27 单结晶体管同步触发电路及波形

实际应用中，常用晶体管代替可调电阻器 R_e，以便实现自动移相，同时脉冲的输出一般通过脉冲变压器 TP，以实现触发电路与主电路的电气隔离，如图 2-28 所示。

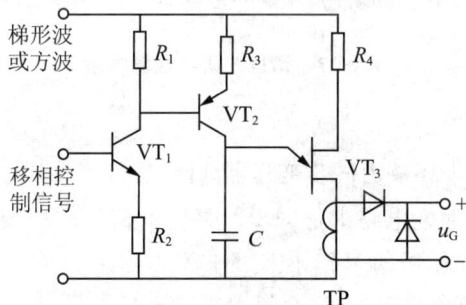

图 2-28 带输出脉冲变压器的单结晶体管同步触发电路

单结晶体管触发电路虽较简单，但由于它的参数差异较大，用于多相电路的触发时不易一致。此外，其输出功率较小，脉冲较窄，虽加有温度补偿，但对于大范围的温度变化仍会出现误差，控制线性度不好。因此，单结晶体管触发电路只用于控制精度要求不高的单相晶闸管变流系统。

2.8.3　同步电压为锯齿波的触发电路

晶闸管的电流容量越大，要求的触发功率就越大。对于大、中电流容量的晶闸管，为了保证其触发脉冲具有足够的功率，往往采用由晶体管组成的触发电路。同步电压为锯齿波的触发电路就是其中之一，该电路不受电网波动和波形畸变的影响，移相范围宽，应用广泛。图 2-29 所示为锯齿波同步触发电路，该电路由以下 5 个基本环节组成：①同步环节；②锯齿波形成及脉冲移相环节；③脉冲形成、放大和输出环节；④双脉冲形成环节；⑤强触发及脉冲封锁环节。

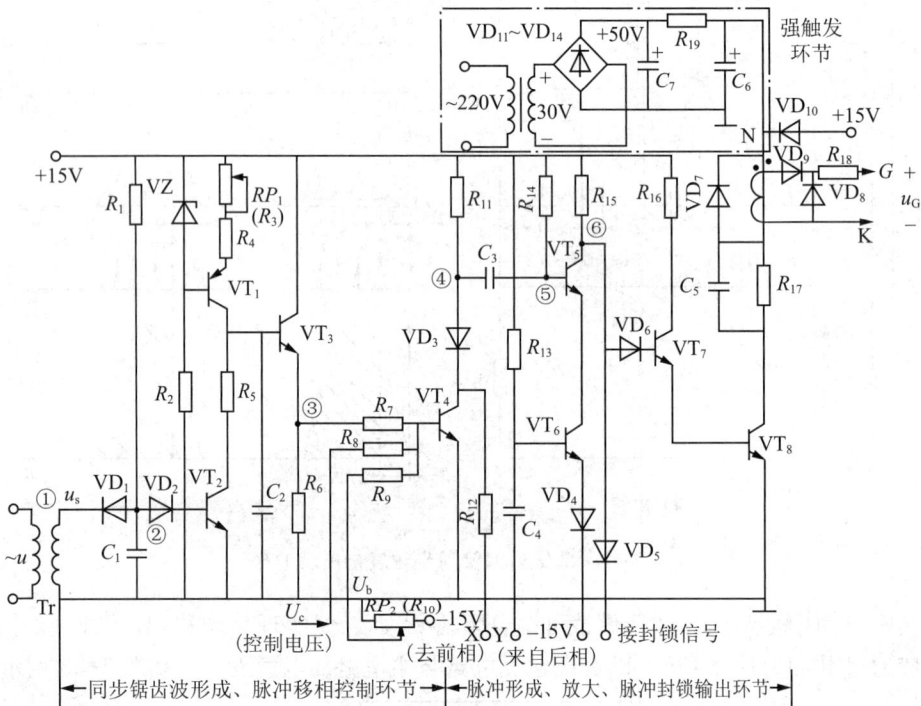

图 2-29　锯齿波同步触发电路

1. 同步环节

如图 2-29 所示，同步环节由同步变压器 Tr、晶体管 VT_2、二极管 VD_1、VD_2、R_1 及 C_1 等组成。在锯齿波触发电路中，同步就是要求锯齿波的频率与主回路电源的频率相同。锯齿波是由起开关作用的 VT_2 控制的，VT_2 截止期间产生锯齿波，VT_2 截止持续时间就是锯齿波的宽度，VT_2 开关的频率就是锯齿波的频率。要使触发脉冲与主回路电源同步，必须使 VT_2 开关的频率与主回路电源频率同步。同步变压器和整流变压器接在同一电源上，用同步变压器二次侧电压来控制 VT_2 的通断，这就保证了触发脉冲与主回路电源的同步。

同步变压器二次侧电压间接加在 VT_2 的基极上，当二次侧电压为负半周的下降段时，VD_1 导通，电容 C_1 被迅速充电，因下端为参考点，所以②点为负电位，VT_2 截止。在二次侧电压负半周的上升段，由于电容 C_1 已充至负半周的最大值，所以 VD_1 截止，+15V 电压通过 R_1 给电容 C_1 反向充电，当②点电位上升至 1.4V 时，VT_2 导通，

②点电位被钳位在 1.4V。可见，VT_2 截止时间的长短与 C_1 反充电的时间常数 R_1C_1 有关。直到同步变压器二次侧电压的下一个负半周到来时，VD_1 重新导通，C_1 迅速放电后又被充电，VT_2 又变为截止，如此周而复始。在一个正弦波周期内，VT_2 具有截止与导通两个状态，对应锯齿波恰好是一个周期，与主回路的电源频率完全一致，达到同步的目的。

2. 锯齿波形成及脉冲移相环节

电路中由晶体管 VT_1 组成恒流源向电容 C_1 充电，晶体管 VT_2 作为同步开关控制恒流源对 C_2 的充、放电过程。晶体管 VT_3 为射极跟随器，起阻抗变换和前后级隔离的作用，以减小后级对锯齿波的线性影响。

工作过程分析如下：当 VT_2 截止时，由 VT_1、稳压二极管 VZ、R_3、R_4 组成的恒流源以恒流 I_{C1} 对 C_2 充电，C_2 两端的电压 U_{C2} 为

$$u_{C2} = \frac{1}{C_2}\int I_{C1}\,dt = \frac{I_{C1}}{C_2}t \tag{2-52}$$

u_{C2} 随时间 t 线性增长，$\dfrac{I_{C1}}{C_2}$ 为充电斜率，调节 R_3 可改变 I_{C1}，从而调节锯齿波的斜率。当 VT_2 导通时，因 R_5 阻值小，电容 C_2 经 R_5、VT_2 迅速放电到零。所以，只要 VT_2 周期性关断、导通，电容 C_2 两端就能得到线性很好的锯齿波电压。为了减小锯齿波电压与控制电压 U_c、偏移电压 U_b 之间的影响，锯齿波电压 u_{C2} 经射极跟随器输出。

锯齿波电压 u_{e3} 与 U_c、U_b 进行并联叠加，它们分别通过 R_7、R_8、R_9 与 VT_4 的基极相接。根据叠加原理，分析 VT_4 基极电位时，可看作锯齿波电压 u_{e3}、控制电压 U_c（正值）和偏移电压 U_b（负值）三者单独作用的叠加。当三者合成电压 u_{b4} 为负时，VT_4 截止；合成电压 u_{b4} 由负过零变正时，VT_4 由截止转为饱和导通，u_{b4} 被钳位到 0.7V。

锯齿波触发电路各点电压波形如图 2-30 所示。电路工作时，往往将负偏移电压 U_b 调整到某固定值，改变控制电压 U_c 就可以改变 u_{b4} 的波形与横坐标（时间）的交点，也就改变了 VT_4 转为导通的时刻，即改变了触发脉冲产生的时刻，达到了移相的目的。设置负偏移电压 U_b 的目的是使 U_c 为正，实现从小到大单极性调节。通常设置 $U_c = 0$ 时为 α 的最大值，作为触发脉冲的初始位置，随着 U_c 的调大 α 会减小。

3. 脉冲形成、放大和输出环节

如图 2-29 所示，脉冲形成环节由晶体管 VT_4、VT_5、VT_6 组成，放大和输出环节由 VT_7、VT_8 组成。同步移相电压加在晶体管 VT_4 的基极，触发脉冲由脉冲变压器二次侧输出。

当 VT_4 的基极电位 $u_{b4} < 0.7V$ 时，即 VT_4 截止时，VT_5、VT_6 分别经 R_{14}、R_{13} 提供足够的基极电流使之饱和导通，因此⑥点电位为 $-13.7V$（二极管正向压降按 0.7V 计算，晶体管饱和压降按 0.3V 计算），VT_7、VT_8 处于截止状态，脉冲变压器无电流流过，二次侧无触发脉冲输出。此时电容 C_3 充电。充电回路：由电源 $+15V$ 端经 $R_{11} \to VT_5$ 发射结 $\to VT_6 \to VD_4 \to$ 电源 $-15V$ 端。C_3 充电电压为 28.3V，极性为左正右负。

当 $u_{b4} = 0.7V$ 时，VT_4 导通，④点电位由 $+15V$ 迅速降低至 1V 左右，由于电容 C_3 两端电压不能突变，使 VT_5 的基极电位⑤点跟着突降到 $-27.3V$，导致 VT_5 截止，它的集电极电压升至 2.1V，于是 VT_7、VT_8 导通，脉冲变压器输出脉冲。与此同时，电

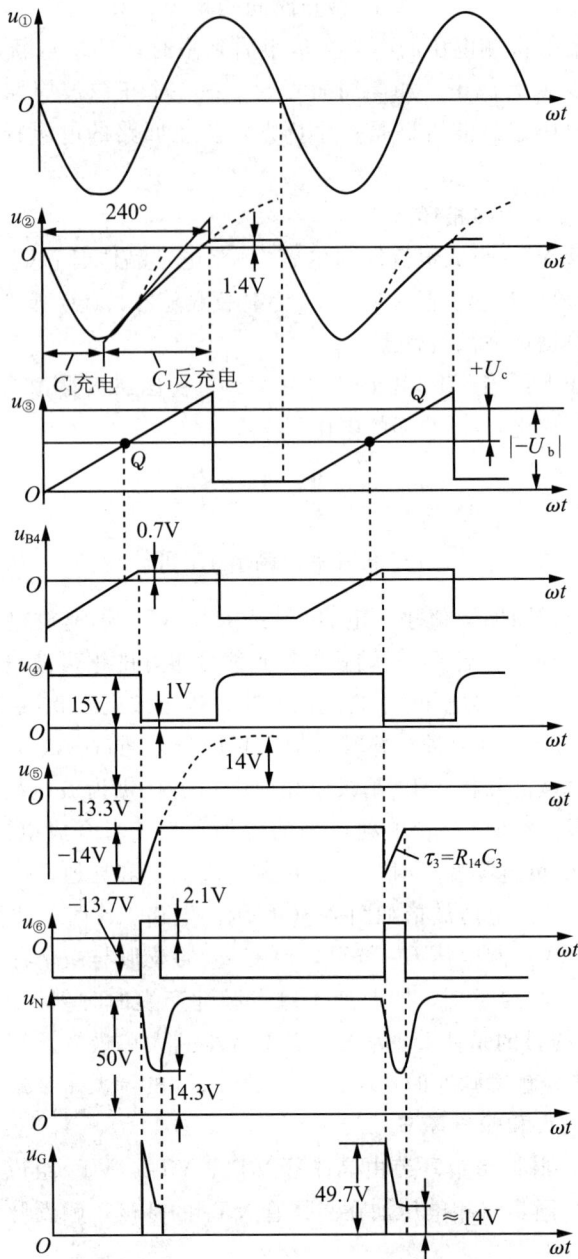

图 2-30　锯齿波触发电路各点电压波形

容 C_3 由 15V 经 R_{14}、VD_3、VT_4 放电后又反向充电，使⑤点电位逐渐升高，当⑤点电位升到 $-13.3V$ 时，VT_5 发射结正偏，又转为导通，使⑥点电位从 2.1V 又降为 $-13.7V$，迫使 VT_7、VT_8 截止，输出脉冲结束。由以上分析可知，输出脉冲产生的时刻是 VT_4 开始导通的瞬时，也是 VT_5 转为截止的瞬时。VT_5 截止的持续时间即为输出脉冲的宽度，所以脉冲宽度由 C_3 反向充电的时间常数（$\tau_3 = C_3 R_{14}$）来决定，输出窄脉冲时，脉宽通常为 1ms(即 18°)。R_{16}、R_{17} 分别为 VT_7、VT_8 的限流电阻，VD_6 可以提高 VT_7、VT_8 的导通阈值，增强抗干扰能力，电容 C_5 用于改善输出脉冲的前沿陡度，

VD_7 用于防止 VT_7、VT_8 截止时脉冲变压器一次侧的感应电动势与电源电压叠加造成 VT_8 的击穿，脉冲变压器二次侧所接的 VD_8、VD_9 用于保证输出脉冲只能正向加在晶闸管的门极和阴极两端。

4. 双脉冲形成环节

三相桥式全控整流电路要求触发脉冲为双脉冲，相邻两个脉冲间隔为 60°，该电路可以实现双脉冲输出。

在图 2-29 中，VT_5、VT_6 两个晶体管构成"或门"电路，当 VT_5、VT_6 都导通时，VT_7、VT_8 都截止，没有脉冲输出。但只要 VT_5、VT_6 中有一个截止，就会使 VT_7、VT_8 导通，脉冲就可以输出。VT_5 基极端由本相同步移相环节送来的负脉冲信号使其截止，导致 VT_8 导通，送出第一个窄脉冲，并由滞后 60° 的后相触发电路在产生其本相脉冲的同时，由 VT_4 的集电极经 R_{12} 的 X 端送到本相的 Y 端，经电容 C_4 微分产生负脉冲送到 VT_6 的基极，使 VT_6 截止，于是本相的 VT_8 又导通一次，输出滞后 60° 的第二个窄脉冲。VD_3、R_{12} 的作用是防止双脉冲信号的相互干扰。

对于三相桥式全控整流电路，电源三相 U、V、W 为正相序时，6 个晶闸管的触发顺序为 $VT_1 \rightarrow VT_2 \rightarrow VT_3 \rightarrow VT_4 \rightarrow VT_5 \rightarrow VT_6$，彼此间隔 60°，为了得到双脉冲，6 块触发板的 X、Y 可按图 2-31 所示的方式连接，即后相的 X 端与前相的 Y 端相连。

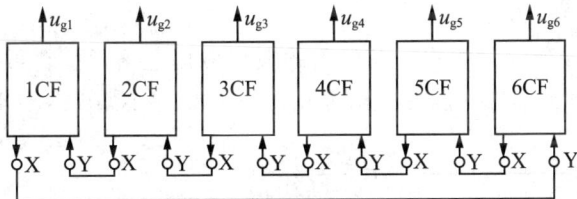

图 2-31　触发器的连接顺序

应当注意的是，使用这种触发电路的晶闸管装置，三相电源的相序是确定的。在安装使用时，应该先测定电源的相序，进行正确地连接。如果电源的相序接反了，装置将不能正常工作。

5. 强触发及脉冲封锁环节

在晶闸管串、并联使用或桥式全控整流电路中，为了保证被触发的晶闸管同时导通，可采用输出幅值高、前沿陡的强脉冲触发电路。图 2-29 的右上角的部分电路即为强触发环节。变压器二次侧 30V 电压经桥式整流、电容和电阻 π 形滤波，得近似 50V 的直流电压。当 VT_8 导通时，C_6 经过脉冲变压器、R_{17}（C_5）、VT_8 迅速放电。由于放电回路电阻较小，电容 C_6 两端电压衰减很快，N 点电位迅速下降。当 N 点电位稍低于 15V 时，二极管 VD_6 由截止变为导通。此时虽然 50V 电源电压较高，但它向 VT_8 提供较大电流时，R_{19} 上的压降较大，使 R_{19} 的左端不可能超过 15V，因此 N 点电位被钳制在 15V。当 VT_8 由导通变为截止时，50V 电源又通过 R_{19} 向 C_6 充电，使 N 点电位再次升到 50V，为下一次强触发做准备。

电路中的脉冲封锁信号为零电位或负电位，是通过 VD_5 加到 VT_5 集电极的。当封锁信号接入时，晶体管 VT_7、VT_8 就不能导通，触发脉冲无法输出。脉冲封锁一般用于事故情况或者用于无环流的可逆系统中。二极管 VD_5 的作用是防止封锁信号接地时，

经 VT_5、VT_6 和 VD_4 到 $-15V$ 之间产生大电流通路。

由上述分析可见，同步电压为锯齿波的触发电路优点是抗干扰能力强，不受电网电压波动与波形畸变的直接影响，移相范围宽。其缺点是整流装置的输出电压 U_d 与控制电压 U_C 之间不成线性关系，电路较复杂。

2.8.4 集成触发电路

1. KC04 集成移相触发器

KC 系列集成触发器品种多、功能全、可靠性高、调试方便、应用非常广泛。下面介绍 KC04 集成移相触发器。

KC04 集成移相触发器主要用单相或三相桥式全控晶闸管整流电路作触发电路，其主要技术参数如下。

电源电压：DC $+15V$（允许波动 5%）。

电源电流：正电流小于等于 15mA，负电流小于等于 8mA。

脉冲宽度：$400\mu s \sim 2ms$。

脉冲幅值：大于等于 13V。

移相范围：小于 $180°$（同步电压 $U_S = 30V$ 时，为 $150°$）。

输出最大电流：100mA。

环境温度：$-10 \sim 70℃$。

图 2-32 是 KC04 作为移相式触发电路的典型应用电路图。它可分为同步、锯齿波形成、脉冲移相、脉冲形成、脉冲输出等几。图 2-33 是 KC04 各点电压的波形图。

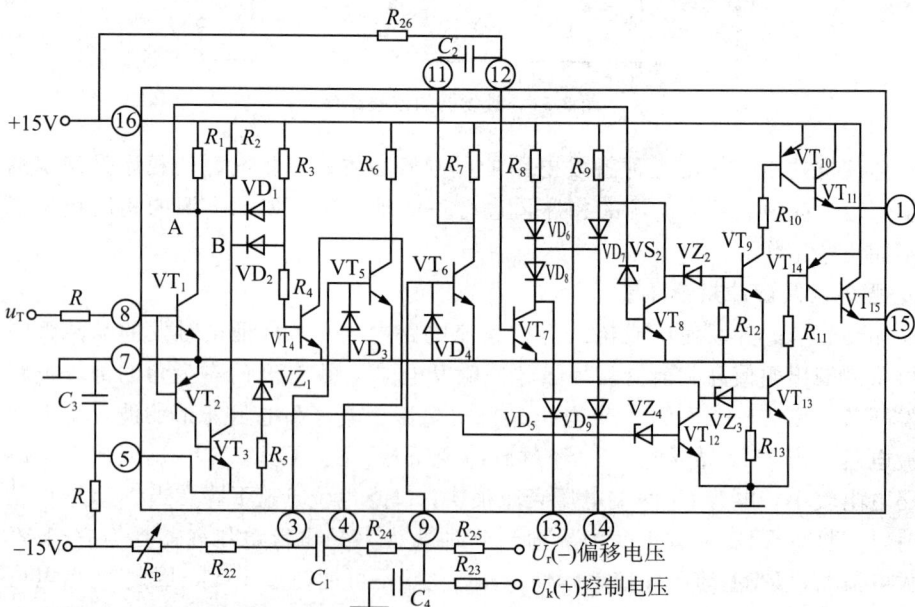

图 2-32 KC04 作为移相式触发电路

1）同步电路

同步电路由晶体管 $VT_1 \sim VT_4$ 等元件组成。正弦波同步电压 u_T 经限流电阻加到

VT$_1$、VT$_2$ 的基极。在 u_T 的正半周，VT$_2$ 截止，VT$_1$ 导通，VD$_1$ 导通，VT$_4$ 得不到足够的基极电压而截止。在 u_T 的负半周，VT$_1$ 截止，VT$_2$、VT$_3$ 导通，VD$_2$ 导通，VT$_4$ 同样得不到足够的基极电压而截止。必须注意的是，在上述 u_T 的正、负半周内，当 $|u_T|<0.7$V 时，VT$_1$、VT$_2$、VT$_3$ 均截止，VD$_1$、VD$_2$ 也截止，于是 VT$_4$ 从电源＋15V 经 R_2、R_3 获得足够的基极电流而饱和导通，在 VT$_4$ 的集电极获得与正弦波同步电压 u_T 同步的脉冲 u_{C4}，如图 2-33 所示。

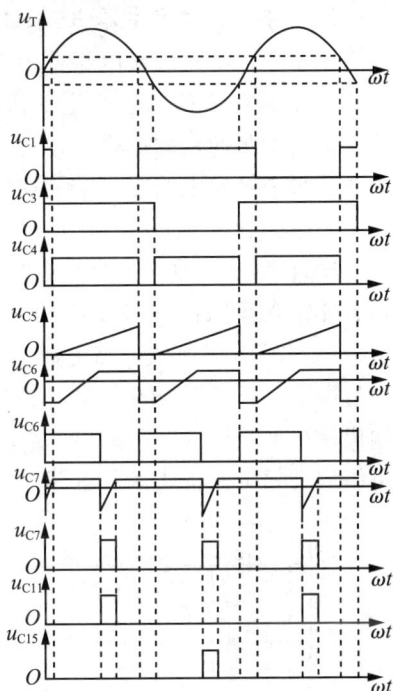

图 2-33　KC04 各点电压的波形图

2）锯齿波形成电路

晶体管 VT$_5$、电容 C_1 等组成锯齿波发生器。当 VT$_4$ 截止时，＋15V 电源通过 R_6、R_{22}、R_P，－15V 对 C_1 充电。当 VT$_4$ 导通时，C_1 通过 VT$_4$、VD$_3$ 迅速放电，在 KC04 的④脚（也就是 VT$_5$ 的集电极）形成锯齿波电压 u_{C5}，锯齿波的斜率取决于 R_{22}、R_P 与 C_1 的大小，锯齿波的相位与 u_{C4} 相同。

3）脉冲移相电路

晶体管 VT$_6$ 与外围元件组成移相电路。锯齿波电压 u_{C5}、控制电压 U_k、偏移电压 U_p 分别通过电阻 R_{24}、R_{23}、R_{25} 在 VT$_6$ 的基极叠加成 u_{BE6}，当 $u_{BE6}>0.7$V 时，VT$_6$ 导通，即 $u_{C5}+U_p+U_k$ 控制了 VT$_6$ 的导通与截止时刻，也就是控制了脉冲的移相。

4）脉冲形成电路

VT$_7$ 与外围元件组成脉冲形成电路。当 VT$_6$ 截止时，＋15V 电源通过 R_7、VT$_7$ 的 B-E 对 C_2 充电（左正右负），同时 VT$_7$ 经 R_{26} 获得基极电流而导通。当 VT$_6$ 导通时，C_2 上的充电电压成为 VT$_7$ B-E 结的反偏电压，VT$_7$ 截止。此后＋15V 经 R_{26}、VT$_6$ 对 C_2 充电（左负右正），当反向充电电压大于 1.4V 时，VT$_7$ 又恢复导通。这样，在 VT$_7$ 的集电极得到了脉冲 u_{C7}，其脉宽由时间常数 $R_{26}C_2$ 的大小决定。

5）脉冲输出电路

VT$_8$～VT$_{15}$ 组成脉冲输出电路。在同步电压 u_T 的一个周期内，VT$_7$ 的集电极输出两个相位差 180°的脉冲。在 u_T 的正半周，VT$_1$ 导通，A 点为低电位，B 点为高电位，使 VT$_8$ 截止、VT$_{12}$ 导通。VT$_{12}$ 的导通使 VD$_5$ 截止，由 VT$_{13}$、VT$_{14}$、VT$_{15}$ 组成的放大电路无脉冲输出。VT$_8$ 的截止使 VD$_3$ 导通，VT$_7$ 集电极的脉冲经 VT$_9$、VT$_{10}$、VT$_{11}$ 组成的电路放大后由①脚输出。同理可知，在 u_T 的负半周，VT$_8$ 导通，VT$_{12}$ 截止，VT$_7$ 的正脉冲经 VT$_{13}$、VT$_{14}$、VT$_{15}$ 组成电路放大后由⑮脚输出。KC04 的⑬脚为脉冲列调制端，⑭脚为脉冲封锁控制端。

在 KC04 的基础上采用 4 级晶闸管作脉冲记忆就构成了改进型产品 KC09，KC09 与 KC04 可以互换，但 KC09 可提高抗干扰能力和触发脉冲的前沿陡度，也可增大脉冲调节范围。

2. 6 路双脉冲发生器 KC41C

三相全控桥式整流电路要求用双窄脉冲触发，即用两个间隔 60°的窄脉冲去触发晶闸管，如图 2-34 所示。产生双脉冲的方法有两种：一种是每个触发电路在每个周期内只产生一个脉冲，脉冲输出电路的同时触发两个桥臂的晶闸管，称为双脉冲触发；另一种是每个触发电路在一个周期内连续发出两个相隔 60°的窄脉冲，脉冲输出电路只触发一个晶闸管，称为内双脉冲触发。内双脉冲触发是目前应用最多的一种触发方式。

KC41C 是一种双脉冲发生器，其内部原理电路图如图 2-34（a）所示。①～⑥脚是 6 路脉冲输入端（如 3 片 KC04 的 6 个输出脉冲），每路脉冲由二极管送给本相和前相，再由 VT_1～VT_6 组成的 6 路电流放大器分 6 路输出。VT_7 组成电子开关，当控制端⑦脚接低电平时，VT_7 截止，⑪～⑯脚有脉冲输出。当⑦脚接高电平时，VT_7 导通，各路输出脉冲被封锁。图 2-34（b）是 KC41C 的外部接线图。利用 3 片 KC04 与 1 片 KC41C 可组成三相全控桥式触发电路。

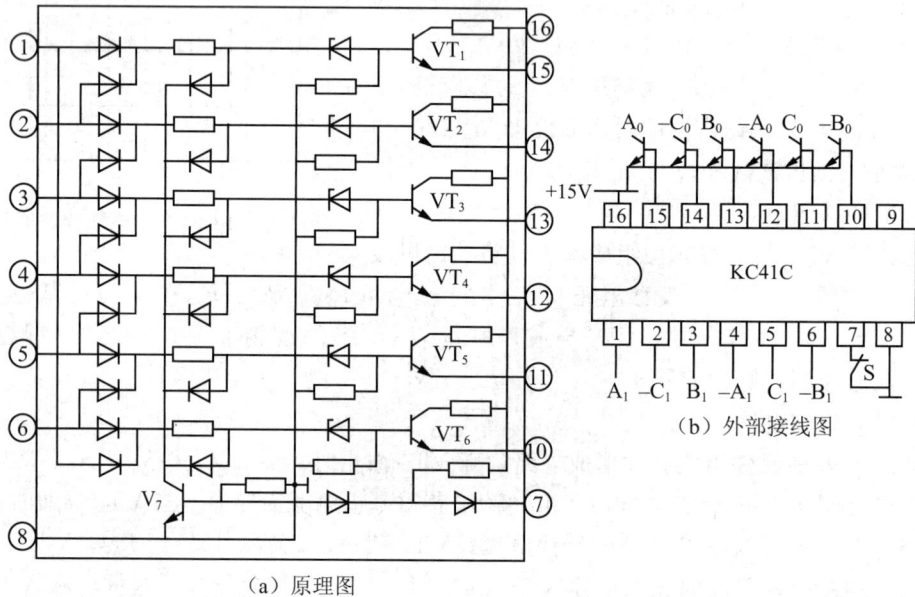

（a）原理图
（b）外部接线图

图 2-34　KC41C 原理图及其外部接线图

2.8.5　数字触发电路

微机控制的数字触发电路具有调节灵活、使用方便及易于实现自动化的特点，在工业控制设备中广泛应用。

数字触发电路的形式很多，而微机控制的数字触发电路最为简单，且控制灵活、准确可靠。图 2-35 所示为微机控制数字触发系统组成框图。图 2-35 中，触发延迟角 α 设定值以数字形式通过接口电路送给微机，微机以基准点作为计时起点开始计数，当计数值与触发延迟角对应的数值一致时，微机会发出触发信号，该信号经输出脉冲放大，由隔离电路送至晶闸管。下面以 MCS-51 系列 8031（简称 8031）单片机组成的三相桥式全控整流电路的触发系统为例作分析。

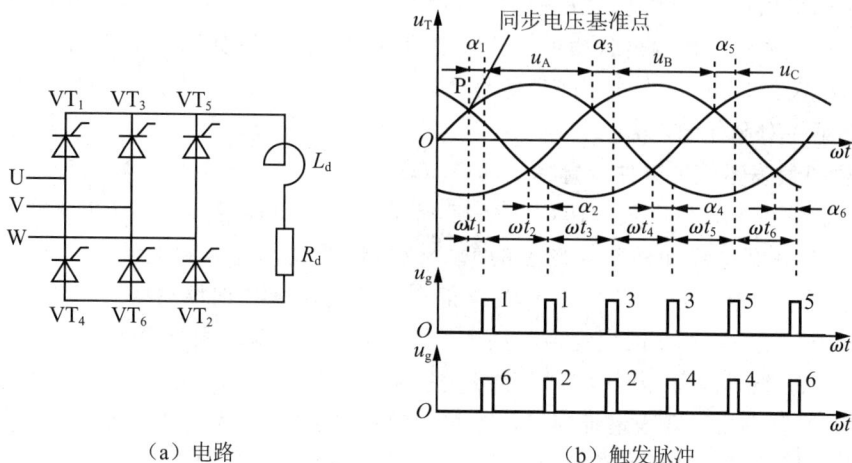

（a）电路   （b）触发脉冲

图 2-35   三相桥式全控整流电路及触发脉冲

1. 系统工作原理

8031 单片机内部有两个 16 位可编程定时器/计数器 T_0、T_1，若将其设置为定时器方式 1，即 16 位对机器周期进行计数，则首先将初值装入 TL（低 8 位）及 TH（高 8 位），启动定时器，即开始从初值加 1 计数，当计数值溢出时，向 CPU 发出中断申请，CPU 响应后执行相应的中断程序。在中断程序中，让单片机发出触发信号，由此改变计数器的初值，即可改变定时长短。

由前面讲过的三相桥式全控整流电路工作原理可知，在一个工频周期内，该电路 6 个晶闸管的组合触发顺序为 6、1；1、2；2、3；3、4；4、5；5、6。若系统采用双脉冲触发方式，则每工频周期要发出 6 对脉冲，如图 2-35（b）所示。为了使微机输出的脉冲与晶闸管承受的电源电压同步，必须设法在交流电源的每一周期产生一个同步基准信号，本系统采用线电压过零点作为同步参考点，如图 2-35（b）所示的 P 点即是线电压 u_{AB} 的过零点。

电路工作时，设 α_1 为触发延迟角，即第一对脉冲距离同步参考点的电角度，后面每隔 60°发出一对脉冲，共发出 6 对。各脉冲位置与时间关系如图 2-35（b）所示，设

$$t_1 = t_{\sigma 1}$$

$$t_n = t_{\sigma 1} + (n-1)t_{60}$$

式中：t_1 为 α_1 对应的时间；n 为触发脉冲序号，$n=$ 1、2、3、4、5、6；t_n 为第 n 个脉冲对应的时间；t_{60} 为 60°所对应的时间。

这种用前一个脉冲为基准来确定后一个脉冲形成时刻的方法，称为相对触发方式。

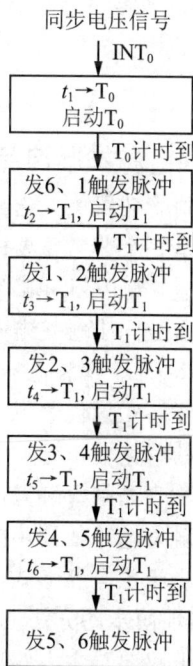

图 2-36   输出脉冲程序流程图

本系统采用每一工频周期取一次同步信号作为参考点，每一对触发脉冲调整一次触发延迟角的方法，按输出脉冲工作顺序编写的程序流程图如图 2-36 所示。本系统共使用 3 个中断源，INT_0 为外部同步信号中断，定时器 T_0、T_1 为计时中断。其中，T_0 仅完成对第一对脉冲的计时，其他各对脉冲计时由 T_1 完成。

2. 微机触发系统的硬件设置

微机触发系统硬件配置框图如图 2-37 所示。8031 单片机共有 4 个并行的 I/O 口，用 P_0 口作为数据总线和外部存储器的低 8 位地址总线，数据和地址为分时控制，由 ALE 信号控制地址锁存。用 P_2 口作为外部存储器的高 8 位地址总线口。用 P_1 口作为输入口，用于读取控制 α 的设定值。用 P_3 口作为双功能口，用 $P_{3.2}$ 脚第二功能作为外部中断 INT_0 输入端。由于 8031 单片机内部没有程序存储器，因此外接一片 EPROM2716。74LS373 为地址锁存器，输出脉冲通过并行接口芯片 8155 输出，再经功率放大后与晶闸管门极相连。

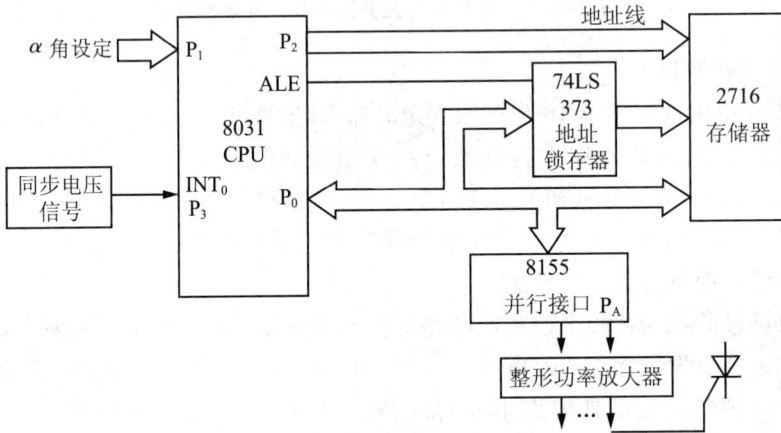

图 2-37　系统硬件配置框图

2.8.6　触发脉冲与主电路电压的同步

在晶闸管装置中，送到主电路各晶闸管的触发脉冲与其阳极电压之间保持正确的相位关系是一个非常重要的问题，因为它直接关系到装置能否正常工作。

很明显，触发脉冲必须在晶闸管阳极电压为正的区间内出现，晶闸管才能被触发导通。锯齿波同步触发电路产生触发脉冲的时刻，由接到触发电路的同步电压 u_s 定位，由控制电压 U_c、偏移电压 U_b 的大小来移相。这就是说，必须根据被触发晶闸管的阳极电压相位，正确供给触发电路特定相位的同步电压 u_T，以使触发电路在晶闸管需要触发脉冲的时刻输出脉冲。这种正确选择同步电压相位以及得到不同相位的同步电压的方法，称为晶闸管装置的同步或定相。

每个触发电路的同步电压 u_s 与被触发晶闸管的阳极电压应该有什么样的相位关系呢？这取决于主电路形式、触发电路形式、负载性质、移相范围要求等。

1. 实现同步的方法

触发电路要与主电路电压取得同步，首先两者应由同一电网供电，保证电源频率一致，其次要根据主电路的形式选择合适的触发电路，最后要依据整流变压器的连接组标号、主电路线路形式、负载性质确定触发电路的同步电压，并通过同步变压器的正确连接加以实现。

由于同步变压器二次侧电压要分别接到各单元触发电路，而一套主电路的各单元触发装置一般有公共"接地"端点，所以，同步变压器的二次侧只能是星形连接。

由于整流变压器、同步变压器的一次绕组总是接在同一三相电源上，对于同步变压器连接组标号的确定，可采用简化的电压矢量图解方法确定变压器的钟点数。简化的电压矢量图解法是以三相变压器一次侧任一线电压为参考矢量的，箭头向上，作为时钟长针，指向 12 点位置，再画出对应二次侧线电压矢量，作为短针方向，短针指向几点就是几点钟接法，其基本方法可通过以下举例来说明。

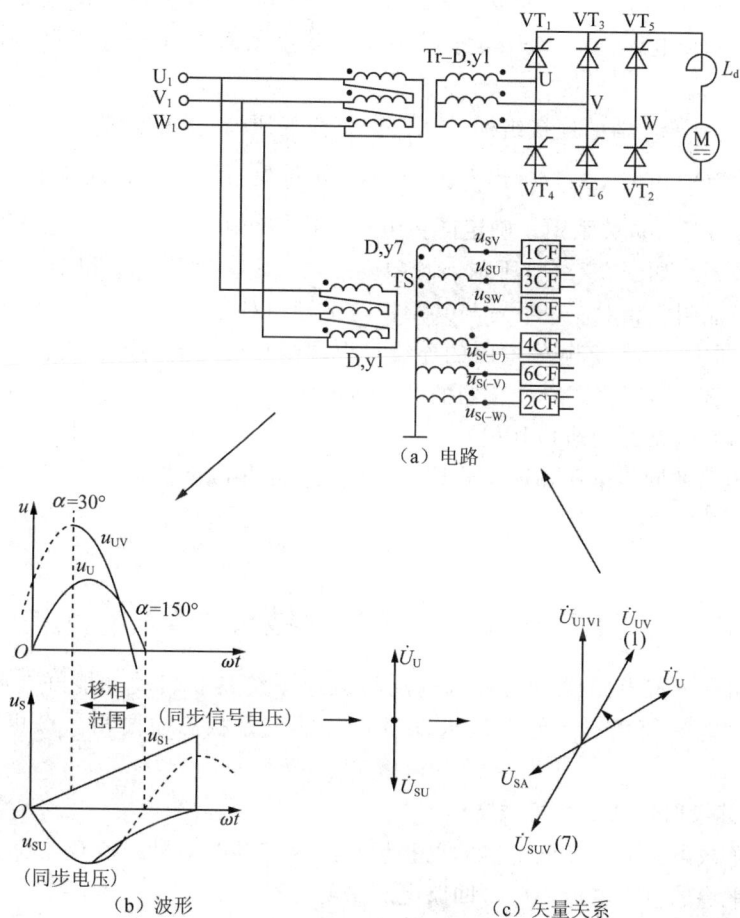

图 2-38   三相桥式全控整流电路同步定相实例图

2. 定相举例

例 2-5   三相桥式全控整流电路如图 2-38(a)所示，直流电动机负载，要求可逆运行，整流变压器 Tr 为 D，y1 连接组标号，采用图 2-29 所示锯齿波同步触发电路。锯齿波的齿宽为 240°，考虑锯齿波起始段的非线性，故留出 60°裕量。电路要求的移相范围是 30°～150°。试按简化相量图解的方法来确定同步变压器的连接组标号及变压器绕

组连接方法。

解：选择以某一个晶闸管的同步定相为例（如以 VT_1），其余 5 个晶闸管可根据相位关系依次确定，具体步骤如下。

(1)确定 VT_1 的同步电压与主电路电压的相位关系。根据题意，主电路所要求的移相范围是 $30°\sim150°$，如图 2-38(b)电压波形 u_U（或线电压波形 u_{UV}）的粗线段所示。为此，锯齿波的斜边线性段（即扣除锯齿波起始段的 $60°$）应能覆盖主电路所要求的移相范围。由图 2-38(b)所示波形图可知，产生这一锯齿波所对应的正弦波电压 u_{SU} 就是触发电路的同步电压，它取自同步变压器某一相的二次侧电压，并选定为 VT_1 的同步电压。为此，VT_1 的同步电压 u_{SU} 与主电路电压 u_U 的相位关系随之确定，从图 2-38(b)也能明显地看出 u_{SU} 较 u_U 滞后 $180°$（或 u_{SU} 较 u_U 滞后 $210°$）；VT_3 的同步电压 u_{SV} 较 u_{SU} 滞后 $120°$；VT_4 的同步电压 $-u_{SU}$ 较 u_{SU} 滞后 $180°$，其余各管的同步电压可对应相位而类推之。

(2)确定同步变压器的连接组标号。根据整流变压器 Tr 已知的 D，y1 连接组标号及由上一步确定的相位关系，画出 $\dot{U}_{U1V1}$ 与 $\dot{U}_U$ 相位矢量关系图、同步电压 $\dot{U}_{SU}$ 与主电路电压 $\dot{U}_U$ 的两组矢量关系图，确定同步电压二次侧线电压 $\dot{U}_{SUV}$ 与主电路线电压 $\dot{U}_{U1V1}$ 之间的相位关系。如图 2-38(c)所示，图中变压器 TS 应为 D，y7 和 D，y1 接线组别，前者与共阴极晶闸管相对应，后者与共阳极晶闸管相对应。

(3)确定同步电压与各触发电路的连线。根据同步变压器的连接组标号，正确连接同步变压器绕组，然后将同步变压器的二次侧电压 u_{SA}、u_{SB}、u_{SC} 分别接到晶闸管 VT_1、VT_3、VT_5 触发电路的同步电压输入端；$u_{S(-U)}$、$u_{S(-V)}$、$u_{S(-W)}$ 分别接到 VT_4、VT_6、VT_2 的触发电路的同步电压输入端，即可完成同步定相的有关步骤，接线如图 2-38(a)所示。

2.9 晶闸管-直流电动机系统的机械特性

晶闸管可控整流电路供电的直流电动机调速系统具有启动性能好、调速范围宽、动态和静态性能好等优点，但直流电动机良好的工作状态需要由负载电流的连续来保证。

1. 电流连续时电动机的机械特性

当串入负载电路的平波电抗器的电感量足够大，且电动机的负载电流也足够大时，负载电流是平稳的直流电流，此时回路电压平衡方程如下。

直流电动机电压平衡方程为

$$U_d = E + I_d R_d$$

其中，直流电动机反电动势为

$$E = C_e \phi n$$

三相半波可控整流输出电压（考虑了换相压降等因素的影响）的平均值为

$$U_d = 1.17 U_2 \cos\alpha - \frac{3}{2\pi} X_T I_d - R_T I_d - \Delta U_T$$

所以，电流连续时，直流电动机的机械特性方程式为

$$n=\frac{1}{C_{\mathrm{e}}\phi}(1.17U_2\cos\alpha-R_\Sigma I_{\mathrm{d}}-\Delta U_{\mathrm{T}})\approx\frac{1.17U_2}{C_{\mathrm{e}}\phi}\cos\alpha-\frac{R_\Sigma}{C_{\mathrm{e}}\phi}I_{\mathrm{d}}=n_0-\Delta n \quad （2\text{-}53）$$

式中：C_{e} 为电动机电动势常数；ϕ 为磁通；R_Σ 为电枢回路总电阻；R_{T} 为变压器绕组电阻；X_{T} 为变压器每项折算到二次侧的漏抗；ΔU_{T} 为晶闸管导通压降（忽略不计）。

根据式(2-53)可作出不同触发延迟角 α 时的直流电动机机械特性 $n=f(I_{\mathrm{d}})$ 曲线，如图 2-39(b) 所示。可见，电流连续时，电动机的机械特性是一组平行的直线，负载电流增加，转速下降，n 与 I_{d} 呈线性关系。

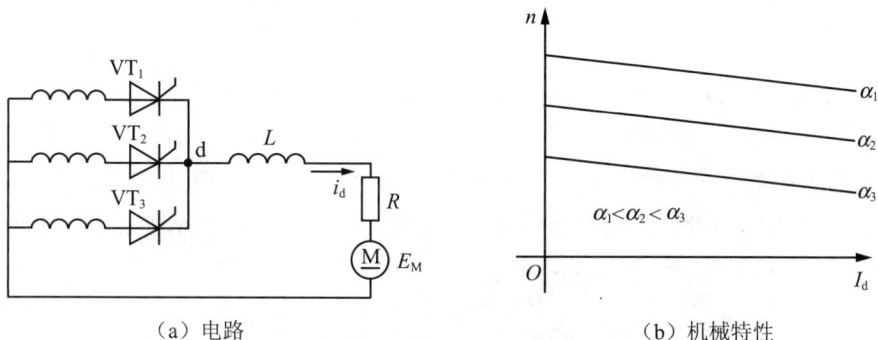

（a）电路　　　　　　　　　　　　　　（b）机械特性

图 2-39　电流连续时的机械特性

2. 电流断续时的机械特性

当串接的平波电抗器电感量不够或者电动机负载太轻时，就会出现电流不连续的现象，如图 2-40 所示为考虑电流断续及不同 α 时反电动势的机械特性曲线。

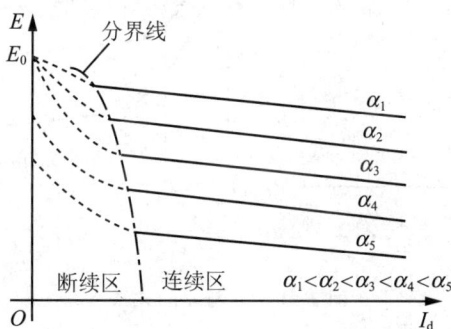

图 2-40　电流断续时的波形及机械特性

由图 2-40 可以看出，电流断续区的机械特性曲线呈非线性，与电流连续时的线性段比较，其曲线陡，特性软，理想空载转速高。因此，当负载变化时，转速变化较大，如负载增加，转速将显著下降，这对调速系统工作是不利的。

为什么机械特性变软呢？根据电枢回路平均值关系式 $E=U_{\mathrm{d}}-I_{\mathrm{d}}R_{\mathrm{d}}$，当电流连续时，设 α 不变，则 U_{d} 不变，随着 I_{d} 的减小，E 线性增加，转速 n 正比于反电动势 E 也线性增加。但是随着 I_{d} 的进一步减小，电流断续。虽然有相同的角 α，但 U_{d} 却不为常数，它随断续程度加大而增加；I_{d} 减小，电感储能也相应减小，因此导通角 θ 减小，电流断续程度加大，则整流电压相应提高，结果是使反电动势 E 和转速 n 也提高，使

电流断续区机械特性变软。

3. 理想空载转速 n_0

理想空载转速 n_0 是直流电动机电枢电流 I_d 为零时的转速 n 对于电流断续的机械特性，在触发延迟角 $\alpha \leqslant 60°$ 时，所有 n_0 交于一点，其值为

$$n_0 = \frac{\sqrt{2}U_2}{C_e\phi} \qquad (2\text{-}54)$$

当 $\alpha > 60°$ 后，随着控制角的增加，理想空载转速 n_0 值下降，其值为

$$n_0 = \frac{\sqrt{2}U_2}{C_e\phi}\sin\left(\frac{\pi}{6}+\alpha\right) \qquad (2\text{-}55)$$

设电动机负载转矩为零，并设触发延迟角 $\alpha_1 < 60°$，此时对应 n_1 的电动势为 E，如图 2-41 所示。显然，触发时 $U_d > E$，晶闸管导通，电动机流过电流，但由于负载转矩为零，电动机转速就要上升，故 n_1 不是理想空载转速 n_0。待电动机转速上升到 n_0 时，对应电动势 $E_2 = \sqrt{2}U_2$，此时晶闸管承受的正向电压为零，不会产生导通电流。可见，这个 E_2 对应的 n_2 才是理想空载转速 n_0。

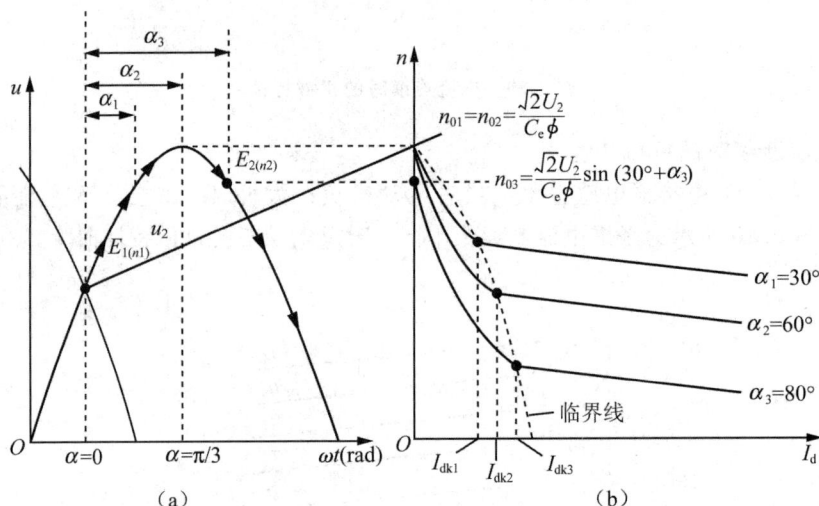

图 2-41 n_0 与 α 的关系

从上述分析可知，在 $\alpha_1 < 60°$ 的区间，输出电压 u_d 波形的瞬时值总要达到峰点值 $\sqrt{2}U_2$。要满足 $I_d = 0$ 的条件，只有空载反电动势 $E_0 = \sqrt{2}U_2$，即理想空载转速 n_0 只能由式 (2-54) 决定。

当 $\alpha > 60°$ 时，由于已经经过 u_2 的峰值，因此触发导通瞬间输出电压即为此时 u_d 波形的最大值，要使空载条件 $I_d = 0$ 成立，相应的理想空载转速 n_0 由式 (2-55) 决定。

4. 临界电流 I_{dk} 及平波电抗器的选择

为了获得较为理想的机械特性，需要在电枢回路中串入足够大的平波电抗器，用于平缓电流的脉动，使输出电流连续。

1) 三相半波可控整流电路

电流连续时的最小负载电流，即临界点电流，其值为

$$I_{dk} = I_{dmin} = \frac{1.46}{L} U_2 \sin \alpha \qquad (2\text{-}56)$$

式(2-56)说明：在选定的电感量下，给定某触发延迟角 α 时，若负载电流大于上述 I_{dk} 值，则负载电流连续。平波电抗器越大，储能越多，I_{dk} 越小；α 越大，I_{dk} 增大，I_{dk} 与触发延迟角 α 的正弦成正比，两者构成正弦轨迹的临界线。当 $\alpha = 90°$ 时，I_{dk} 最大，即此时的电流波形最难连续。

通常，直流电动机空载电流对应于最小电流 I_{dmin}（一般取电动机的额定电流的 $5\% \sim 10\%$），为保证电动机工作在电流连续的机械特性直线段，应使 $I_{dmin} > I_{dk}$，平波电抗器的电感(mH)可按下式选择。

$$L_d \geqslant \frac{1.46}{I_{dmin}} U_2 \sin \alpha \qquad (2\text{-}57)$$

由于最难连续是在 $\alpha = 90°$ 时，也就是说，$\alpha = 90°$ 时的临界电感要求最大，所以，计算临界电感(mH)应以 $\alpha = 90°$ 为准，即

$$L_d \geqslant \frac{1.46}{I_{dmin}} U_2 \qquad (2\text{-}58)$$

L_d 包括整流变压器的漏抗、电枢电感和平波电抗器的电感。前者数值较小，有时可以忽略。

2)三相桥式全控整流电路

三相桥式全控整流电动机负载的系统特性的分析方法与三相半波相控整流电路的相同。在电流断续区的理想空载转速分别如下。

当 $\alpha \leqslant 30°$ 时，

$$n_0 = \frac{\sqrt{6} U_2}{C_e \phi} \qquad (2\text{-}59)$$

当 $\alpha > 30°$ 时，

$$n_0 = \frac{\sqrt{6} U_2}{C_e \phi} \sin \left(\frac{\pi}{3} + \alpha \right) \qquad (2\text{-}60)$$

当负载电流为最小临界值时，为保证电流连续，电枢回路应有的电感(mH)表达式为

$$L_d \geqslant \frac{0.693}{I_{dmin}} U_2 \sin \alpha \qquad (2\text{-}61)$$

三相桥式全控整流输出电压的脉动频率是三相半波可控整流电路的脉动频率两倍，因而所需的平波电抗器的电感量也可减小约一半。

▶ 2.10　整流电路的谐波

随着电力电子器件及应用技术的不断发展，特别是大功率晶闸管元件的出现和成功应用，为交、直流电力变换带来了新的应用前景，现在广泛应用的大功率拖动系统（如大型矿井提升机、大型轧机和直流输电等）都是现代电力电子器件成功应用的范例。由于电力电子装置便于控制，故为其应用带来了方便。但电力电子设备为非线性非正弦负载，这也给电力系统带来了谐波问题。电力电子装置的广泛应用，使电网中的谐

波电流大大增加了，给电力系统造成了污染，形成了电网公害，已成为普遍关注的技术问题。

1. 整流电路的谐波电流

整流装置输入为正弦波交流电压，因电能变换致使交流侧为非正弦波电流。以三相桥式全控整流电路为例，假设电网的短路容量足够大，交流侧的电抗为零，直流侧的电感足够大，整流电流会完全平滑，忽略变压器铁芯饱和及非线性影响，变压器的一次、二次绕组都是星形接法，其绕组的匝比为 1，则交流侧的电流是方波，如图 2-42 所示。在任何控制角 α 下，每个晶闸管的导通角始终为 120°，根据傅里叶级数，电流 i_1 可以分解为

$$i_1 = \frac{2\sqrt{3}}{\pi} I_d \left(\cos \omega t - \frac{1}{5} \cos 5\omega t + \frac{1}{7} \cos 7\omega t - \frac{1}{11} \cos 11\omega t + \frac{1}{13} \cos 13\omega t - \cdots \right) \quad (2\text{-}62)$$

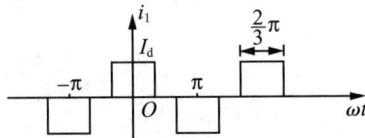

图 2-42　交流侧的电流波形

可以看出，方波电流中含有 5、7、11、13 等高次谐波成分，它们的幅值分别为基波幅值的 $\frac{1}{5}$、$\frac{1}{7}$、$\frac{1}{11}$、$\frac{1}{13}$ 等。

在理想情况下，整流装置的交流侧电流波形因电路形式而异，可为一定形状的方波或阶梯波，且与控制角 α 无关，电流幅值决定于整流电路和整流电流的平均值 I_d。所含谐波成分中，谐波次数越高，幅值越低。

由此可见，整流装置从电源吸取含有高次谐波的电流，该电流将在电源回路引起阻抗压降，因此造成电网电压中也含有高次谐波成分，可控晶闸管装置实际上可看作一个高次谐波源。随着晶闸管装置的大量使用以及装置容量的日益增大，电网波形的畸变越来越严重，并影响与之并联的所有用电设备。

2. 谐波的危害及抑制

电网波形畸变含有高次谐波主要会导致：①发电机、输电变压器发热量增加；②对晶闸管装置、敏感电气设备如通信、计算机系统产生干扰；③对交流电动机产生脉动转矩、铁耗铜损增加，对直流电动机除发热量增加外，还引起换相恶化和噪声；④对精密测量仪器则影响其测量精度。我国引用国际上的有关标准，制定了用户流入电网的谐波电流允许值和电网电压正弦波形畸变极限值，如对于 380V 电网，电压允许畸变为 5%，全控装置 6 脉波时允许接入 90kV·A 的装置，12 脉波时允许接入 150kV·A 的装置。

为了减小谐波电压对电网的影响，从装置本身考虑，电阻负载时应尽量运行于小 α 状态，三相整流时应采用桥式电路而不采用三相半波以消除偶次谐波，整流变压器采用不同接法，使电网电流形成阶梯状以更接近正弦。对于大容量装置必须采用脉波数较高的连接形式，如图 2-43 所示，两组晶闸管串联供电，二次侧分别接成星形与三角形，两者线电压相位差为 30°，等效为 12 相整流，电网电流为 3 个阶梯

波并更接近正弦波，采用多重、串并联技术进行波形叠加，可较有效地抑制谐波。

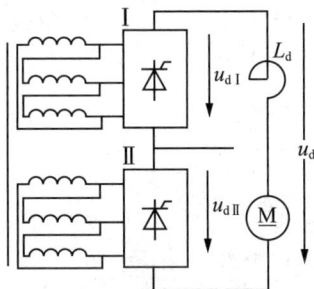

图 2-43 两组晶闸管串联供电

对于使用极多的硅二极管整流，虽然位移因数为 1，但由于整流桥输出大多接大电容滤波，所以交流输入电流为正负脉冲波形，直流输出电流越小，则正负脉冲越窄，其谐波成分很大，电流畸变系数可低至 0.7，装置功率因数无法进一步提高。因此，从原有硅整流与可控整流装置本身考虑，进一步提高功率因数与抑制谐波的能力是十分有限的，只能从装置外部采取抑制谐波与补偿功率因数的办法。

在电力电子装置的交流侧并联 LC 无源滤波器，可以为谐波电流提供频域谐波补偿；而采用电力有源滤波器，则可对快速变化的高次谐波和无功功率进行时域谐波补偿。

LC 无源滤波器是一种常用的谐波补偿装置。其基本工作原理是利用 LC 电路的串联谐振特点抑制注入电网的谐波电流。将串联谐振电路的谐振点调整到某一特征谐波频率，即可滤去电网侧的某次谐波电流，使其不进入电网。采用若干个不同调谐频率的谐振电路便可分别滤去相应的谐波。由于这种滤波器只用无源的 LC 元件组成，所以称为无源滤波器。

图 2-44 为整流装置外接 LC 无源滤波器。对于脉宽为 $120°$ 的正负矩形电流，其主要谐波为 5、7、11 次，分别外接 5、7、11 次无源滤波器，即可使整流装置产生的谐波电流基本不注入电网。

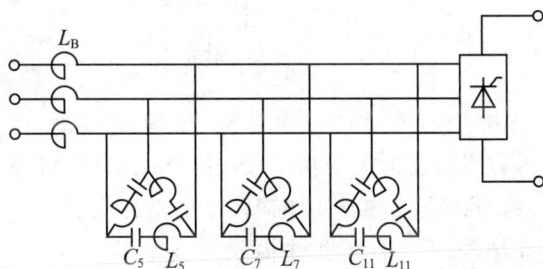

图 2-44 抑制谐波的滤波器

LC 无源滤波器虽然能减少谐波分量，抑制某些谐波，但不能对快速变化的高次谐波和无功功率进行动态抑制和补偿。为解决这一问题，可采用有源电力滤波器（Active Power Filter，APF）。其简单原理如下：另外设置一个谐波发生源，与晶闸管装置并接到电网，检测晶闸管装置的谐波成分，使谐波发生源产生相位相反、频率一致的一

系列谐波，与装置谐波相互抵消，使电网电流接近正弦，功率因数提高。

当晶闸管相控电路输出直流电流 I_d 不变时，电源输入交流电流也不变，装置的视在功率 S 也基本不变。当晶闸管控制角 α 突然变化使直流电压突然下降时，输出有功功率减小，必然使装置吸收电网的无功功率 Q 突然增大。进一步分析推导，可得出电网电压的变化量为

$$\Delta U = \frac{QX}{U} \approx \frac{SX}{U}\sin\alpha \tag{2-63}$$

式中：X 为供电系统电抗；U 为供电额定电压。

由式(2-63)可见，变流装置控制角 α 的变化会引起电网电压的波动，在大 α 时这种影响更严重。这种电压波动会造成照明闪烁、精密仪器产生误差、弱电系统误动作、调速系统转速波动等现象。

因此，在装置容量大且带有变动剧烈的冲击负载如电弧炉、冲压机械等场合，为了保持电网电压稳定和补偿功率因数，需设置静态无功补偿装置(Static Var Compensator，SVC)。

由晶闸管组成的静态无功补偿装置主要有以下几种类型，如图 2-45 所示。

(1)晶闸管控制电抗器(Thyristor Controlled Reactor，TCR)：可以连续地调节感性无功功率 Q_L。

(2)晶闸管投切电容器(Thyristor Switched Capacitor，TSC)：可以断续地调节容性无功功率 Q_C。

(3)晶闸管控制电抗器+晶闸管投切电容器。

(4)晶闸管控制电抗器、固定电容器(Fixed Capacitor，FC)、机械投切电容器(Mechanically Switched Capacitor，MSC)混合使用的装置。

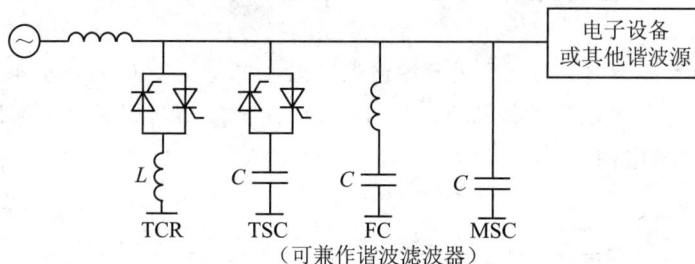

图 2-45 静态无功补偿装置 SVC 的 4 种类型

为了补偿 0～100% 容量变化的无功功率 Q，静态无功补偿装置几乎需要 100% 容量的电容器和超过 100% 容量的电抗器，使得铜和铁的消耗很大。

近年来的发展趋势是采用全控型器件构成的变流器，通常称为静止无功发生器(Static Var Generator，SVG)。SVG 的基本原理就是把自换向桥式电路通过电抗器并联在电网上或者直接并联在电网上，适当地调节桥式电路交流侧输出电压的相位和幅值，或者直接控制其交流侧电流，就可以使该电路吸收或者发出满足要求的无功电流，实现动态无功补偿的目的。

图 2-46 给出了 SVG 电路的基本结构。SVG 的直流侧只需要较小容量的电容或电感作为储能元件，所需储能元件的容量要比 SVG 所能提供的无功容量小得多。相比较

而言，SVC 所需储能元件的容量至少要等于其所能提供的无功功率容量。因此，SVG 储能元件的体积和成本比同容量的 SVC 大大减少了。

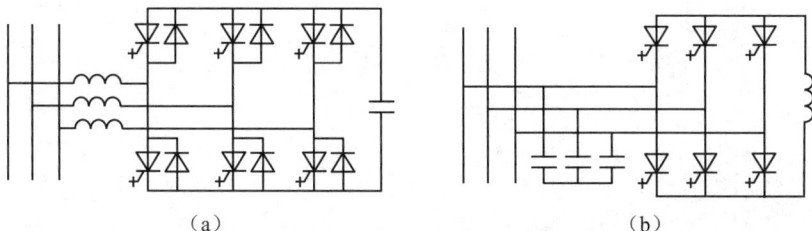

（a）　　　　　　　　　　　　　　　　（b）

图 2-46　SVG 电路的基本结构

综上所述，相控变流装置功率因数低又会引起电网波形畸变，并且由功率因数低而导致电网电压的波动，如不采取措施，随着装置的容量增大会成为"电力公害"，这严重地制约了晶闸管装置的进一步发展。随着全控器件的广泛应用，发展的趋势是放弃传统的相控变流方式，采用高频斩控（斩波控制）方式配以脉冲宽度调制技术，可以比较彻底地解决上述危害，使电力电子技术得到更快发展。

本 章 小 结

本章介绍了几种常用的相控整流电路，对不同电路形式、不同性质负载下整流电路的工作原理进行了分析，通过画出电压和电流的波形，找出有关电量的基本数量关系，从而掌握各种电路的特点和适用范围，正确地选择相控整流电路及元器件参数，并可进行安装调试。

各种不同类型的晶闸管相控整流电路的有关性能比较如表 2-3 所示。

研究晶闸管相控整流电路的工作原理时，所采用的基本方法是根据整流电路件的工作条件和特点、负载的性质及各元器件的导通、关断的物理过程，分析得出有关电量与触发延迟角 α 的关系。

值得注意的是，晶闸管相控整流电路均采用触发控制相位滞后的方案，存在功率因数偏低、谐波较大等对电网不利的因素。据此，在使用中特别是在特大功率应用场合有必要采取如滤波、无功补偿或用自关断器件组成相控整流电路等措施，以改善用电质量，减少对电网的公害。

晶闸管相控整流电路广泛应用于直流电动机调速系统，取代原来直流调速系统中的发电机，不仅方便地实现了无级调速，而且降低了成本，提高了效率，便于实现自动控制。

晶闸管的导通控制信号由触发电路提供，触发电路的类型按组成器件分为单结晶体管触发电路、晶体管触发电路、集成触发电路和微机控制的数字触发电路等。单结晶体管触发电路结构简单，调节方便，输出脉冲前沿陡，抗干扰能力强，对于控制精度要求不高的小功率系统，可采用单结晶体管触发电路来控制。对于大功率晶闸管，一般采用晶体管或集成电路组成的触发电路，微机控制的数字触发电路常用于控制精度要求较高的复杂系统。各类

触发电路有其共同特点，它们一般都由同步环节、移相环节、脉冲形成环节和功率放大输出环节组成。

表 2-3　不同类型的晶闸管相控整流电路的有关性能比较

相数	单相			三相	
电路形式	半波	桥式全控	桥式半控	半波	桥式全控
输出电压	$0\sim0.45U_2$	$0\sim0.9U_2$		$0\sim1.17U_2$	$0\sim2.34U_2$
脉动频率 $\alpha=0°$	f	$2f$	$2f$	$3f$	$6f$
脉动情况	脉动大			脉动小	
U_{TM}	$\sqrt{2}U_2$	$\sqrt{2}U_2$	$\sqrt{2}U_2$	$\sqrt{6}U_2$	$\sqrt{6}U_2$
移相范围 阻性及感性负载带续流二极管	$0\sim\pi$			$0\sim\dfrac{5}{6}\pi$	$0\sim\dfrac{2}{3}\pi$
移相范围 感性负载	不使用	$0\sim\dfrac{\pi}{2}$	不使用		$0\sim\dfrac{\pi}{2}$
SCR 最大导通角	π	π	π	$\dfrac{2}{3}\pi$	$\dfrac{2}{3}\pi$
应用场合	最简单，用于对波形要求不高的场合	用于整流或逆变小功率场合	仅用于小功率不可逆场合	整流变压器中有直流分量，用于小功率场合	指标好、控制复杂，可用于要求高的可逆系统中

>>> **思考题**

2-1　在相控整流电路中，若负载是纯电阻，试问电阻上的电压平均值与电流平均值的乘积是否等于负载消耗的功率？为什么？

2-2　某电阻负载要求获得 $U_d=0\sim24V$ 的可调直流平均电压，负载电流 $I_d=30A$。由交流电网 220V 直接供电，或由整流变压器降压后的 60V 变压器二次侧电源供电。采用单相半波相控整流电路，说明两种方案是否都能满足要求，并比较两种供电方案的晶闸管导通角、晶闸管的电压和电流额定值、电源与整流变压器二次侧的功率因数及对电源要求的容量等有何不同？两种供电方案哪种更合理？

2-3　图 2-4 是中、小型发电机采用的单相半波晶闸管自励稳压相控整流电路，L_d 为励磁绕组，发电机满载时相电压为 220V，要求励磁电压为 45V，励磁绕组内阻为 4Ω，电感为 0.2H，试求满足励磁要求时，晶闸管的导通角及流过晶闸管与续流二极管的电流平均值及电流有效值。

2-4　在单相桥式全控整流电路中，其负载为阻感性负载。已知 $U_2=220V$，$R=40\Omega$。当 $\alpha=60°$ 时，分别计算负载两端并接续流二极管前、后的 U_d、I_{dT}、I_{dD} 及 I_T、I_D 值；

画出 u_d、i_T、u_T 的波形。

2-5　三相半波可控整流电路带阻感性负载，$U_2=220\text{V}$，$R=10\Omega$。求 $\alpha=45°$时，负载直流电压 U_d、流过晶闸管的电流平均值 I_{dT} 和有效值 I_T，画出 u_d、i_{T2}、u_{T3} 的波形。

2-6　三相半波可控整流电路，电动机负载并串入足够大的电抗器，接续流管。$U_2=220\text{V}$，电动机负载电流为 40A，负载回路总电阻为 0.2Ω。求当 $\alpha=60°$时，流过晶闸管与续流管的电流平均值和有效值、电动机的反电动势 E。

2-7　三相桥式全控整流电路，$L_d=0.2\text{H}$，$R=4\Omega$，要求 U_d 在 0～220V 内变化。试求：

(1)不考虑控制角裕量时，整流变压器的二次侧的相电压。

(2)电压、电流裕量取 2 倍，选择晶闸管的型号。

2-8　什么是有源逆变？实现有源逆变的条件是什么？

2-9　单结晶体管自激振荡电路是根据单结晶体管的什么特性组成的？振荡频率的高低与什么因素有关？

2-10　锯齿波同步触发电路由哪些部分组成？

2-11　晶闸管—直流电动机系统的机械特性可分为哪两段？各有哪些特点？

2-12　整流电路的谐波存在哪些危害？应如何抑制？

第3章　交流-交流变换电路

【内容提要】交流变换是指通过电力电子变换装置将交流电能的参数(电压、频率)进行变换。交流变换可分为直接交流变换与间接交流变换,前者是对交流电能的参数直接进行变换,称为交-交变换;后者是将交流电能先变为直流电能,再变换回参数不同的交流电能,称为交-直-交变换。本章主要介绍交-交变换。交流变换电路可以分为交流电力控制电路与交流变频电路。交流电力控制电路是维持交流电能的频率不变,对交流电能的电压进行变换,称为交流调压电路;交流变频电路是将交流电能的频率进行变换的电路。

交-交变换电路目前大部分采用晶闸管进行变换,通过控制晶闸管在每一个电源周期内导通角的大小即可调节输出电压的大小,实现交流调压。通过对交流电源整个周波的通断控制即可实现交流调功和作为交流无触点开关使用。将两组晶闸管整流电路正反并联在负载两端,通过分别控制正反两组整流电路,使其在不同的时间段内导通即可实现交-交变频。

采用晶闸管作为开关器件组成的交流-交流变换电路只能实现降频、降压,通常用作大功率交流电动机的变频调速系统以及电动机的降压软启动系统。

目前,采用新型全控型器件组成交流斩波型变换器(PWM)已有应用,但由于器件成本价格太高等因素,一般应用较少。随着器件技术的发展,斩波型交流变换器的应用将会更加广泛。

▶ 3.1　交流调压电路

交流调压电路是用来变换交流电压的幅值大小的电路,广泛应用在需要进行交流调压、交流调功、交流开关控制的场合中。采用晶闸管组成的交流电压控制电路可以很方便地调节输出电压的大小。

3.1.1　单相交流调压电路

单相交流调压电路是交流调压电路中的基本电路,电路如图 3-1(a)所示,电路由两只反并联的晶闸管组成,晶闸管 VT_1 与 VT_2 分别控制电源电压正半周与电源电压负半周的导通角度,通过改变晶闸管的导通角度即可调节输出电压的大小。

单相交流调压电路的工作情况与其所加的负载性质有关系,下面分别讨论。

1. 电阻性负载

电阻性负载电路如图 3-1(a)所示,其输出电压波形如图 3-1(b)所示。在电源电压 u 的正半周,晶闸管 VT_1 承受正向电压,当 $\omega t = \alpha$ 时,触发信号到来,触发 VT_1 使其导通,当电源电压过零时,VT_1 电流下降为零,VT_1 截止。在电源电压 u 的负半周,晶闸管 VT_2 承受正向电压,当 $\omega t = \pi + \alpha$ 时,触发信号到来,触发 VT_2 使其导通,当电源电压过零时,VT_2 电流下降为零,VT_2 截止。可以看出,负载得到的是缺失 $0 \sim \alpha$、 π~(π+α)区间的正弦波电压，改变α的值，即可改变输出电压的大小。

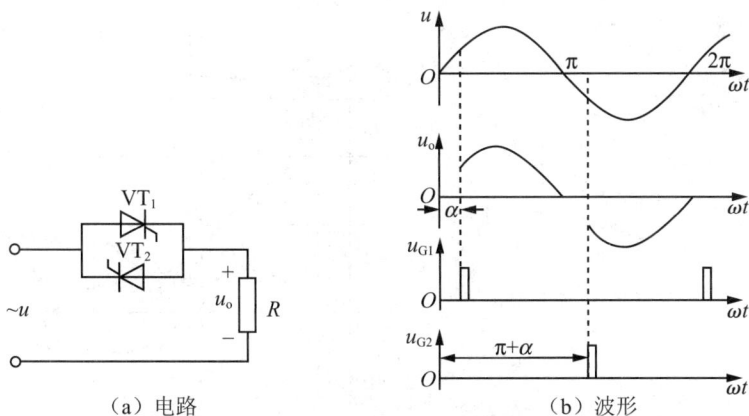

（a）电路　　　　　　　　　　　（b）波形

图 3-1　电阻性负载时单相交流调压电路和波形

电阻性负载交流调压电路的参数计算如下。

负载电压有效值为

$$U_{o} = \sqrt{\frac{1}{\pi}\int_{a}^{\pi}(\sqrt{2}U\sin \omega t)^{2}\mathrm{d}(\omega t)} = U\sqrt{\frac{\sin 2\alpha}{2\pi}+\frac{\pi-\alpha}{\pi}} \qquad (3\text{-}1)$$

负载电流有效值为

$$I_{o}=\frac{U_{o}}{R}=\frac{U}{R}\sqrt{\frac{\sin 2\alpha}{2\pi}+\frac{\pi-\alpha}{\pi}} \qquad (3\text{-}2)$$

调压电路的功率因数为

$$\cos \varphi=\frac{U_{o}I_{o}}{UI_{o}}=\frac{U_{o}}{U}=\sqrt{\frac{\sin 2\alpha}{2\pi}+\frac{\pi-\alpha}{\pi}} \qquad (3\text{-}3)$$

从式(3-3)可看出，随着α的逐渐增大，电阻R的电压有效值U_o逐渐减小。当α＝π时，$U_o=0$。因此，对于电阻性负载的交流调压电路，其电压可调范围为0~U，控制角α的移相范围为$0\leq\alpha\leq\pi$。

2. 阻感性负载

阻感性负载是单相交流调压电路最一般的负载，如图 3-2 所示，其工作特性与单相可控整流电路阻感性负载类似。当电源电压过零时，由于负载电感产生的反向感应电动势阻止电流的减小，故电流不能立即减小到零，晶闸管继续维持导通状态。此时，晶闸管导通角θ的大小不仅与控制角α有关，还与负载的阻抗角φ有关。

负载阻抗角表示负载中电压超前电流的角度。下面分α＞φ、α＝φ和α＜φ 3 种情况讨论调压电路的工作情况(为了说明情况，设晶闸管VT_1先触发，VT_2后触发)。

(1)当α＞φ时，VT_1中的电流已经下降为零，两个晶闸管均处于截止状态，电流断续，当VT_2触发后负载中的电流方向相反。α越大，θ越小，波形断续越严重。

(2)当α＝φ时，VT_1中的电流正好下降为零，此时触发VT_2，负载中的电流正好连续，即每个晶闸管的导通角为θ＝180°。此时晶闸管轮流导通，相当于晶闸管被短接，负载中的电流为完全的正弦波。

(3)当α＜φ时，要分两种情况讨论。

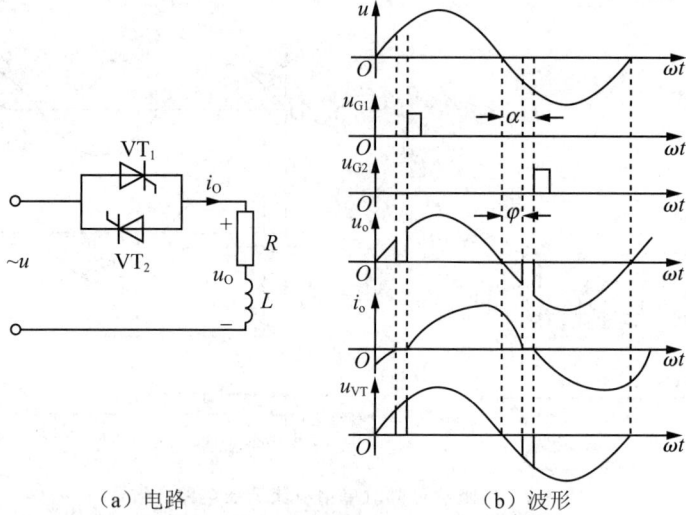

（a）电路　　　　　　（b）波形

图 3-2　阻感性负载时单相交流调压电路和波形

①晶闸管门极用窄脉冲触发时，由于 $\alpha<\varphi$，VT_2 触发脉冲到来时 VT_1 中的电流还没有下降为零，此时 VT_2 处于反向截止状态。当 VT_1 中的电流下降为零时，VT_2 的触发脉冲已经消失，VT_2 无法导通。到第二个周期时，VT_1 重复第一个周期的工作，此时电路如同感性负载的半波整流电路的工作情况，VT_2 始终不能导通，电路处于失控状态。回路中将出现很大的直流电流分量，无法维持电路的正常工作。

②解决上述失控现象的办法是采用宽脉冲或脉冲列触发。晶闸管采用宽脉冲触发时，当晶闸管 VT_1 的电流下降为零时，VT_2 的触发脉冲还未消失，VT_2 可以在 VT_1 导通后再导通，此时 VT_1 的导通角 $\theta>180°$，VT_2 的导通角 $\theta<180°$。从第二个周期开始，VT_1 的导通角逐渐减小，VT_2 的导通角逐渐增大，直到几个周期后两个晶闸管的导通角 $\theta=180°$ 时达到平衡，此时电路的工作情况与 $\alpha=\varphi$ 时的相同。

综上所述，当 $\alpha>\varphi$ 时，电路可控，输出电压可调，控制角 α 能起调压作用的移相范围应为 $\varphi\sim\pi$。当 $\alpha=\varphi$ 或 $\alpha<\varphi$ 时，电路不可控。

当 $\alpha>\varphi$ 时，电路的负载电压有效值、晶闸管电流有效值及负载电流有效值分别如下。

$$U_o=\sqrt{\frac{1}{\pi}\int_\alpha^{\pi+\theta}(\sqrt{2}U\sin\omega t)^2\mathrm{d}(\omega t)}=U\sqrt{\frac{\theta+\sin2\alpha-\sin2(\alpha+\theta)}{\pi}} \tag{3-4}$$

$$I_T=\sqrt{\frac{1}{2\pi}\int_\alpha^{\pi+\theta}\left(\frac{\sqrt{2}U}{Z}\right)^2\left[\sin(\omega t-\varphi)-\sin(\alpha-\varphi)\mathrm{e}^{-\frac{\omega t-\alpha}{\tan\varphi}}\right]\mathrm{d}(\omega t)}$$

$$=\frac{U}{Z}\sqrt{\frac{\theta}{\pi}-\frac{\sin\theta\cos(2\alpha+\varphi+\theta)}{\cos\varphi}} \tag{3-5}$$

$$I_o=\sqrt{2}I_T \tag{3-6}$$

式中：

$$Z=\sqrt{R^2+(\omega L)^2}$$

$$\varphi=\arctan\frac{\omega L}{R}$$

3.1.2 三相交流调压电路

三相交流调压电路用于较大功率的电压控制，若将 3 个单相调压器接在对称的三相交流电源上，使其互差120°相位工作，则可构成一个三相交流调压电路。三相交流调压电路的接线形式很多，各有特点。

1. 三相四线制调压电路

三相四线制交流调压电路如图 3-3 所示，该电路实际上为 3 个单相交流调压电路的组合。电路中各晶闸管门极触发脉冲，同相间两管的触发脉冲要互差180°，三相间的同方向晶闸管的触发脉冲要互差120°，6 个晶闸管的门极触发相序为 $VT_1 \sim VT_6$，依次间隔60°。由于存在中线，只需一个晶闸管导通，负载即可产生回路电流，故可采用窄脉冲触发。

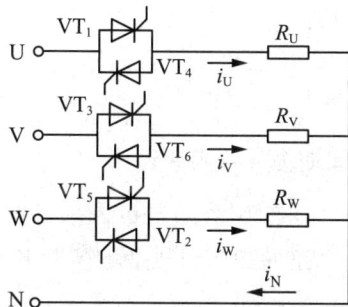

图 3-3　三相四线制交流调压电路

该电路的缺点是工作时零线中有谐波电流流过，包含 3 次谐波，由于 3 次谐波电流的相位相同，因此，它们在零线中将叠加而导致零线中的 3 次谐波电流很大，这会给电源变压器及其他负载带来不利影响。当 $\alpha = 90°$ 时，零线电流近似与额定相电流相等。所以零线的导线截面积要求与相线的导线截面积一致，实际中很少采用这种电路。

2. 三相三线制调压电路

三相三线制交流调压电路如图 3-4 所示，电路中的负载既可以接成星形，又可以接成三角形。由于不存在中线，因此必须保证两相晶闸管同时导通，负载才能形成回路，有电流流过。与三相全控整流电路一样，为了保证电路工作时两个晶闸管同时导通，要求电路必须采用大于60°的单宽脉冲或者双窄脉冲触发。为了保证输出电压三相对称并有一定的调节范围，要求晶闸管的触发信号除了必须与交流电源有一致的相

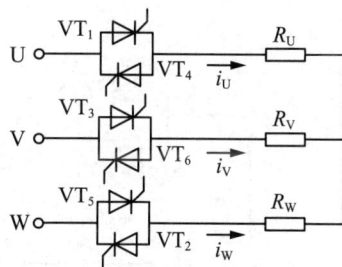

图 3-4　三相三线制交流调压电路

序外，各触发信号之间还必须严格地保持一定的相位关系，6 个晶闸管的门极触发相序为 $VT_1 \sim VT_6$，并依次间隔60°。原则上，三相桥式全控整流电路的触发电路均可用于三相三线制交流调压。相位控制时，电源相电压过零点对应的就是晶闸管控制角的起点（$\alpha = 0°$），α 角移相范围为 $0° \sim 150°$。该电路随着 α 的改变，电路中晶闸管的导通模式也不同。

（1）$0° \leqslant \alpha < 60°$ 时，3 个晶闸管导通与两个晶闸管导通交替，每管导通 $180° - \alpha$。但

当 $\alpha = 0°$ 时，一直是 3 个晶闸管导通。

(2) $60° \leqslant \alpha < 90°$ 时，两管导通，每管导通 $120°$。

(3) $90° \leqslant \alpha < 150°$ 时，两管导通与无晶闸管导通交替，导通角度为 $300° - 2\alpha$。

该电路的优点是输出波形正负对称，线路及负载输出中谐波含量低，分析可知电流谐波次数为 $6n \pm 1 (n=1, 2, \cdots)$，与三相桥式全控整流电路交流侧电流所含谐波成分的次数完全相同，没有 3 次谐波，干扰小，因此应用广泛。

3.1.3　斩波控制式交流调压电路

斩波控制式电路以其独特的优点在电力电子技术中的应用越来越广泛，斩波控制式交流调压电路也逐渐引起人们的重视。单相斩波控制式交流调压电路如图 3-5(a)所示。电路采用全控型器件作为开关器件，其工作原理如下：在输入电压 u_1 的正半周，晶体管 VT_1 对输入电压进行斩波控制，VT_3 提供续流通路，晶体管导通原则为 VT_1 斩波导通，VT_3 始终导通。在输入电压 u_1 的负半周，晶体管 VT_2 对输入电压进行斩波控制，VT_4 提供续流通路，导通原则为 VT_2 斩波导通，VT_4 始终导通。设晶体管（VT_1 或 VT_2）的导通时间为 t_{on}，开关周期为 T，则导通比 $\alpha = \dfrac{t_{on}}{T}$，改变 α 即可调节输出电压。

电路波形如图 3-5(b)所示。由图 3-5(b)可以看出，斩波控制式电路交流调压电路输入电压与输入电流同相位，电路的功率因数基本接近于 1。在此外电路中，电源电流不含低次谐波，只包含与 T 有关的高次谐波，对电网的污染小，是较为理想的交流调压电路。目前，制约斩波控制交流调压电路应用的主要原因是器件的性能与价格还不能满足大功率应用的要求。

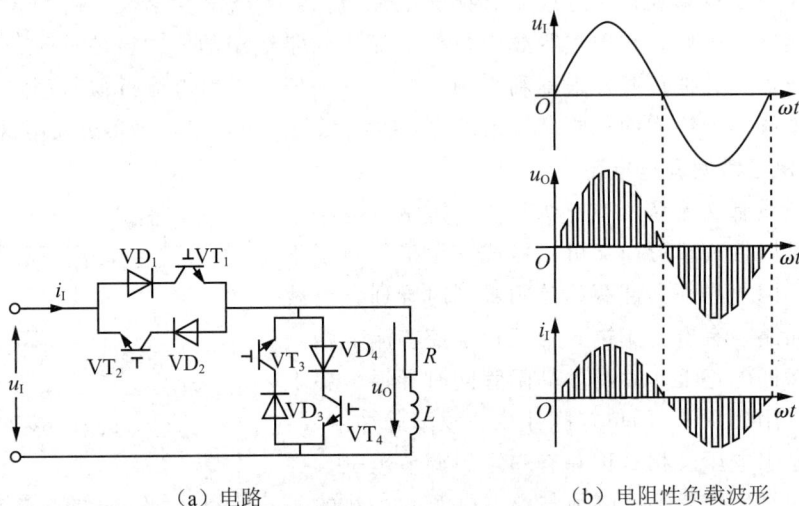

（a）电路　　　　　　　　　　（b）电阻性负载波形

图 3-5　斩波控制式交流调压电路

3.1.4　交流调功电路

交流调功电路采用的是通断控制。这种控制方式是以交流电源周波数为控制单位的，在设定的周期范围内对周波进行通断控制。

交流调功电路的主电路与交流调压相同，都将晶闸管作为开关。在设定的周期范围内将负载与电源接通 M 个周期后，再关断 N 个周期，改变通、断周波数的比值即可调节负载所消耗的平均功率。这种控制方式采用"零触发"方式，即相位控制 $\alpha = 0°$ 时触发电路。由于晶闸管是在电源电压过零时触发导通的，所以晶闸管导通时负载上得到的是完整的正弦波，对电网的谐波污染小。电路可以有全周波连续式和全周波间隔式两种过零触发方式，如图 3-6 所示。

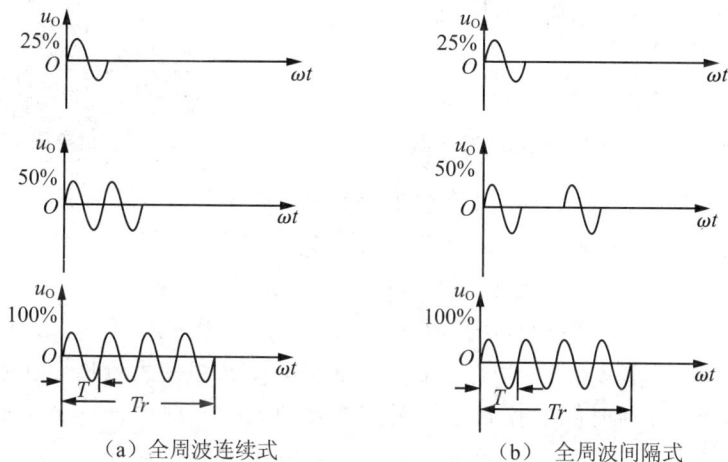

（a）全周波连续式　　　　　　　（b）全周波间隔式

图 3-6　调功电路的两种工作方式

图 3-6 中，T_C 为设定的周期，是交流电源周期 T 的整数倍，N 为 T_C 内的导通周波数，则调功器的输出电压有效值为

$$U_o = \sqrt{\frac{1}{T}\int_0^{NT} u_n^2 \mathrm{d}t} = \sqrt{\frac{NT}{T_C}}U_n \tag{3-7}$$

输出功率为

$$P_o = \frac{U_o^2}{R} = \frac{NT}{T_C}\frac{U_n^2}{R} = \frac{NT}{T_C}P_n \tag{3-8}$$

式中：U_n 和 P_n 为设定周期 T_C 内全部周波都导通时的输出电压有效值和输出功率。可见，只要改变导通周波数 N，即可改变输出电压和功率。

▶ 3.2　交-交变频电路

交-交变频电路是不通过中间直流环节而将电网频率的交流电直接变换成不同频率的交流电的交流变换电路。因为没有中间环节，故其变换效率较高，主要应用于大功率电动机调速系统。但交-交变频电路只能将频率变换为低于电网频率，而不能变换为高于电网频率。

3.2.1　单相交-交变频电路

单相交-交变频电路框图如图 3-7 所示。电路由两组反并联的晶闸管整流电路组成，一组为正组整流电路；另一组为反组整流电路。电路的工作原理如下：在固定的电源周波数内，一半时间正组整流电路按特定的规律导通，反组整流电路关断，负载

电压为上正下负；另一半时间反组整流电路按特定的规律导通，正组整流电路关断，负载电压为上负下正。这样可在负载端获得交变的输出电压，波形如图 3-8 所示。

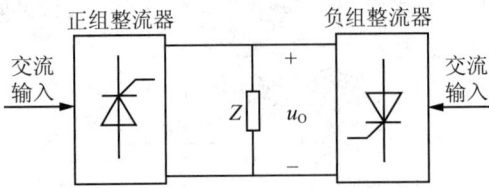

图 3-7 单相交-交变频电路框图

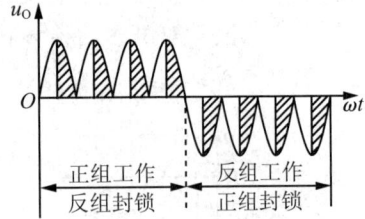

图 3-8 输出电压波形

如果在一个周期内控制角 α 固定不变，则输出电压等效为矩形波，含有大量的谐波，会对电动机工作不利，也污染电网。实际中，为了减小谐波，常采用控制角 α 按正弦波规律变化的触发电路，这样可得到接近正弦波的输出电压。

图 3-9 是单相全波电路构成的单相交-交变频电路。VT_1 与 VT_2 组成正组整流电路，VT_3 与 VT_4 组成反组整流电路。设电阻负载，令正组和反组整流电路依次各导通 5 个电源半周期，导通时触发控制角按正弦波规律变换，即按第一个半周期触发角 α 大、第二个较大、第三个最小、第四个较大、第五个大的原则触发，可得到接近正弦波的输出电压，如图 3-10 所示。可以看出，此时的输出频率是电源频率的 1/5。改变正组与反组的半周波数，即可改变输出频率。

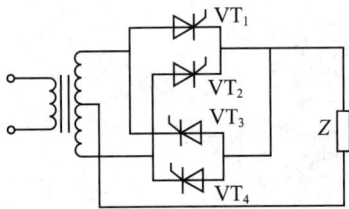

图 3-9 单相交-交变频电路

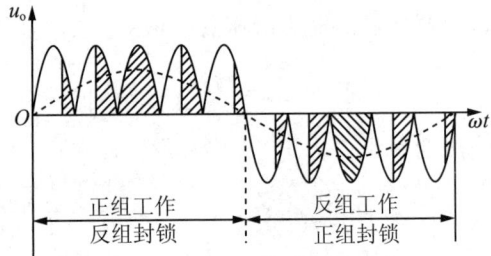

图 3-10 正弦规律触发输出电压波形

交-交变频电路如果正、反两组同时导通，则将经过晶闸管形成环流。为了避免环流，可以在两组间接入限制环流的电抗器，或合理安排晶闸管的触发电路。当一组工作时另一组不加触发脉冲，使两组间歇工作。

3.2.2 三相交-交变频电路

交-交变频电路主要应用于交流调速系统中，因此实际使用的主要是三相交-交变频电路。三相交-交变频电路是由 3 组输出电压相位彼此相差 120°的单相输出交-交变频电路组成的，主要有以下两种接线形式。

1. 公共交流母线进线方式

公共交流母线进线方式组成的三相交-交变频电路原理图如图 3-11 所示。其由 3 组彼此独立的、输出电压相位相互错开 120°的单相交-交变频电路构成，电源进线通过进线电抗器接在公共的交流母线上。因为电源进线端公用，所以 3 组的输出端必须隔离，电动机的 3 个绕组必须拆开。公共母线进线方式主要用于中等容量的交流调速系统中。

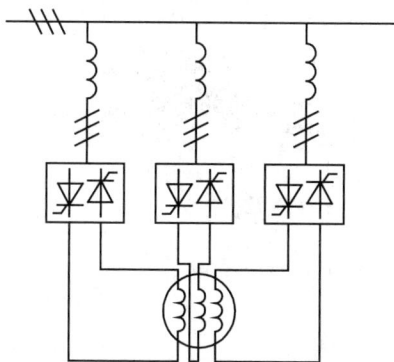

图 3-11　公共交流母线进线三相交-交变频电路原理图

2. 输出星形连接方式

输出星形连接方式的三相交-交变频电路原理图如图 3-12 所示。3 组的输出端是星形连接，电动机的 3 个绕组也是星形连接，电动机中点不和变频器中点接在一起，电动机只引出 3 根线即可。因为 3 组的输出连接在一起，其电源进线必须隔离，所以 3 组变频器分别由 3 个变压器供电。

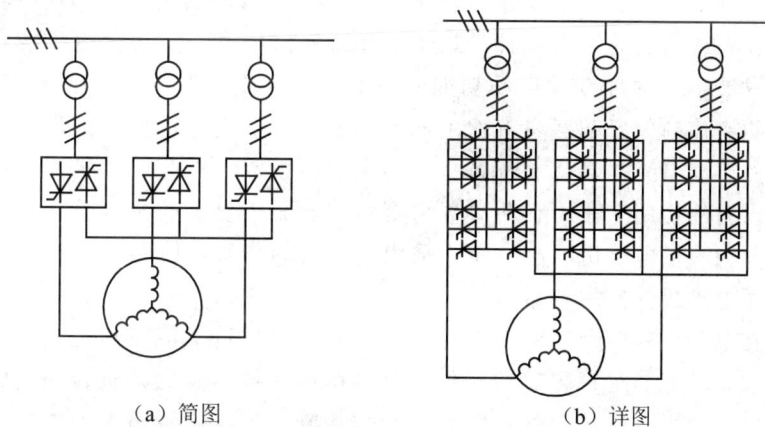

（a）简图　　　　　　　　　　　　　　（b）详图

图 3-12　输出星形连接方式三相交-交变频电路原理图

由于输出端中点不和负载中点连接，在构成三相变频电路的 6 组桥式电路中，至少要有不同输出相的两组桥中的 4 个晶闸管同时导通才能构成回路，形成电流。同一组桥内的两个晶闸管靠双触发脉冲保证同时导通，两组桥之间则靠各自的触发脉冲有足够的宽度，以保证同时导通。

三相交-交变频电路的输出上限频率、输出电压谐波和单相交-交变频电路的一致。一般认为，交流电路采用 6 脉波三相桥式电路时，最高输出频率不高于电网频率的 1/3～1/2。电网频率为 50 Hz，交-交变频电路的输出上限频率约为 20 Hz。

交-交变频电路的优点：只有一次变换，且使用电网换相，提高了变换效率；电路可以很方便地实现四象限工作；低频时输出波形接近正弦波。

交-交变频电路的缺点：接线复杂，使用的晶闸管数量多；受电网频率和交流电路

各脉冲数的限制，输出频率较低；输入功率因数较低。

交-交变频电路主要用于500kW或1000kW以下的大功率、低转速交流调速电路，已在轧机主传动装置、鼓风机、矿石破碎机、球磨机、卷扬机等中应用。其既可用于异步电动机的传动，又可用于同步电动机的传动。

3.3　交-交变换电路的应用

交-交变换电路的应用场合很多，主要可分为交流调压电路的应用、交流电力开关的应用及交-交变频电路的应用。

3.3.1　晶闸管在电动机软启动中的应用

晶闸管在电动机软启动中的应用属于交流调压电路的应用。

电动机在启动时的启动电流很大，一般电动机启动时的启动电流为额定电流 I_e 的 $6\sim7$ 倍。因此，其在启动瞬间对电网的影响较大，若多台电动机同时启动就可能造成跳闸现象。这种冲击反应到机械转动部分也使其机械转动瞬时应力增加，使机械传动系统的使用寿命降低，也会对其他的用电设备造成很大的影响，对变压器的容量要求更高。因此，在实际工作中容量超过7.5kW的电动机都要求降压启动。传统的降压启动方式有磁控降压启动器、自耦降压启动、$\triangle/Y$ 变换降压启动等。不论哪种方式，对电网还是存在一或两次的大电流冲击，不能实现平滑启动。随着微电子技术和功率半导体技术的发展，一种带有软启动功能的节电器正逐步改变电动机的传统启动方式。采用晶闸管数字控制软启动器具有比上面介绍的启动器更加优越的好处，主要表现在降低电动机的启动电流、降低配电容量、避免增容投资、降低启动机械应力、延长电动机及相关设备的使用寿命、启动参数可视负载调整、易于改善工艺、保护设备。目前，绝大部分大容量电动机的起、停均采用了软启动装置，改善了电网性能、节约了电能、延长了电动机的使用寿命。

晶闸管在电动机软启动器中的应用是利用晶闸管进行交流调压的应用，利用了晶闸管可以相控，改变晶闸管导通的相位角可以调压的特点。电动机转子上的力矩是与加在定子上电压的平方成正比的，因此改变加在电动机定子绕组上的电压，可改变电动机转子上的转矩，从而可根据电动机负载的具体情况，设定电动机的启动电流。电动机的启动电流按与额定电流 I_e 的比例，可设定电动机启动电流为 $0.5I_e$、I_e、$2I_e$、$3I_e$、$4I_e$，即限电流启动方式，其工作原理如图3-13所示。

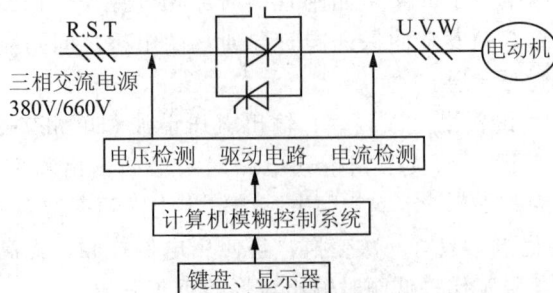

图3-13　晶闸管电动机软启动器工作原理示意图

　　电动机启动时，电压检测、电流检测电路检测电动机的启动电压及电流，控制晶闸管的导通角由小到大逐渐增加，加到电动机上的交流电压也逐渐增加，直到电压达到最大值，电动机达到额定的转速时，控制交流接触器将晶闸管短路，软启动过程结束。由此可见，控制晶闸管导通角增加的时间即可控制软启动的启动时间，实现了电动机的平滑启动。

　　在电动机运行中需停机时，控制晶闸管的导通角由大到小逐渐减小，进行与启动过程相反的控制过程，软启动器可实现软停机。

　　若在电动机运行中，晶闸管始终处于控制状态，电路监视电动机的功率变化情况，根据负载情况调整交流电压的大小，即可实现电动机运行中的功率控制，达到节约电能的目的。

3.3.2　无触点开关

　　利用晶闸管构成的无触点开关属于交流电力开关的应用。

　　有触点开关用电磁式接触器将负载与交流电源接通与断开。但电磁式接触器从绕组激励到接触器将电路接通，因电磁惯性和触点机械位移需要一定的时间而产生延迟，这种延迟可以达到电源频率的几个周期。当接触器将电路分断时，会在其金属触点之间会产生电弧，此电弧易烧灼触点并成为电磁干扰源。另外，接触器运行时还会产生噪声。

　　无触点开关可代替电磁式接触器，如图 3-14 所示。当触发信号送到晶闸管门极时，可在电源一个周期的任意电角度导通，晶闸管接通期间，门极需要连续地触发脉冲。在门极脉冲撤销后，当电流过零时关断。其特点是接通迅速、无电弧火花、无噪声运行。

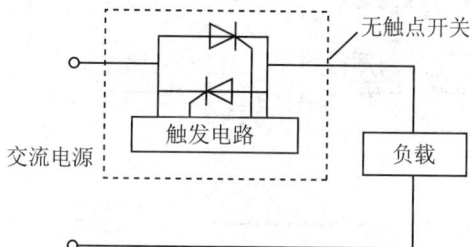

图 3-14　无触点开关

　　通常，交流无触点开关所用的器件是双向晶闸管，无触点开关的接通与关断都需要有相应的控制。

　　将无触点开关及其控制电路组装在一起可做成固态继电器。典型的交流固态继电器结构框图如图 3-15 所示，图 3-15 中的控制信号可以是交流电压，也可以是直流电压；光耦隔离是为了将控制信号与主电路分开；零电压开关采用通断方式来控制双向晶闸管的导通。

图 3-15　交流固态继电器框图

图 3-16 所示为一种具有过零触发电路的交流固态继电器。其工作原理如下：双向晶闸管 VT_B 正负半周均通过 $VD_1 \sim VD_4$ 整流桥和小晶闸管 VT_2 组成的回路在电阻 R_5 上获得门极触发电压信号，相应为 I、III 象限触发方式。当输入控制信号 $u_1 = 0$ 时，光耦无输出，晶体管 VT_1 饱和导通，晶闸管 VT_2 无触发信号，不导通，相应 VT_B 也不导通。当输入控制信号 $u_1 = 1$ 时，光耦输出使得晶体管 VT_1 截止，晶闸管 VT_2 在整流桥输出端电压很小时即可触发导通，相应触发晶闸管 VT_B 导通，实现了零电压（近似）触发。

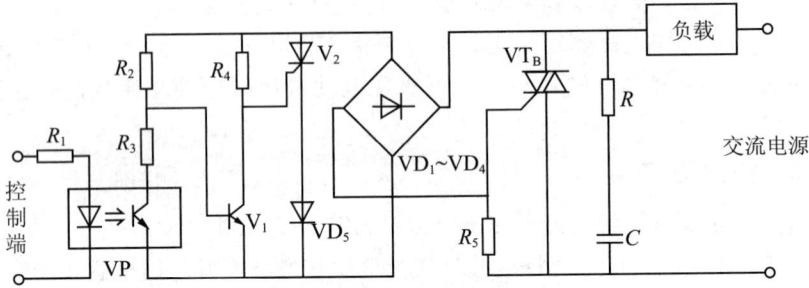

图 3-16　电压过零固态继电器

固态继电器的应用场合非常广泛，目前已经有许多系列化、模块化的产品。

3.3.3　白炽灯调光电路

白炽灯调光电路属于交流调压电路的应用。

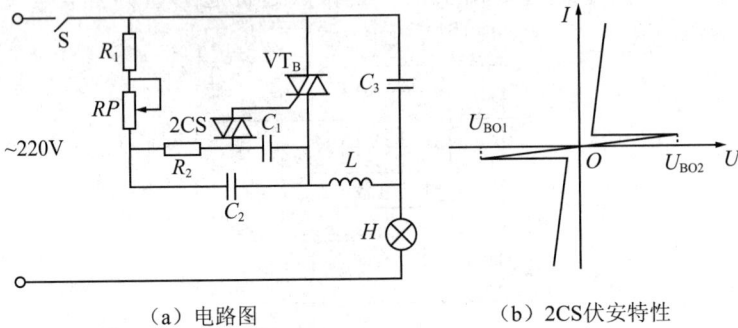

（a）电路图　　　　　　　　（b）2CS伏安特性

图 3-17　调光灯实用电路

图 3-17(a) 所示电路是用双向晶闸管进行交流调压以调节灯光的实用电路。图 3-17 (a) 中，2CS 为双向触发二极管，其伏安特性如图 3-17(b) 所示，利用它的正反向转折电压 U_{BO1}、U_{BO2} 使触发电路获得触发脉冲。电路工作原理如下：晶闸管阻断时，电源经 R_1、R_P 给 C_2 充电，当 C_2 上的充电电压达到一定值时，2CS 触发导通双向晶闸管，晶闸管使用 I、III 象限触发方式。晶闸管导通后，将触发电源短接，待交流电源电压过零反向时自行关断。调节 R_P 可以改变电容 C_2 的充电时间，进而改变 2CS 的触发导通时间，改变双向晶闸管的导通时间，从而调节灯光的亮度。

本 章 小 结

本章主要介绍交-交变换电路的电路原理及其应用。交-交变换电路可对交流电能的参数直接进行变换，可分为交流调压与交-交变频两类。目前大部采用晶闸管进行交流变换，主要是双向晶闸管，或者两个晶闸管反向并联应用，通过控制晶闸管的导通角实现各种变换。

(1)交-交调压电路。交-交调压电路分为单相交-交调压电路与三相交-交调压电路。根据负载的不同性质，每种又分为阻性负载与感性负载两类，电路可进行调压的本质是通过改变双向晶闸管在电源正负半周的导通角度调节输出电压的大小。

电阻性负载：输出电流波形与输出电压波形相同，其电压可调范围为 $0 \sim U$，控制角 α 的移相范围为 $0 \leqslant \alpha_d \leqslant \pi$。

阻感性负载：阻感性负载为交流调压电路最常用的负载。晶闸管导通角 θ 的大小不仅与控制角 α 有关，还与负载的阻抗角 φ 有关。当 $\alpha > \varphi$ 时，电路可控，输出电压可调，控制角 α 能起调压作用的移相范围为 $\varphi \sim \pi$。当 $\alpha = \pi$ 或 $\alpha = \varphi$ 时，电路不可控。当 $\alpha > \varphi$ 时，输出电流波形滞后输出电压波形 φ 且与输出电压波形不相同。

三相交-交调压电路：三相交-交调压电路基本可看作单相交-交调压电路的组合，有多种接线形式，应用较多的是三相三线制接线形式。

(2)交流调功电路。交流调功电路的主电路与交流调压相同，采用过零触发，通过控制交流电源导通与关断周期的比值即可调节输出功率。交流调功电路负载上得到的是相对完整的正弦波，对电网的谐波污染小。

(3)交-交变频电路。单相交-交变频电路由两组反并联的晶闸管整流电路组成。在固定的电源周波数内，一半时间正组整流电路按特定的规律导通，反组整流电路关断；另一半时间反组整流电路按特定的规律导通，正组整流电路关断，则在负载端可获得交变的输出电压。三相交-交变频电路是由 3 组输出电压相位彼此相差 $120°$ 的单相输出交-交变频电路组成的。

交-交变频电路的优点：只有一次变换，且使用电网换相，提高了变换效率。电路可以很方便地实现四象限工作，且低频时输出波形接近正弦波。交-交变频电路的缺点：接线复杂，使用的晶闸管数量多，受电网频率和交流电路各脉冲数的限制，输出频率较低，最高输出频率不高于电网频率的 $1/3 \sim 1/2$，功率因数较低。

(4)交流开关电路。交-交变换电路还可作为交流电力开关应用。交流电力开关是在电源电压或电流过零时触发双向晶闸管，晶闸管作为一个无触点开关应用。

>>> **思考题**

3-1 交流调压电路与可控整流电路有何异同?

3-2 单相交流调压电路带电阻性负载,采用两晶闸管反并联及相位控制。设输入电压 $U=220V$、负载电阻 $R=5\Omega$、相位控制角 $\alpha_1=\alpha_2=120°$。试求:

(1)输出电压及电流有效值。

(2)输出功率。

(3)输入功率因数。

3-3 一台额定功率为 10kW、工作电压为 220V 的电炉,采用单相晶闸管交流调压。现使其工作在 5kW,试求:

(1)电路的控制角 α。

(2)工作电流。

(3)电源侧功率因数。

3-4 单相交流调压电路带阻感性负载,设输入电压 $U=220V$、负载电感 $L=5.514mH$、负载电阻 $R=1\Omega$。试求:

(1)电路控制角 α 的移相范围。

(2)$\alpha=60°$时,负载电流的有效值。

(3)$\alpha=60°$时的输出功率和电源侧功率因数。

3-5 交流调压电路与交流调功电路有何区别?

3-6 简述单相交-交变频电路的工作原理。

3-7 单相交-交变频电路的输出频率有何限制?

3-8 三相交-交变频电路有哪两种接线方式?它们有何区别?

第 4 章 直流-直流变换电路

【内容提要】直流-直流变换是指将直流电能的一种电压值通过电力电子变换装置变换为另一种固定或可调的电压值的变换。本章讨论几种典型直流-直流变换电路的工作原理和参数指标计算，讨论典型直流-交流-直流变换电路的工作原理，直流变换电路的开关器件、换流概念和控制方式，以及直流变换电路的应用。

▶ 4.1 引　　言

将一种直流电压变换为另一种直流电压称为直流-直流（DC-DC）变换。实现 DC-DC变换的电路有两种形式：一种是斩波电路，另一种是逆变-整流电路。图 4-1 所示为其原理框图。

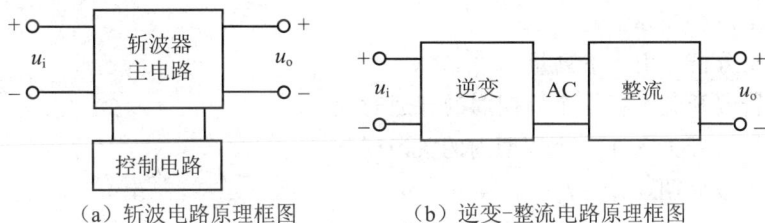

（a）斩波电路原理框图　　　　　（b）逆变-整流电路原理框图

图 4-1 DC-DC 变换电路原理框图

斩波控制型 DC-DC 变换电路是一种 DC 到 DC 的直接变换电路，如图 4-1(a)所示，它利用电力开关器件周期性地开通与关断来改变输出电压的大小。由于只有一级变换，因而具有效率高、体积小、质量轻、成本低等优点。

逆变-整流型 DC-DC 变换电路由逆变和整流两个环节构成，如图 4-1(b)所示。由于逆变电路和整流电路的电路形式有非常多的种类，故逆变-整流型的 DC-DC 变换电路的电路形式也丰富多彩。

直流斩波变换电路主要以全控型电力电子器件作为开关器件，通过控制主电路的接通与断开以将恒定的直流斩成断续的方波，然后经滤波变为电压可调的直流供给负载。斩波开关频率越高，越容易用滤波器滤除输出电压中的纹波。

直流斩波器的主要功能是直流变压与调压，当输出电压的平均值低于输入电压的平均值时，称为降压型斩波器（Buck Chopper）；当输出电压的平均值高于输入电压的平均值时，称为升压型斩波器（Boost Chopper）；当输出电压的平均值既可高于输入电压的平均值又可低于输入电压的平均值时，称为升降压型斩波器（Boost-Buck Chopper）。

当斩波器给直流电动机供电时，为了既能实现电动机的降压调速，又能实现电动机的反向电动、电磁制动以及回馈电能制动运行方式，常要求输出电压和输出电流可逆。按直流电源与负载间的能量传递关系，输出电压与电流皆不可逆的斩波器称为单

象限斩波器；输出电压或输出电流可逆的斩波器称为双单象限斩波器；输出电压与输出电流皆可逆的斩波器称为四单象限斩波器。

近年来，随着技术的进步、新型功率器件的涌现以及各种控制技术的发展极大地促进了直流变换电路的发展，以实现硬开关或软开关为目标的各类新型变换电路不断出现，为进一步提高直流变换电路的动态性能、降低开关损耗、减小电磁干扰开辟了有效的新途径。

▶ 4.2 降压斩波器

4.2.1 直流变换电路的工作原理

最基本的直流变换电路如图 4-2(a)所示，图中用理想开关 S 代表实际的电力电子开关器件，R 为纯阻性负载。通过控制开关 S 的快速通断就能控制斩波哭的输出电压的平均值。当开关 S 在 t_{on} 接通时，加到负载电阻上的电压 u_o 等于直流电源 U_d，负载电流 i_o 等于电源电流 I_D。当开关 S 在 t_{off} 断开时，输出电压与输出电流皆为零。直流变换波形如图 4-2(b)所示。

为了便于分析，引入下列量。

t_{on}——斩波开关 S 在一个周期内的导通时间。

t_{off}——斩波开关 S 在一个周期内的关断时间。

T_s——斩波周期，$T_s = t_{on} + t_{off}$。

D——占空比，$D = \dfrac{t_{on}}{T_s}$。

输出电压与电流的平均值在波形图中为导通期间的面积在一个周期内的平均值。由波形图可得输出电压平均值为

$$U_o = \frac{t_{on}}{T_s}U_d = DU_d$$

输出电流平均值为

$$I_o = \frac{t_{on}}{T_s}I_d = D\frac{U_d}{R}$$

输出平均功率为

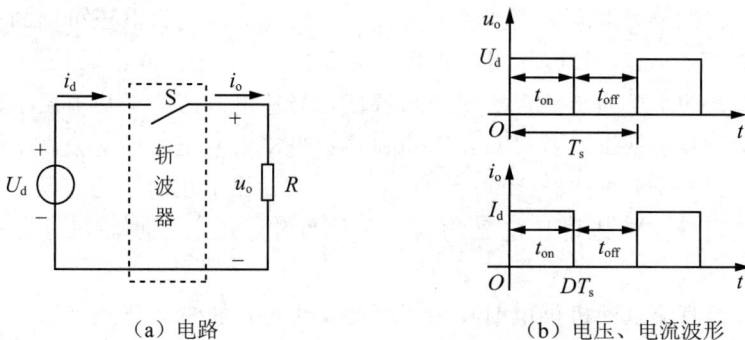

（a）电路　　　　　（b）电压、电流波形

图 4-2　直流变换电路及波形

$$P_o = U_o I_o = D^2 \frac{U_d^2}{R}$$

由此可得，改变导通比 D，不仅能够控制斩波器输出电压 U_o 的大小，还能够控制其输出电流 I_o 和输出功率 P_o 的大小。因为 D 是 $0\sim1$ 中变化的系数，因此输出电压 U_o 总是小于输入电压 U_d。

4.2.2　降压斩波器的工作原理和参数指标

在图 4-2 所示电路中，负载是纯电阻性的，所以斩波器的输出电流与输出电压波形相似，都有很大的脉动。若要使负载电流平滑，需要增加滤波电路。降压变换电路的基本形式如图 4-3(a)所示。图中开关 S 可以是各种电力电子开关器件，VD 为续流二极管，其开关速度应与 S 同等级，常用快恢复二极管，L 为滤波电感(平波电抗器)、C 为滤波电容，组成低通滤波器，R 为负载。为了简化分析，假设 S、VD 为无损耗的理想开关，L、C 中损耗忽略，R 为理想负载。

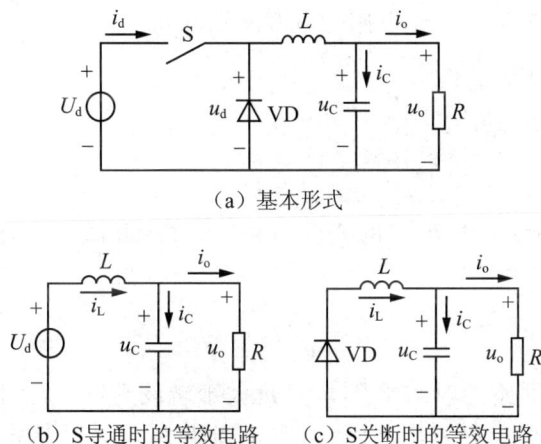

(a) 基本形式

(b) S导通时的等效电路　　(c) S关断时的等效电路

图 4-3　降压斩波器

1. 工作原理

在开关 S 导通期间，二极管 VD 承受反向电压截止，其等效电路如图 4-3(b)所示。此时 $U_d = u_L + u_o$。电源在给负载 R 提供能量的同时电感 L 储能增加，负载的电压 u_o 和电流 i_o 也按指数规律增加。电感 L 的电压按指数规律减小。

在开关 S 关断期间，其等效电路如图 4-3(c)所示。此时由于电感 L 中已经储存了能量，二极管 VD 导通。L 中储能经过 $L \rightarrow R \rightarrow VD \rightarrow L$ 回路释放，$u_L = -u_o$。负载的电压 u_o 和电流 i_o 也按指数规律减小。

当回路的时间常数 L/R 远大于斩波周期 T_s 时，电感电流与负载电流必然连续。为了简化计算，在工程上，常将波形图中的指数曲线近似地用直线替代。各电量的波形图如图 4-4 所示。显然，增加了平波电抗器 L 和续流二极管 VD 后，负载电阻 R 上的电流和电压脉动都大大减小了。

2. 各电量参数指标计算

1)斩波器输出电压的平均值 U_o。

由波形图 4-4 即可得出输出电压的平均值。由于稳态时理想电感的平均电压必为零,所以输出电压的平均值就等于电源电压 U_d 在一个波形周期内的平均值,即

$$U_o = \frac{t_{on}}{T_s} U_d = D U_d \qquad (4\text{-}1)$$

2)斩波器的平均输入功率 P_d

$$P_d = \frac{1}{T_s} \int_0^{T_s} U_d i_d \mathrm{d}t = U_d \left(\frac{1}{T_s} \int_0^{T_s} i_d \mathrm{d}t \right) = U_d I_d \qquad (4\text{-}2)$$

式中:I_d 为输入电流的平均值。

3)斩波器的平均输出功率 P_o。

若忽略元器件的损耗,由于电感与电容不消耗功率,则输出功率等于输入功率,即

$$P_o = P_d$$

即

$$U_o I_o = U_d I_d \qquad (4\text{-}3)$$

4)输出电流 I_o 与输入电流 I_d 的关系。由于 $U_o I_o = U_d I_d$,因此输出电流 I_o 与输入电流 I_d 的关系为

$$I_o = \frac{U_d}{U_o} I_d = \frac{1}{D} I_d \qquad (4\text{-}4)$$

以上分析是基于回路的时间常数 L/R 远大于斩波周期 T_s、电感电流连续时的结论。当回路的时间常数 L/R 不满足远大于斩波周期 T_s 时,电感电流将不再连续,此时电路工作情况比较复杂,这里不作分析。负载电流的连续与否,与输入电压 U_d、电感 L、开关频率 f 以及占空比 D 都有关,开关频率 f 越高、电感 L 越大,越容易实现电流连续工作情况。

结论:

(1)降压斩波器输出电压的平均值与输入电压之比,等于斩波开关的导通时间与斩波周期之比,改变导通比 D,就可以控制斩波器的输出电压和电流的平均值的大小。

(2)在负载电流连续且忽略电流纹波的影响时,降压斩波器有类似于变压器的规律,即电压与电流成反比,其占空比 D 则类似于变压器的变比 k。

(3)降压斩波器由于电感的作用,使负载电流的脉动减小,甚至使负载电流连续是实际负载期望的,电路也最常用。

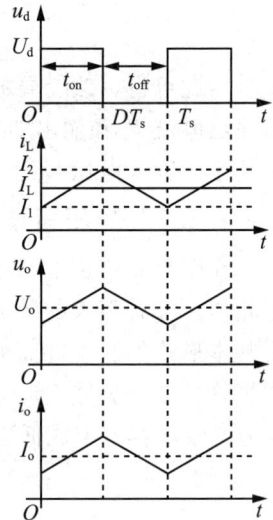

图 4-4 降压斩波器波形

▶ 4.3 升压斩波器

直流输出电压的平均值高于输入电压的变换电路称为升压斩波器。升压斩波器的基本形式如图 4-5(a)所示。图中 S 为电力电子开关器件,VD 为续流二极管。

（a）基本形式

（b）S导通时的等效电路　　　　　　（c）S关断时的等效电路

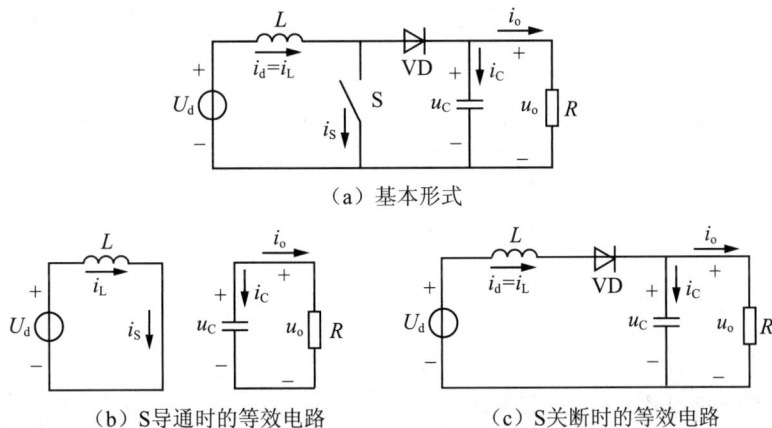

图 4-5　升压斩波器

1. 工作原理

当开关 S 导通时，二极管 VD 承受反向电压而截止，其等效电路如图 4-5(b)所示。此时电源电压 U_d 加在电感 L 上，电感电流 i_L 增大，电感 L 储能增加，与此同时，电容 C 向负载 R 放电，电容电压 u_C 下降。

当开关 S 关断时，电感电流 i_L 下降，电感 L 的感应电动势改变方向，与电源电压 U_d 叠加，强迫二极管 VD 导通，电源和电感同时为负载供电和向电容 C 充电，由此得到一个比电源电压还高的输出电压 u_o，其等效电路如图 4-5(c)所示。电感电流连续时的电流和电压波形如图 4-6 所示。

2. 各电量参数指标计算

在电感电流连续时，在 S 导通时间 t_{on} 内，由等效电路图 4-5(b)得

$$U_d = L\frac{di_L}{dt} = L\frac{\Delta i_L}{\Delta t} = L\frac{I_2 - I_1}{t_{on}} \tag{4-5}$$

或者

$$t_{on} = \frac{L}{U_d}\Delta I_L \tag{4-6}$$

式中：$\Delta I_L = I_2 - I_1$ 为电感电流的变化量。

在 S 关断时间 t_{off} 内，由等效电路图 4-5(c)得

图 4-6　升压斩波器的波形

$$U_o - U_d = L\frac{\Delta I_L}{t_{off}} \tag{4-7}$$

或者

$$t_{off} = \frac{L}{U_o - U_d}\Delta I_L \tag{4-8}$$

t_{on} 期间电感电流的增加量应等于 t_{off} 期间电感电流的减少量，同时考虑式(4-5)和式(4-7)可得

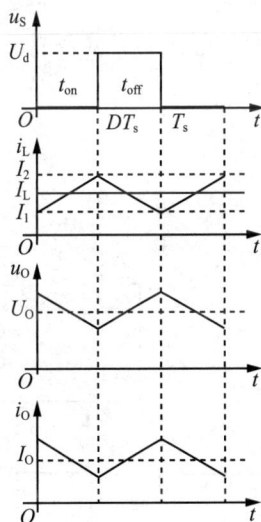

$$\frac{U_{d}}{L}t_{on}=\frac{U_{o}-U_{d}}{L}t_{off}$$

则输出电压为

$$U_{o}=\frac{t_{on}+t_{off}}{t_{off}}U_{d}=\frac{U_{d}}{1-D} \qquad (4-9)$$

因占空比总是小于 1 的，所以输出电压总是比输入电压高的。

在理想状态下，电路的输出功率等于输入功率，即

$$P_{o}=P_{d}$$

亦即

$$U_{o}I_{o}=U_{d}I_{d}$$

可得电源输出电流 I_{d} 与负载电流 I_{o} 的关系为

$$I_{d}=\frac{I_{o}}{1-D} \qquad (4-10)$$

▶ 4.4 升降压斩波器

升降压斩波器的输出电压平均值可以大于或小于输入直流电压，输出电压的极性与输入电压相反，它主要用于要求输出与输入电压反相、其值可大于或小于输入电压的直流电源。升降压斩波器的电路原理图如图 4-7(a)所示。

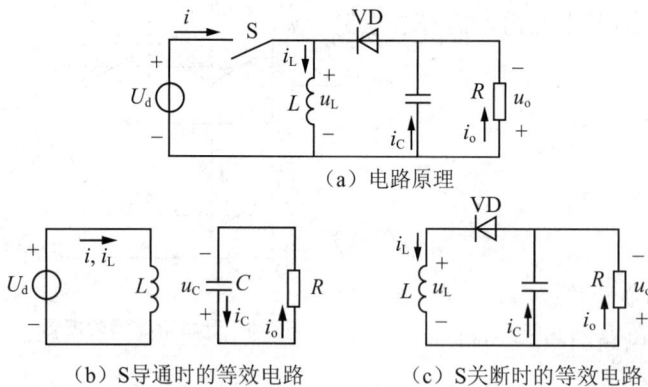

（a）电路原理

（b）S导通时的等效电路　　（c）S关断时的等效电路

图 4-7　升降压斩波器

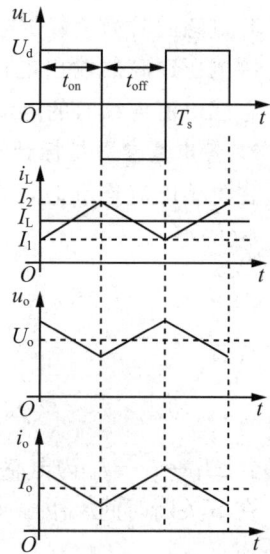

图 4-8　升降压式斩波器波形

1. 工作原理

在 t_{on} 期间，开关 S 导通，二极管 VD 反偏而截止，其等效电路如图 4-7(b)所示。此时，电源电压 U_{d} 加在电感 L 上，电感电流 i_{L} 增大，电感 L 储能增加，与此同时，电容 C 向负载 R 放电，电容电压 u_{C} 下降。

在 t_{off} 期间，开关 S 关断，电感 L 中电流减小，电感 L 的感应电动势方向为下正上负，

二极管 VD 导通，其等效电路如图 4-7(c)所示。此时电感 L 中储能经过 $L \to C$、$R \to VD \to L$ 回路释放，电容充电，输出电压与输入电压相反。各电量的波形图如图 4-8 所示。

2. 各电量参数指标计算

在电感电流连续时，在 S 导通时间 t_{on} 内，由等效电路图 4-7(b)得

$$U_d = L \frac{\mathrm{d}i_1}{\mathrm{d}t} = L \frac{\Delta i_1}{\Delta t} = L \frac{I_2 - I_1}{t_{on}}$$

或者

$$t_{on} = \frac{L}{U_d} \Delta I_1$$

在 S 关断时间 t_{off} 内，由等效电路图 4-7(c)得

$$U_o = -L \frac{\Delta I_1}{t_{off}} \tag{4-11}$$

或者

$$t_{off} = -\frac{L}{U_o} \Delta I_1 \tag{4-12}$$

t_{on} 期间电感电流的增加量应等于 t_{off} 期间电感电流的减少量，由上述分析可得

$$\frac{U_d}{L} t_{on} = -\frac{U_o}{L} t_{off}$$

将 $t_{on} = DT_s$，$t_{off} = (1-D)T_s$ 代入上式，可求得输出电压的平均值为

$$U_o = -\frac{t_{on}}{t_{off}} U_d = -\frac{D}{1-D} U_d \tag{4-13}$$

式中：负号表示输出电压与输入电压反相。

当 $D = 0.5$ 时，$U_o = U_d$；当 $D > 0.5$ 时，$U_o > U_d$，为升压变换；当 $D < 0.5$ 时，$U_o < U_d$，为降压变换。

采用与前几节相同的分析方法可得电源输出电流 I_d 与负载电流 I_o 的关系为

$$I_d = \frac{D}{1-D} I_o \tag{4-14}$$

升降压变换电路的缺点是输入电流总是不连续的，流过二极管 VD 的电流也是断续的，这对供电电源和负载都是不利的。为了减少对电源和负载的影响(即减少电磁干扰)，要求在输入、输出端加低通滤波器。

▶ 4.5　库克斩波器

前面几种直流斩波器的输出与输入端都含有较大的纹波，尤其是在电流不能连续的情况下，电路的输出电压是脉动的。而谐波会使电路的变换效率降低，大电流的高次谐波还会产生辐射而干扰其他电子设备。

库克斩波器(Cuk Chopper)也属于升降压型直流斩波器，如图 4-9(a)所示。图中 L_1 和 L_2 为储能电感，VD 为续流二极管，C_1 为传输能量的耦合电容，C_2 为滤波电容。这种电路的特点如下：输出电压极性与输入电压极性相反，输出、输入端的电流纹波小，输出直流电压平稳，降低了对外部滤波电路的要求。

1. 工作原理

在 t_{on} 期间，开关 S 导通，由于电容 C_1 上的电压 u_{C1} 使二极管 VD 反偏而截止，其等效电路如图 4-9(b) 所示。此时电源电压 U_d 加在电感 L_1 上，电感电流 i_{L1} 增大，电感 L_1 储能增加。与此同时，电容 C_1 通过开关 S 向负载 R 和 C_2、L_2 放电，电感 L_2 储能增加，电容电压 u_{C1} 下降，负载获得反极性电压。在此期间，流过开关 S 的电流为 $i_{L1}+i_{L2}$。

在 t_{off} 期间，开关 S 关断，电感 L_1 中的感应电动势 u_{L1} 改变方向，使二极管 VD 导通。电感 L_1 中的电流 i_{L1} 经电容 C_1 和二极管 VD 续流，电源电压 U_d 与 L_1 的感应电动势 u_{L1} 串联相加，对 C_1 充电储能并经二极管 VD 续流，电容电压 u_{C1} 上升。与此同时，i_{L2} 也经二极管 VD 续流，L_2 的磁能转为电能向负载释放能量，输出电压极性与输入电压极性相反。其等效电路如图 4-9(c) 所示。

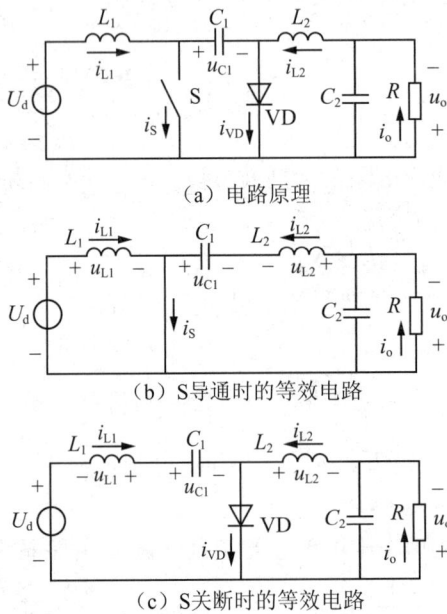

图 4-9　库克斩波器

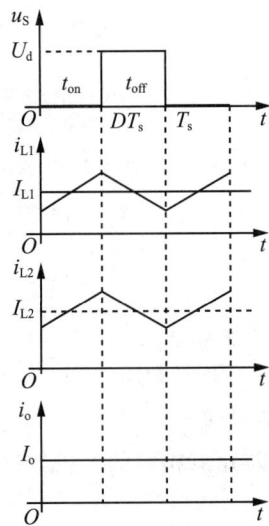

图 4-10　库克斩波器波形

在 i_{L1}、i_{L2} 经二极管续流期间，$i_{L1}+i_{L2}$ 逐渐减小，如果在开关 S 的关断时间 t_{off} 结束前二极管 VD 的电流已经降为零，则从此时起到下次开关 S 导通这一段时间内，开关 S 和二极管 VD 都不导电，二极管 VD 电流断流。因此，库克变换电路也有电流连续和电流断续两种工作情况，但这里不是指电感的电流连续或断续，而是指流过二极管 VD 的电流连续或断续。在开关 S 的关断时间内，若二极管 VD 断流总是大于零，则称为电流连续；若二极管 VD 电流在一段时间内为零，则称为电流断流工作情况；若经 t_{off} 后，在下一个开关周期 T_s 的开通时刻，二极管 VD 的电流正好降为零，则为临界连续。在忽略所有元器件损耗的前提下，电流连续时电路的工作波形如图 4-10 所示。

2. 各电量参数指标计算

在电流连续时，在整个周期 T_s 中，电容 C_1 从输入端向输出端传递能量，L_1、L_2 和 C_1 足够大时，C_1 上的电压基本不变，而电感 L_1 和 L_2 上的电压在一个周期内的积分都等于零。对于电感 L_1，有

$$\int_0^{t_{on}} u_{L1} \, dt + \int_{t_{on}}^{T_s} u'_{L1} \, dt = 0 \tag{4-15}$$

式(4-15)中，在 t_{on} 期间，$u_{L1} = U_d$；在 t_{off} 期间，$u'_{L1} = U_d - u_{C1}$，则上式可变为

$$U_d t_{on} + (U_d - u_{C1}) t_{off} = 0$$

或者

$$U_d D T_s + (U_d - u_{C1})(1 - D) T_s = 0$$

因此，

$$u_{C1} = \frac{1}{1-D} U_d \tag{4-16}$$

对于电感 L_2，同样有

$$\int_0^{t_{on}} u_{L2} \, dt + \int_{t_{on}}^{T_s} u'_{L2} \, dt = 0 \tag{4-17}$$

在 t_{on} 期间，$u_{L2} = u_{C1} + U_o$；在 t_{off} 期间，$u'_{L2} = U_o$。

$$(u_{C1} + U_o) t_{on} + U_o t_{off} = 0$$

或者

$$(u_{C1} + U_o) D T_s + U_o (1-D) T_s = 0$$

所以有

$$u_{C1} = -\frac{1}{D} U_o \tag{4-18}$$

由式(4-16)和式(4-18)可得

$$U_o = -\frac{D}{1-D} U_d$$

式中：负号表示输出电压与输入电压反相。

当 $D = 0.5$ 时，$U_o = U_d$；当 $D > 0.5$ 时，$U_o > U_d$，为升压变换；当 $D < 0.5$ 时，$U_o < U_d$，为降压变换。

采用与前几节相同的分析方法可得电源输出电流 I_d 与负载电流 I_o 的关系为

$$I_d = \frac{D}{1-D} I_o$$

电路输入、输出关系式与升降压式变换完全相同，但电路的工作性质有区别。在升降压变换电路中，在 S 关断期间电感 L 给电容 C 充电，电源输出电流是断续的，电流脉动很大；而在库克电路中，只要 C_1 足够大，输入输出电流就都是连续平滑的，有效地降低了纹波，降低了对滤波电容的要求，因此得到了广泛应用。

上述的升降压斩波器和库克斩波器的输出电压与输入电压的极性相反。在要求输出与输入电压同相的场合，可以采用 Sepic 斩波器或 Zeta 斩波器。其中，Sepic 斩波器的电源电流连续，负载电流为脉冲波形，有利于输入滤波；而 Zeta 斩波器的电源电流为脉冲波形，负载电流连续。限于篇幅，此处不再赘述。

4.6 电流可逆斩波电路

复合斩波电路由降压斩波器和升压斩波器等基本斩波电路组合而成。本节和 4.7 节介绍的两象限斩波器、四象限斩波器均属于此种类型。两象限斩波器可分为 A 型(电流可逆斩波电路)和 B 型(电压可逆斩波电路)。其中,电流可逆斩波电路应用较为广泛,本节将作简单介绍。

电流可逆斩波电路的电路图如图 4-11(a)所示,波形图如图 4-11(b)所示。电流可逆斩波电路是降压斩波器与升压斩波器的组合。降压斩波器能使电动机工作于第 I 象限,升压斩波器能使电动机工作于第 II 象限。斩波电路用于拖动直流电动机时,常要使电动机既可电动运行,又可再生制动。此电路电动机的电枢电流可正可负,但电压只能有一种极性,故其可工作于第 I 象限和第 II 象限。

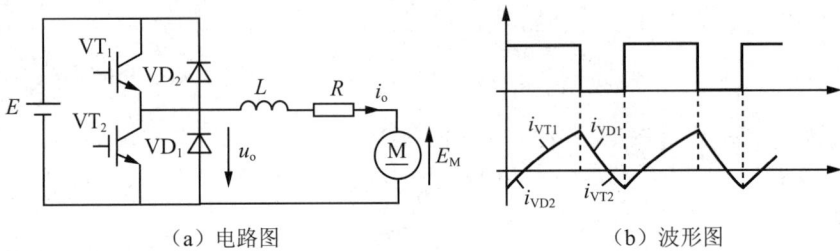

（a）电路图　　　　　　　　　（b）波形图

图 4-11　电流可逆斩波电路及波形

在图 4-11 所示的电路中,VT_1 和 VD_1 构成降压斩波电路,电动机为电动运行,工作于第 I 象限。VT_2 和 VD_2 构成升压斩波电路,电动机作再生制动运行,工作于第 II 象限。一个周期内,通断控制 VT_1 和 VT_2,即可使电路交替地作为降压斩波电路和升压斩波电路工作。当一种斩波电路电流断续而为零时,会使另一个斩波电路工作,使电流反方向流过,这样电动机电枢回路总有电流流过,电路响应很快。

需要注意的是,工作时必须防止 VT_1 和 VT_2 同时导通而导致的电源短路。

4.7 桥式可逆斩波电路

桥式可逆斩波电路如图 4-12 所示。桥式可逆斩波电路属于四象限斩波器,其一般是把两个电流可逆的斩波电路组合起来,分别向电动机提供正向和反向电压。电路中,由 $VT_1 \sim VT_4$ 四个全控型器件 IGBT 构成了一个全控桥。

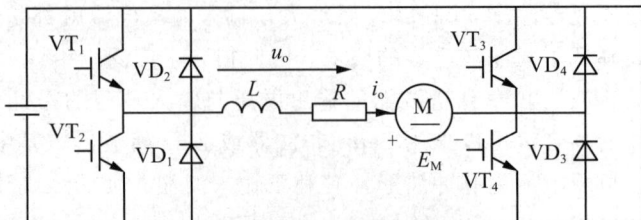

图 4-12　桥式可逆斩波电路

VT$_3$ 全关断，VT$_4$ 全开通时，等效为如图 4-11(a)所示的电流可逆斩波电路，通断控制 VT$_1$ 和 VT$_2$，可使电流可正可负，而只向电动机提供一个正电压。电动机工作于第 I、II 象限。

VT$_1$ 全关断，VT$_2$ 全开通时，通断控制 VT$_3$ 和 VT$_4$，可等效为另一组电流可逆斩波电路，电流可正可负，而只向电动机提供一个负电压。电动机工作于第 III、IV 象限。

▶ 4.8 输出与输入隔离的直流变换电路

前几节叙述的直流变换电路为输入与输出直接相连，称为非隔离的 DC-DC 变换。如果要求输出与输入之间电气隔离，则必须使用带隔离的 DC-DC 变换。隔离型 DC-DC 变换电路在输出与输入之间可引入隔离变压器，实现电气隔离。引入隔离变压器的优点除了实现隔离外，同时选择变压器的变比还可匹配电源电压 U_d 与负载所需的输出电压 U_o。即使 U_d 与 U_o 相差很大，也能使直流变换器的占空比 D 合适而不至于接近 0 或 1。引入变压器还可设置多个二次侧绕组输出，以输出多个不同值的电压。

在隔离型直流变换电路中，如果变换器只需一个开关管，变换器中变压器的磁通只在单方向变化，则称为单端变换器，仅用于小功率电源变换电路。如果开关管导通时电源将能量直接传送至负载，则称为正激变换器(Forward Converter)。如果开关管导通时电源将能量转为磁能存储在电感中，当开关管断开时再将磁能变为电能传送至负载，则称为反激变换器(Flyback Converter)。在隔离型直流变换电路中，采用两个或 4 个开关管的变换器中，变压器的磁通可在正、反两个方向变化，变压器的磁芯利用率提高、体积减小、效率提高，适用于大功率场合。另外，由于直流变换电路中的开关管工作频率很高，隔离变压器为高频磁芯变压器，因此体积相对可以做到很小。

4.8.1 反激式变换电路

反激式变换电路属于单端变换电路，典型电路如图 4-13(a)所示。图中 VT 为开关管，Tr 为隔离变压器，VD 为高频二极管。

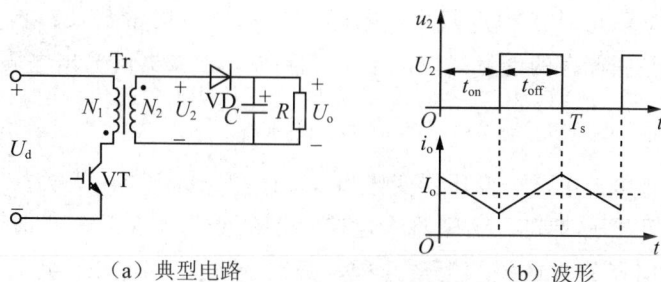

图 4-13 反激式变换电路及波形图

当开关管 VT 导通时，输入电压 U_d 便加到变压器 Tr 一次侧绕组 N_1 上，变压器储存能量。根据变压器同名端的极性，可得二次侧绕组中的感应电动势为下正上负，二极管 VD 截止，二次侧绕组中没有电流流过。

当开关管 VT 截止时，N_2 中的感应电动势为上正下负，二极管 VD 导通。在 VT

导通期间,存储在变压器中的能量便通过二极管 VD 向负载释放。

在工作过程中,变压器起到了储能作用。输出电压、电流的波形如图 4-13(b)所示。

工作在输出电流连续的状态下时,反激式变换器的输出电压 U_o 只决定于一次侧、二次侧绕组的变比 N_2/N_1、占空比 D 和输入电压 U_d,而与负载电阻 R 无关,其表达式为

$$U_o = \frac{N_2}{N_1} \frac{D}{1-D} U_d \tag{4-19}$$

一般情况下,反激式变换电路的工作占空比 D 小于 0.5。

反激式变换电路常应用于几百瓦以下的小功率直流变换电路中。

4.8.2 正激式变换电路

典型的正激式变换电路如图 4-14(a)所示,图中 VT 为开关管,VD_1 和 VD_2 为高频二极管,VD_3 为续流二极管,Tr 为隔离变压器。

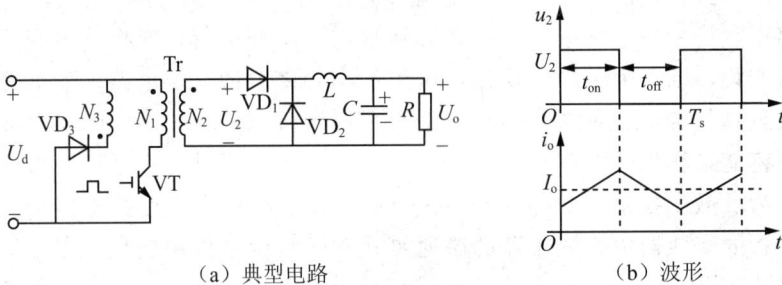

(a)典型电路   (b)波形

图 4-14 正激式变换电路及波形图

当开关管 VT 导通时,它在变压器一次侧绕组中储存能量,同时将能量传递到二次侧绕组,根据二次侧绕组同名端和整流二极管的接法,可知 VD_1 导通,VD_2 截止,输入电压经变压器向负载传输能量,此时滤波电感 L 储能。

当开关管 VT 截止时,VD_1 截止,电感 L 中的感应电动势使续流二极管 VD_2 导通,VD_1 截止,L 中储存的能量经 VD_2 向负载释放。变换器的输出电压为

$$U_o = \frac{N_2}{N_1} D U_d \tag{4-20}$$

输出电压仅决定于电源电压、变压器变比和占空比,与负载电阻无关。

另外,在 VT 导通期间,变压器中也储存了磁能,到 VT 截止时,VD_1 也截止,此时必须为这些储存的能量提供泄放途径,否则变压器一次侧绕组上会产生过电压,损坏开关管。变压器的第三绕组也称钳位绕组,此绕组与二极管 VD_3 提供了这些储存能量的泄放途径。当 VT 导通时,钳位绕组的电感中也储存能量。当 VT 截止,钳位绕组的感应电压超过电源电压时,二极管 VD_3 导通,储存在变压器中的能量经钳位绕组 N_3 和二极管 VD_3 反送回电源,即可将一次侧绕组的电压限制在电源电压上。为满足磁芯复位的要求,使磁通建立和复位的时间相等,这种电路的占空比不能大于 0.5。

正激式变换电路的输出功率较大,可达数千瓦。

4.8.3　推挽式变换电路

推挽式变换电路实际上就是由两个正激式变换电路组成的，只是它们工作的相位相反。在每个周期内，两个开关管交替导通和截止，在各自导通的半个周期内，分别将能量传递给负载。基本的推挽式变换电路如图 4-15 所示。

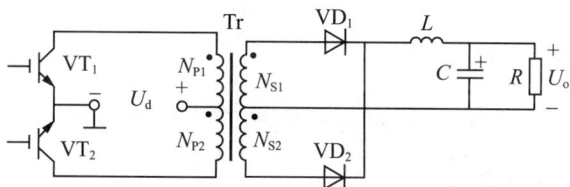

图 4-15　推挽式变换电路

推挽开关管 VT_1、VT_2 的输入驱动信号是两个相位相反的矩形波，使两个开关管交替导通。当 VT_1 导通时，在变压器 Tr 的一次侧绕组 N_{P1} 中建立磁化电流，此时二次侧绕组 N_{S1} 上的感应电压使二极管 VD_1 导通，将能量传递给负载。当 VT_2 导通时，在变压器 Tr 的一次侧绕组 N_{P2} 中建立磁化电流，此时二次侧绕组 N_{S2} 上的感应电压使二极管 VD_2 导通，将能量传递给负载。

需要注意的是，推挽式变换电路工作时，一个开关管导通而另一个开关管截止，此时截止开关管上所承受的电压为 $2U_d$，需选择高耐压的开关管。

这种电路的优点如下：输入电源电压直接加在高频变压器 Tr 上，因此只用两个开关管即可获得较大的输出功率。两个开关管的射极相连，两组驱动可以共地，不需要彼此绝缘，驱动较简单。

推挽式变换电路适用于输出功率为数瓦至数千瓦的场合。

4.8.4　半桥式变换电路

半桥式变换电路如图 4-16 所示，电容 C_1、C_2 为两个容量相同的电容，电容 C_1、C_2 上的压降均为 $0.5U_d$。当 VT_1 导通时，电容 C_1 将通过 VT_1 和高频变压器的一次侧绕组 N_P 放电，同时 C_2 充电。当 VT_2 导通时，电容 C_2 将通过 VT_2 和高频变压器的一次侧绕组 N_P 放电，同时 C_1 充电。这种电容的充放电引起的电容分压点的电位变化应很小，否则将使输出电压中的纹波电压加大。所以，加在变压器一次侧的电压是 $0.5U_d$。为了防止两个开关管同时导通，在 VT_1 截止瞬间不允许 VT_2 立即导通，在 VT_1、VT_2 共同截止期间，一次侧绕组上无电压。二极管 VD_1、VD_2 为续流二极管，当开关管由导通转为截止时，漏感引起的反向感应电动势使得二极管导通，尖峰电压被二极管钳位，因此，开关管所承受的电压不会超过电源电压。

半桥式变换电路的特点如下：前半个周期内流过高频变压器的电流与后半个周期内流过变压器的电流大小相等、方向相反，因此，变压器的磁芯得到了充分利用；在一个开关管导通时，处于截止状态的另一个开关管所承受的电压与输入电压相等，施加在高频变压器一次侧的电压是 $0.5U_d$；欲得到与推挽式或全桥式变换电路相同的输出功率，半桥式电路开关管必须流过两倍的电流，因此，半桥式电路是通过降压扩流来实现大功率输出的。

半桥式变换电路适用于输出功率为数百瓦至数千瓦的场合。

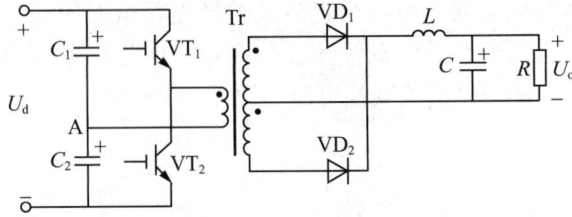

图 4-16 半桥式变换电路

4.8.5 全桥式变换电路

将半桥式变换电路中的两个电容 C_1 和 C_2 换成两个开关管，即可组成全桥式变换电路，如图 4-17 所示。全桥式变换电路可看作由两个推挽式电路组成的，4 个开关管组成 4 个桥臂。工作时，处于对角线上的两个开关管同步导通或截止，当 VT_1、VT_4 导通（VT_2、VT_3 截止）时，高频变压器一次侧电流的方向为从上向下；而当 VT_2、VT_3 导通（VT_1、VT_4 截止）时，变压器一次侧电流的方向为从下向上，变压器二次侧也将得到交变电压。

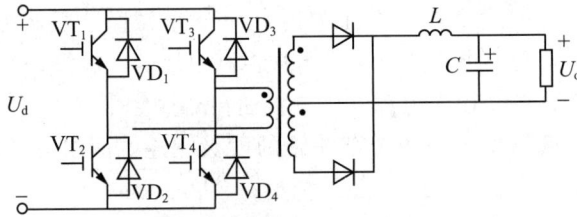

图 4-17 全桥式变换电路

当 VT_1、VT_4 导通时，如果将饱和压降 U_{CES1} 和 U_{CES2} 忽略不计，则加在截止开关管上的最大电压是输入直流电压 U_d，所以全桥式变换电路所需开关管的耐压是推挽式电路的一半。其工作电压降低，可以大大提高电路的可靠性。

全桥式变换电路适用于输出功率为数百瓦至数千瓦的场合。

上述推挽、半桥和全桥式直流变换电路都是开关管导通时电源向负载供电，都属于正激式变换电路组合，通过变压器耦合输出交变方波电压，经整流、滤波才能得到直流输出电压，电路属于逆变-整流型 DC-DC 变换电路。

▶ 4.9 直流变换电路的控制

4.9.1 直流变换电路中的开关器件

前几节讨论的直流变换电路的开关器件为了分析方便采用了理想开关替代实际的器件，实际中的开关为各种电力电子开关器件，多用全控型电力电子开关器件，如电力晶体管、电力场效应晶体管、绝缘栅双极晶体管等，也有少部分电路的开关器件使用了晶闸管。对于全控型电力电子开关器件，其控制较简单，只要控制其基极或栅极的电流或电压即可控制全控型开关器件的开通或关断。对于晶闸管，其控制较为复杂，下面分别予以讨论。

1. 电力晶体管

电力晶体管属于电流控制型器件，如图 4-18(a)所示。只要满足基极电流 I_B 与 β 的乘积大于集电极电流 I_C，晶体管即可实现饱和导通，即

$$I_{Cmax} < \beta I_B$$

电路中的 I_{Cmax} 为晶体管的集电极饱和电流，可由下式决定。

$$I_{Cmax} = \frac{U_{CC} - U_{CES}}{R_L} \approx \frac{U_{CC}}{R_L}$$

式中：U_{CES} 为晶体管的饱和压降，对于电力晶体管，其值为 1～3V。

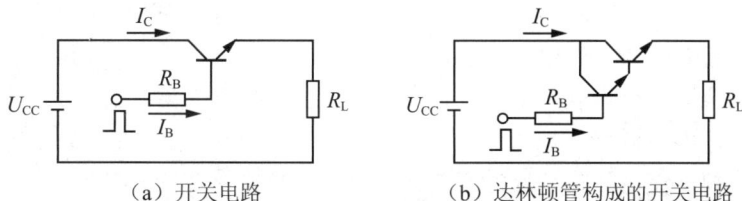

（a）开关电路　　　　　　　　（b）达林顿管构成的开关电路

图 4-18　电力晶体管构成的开关电路

实际中，为了用小的电流控制晶体管的通断，通常用复合晶体管（达林顿管），如图 4-18(b)所示。达林顿管总的电流放大系数 β 为两个晶体管各自电流放大系数 β_1 和 β_2 的乘积，即

$$\beta = \beta_1 \beta_2$$

这样用小的基极电流即可使集电极的电流达到饱和值。晶体管使用中应注意集电极电流不可处于过饱和状态，否则会使晶体管的开关速度降低。

2. 电力场效应晶体管、绝缘栅双极晶体管

电力场效应晶体管和绝缘栅双极晶体管同属于电压控制型器件，如图 4-19 所示。只要满足栅极电压大于管子的开启电压 U_T（或 $U_{GE(th)}$）时，管子即可导通。栅极电压越高，管子导通状态越好。实际使用中应注意加在栅极的电压不可太高，否则可能损坏管子，一般加在栅极的高电平为 10V。电压控制型器件一般无输入电流，故理论上不需要驱动功率。但实际中驱动功率越大越好，主要原因是驱动功率越大，其内阻越小，内阻与管子栅源极（或栅射极）之间的电容构成的 RC 回路的时间常数越小，管子的开关速度越快，其动态功耗也就越小。

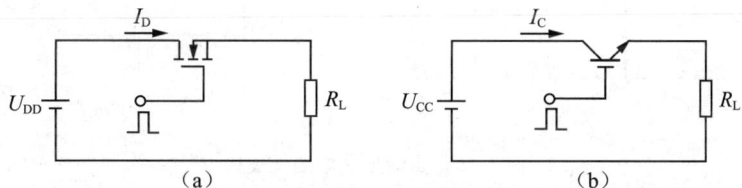

（a）　　　　　　　　　　　　（b）

图 4-19　电力场效应晶体管和绝缘栅双极晶体管所构成的开关电路

3. 晶闸管

换流是电力电子技术中的一个极为重要的概念，它是指电流按要求的时刻和次序从一条支路转移到另一条支路的过程，也称为换相。而当电流不是从一个支路向另一个支路转移，而是在支路内部终止流通而变为零时，就称为熄灭。

全控型电力电子器件的换流过程比较简单，利用全控型器件的自关断能力进行换流也称为器件换流。

用晶闸管作为直流变换电路的开关器件，要涉及晶闸管的换流问题。由于晶闸管属于半控型器件，其门极只能控制其导通而不能控制其关断，所以由其组成的变换器就存在一个如何使其关断的问题。要使一个导通的晶闸管关断，必须使阳极电流减小到维持电流以下，并且要有足够的时间（即关断时间）使其恢复阻断能力。通常使用两种方法关断晶闸管：一种是在阳极回路加大阻抗；另一种是在晶闸管的阳、阴极间施加反向电压。后者是通常使用的方法。

晶闸管的换流可分为电网换流、负载换流和强迫换流 3 类。

电网换流即电源换流，是依靠交流电源电压进行换流的。在由交流供电的各类变换器中，如可控整流电路、有源逆变电路、交流调压电路和交-交变频电路等，由于电源电压是正负交替变化的，只要合理安排触发脉冲，即可使导通的晶闸管承受反压而关断。

在由直流供电的晶闸管变换器中，如直流变换电路和无源逆变电路，由于晶闸管始终承受正向电压，导通后就无法关断，不可能由电网换流，只能采用负载换流或强迫换流。

负载换流是指依靠变换器负载的某些特性实现晶闸管的换流。凡是具有电流过零或负载电路能提供超前于电压的电流的负载，均能实现负载换流。由于大多数负载为感性负载，可以在负载中串联或并联电容，使之成为容性负载，电流超前电压即可实现负载换流。图 4-20 显示了一种采用负载换流方式的无源逆变电路及波形。

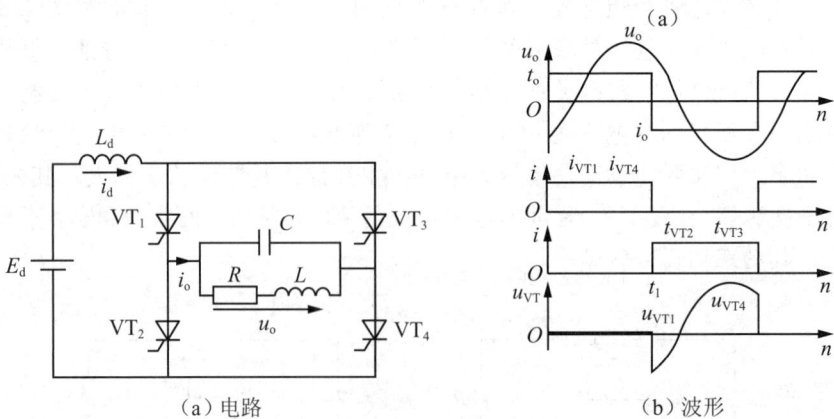

图 4-20　负载换流电路及波形

强迫换流需要专门的换流环节或电路，其产生强制性反向电压或反向冲击电流，使晶闸管的电流迅速下降到零，它可以分为加反向电压换流和加反向冲击电流两类。强迫换流环节一般是由电容、电感等储能元件组成的谐振电路。

脉冲电压换流电路如图 4-21 所示，晶闸管 VT_1 为主开关，它的关断由辅助晶闸管 VT_2、二极管 VD、电感 L 和电容 C 等组成的换流电路实现。预先合上开关 S 给电容 C 按图 4-21 中所示极性充电。当 VT_1 处于导通状态时，除电源向负载供电外，C 上电压通过 $VT_1 \rightarrow L \rightarrow VD \rightarrow C$ 回路放电并与 L 产生谐振。半个谐振周期后，C 上开始充反向电压，并由于二极管 VD 的阻挡而被保持，此时 C 上电压为下正上负。当需要关断 VT_1 时，只要触发 VT_2，则 C 上电压反向施加于 VT_1 上，即可使晶闸管 VT_1 因承受反向电压而关断。VT_2 则在反向电流 i_C 衰减到零时自然关断。

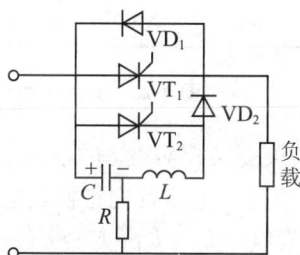

图 4-22 所示电路为脉冲电流换流电路。同样在晶闸管 VT_1 处于导通状态时，预先给电容 C 按图 4-22 中所示极性充电。当欲关断主晶闸管 VT_1 时，触发导通辅助晶闸管 VT_2，此时 C 与 L 产生谐振，半个谐振周期后，谐振电流 i_L 过零反向，VT_2 自然关断，i_C 经二极管 VD_2 和 VT_1 形成回路，它对 VT_1 是反向电流，直到晶闸管 VT_1 电流衰减到零时关断。此后，二极管 VD_1 导通，电流经 VD_1 形成回路，二极管 VD_1 上的管压降即为加在晶闸管 VT_1 上的反向电压。

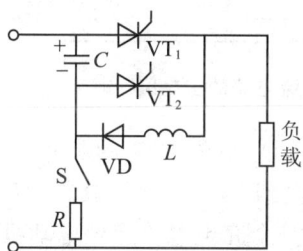

图 4-21　脉冲电压换流电路　　　　图 4-22　脉冲电流换流电路

4.9.2　直流变换电路的控制方式

由直流变换电路的工作原理可知，直流变换电路的输出电压和输出电流的波形及平均值与斩波开关 S 的通断控制占空比紧密相关。而改变占空比可以通过改变 t_{on} 或 T_s 来实现。同一电路，在不同的应用场合，可有不同的控制方式。通常直流变换电路的工作方式有 3 种。

(1)定频调宽：亦称为脉冲宽度调制(PWM)工作方式。脉宽调制方式为维持脉冲周期 T_s 不变，而改变导通期间的脉冲宽度 t_{on}。这种调制方式输出电压的周期不变，因此输出波形的高次谐波的频率也不变，使得用滤波器滤除高次谐波较为容易。

(2)定宽调频：亦称为脉冲频率调制(PFM)工作方式。定宽调频方式为维持脉冲宽度不变，而改变了脉冲频率。这种调制方式由于输出电压的周期是变化的，因此输出波形的高次谐波的频率也是变化的，这使得滤波器的设计较为困难，输出谐波干扰严重，一般很少采用。

(3)调频调宽：即同时改变斩波频率 f_s 和导通时间 t_{on} 的控制方式。这种调制方式与定宽调频一样，由于输出电压的周期是变化的，故输出谐波干扰严重，一般很少采用。

有关 PWM 信号产生及其控制方式将在下一章详细介绍。

▶ 4.10 直流变换电路的应用

直流变换电路的用途非常广泛,包括直流电动机传动、开关电源、单相功率因数校正以及用于其他交直流电源中。直流传动是斩波电路应用的传统领域,而开关电源则是直流-直流变换电路应用的新领域。

1. TGC-1 型城市电车整流电路

图 4-23 为 TGC-1 型城市电车整流电路的主电路。电路采用了降压型变换电路,电路的调制方式采用了定频调宽,斩波器的工作频率为 125Hz,电动机为直流串励电动机。

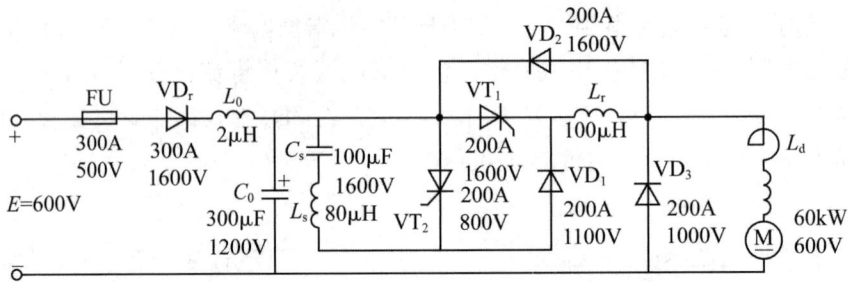

图 4-23 TGC-1 型城市电车整流电路的主电路

VT$_1$ 为主斩波开关,VT$_2$ 与 C_s、L_s、VD$_1$、VD$_2$ 组成 VT$_1$ 的脉冲电流关断电路。当加上 600V 电压时,电路首先将换流电容 C_s 充电到 600V,充电路径为 $E(+)\rightarrow$FU$\rightarrow$VD$_r$$\rightarrow$$L_0$$\rightarrow$$L_s$$\rightarrow$VD$_1$$\rightarrow$$L_r$$\rightarrow$$L_d$$\rightarrow$M$\rightarrow$$E(-)$。这样一个充电电流流经电动机 M,因电流小,电动机不会旋转。当需要启动电动机时,对主晶闸管 VT$_1$ 加触发脉冲,VT$_1$ 经 L_r、M 形成通路被触发导通,电动机得以旋转。当需要关断晶闸管 VT$_1$ 时,触发 VT$_2$ 晶闸管,由于 C_s 已充电为上正下负,VT$_2$ 受正压导通。VT$_2$ 导通后,电容 C_s 经 VT$_2$、L_s 回路产生振荡,当 C_s 极性变为下正上负并达到最大时,谐振电流为零,VT$_2$ 自行关断。此时经 VD$_1$、L_r、VD$_2$ 回路继续振荡,使 VT$_1$ 承受反压而关断。电容 C_s 再次充电为上正下负。再次触发 VT$_1$,电路又可导通。改变脉宽可对直流电动机进行调速。

VD$_3$ 在电路中起续流作用,L_d 为平波电抗器,L_0C_0 为滤波网络。

2. 开关电源

开关电源是电源技术上的一次革命,开关电源以其体积小、效率高的突出优点广泛应用于各种电子设备中。与传统的线性稳压电源相比,开关电源具有以下显著优点。

(1)效率高。由于开关电源中的开关管工作在导通-截止-导通的开关状态下,开关管本身的功率损耗小,开关电源的效率通常可达 90% 以上,而线性稳压电源的效率一般低于 50%。

(2)体积小。由于开关电源通常工作在数十千赫兹到数百千赫兹范围内,省略了工频 50Hz 的较笨重的工频变压器,因此体积小、质量轻。

(3)输入交流电压的适应范围宽。通常电网电压从 140~260V 均可正常工作,远远大于线性稳压电源只允许 10% 的电网电压波动范围。

(4)电路形式灵活多样。设计者可以根据不同的应用场合灵活设计出满足不同需求

的开关电源。

开关电源与线性稳压电源相比，其缺点是输出直流电压的纹波较大，有一定的电磁干扰。

开关式稳压电源通常作为输出与输入隔离的直流变换电路的应用，其电路形式多样，但其基本结构如图 4-24 所示。它是直接从电源电压整流滤波得到的整流电压，经输出与输入隔离的直流变换电路得到所需的直流电压。其稳压原理如下：通过取样电路获得其输出电压，将此电压与基准电压比较后，将其误差值放大来控制脉宽调制信号产生的电路的占空比，进而控制功率开关输出导通与截止的占空比，使输出电压升高（或降低），以得到所需的稳定的输出电压。

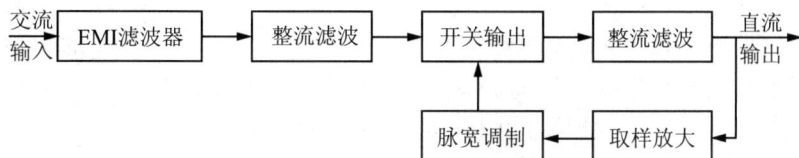

图 4-24　开关稳压电源框图

图 4-25 所示电路是由 UC3842 控制的小功率单端开关稳压电源，额定输出电压为 24V，输出电流为 4A，工作频率为 100kHz，输出功率为 90W。它包含了图 4-24 中的所有的基本功能块，下面简单介绍一下各功能块的具体电路。

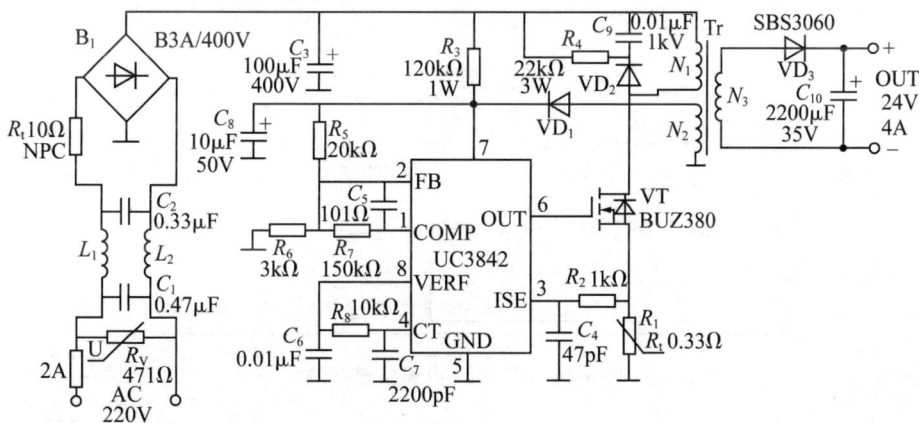

图 4-25　UC3842 作为控制芯片的开关稳压电源

L_1、L_2、C_1、C_2 组成 EMI 滤波器。其主要作用是满足有关电磁干扰（EMI）的标准，防止开关电源产生的噪声进入电网，或者防止电网的噪声进入开关电源内部，干扰开关电源的正常工作。R_t 为软启动电阻，R_t 为一个具有负温度系数特性的热敏电阻，启动时，其电阻处于冷态，呈现较大的阻值，从而可以抑制启动电流。启动后，其电阻温度升高，阻值降低，以保证具有较高的效率。R_V 是压敏电阻，抑制浪涌电压。

B_1 与 C_3 组成整流滤波电路。220V 交流电压经直接整流滤波后，形成 311V 的直流电压。主电路是输入与输出隔离的反激式直流变换电路。高频变压器 Tr 的一次侧

N_1 连接到全控型电力电子器件 VT 上。控制电路使用 UC3842 单端开关电源控制芯片作为 PWM 控制器。

高频变压器 Tr 的二次侧 N_3 与 VD_3、C_{10} 组成二次整流滤波电路。

电路的工作过程如下：220V 交流电压经直接整流滤波后，形成 311V 的直流电压，此电压经高频变压器 Tr 的一次侧 N_1 连接到 VT 上。UC3842 作为 PWM 控制器，向 VT 的栅极提供开关斩波信号。当 VT 进行开关斩波时，直流电压被变换为高频矩形波，通过 Tr 将功率传递到二次侧，再经整流、滤波后得到所需的直流电压。UC3842 的电源电压由 311V 经高阻值电阻 R_3 降压后提供，电路工作后，由高频变压器的反馈绕组 N_2 形成的电压经 VD_1 整流后的直流电压与经电阻 R_3 降压后的电源电压共同向 UC3842 供电。反馈绕组 N_2 与输出绕组 N_3 紧密耦合，除了向 UC3842 供电以外，还提供取样反馈电压，取样反馈电压经电阻 R_5、R_6 分压后进入 UC3842 的 1 脚，当负载电压降低时取样电压也降低，经 UC3842 内部比较后，输出的脉冲宽度增加，实现了稳压。反馈绕组 N_2 的这种接法可以十分简易地实现输入与输出的隔离。

UC3842 是一种用于单端开关电源的 PWM 控制芯片，仅有 8 个管脚，外围元件极少。内部原理框图如图 4-26 所示，其管脚功能如下。

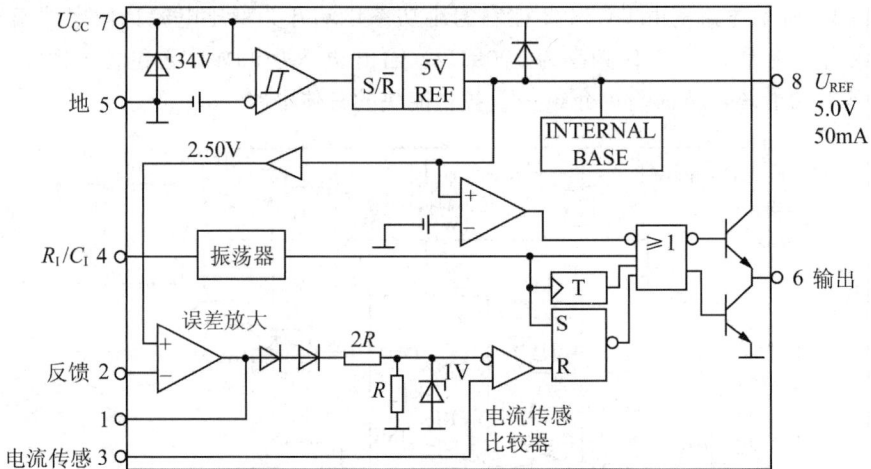

图 4-26　UC3842 内部原理框图

1 脚：内部误差放大器输出端。通常此脚与 2 脚之间接有反馈网络，以确定误差放大器的增益和频率响应。

2 脚：反馈电压输入端。此脚电压与内部 2.5V 基准进行比较，产生控制电压，控制脉冲宽度。

3 脚：电流传感端。通常在功率管的源极（或发射极）串入一个小阻值取样电阻，将开关变压器中的电流转换成电压，此电压送入 3 脚控制脉宽。此外，当电源异常，功率管电流增大，取样电阻上的电压超过 1V 时，UC3842 就停止输出，这样就有效地保护了功率管。

4 脚：定时。此脚外接定时电阻及定时电容，决定了振荡频率 f，$f = 1.8/RC$。

5 脚：地。

6 脚：输出端。此端内部为图腾柱式，驱动能力为 ±1A，在负载电容为 1000pF 时，上升下降时间仅为 50ns，因而特别适合驱动 VMOS 管。

7 脚：供电输入。当供电电压低于 16V 时，芯片不工作，此时芯片耗电在 1mA 以下，供电可以从高电压通过一个大电阻降压获得。芯片工作后，供电电压为 10～30V，低于 10V 时停止工作。工作时耗电 15mA，此电流可以靠反馈绕组 N_2 提供。

8 脚：基准电压输出。此端可输出精确的 5V 基准电压，电流可达 50mA。

本 章 小 结

本章主要介绍直流变换电路的电路原理及其应用。直流变换电路可分为两种形式：一种是斩波型电路；另一种是逆变-整流型电路。

直流变换电路主要以全控型电力电子器件作为开关器件，通过控制主电路的接通与断开，将恒定的直流斩成断续的方波，经滤波后变为电压可调的直流电压输出。

(1)降压斩波器：降压斩波器输出电压低于输入电压。输出电压的平均值与输入电压之比，等于斩波开关的导通时间与斩波周期之比，即 $U_o = DU_d$，改变导通比 D，即可控制斩波器的输出电压平均值的大小。

(2)升压斩波器：升压斩波器输出电压高于输入电压。输出电压与输入电压的关系为 $U_o = \dfrac{U_d}{1-D}$。

(3)升降压斩波器：升降压斩波器输出电压与输入电压反相，输出电压可低于或高于输入电压。输出电压与输入电压的关系为 $U_o = -\dfrac{D}{1-D}U_d$。

(4)库克斩波器：库克斩波器输入、输出关系式与升降压式变换完全相同，但电路的工作性质有区别。库克电路的输入、输出电流都是连续平滑的，有效地降低了纹波，降低了对滤波电容的要求，应用广泛。库克斩波器输出电压与输入电压的关系为 $U_o = -\dfrac{D}{1-D}U_d$。

(5)电流可逆斩波电路和桥式可逆斩波电路：主要介绍了其电路结构、工作原理、开关控制方式及波形分析。

(6)隔离型直流变换电路：隔离型直流变换电路的输出与输入端用变压器隔离。隔离型变换电路可实现隔离，同时选择变压器的变比还可实现输出与输入的匹配。引入变压器还可设置多个二次侧绕组输出，以输出多个不同值的电压。隔离型直流变换电路可分为单端变换器与双端变换器，单端变换器包括反激型与正激型两种。其特点是变压器的磁通在单方向变化，容易磁饱和，仅用于小功率电源变换电路。双端变换器包括推挽式、半桥式与全桥式，属于逆变-整流型电路，其特点是变压器磁通可在正、反两个方向变化，变压器的磁芯利用率高、体积减小、效率提高，适用于大功率场合。

4-1 在图 4-3(a)所示的降压斩波器中，$U_d = 200\text{V}$，$R = 10\Omega$，L、C 足够大，当要求 $U_o = 40\text{V}$ 时，占空比 D 是多少？

4-2 在图 4-27(a)所示的降压斩波器中，设晶体管 VT 在 $t=0$ 时饱和导通，$t=t_1$ 时断开，$t=t_1+t_2$ 时又饱和导通，以后重复上述过程，波形如图 4-27(b)所示，试求：

(1)输出电压的平均值 U_o。

(2)斩波器的输入功率 P_i。

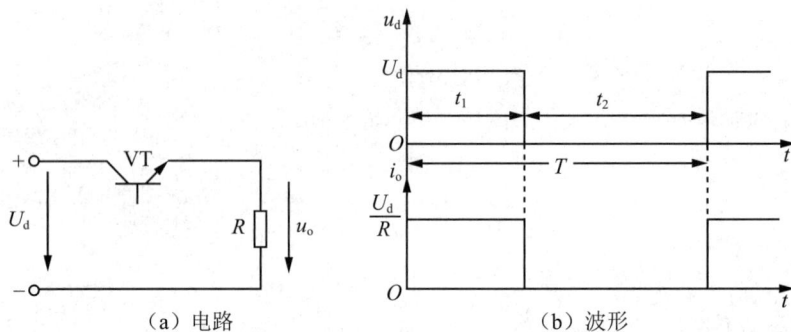

图 4-27 降压斩波器

4-3 在图 4-27 所示的斩波器中，负载电阻 $R=10\Omega$，$U_d=200\text{V}$，$D=0.5$，求平均输出电压 U_o。

4-4 在图 4-5(a)所示升压斩波器中，已知 $U_d=10\text{V}$，$R=10\Omega$，L、C 足够大，采用脉宽控制方式，当 $T=40\mu\text{s}$，$t_{on}=30\mu\text{s}$ 时，计算输出电压平均值 U_o 和输出电流平均值 I_o。

4-5 对于如图 4-28 所示的升压调节电路，已知 $U_d=100\text{V}$，$R=50\Omega$，$t_{on}=80\mu\text{s}$，$t_{off}=20\mu\text{s}$，设电感和电容的值均较大，忽略 i_d 和负载电压的纹波，电路稳态工作，试完成下列要求。

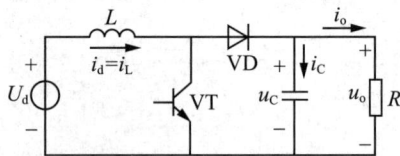

图 4-28 升压调节电路

(1)计算负载电压 U_o。

(2)计算 100V 直流电源输出的功率。

(3)画出 u_o 和 i_C 的波形。

4-6 斩波电路用于拖动直流电动机时，常用图 4-29 所示的电流可逆直流斩波电路。试分析其工作原理。

4-7 试比较四象限变流器、四象限变频器和四象限斩波器的异同。

4-8 开关稳压电源与传统线性稳压电源在电路结构上有何不同？

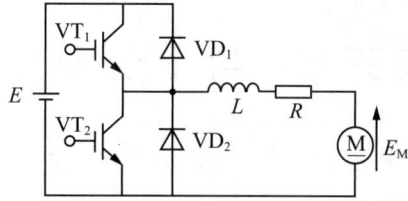

图 4-29　电流可逆直流斩波电路

4-9　开关稳压电源有哪些特点？

4-10　试分析正激式和反激式直流变换电路的工作原理。

4-11　分析图 4-30 所示的全桥变换电路的工作原理。

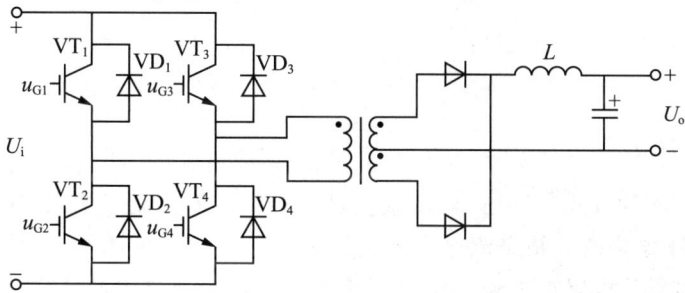

图 4-30　全桥变换电路

第5章 无源逆变电路与交流-直流-交流变频电路

【内容提要】在中小容量变频器中，应用最为广泛的是交流-直流-交流变频电路。而正弦脉宽调制(SPWM)控制技术在逆变电路中应用最为广泛，对交流-直流-交流变频电路的影响也最为深刻。现在大量应用的交流-直流-交流变频电路中，绝大部分是SPWM型变频电路。可以说，正弦脉冲宽度调制控制技术正是有赖于其在交流-直流-交流变频电路的应用，才发展得比较成熟，确定了其在电力电子技术中的重要地位。由于正弦脉冲宽度调制控制技术的发展，从而实现了用交流电动机调速取代直流电动机调速的可能。本章介绍电压型和电流型变频电路的原理、电压型变频电路与电流型变频电路的比较以及SPWM型变频电路。

▶ 5.1 引言

变频通常有两种方式：(1)交流-交流变频；(2)交流-直流-交流变频。交流-交流变频通过交-交变频电路把工频交流电直接变换为另一种频率可调的交流电。交流-直流-交流变频先通过整流电路把工频交流电整流成直流，再通过无源逆变电路把直流电逆变成为频率可调的交流电。

交-交变频电路与交-直-交变频电路的不同特点如表5-1所示。

表5-1 交-交变频电路与交-直-交变频电路的比较

	交-交变频电路	交-直-交变频电路
变频形式	直接变频	间接变频
换能形式	一次换能	两次换能
所用器件	晶闸管	整流部分采用电力二极管；无源逆变部分多采用全控型器件，少用晶闸管
元件数量	较多	较少
换流方式	电网换流	全控型器件采用器件换流，晶闸管采用强迫换流或负载换流
控制方式	相位控制	通断控制
功率因数	低压时功率因数低	采用SPWM控制，功率因数高
调频范围	最高为电网频率的1/2	调频范围宽，不受电网限制
适用场合	主要用于500kW或1000kW以上，转速在600r/min以下的大功率、低转速的交流调速装置(如矿石碎机、水泥球磨机、卷扬机、鼓风机及轧钢机主传动装置等)	主要用于各种交流调速系统(变频器、轨道交通机车车辆变频装置等)、金属熔炼、感应加热中频电源装置等

交-直-交变频电路的基本结构如图 5-1 所示，通常由主电路、控制电路及保护电路组成。

其中，主电路由整流电路、中间直流环节、无源逆变电路组成。整流电路对输入的工频交流电进行整流，输出给直流环节。中间直流环节对得到的直流电进行平滑滤波，以保证无源逆变电路获得质量较高的直流电。无源逆变电路将中间环节输出的直流电转换为频率和电压均可调的交流电。

控制及保护电路包括主控制电路、信号检测电路、栅极驱动电路、外部接口电路及保护电路等。通过运行指令将检测电路得到的反馈信号送至运算电路，根据驱动要求为无源逆变电路主开关提供所需的驱动信号，并对变频电路及异步电动机运行提供必要的保护。

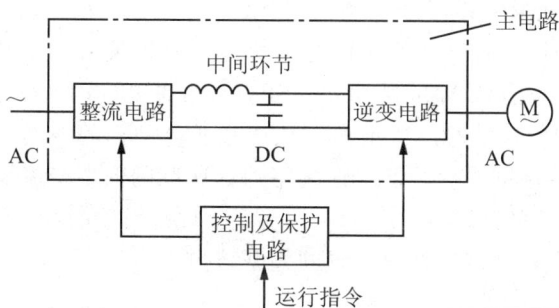

图 5-1　交-直-交变频电路的基本结构

交-直-交变频电路的主电路结构基本相同，但控制方式差别很大。不同的控制方式所得到的调速性能、特性和用途是不同的。可以根据电动机负载的特性对供电电压、电流、频率进行适当的控制。交-直-交变频电路的基本控制方式包括 U/F 控制、转差频率控制、矢量控制和直接转矩控制等。

(1)U/F 控制。其基本特点是对变频器的输出电压和频率同时进行控制，通过提高 U/F 值来补偿频率下调时所引起的最大转矩下降，以得到所需的转矩特性。U/F 控制是一种比较简单的控制方式，采用 U/F 控制方式的变频器控制电路成本较低，多用于对精度要求不太高的通用变频器。

(2)转差频率控制。采用这种控制方式的变频器，电动机的实际速度由安装在电动机上的速度传感器得到，而变频器的输出频率则由电动机的实际转速与所需转差频率的和自动设定，从而达到在进行调速控制的同时，同步控制电动机的输出转矩目的。

转差频率控制方式是对 U/F 控制方式的一种改进。转差频率控制引入了速度闭环控制，并可在一定程度上对输出转矩进行控制，所以在负载发生较大变化时，仍能达到较高的速度精度和较好的转矩特性。但采用这种控制方式时，需要在电动机上安装速度传感器，并需要根据电动机的特性来调节转差，故其通用性较差。

(3)矢量控制。矢量控制从直流电动机的调速方法得到启发，其基本思想是将异步电动机的定子电流分成磁场电流(产生磁场的电流分量)和转矩电流(产生转矩的电流分量，与磁场相垂直)两部分，并分别加以控制。

矢量控制是一种高性能的异步电动机控制方式，它利用现代计算机技术解决了大

量的计算问题，是异步电动机的一种理想调速方法。矢量控制方式过去主要用于厂家指定变频器专用电动机的控制。随着变频调速理论和技术的发展，以及现代控制理论在变频器中的成功应用，目前在新型矢量控制变频器中已经增加了自整定功能，在驱动异步电动机进行正常运转之前，可以自动地对电动机的参数进行识别，并根据辨识结果调整控制算法中的有关参数，从而使对普通异步电动机进行矢量控制成为可能。

（4）直接转矩控制。直接转矩控制利用了空间矢量坐标的概念，在定子坐标系下分析交流电动机的数学模型，控制电动机的磁链和转矩，通过检测定子电阻来观测定子磁链。这种控制方式省去了矢量控制复杂的变换计算，系统直观而简洁，计算速度和精度都有所提高，对多电动机拖动还具有负载平衡功能。

在三相交流-直流-交流变频电路的直流-交流变换中，广泛应用的是三相桥式逆变器。交流-直流-交流变频电路可分为电压型和电流型。SPWM 型变频电路即是以一定的直流电压供给逆变器，通过开关元件有规律地开通和关断，在逆变器输出端得到的电压波形由等高不等宽的 SPWM 脉冲列。SPWM 脉冲宽度的变化使输出电压大小变化的同时，也能削弱和消除某些高次谐波，从而减弱电动机的振动，使其在低速范围内稳定运行。SPWM 控制方式扩大了变频电路的调速范围，使交流调速取代直流调速成为可能和现实。

图 5-2 所示为 SPWM 变频调速装置的典型结构。

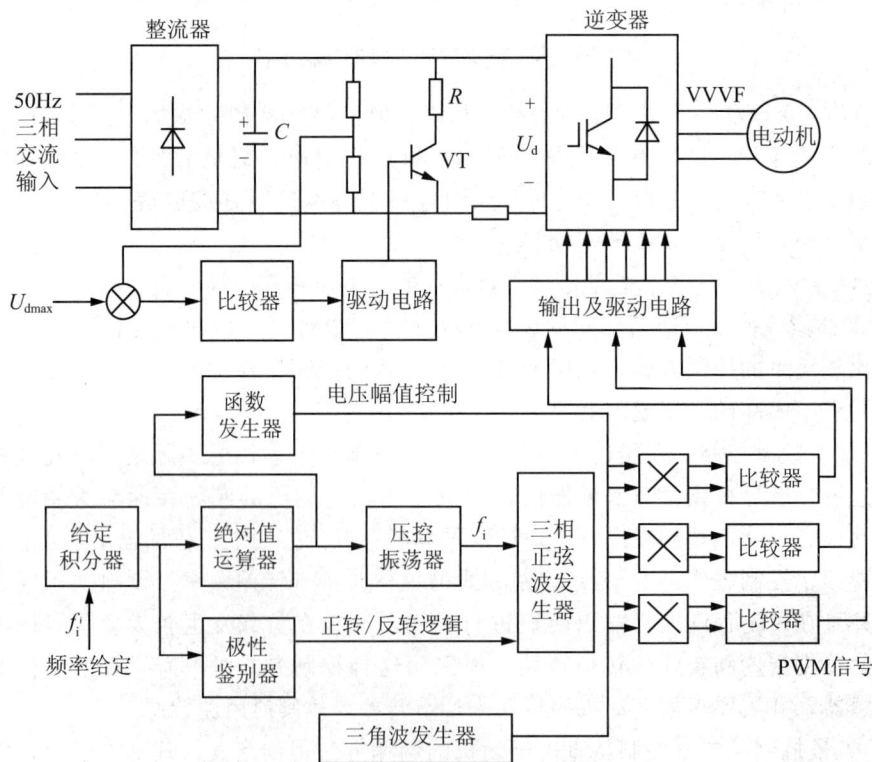

图 5-2　SPWM 变频调速装置的典型结构

主电路由整流器、中间直流环节、支撑电容、能耗制动电路、逆变器等组成。

在无源逆变电路部分，如果采用晶闸管作为开关器件，则必须加入强迫换流电路，这就增加了控制电路的复杂性，增大了装置的体积和重量。同时，晶闸管的开关速度较慢，使得其不能适应 SPWM 的高频控制要求。因此，在 SPWM 型逆变器中，一般采用全控型自关断电力电子器件，如 GTO、GTR、IGBT、MOSFET 等。图 5-2 中所示的逆变器主开关采用全控型器件 IGBT，逆变器为电压型，一般为三相桥式结构，其控制方式为 SPWM 正弦脉冲调制。

控制电路包括给定积分器、绝对值运算器、函数发生器、极性鉴别器、压控振荡器和三相正弦波发生器、三角波发生器、比较器、输出及驱动电路等。

▶ 5.2　电压型与电流型变频电路

变频电路可以根据相数分为单相、三相，也可以根据逆变器使用的开关元件分为 SCR、GTR、IGBT 逆变器等，但更重要的还是根据供给变频电路的直流电源性质进行的分类。如果直流电源性质是电压源，则称为电压型变频电路；如果电源性质是电流源，则称为电流型变频电路。

表 5-2 显示了电压型变频电路和电流型变频电路的一般特征。

表 5-2　电压型变频电路和电流型变频电路的一般特征

		电压型变频电路	电流型变频电路
中间直流环节储能元件		并联支撑电容 C_d	串联平波电抗器 L_d
主开关上是否反并联二极管		有	无
输出波形	电压	矩形波(或阶梯波)	近似正弦波
	电流	取决于负载(如按照指数规律变化，分段上升或下降)	矩形波(或阶梯波)

5.2.1　电压型变频电路

1. 电路结构

由 GTO、GTR 组成的电压型变频电路如图 5-3 所示，图 5-3(a)给出了具有 RCD 缓冲的 GTO 逆变器。事实上，在逆变器的桥臂上要加入缓冲电路。图 5-3(b)给出了具有制动单元的 GTR 逆变器，以防止由于交流电动机制动所产生的泵升电压对变频电路造成损坏。

电压型变频电路的特点是直流电源接有很大的滤波电容，从逆变器向直流电源看过去，电源内阻为很小的电压源，从而保证直流电压稳定。图 5-4 所示为电压型变频电路的简化电路，用 6 个开关代表开关元件。

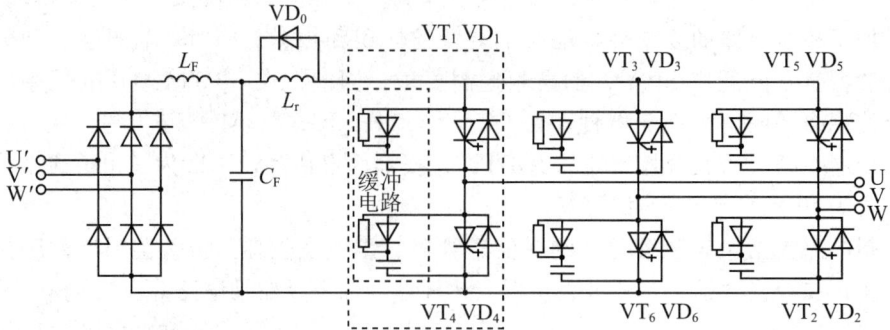

（a）GTO变频电路

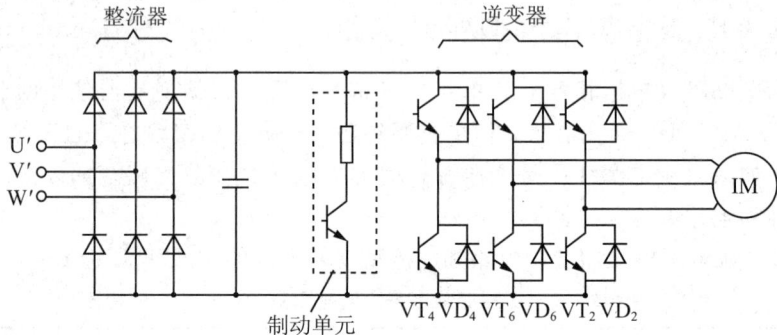

（b）GTR变频电路

图 5-3　三相桥式变频电路

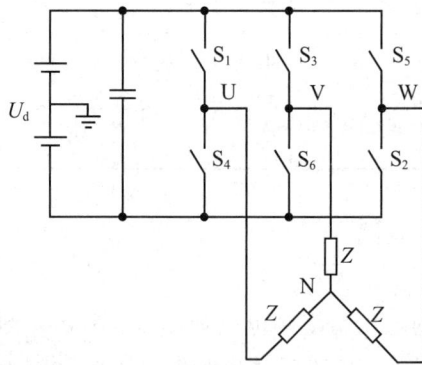

图 5-4　电压型变频电路的简化电路

2. 输出电压波形

电压型变频电路采用 180°导通型控制方式时，其时序图如图 5-5 所示。开关元件每隔 60°按标号 1、2、3、4、5、6 的次序导通，每个元件导通 180°即关断，即同一支臂的两个元件一个导通，另一个关断，经过 360°完成输出电压波形的一个周期，输出电压波形如图 5-6 所示。

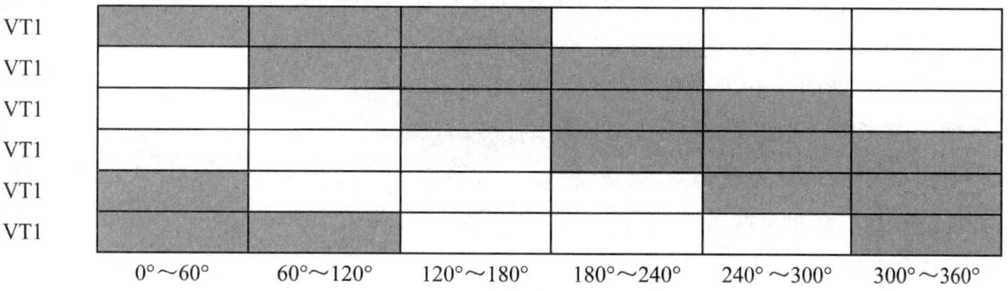

VT1						
VT1						
VT1						
VT1						
VT1						
VT1						
	0°~60°	60°~120°	120°~180°	180°~240°	240°~300°	300°~360°

图 5-5　180°导通型的时序图

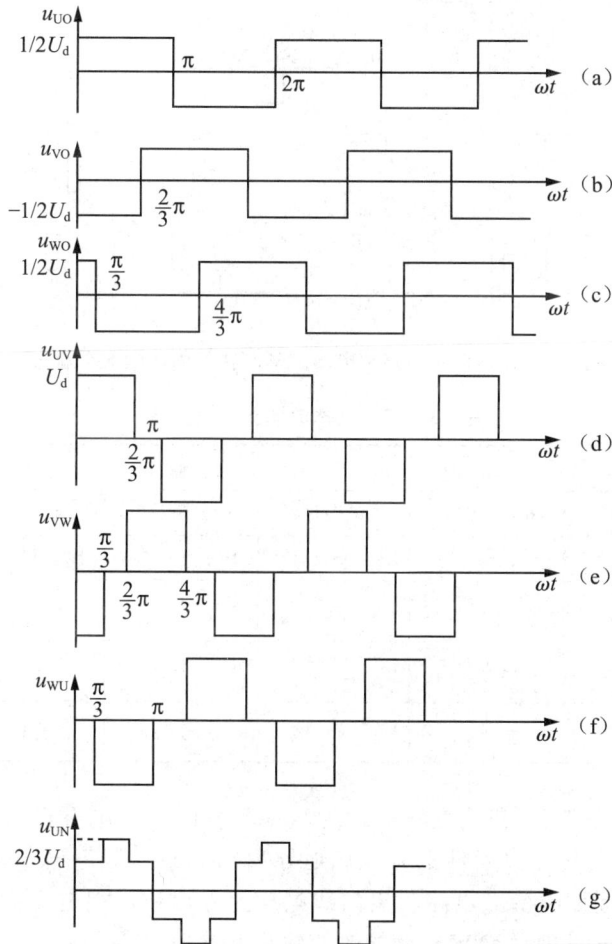

图 5-6　三相变频电路输出电压波形

在图 5-6(a)～(c)中，电压波形是幅值为 $U_d/2$ 的矩形波。三相线电压为 120°宽交变方波，则线电压为

$$U_{UV} = U_{UO} - U_{VO}$$

$$U_{VW} = U_{VO} - U_{WO}$$

$$U_{WU} = U_{WO} - U_{UO}$$

$$(5\text{-}1)$$

这种变换器向对称的星形连接的负载供电，输出线对中点的电压即相电压波形，在每个周期中有 6 个不同的状态，故称六阶梯波，如图 5-7 所示。

在 $0°\sim60°$ 期间，开关元件 S_5、S_6、S_1 导通，相当于 S_5、S_6、S_1 闭合。输出端 U、W 接到电源正极，V 端接电源负极，线电压 $U_{UV}=U_d$、$U_{UW}=-U_d$、$U_{WU}=0$、$U_{UN}=U_{WN}=+U_d/3$、$U_{VN}=-U_d/3$。以此类推，其他 5 个状态内 U_{UN}、U_{VN}、U_{WN} 的变化都列于表 5-3 中。图 5-7 画出了 U_{UN} 按六阶梯波规律变化的波形，U_{VN} 和 U_{WN} 波形与 U_{UN} 一样，只是时间上滞后 120° 和 240°。

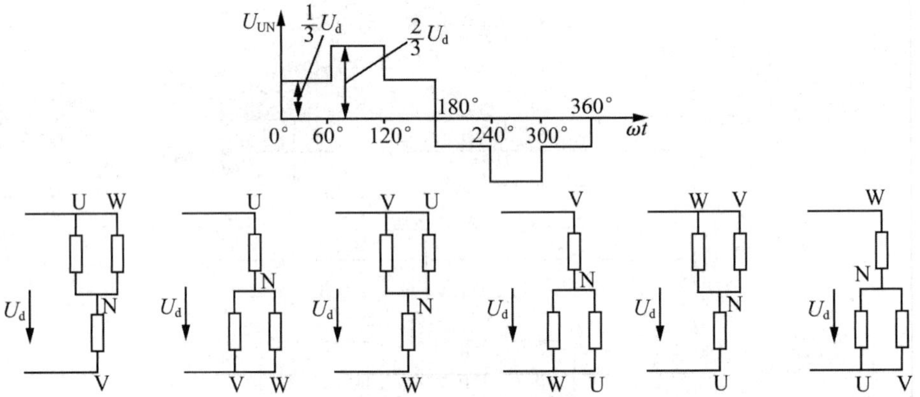

图 5-7　三相变频电路相电压波形和在每周期的 6 个状态

表 5-3　不同状态时的输出电压值

状态	1	2	3	4	5	6
电角度	$0°\sim60°$	$60°\sim120°$	$120°\sim180°$	$180°\sim240°$	$240°\sim300°$	$300°\sim360°$
导通开关	S_5、S_6、S_1	S_6、S_1、S_2	S_1、S_2、S_3	S_2、S_3、S_4	S_3、S_4、S_5	S_4、S_5、S_6
U_{UN}	$\frac{1}{3}U_d$	$\frac{2}{3}U_d$	$\frac{1}{3}U_d$	$-\frac{1}{3}U_d$	$-\frac{2}{3}U_d$	$-\frac{1}{3}U_d$
U_{VN}	$-\frac{2}{3}U_d$	$-\frac{1}{3}U_d$	$\frac{1}{3}U_d$	$-\frac{2}{3}U_d$	$\frac{1}{3}U_d$	$-\frac{1}{3}U_d$
U_{WN}	$\frac{1}{3}U_d$	$-\frac{1}{3}U_d$	$-\frac{2}{3}U_d$	$-\frac{1}{3}U_d$	$\frac{1}{3}U_d$	$-\frac{2}{3}U_d$

综上所述，交流-直流-交流变频原理为频率不变的交流电源经整流电路变为直流电，再经逆变器，在其开关元件上有规律地导通和关断，即每隔 60° 导通一个，导通 180° 后关断，一个周期中变频电路输出的线电压为方形波，相电压为六阶梯波的交流电。改变元件导通与关断的频率，就能改变输出交流电频率的高和低；改变直流环节电压的高和低，就能调节交流输出电压幅值的大和小。

3. 输出电流波形

变频电路输出电流波形是由负载的性质决定的。假设一晶闸管变频电路带三相对称三角形连接的阻抗负载，图 5-8 中所标为 i_U、i_V、i_W 线电流和 i_{UV}、i_{VW}、i_{WU} 相电流的正方向。

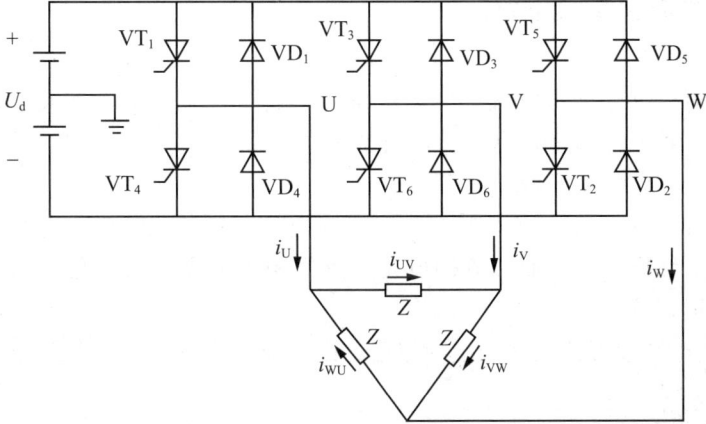

图 5-8　三相桥式变频电路带三相三角形连接阻抗负载

图 5-9 为阻抗负载三角形连接时，变换器的线电压、相电流波形。从线电压波形可以看出，每相负载所加的电压为 120°方波电压，相电流是所加电压引起的按指数规律变化的曲线所构成的。

在图 5-9(a)所示起始时刻，VT_1 导通，在 0°～120°范围内，$u_{UV}=U_d$，加在 U 相负载两端，产生的电流 i_{UV} 按指数规律上升，如图 5-9(b)中 i_1 标明部分。到了 120°时，VT_6 截止，本来应该 VT_3 导通，但是由于 i_{UV} 为感性负载电流，还要继续流通，所以 VD_3 导通，由 VD_3、VT_1 和负载组成环路，形成环流按指数规律衰减，如图 5-9(b)中 i_2 标明部分。到 180°时，VT_1 关断，本应 VT_4 导通，但因 i_{UV} 电流不为零，VD_4 导通续流，同样的道理，在 0°时，本应 VT_1 导通，因 i_{UV} 电流为负，所以只能是 VD_1 导通续流，待到电流 i_{UV} 由负变正时，VD_1 截止，VT_1 才导通。因为三相负载是对称的，i_{VW}、i_{WU} 波形如图 5-9(c)、图 5-9(d)所示，线电流 i_U 的波形如图 5-9(e)所示。这种逆变器开关元件在一周期内导通 180°的，就称为 180°导通型。任何时候同一支臂都有一个元件导通，或者是开关元件，或者是二极管，或者是上，或者是下，但只有一个元件导通。

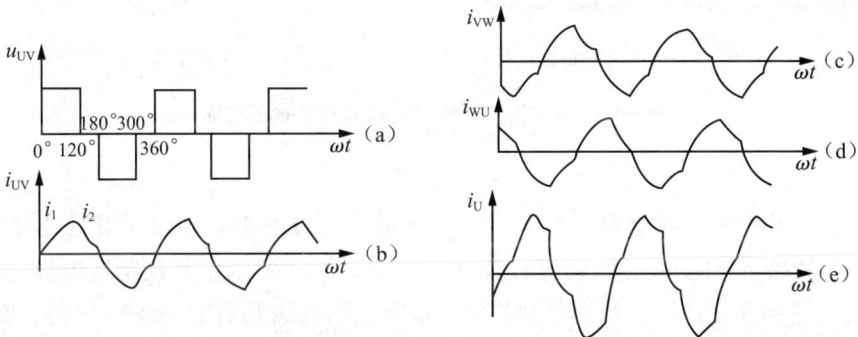

图 5-9　三相变频电路阻抗负载三角形连接时的电压、电流波形

5.2.2 电流型变频电路

1. 电路结构

直流侧是电流型的称为电流型变频电路。一般在直流侧串接有大电感，使直流电流基本无脉动，直流回路呈现高阻抗，相当于电流源。

电流型变频电路的主要特点如下。

(1)变频电路中的开关器件主要起改变直流电流流通路径的作用，故交流侧电流为矩形波，与负载性质无关，而交流侧电压波形及相位因负载阻抗角不同而异，电感负载时其波形接近正弦波。

(2)直流侧电感起缓冲无功能量的作用，因电流不能反向，故开关器件不必反并联二极管。

(3)因变频电路输出直流电压的脉动引起从直流侧向交流侧传送的功率也是脉动的功率，直流电流无脉动。

常用的电流型变频电路主要有单相桥式和三相桥式变频电路两种。图 5-10(a)所示为电流型三相桥式变频电路，图中的 $VT_1 \sim VT_6$ 使用反向阻断型器件 GTO。使用反向导电型 GTO 时，必须给每个器件串联二极管以承受反向电压。

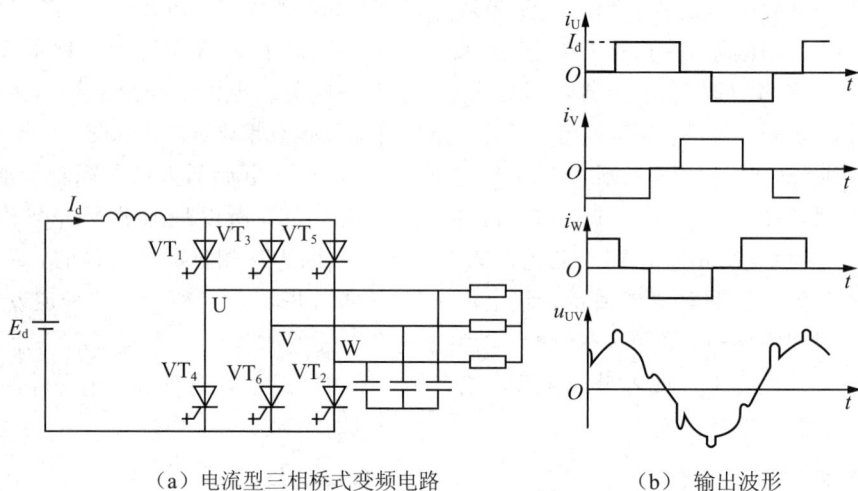

(a) 电流型三相桥式变频电路　　　　(b) 输出波形

图 5-10　电流型三相桥式变频电路及输出波形

2. 工作原理

电流型三相桥式变频电路的基本工作方式是 120°导通型，即每个臂导通 120°，按 $VT_1 \sim VT_6$ 的顺序每隔 60°依次导通。其时序图如图 5-11 所示。其控制过程与三相桥式全控整流电路相同，这样，每个时刻共阴极组和共阳极组都各有一支臂导通。换相时，是在共阴极组或共阳极组内依次换相的，是横向换相。

绘制电流型变频电路波形时，总是先绘制电流波形。因为电流波形和负载性质无关，是简单的矩形波。图 5-10(b)给出了变频电路输出的三相电流波形及线电压波形。在阻感性负载情况下，线电压波形近似为正弦波。

在电流型变频电路中，为了吸收换相时负载电感中的能量，在交流输出侧设置电

VT1						
VT1						
VT1						
VT1						
VT1						
VT1						
	0°～60°	60°～120°	120°～180°	180°～240°	240°～300°	300°～360°

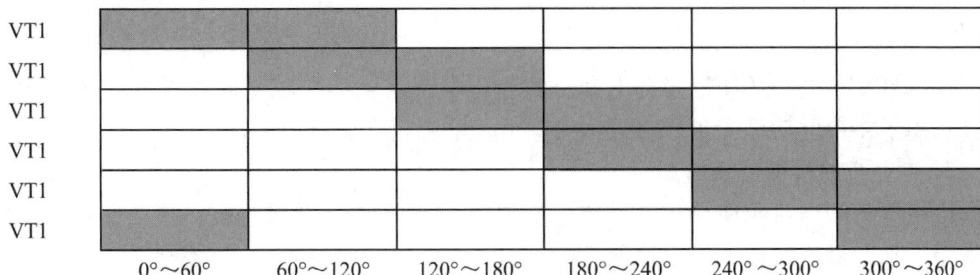

图 5-11　120°导通型的时序图

容器,如图 5-10 所示。在换相时,由于负载电感中的电流给电容充电,故使电流型变频电路的输出中出现了浪涌电压。

表 5-4 总结了 180°导通型和 120°导通型的特点。

需要指出的是,电压型/电流型变频电路除了采用上述介绍的 180°/120°导通方式之外,还可以采用移相 180°、正弦脉冲宽度调制等新型控制方式。其中,SPWM 已成为变频调速的主要控制方式。

表 5-4　180°导通型和 120°导通型的特点

	180°导通型	120°导通型
主开关器件在一个周期内的导通角	180°	120°
任意时刻导通的主开关器件个数	3	2
换流方式	纵向换流	横向换流

▶ 5.3　电压型变频电路与电流型变频电路的比较

1. 滤波环节

电压型变频电路的直流环节的滤波主要应用了大电容,因此电源阻抗小,相当于电压源。而电流型变频电路的直流环节的滤波主要应用了大电感,相当于电流源。

2. 输出波形

电压型变频电路输出电压是方波,输出电流波形含有高次谐波。

电流型变频电路输出电流波形是方波,输出电压波形接近正弦波。这是由于高次谐波遇到电动机的阻抗较大,产生的高次谐波磁通很小,电动机感应电动势就接近正弦波,正弦波上的毛刺是由元件换相引起的。

3. 四象限运行

电压型变频电路不容易进行四象限运行,原因是四象限运行时要求逆变桥运行在整流状态,而整流桥运行在逆变状态。这就要求直流环节的极性改变,由于直流环节接有大电容,因此改变极性很难。为了使电压型变频电路能进行四象限运行,就要设置一个全控整流桥与原来的整流桥反并联(增加造价)。电动机制动运行回馈功率不大时,可通过逆变器续流二极管送到直流环节被滤波电容吸收,或接有电阻将回馈功率消耗掉。电流型变频电路因直流环节串联大电感,在维持电流方向不变的情况下,逆变桥和整流桥可改变极性,电动机功率经逆变桥(运行在整流状态)通过整流电路桥(运

行在逆变状态)送回电网。

4. 负载

电压型变频电路适和带多台电动机齐速运行。电流型变频电路除按 u/f 为常数控制，可用于多台电动机齐速运行外，尤其适于单机频繁加减速运行。

5. 电动机的机械特性曲线

电压型变频电路驱动异步电动机，在电压一定条件下得到的机械特性曲线正像电机学中讲到的机械特性一样，如图 5-12 所示。图中，T 为转矩，s 为转差率。

电流型变频电路驱动异步电动机，在电流一定条件下得到的机械特性曲线如图 5-13 所示。图中，Φ_2 为异步电动机的转子磁通。

从图 5-9 可以看出，它与电压型驱动异步电动机的机械特性曲线大不一样。区别之一在于随转差率的增大，转矩很快下降，这是因为从异步电机等值电路看，转差率 s 增大，有功电流增加。因为定子电流一定，所以相应励磁电流分量就减小。磁通减小，转矩下降。区别之二在于图 5-9 中曲线 1 为不考虑电机参数的饱和效应，曲线 4 是考虑了电机参数的饱和效应、同样保持电流为额定电流 I_N 情况下的特性曲线。不考虑饱和效应的最大转矩大很多，对应最大转矩的转差率又小得多。所以说电流型变频电路驱动异步电动机，不考虑饱和效应的机械特性曲线是没有使用价值的。曲线 2 为不同的一定电流条件下保持最大转矩运行曲线，曲线 3 为不同的一定电流条件下保持最高效率运行曲线。

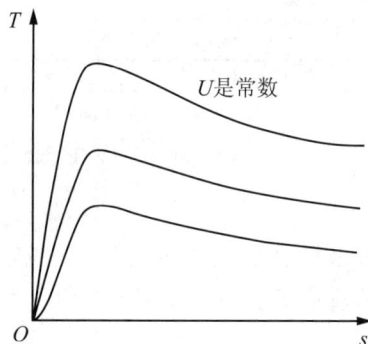

图 5-12 电压型变频电路驱动异步电动机的机械特性曲线

6. 功率因数

电压型变频电路如果采用可控整流的话，其功率因数与电流型变频电路差不多。如果采用不可控整流(采用直流斩波环节或者 SPWM)，其功率因数比电流型变频电路要好，那么为何电流型变频电路不采用不可控整流来改善功率因数呢？这是因为那样就会失去宝贵的四象限运行的功能。

7. 动态性能及稳定性

电压型变频电路中有大电容，进行电流控制较难。电流型变频电路可以用电流内环控制，快速响应，动态性能好，但低频时有转矩脉动现象。换流电容的充电电压是与负载电流大小有关的，为保持换流能力，应保持有一定的负载运行。

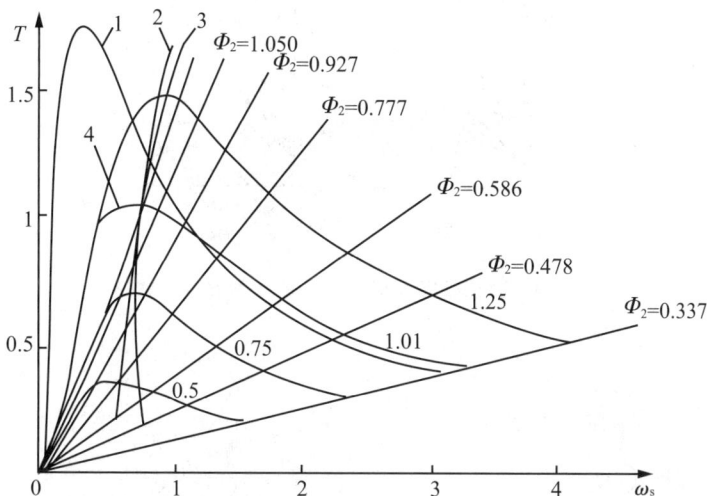

图 5-13　电流型变频电路驱动异步电动机的机械特性曲线

▶ 5.4　脉冲宽度调制控制技术

脉冲宽度调制(Pulse Width Modulation，PWM)是依靠改变脉冲宽度来控制输出电压的，是通过改变调制周期来控制其输出频率的一种控制技术。脉冲宽度调制的方法很多，根据调制脉冲的极性，可分为单极性调制和双极性调制两种；根据载频信号与参考信号频率之间的关系，可分为同步调制和异步调制两种。

5.4.1　脉冲宽度调制的基本原理

全控型电力电子器件的出现，使得性能优越的脉冲宽度调制逆变电路应用日益广泛。这种电路可以得到相当接近正弦波的输出电压和电流，所以也称为正弦波脉冲宽度调制，即 SPWM。SPWM 控制方式就是对逆变电路开关器件的通、断进行控制，使输出端得到一系列幅值相等而宽度不等的脉冲，用这些脉冲来代替正弦波所需的波形。按一定的规则对各脉冲的宽度进行调制，既可改变逆变电路输出电压的大小，又可改变输出频率。

取样控制理论中的面积等效原理指出：冲量相等而形状不同的窄脉冲加在具有惯性的环节上时，其效果基本相同。在这里，冲量指窄脉冲的面积，效果基本相同是指环节的输出响应波形基本相同。图 5-14 所示的 4 种窄脉冲形状不同，但面积相同。在图 5-15 中，当它们作为输入激励源分别加在同一个含有 R、L 的电路上时，其输出的电流响应基本相同，且脉冲越窄，其输出差异越小。

基于上述理论，一个正弦波才能用一系列等高不等宽的脉冲列来代替和等效。

图 5-16(a)所示是将一个正弦半波分成 N 等份，每一份可看作一个脉冲，显然，这些脉冲宽度相等，都等于 π/N，但幅值不等，脉冲顶部为曲线，各脉冲幅值按正弦规律变化。若把上述脉冲序列用同样数量的等幅不等宽的矩形脉冲序列代替，并使矩形脉冲的中点和相应正弦等分脉冲的中点重合，且使二者的面积(冲量)相等，就可以得

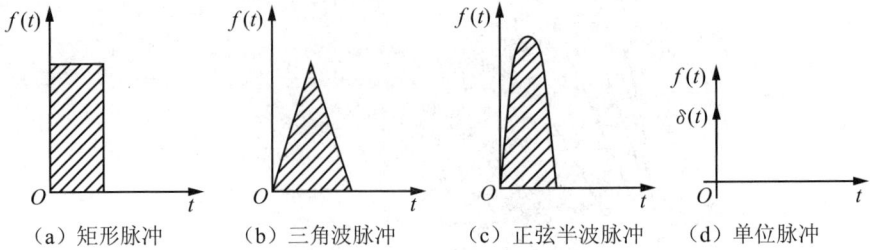

图 5-14　面积相等而形状不同的 4 种窄脉冲波形

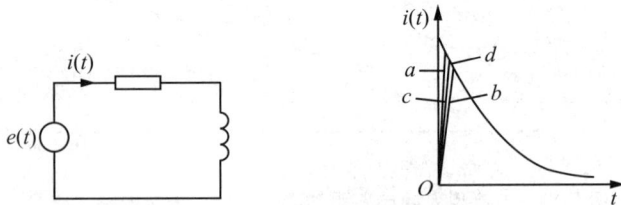

图 5-15　面积相等而形状不同的 4 种窄脉冲的电流响应波形

到如图 5-15(b)所示的脉冲序列，即 PWM 波形。可以看出，各脉冲的宽度是按正弦规律变化的。根据冲量相等效果相同的原理，PWM 波形和正弦半波是等效的。使用同样的方法，可以得到正弦负半周的 PWM 波形。

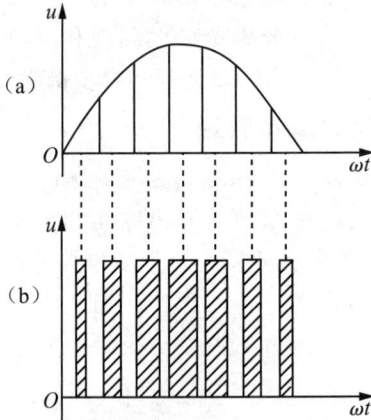

图 5-16　PWM 控制的基本原理示意图

完整的正弦波形用等效的 PWM 波形表示称为 SPWM 波形。因此，在给出了正弦波频率、幅值和半个周期内的脉冲数后即可准确地计算出 SPWM 波形各脉冲宽度和间隔。按照计算结果控制电路中各开关器件的通断，就可以得到所需要的 SPWM 波形。但这种计算非常烦琐，而且当正弦波的频率、幅值等变化时，结果也会变化。较为实用的方法是采用载波，即把希望的波形作为调制信号，把接收调制的信号作为载波，通过对载波的调制得到所期望的 PWM 波形。通常采用等腰三角波作为载波，因为等腰三角波上下宽度与高度呈线性关系，且左右对称，当它与任何一个平缓变化的调制信号波相交时，如在交点时刻控制电路中开关器件的通断，就可以得到宽度正比于信号波幅值的脉冲，这正好符合 PWM 控制的要求。当调制信号波为正弦波时，所得到的就是 SPWM 波形，SPWM 波形的实际应用较多。

图 5-17 所示为单相桥式 PWM 逆变电路。其负载为阻感性，电力晶体管作为开关器件，对电力晶体管的控制方法如下：在正半周期，让 VT_2、VT_3 一直处于截止状态，而让 VT_1 一直保持导通，晶体管 VT_4 交替通断。当 VT_1 和 VT_4 都导通时，负载上所加电压为直流电源电压 U_d。当 VT_1 导通而 VT_4 关断时，由于阻感性负载中的电流不能突变，负载电流将通过二极管 VD_3 续流，忽略晶体管和二极管的导通压降，负载上所加电压为 0。如负载电流较大，那么直到使 VT_4 在下一次导通之前，VD_3 一直续流导通。如负载电流较快地衰减到 0，在 VT_4 再次导通之前，负载电压也一直为 0。这样输出到负载上的电压 u_o 就有 0 和 U_d 两种电平。同样，在负半周期，让晶体管 VT_1、VT_4 一直处于截止，而让 VT_2 保持导通，VT_3 交替通断。当 VT_2、VT_3 都导通时，负载电压为 $-U_d$，当 VT_3 关断时，VD_4 续流，负载电压为 0，因此在负载上可得到 $-U_d$ 和 0 两种电平。

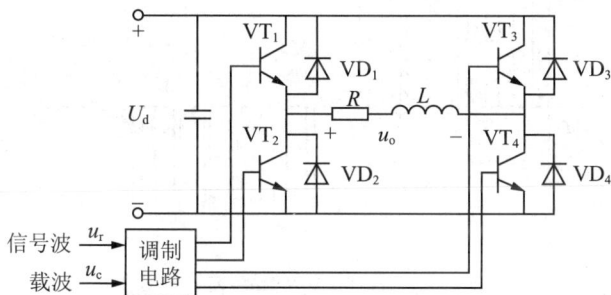

图 5-17　单相桥式 PWM 逆变电路

由以上分析可知，控制 VT_3 或 VT_4 的通断过程，即可使负载得到 SPWM 波形，控制方式通常有单极性和双极性两种。

5.4.2　PWM 逆变电路的控制方式

1. 单极性控制方式

单极性控制方式的波形如图 5-18 所示，载波 u_c 在调制信号波 u_r 的正半周为正极性的三角波，在负半周为负极性的三角波。当调制信号为正弦波时，在 u_c 和 u_r 的交点时刻控制晶体管 VT_3 或 VT_4 的通断。其具体过程如下：在 u_r 的正半周，VT_1 保持导通，当 $u_r > u_c$ 时，使 VT_4 导通，负载电压 $u_o = U_d$；当 $u_r < u_c$ 时，使 VT_4 关断，$u_o = 0$；在 u_r 的负半周，VT_1 关断，VT_2 保持导通，当 $u_r < u_c$ 时，使 VT_3 导通，$u_o = -U_d$；当 $u_r > u_c$ 时，使 VT_3 关断，$u_o = 0$，这样就得到了 SPWM 波形。图 5-18 中，虚线 u_{of} 表示 u_o 的基波分量。像这种在 u_r 的正半周内三角载波只在一个方向变化，所得到的 PWM 波形也只在一个方向变化的控制方式称为单极性 PWM 控制方式。

2. 双极性控制方式

双极性控制方式的波形如图 5-19 所示，在 u_r 的半个周期内，三角波载波是在正、负两个方向变化的，所得到的 PWM 波形也是在两个方向变化的。在 u_r 的一个周期内，输出的 PWM 波形只有 $\pm U_d$ 两种电平，仍然在调制信号 u_r 和载波信号 u_c 的交点时刻

控制各开关器件的通断。在 u_r 的正、负半周内，对各开关器件的控制规律相同。当 $u_r > u_c$ 时，给晶体管 VT$_1$、VT$_4$ 导通信号，给 VT$_2$、VT$_3$ 关断信号，此时若 $i_o > 0$，则 VT$_1$、VT$_4$ 导通，若 $i_o < 0$，则 VD$_1$、VD$_4$ 导通。无论哪种情况，输出电压 $u_o = U_d$。当 $u_r < u_c$ 时，给晶体管 VT$_2$、VT$_3$ 导通信号，给 VT$_1$、VT$_4$ 关断信号，此时若 $i_o < 0$，则 VT$_2$、VT$_3$ 导通，若 $i_o > 0$，则 VD$_2$、VD$_3$ 导通。无论哪种情况，输出电压 $u_o = -U_d$。

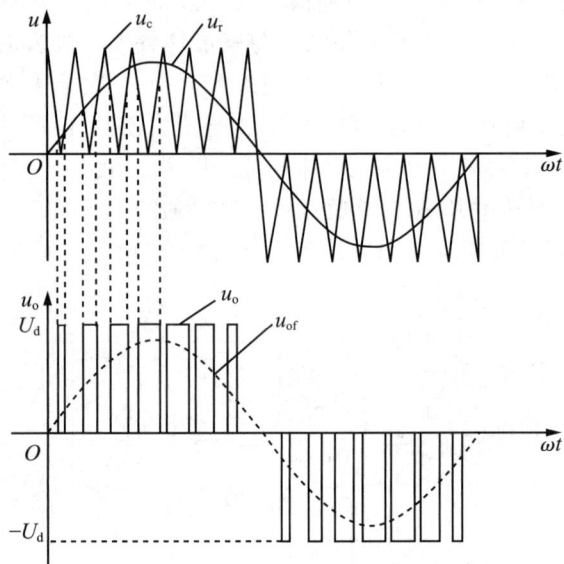

图 5-18　单极性 PWM 控制方式的波形

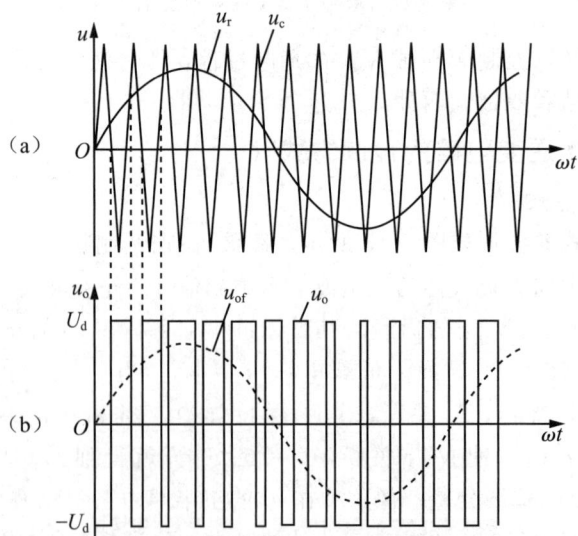

图 5-19　双极性 PWM 控制方式的波形

可以看出，单相桥式电路既可以采取单极性调制，又可以采取双极性调制，由于对开关器件通断控制的规律不同，它们的输出波形也有较大差别。

5.4.3 三相桥式 PWM 逆变电路的工作原理

图 5-20 所示为三相桥式 PWM 逆变电路，功率开关器件为 GTR，负载为阻感性。从电路结构上看，三相桥式 PWM 逆变电路只能选用双极性控制方式，其工作原理如下。

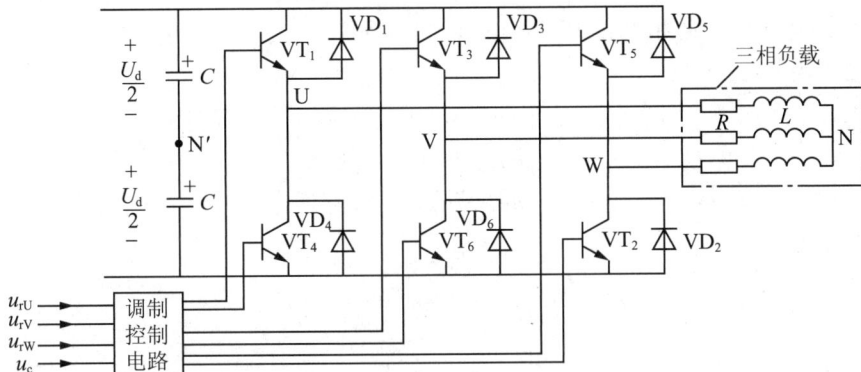

图 5-20 三相桥式 PWM 逆变电路

三相调制信号 u_{rU}、u_{rV}、u_{rW} 为相位依次相差 120°的正弦波，而三相载波信号共用一个正、负方向变化的三角形波 u_c，如图 5-21 所示。U、V 和 W 相自关断器件的控制方法相同，现以 U 相为例予以说明。

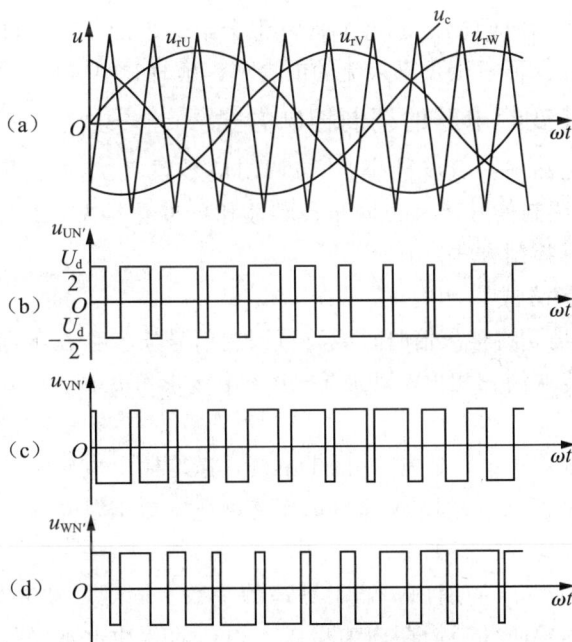

图 5-21 三相桥式 PWM 变频波形

在 $u_{rU} > u_c$ 的各区间，给上桥臂电力晶体管 VT_1 以驱动信号，而给下桥臂 VT_4 以关断信号，于是 U 相输出电压相对直流电源 U_d 假想中点 N' 的输出电压为 $u_{UN'} = U_d/2$。在

$u_{rU} < u_c$ 的各区间，给 VT$_1$ 以关断信号，给 VT$_4$ 导通信号，则输出电压 $u_{UN'} = -U_d/2$。图 5-21 所示的 $u_{UN'}$ 波形就是三相桥式 PWM 逆变电路 U 相输出的波形（相对 N′）。

图 5-20 所示电路中 VD$_1$~VD$_6$ 是为阻感性负载换流过程提供续流回路的，其他两相的控制原理与 U 相相同。三相桥式 PWM 变频电路的三相输出的 PWM 波形分别为 $u_{UN'}$、$u_{VN'}$ 和 $u_{WN'}$，如图 5-21 所示。U、V 和 W 三相之间的线电压 PWM 波形以及输出三相对于负载中点 N 的相电压 PWM 波形，读者可按下列计算式求得。

线电压为

$$\begin{cases} u_{UV} = u_{UN'} - u_{VN'} \\ u_{VW} = u_{VN'} - u_{WN'} \\ u_{WU} = u_{WN'} - u_{UN'} \end{cases} \tag{5-2}$$

相电压为

$$\begin{cases} u_{UN} = u_{UN'} - \dfrac{1}{3}(u_{UN'} + u_{VN'} + u_{WN'}) \\ u_{VN} = u_{VN'} - \dfrac{1}{3}(u_{UN'} + u_{VN'} + u_{WN'}) \\ u_{WN} = u_{WN'} - \dfrac{1}{3}(u_{UN'} + u_{VN'} + u_{WN'}) \end{cases} \tag{5-3}$$

在双极性 PWM 控制方式中，理论上要求同一相上、下两支桥臂的开关管驱动信号相反。但实际上，为了防止上、下两支桥臂直通造成直流电源的短路，通常要求先施加关断信号，经过 Δt 的延时才给另一个施加导通信号，延时时间的长短主要由自关断功率开关器件的关断时间决定。这个延时将会给输出的 PWM 波形带来偏离正弦波的不利影响，所以在保证安全可靠换流的前提下，延时时间应尽可能取小。

5.4.4 PWM 变频电路的调制控制方式

在 PWM 变频电路中，载波频率 f_c 与调制信号频率 f_r 之比称为载波比，即 $N = f_c/f_r$。根据载波和调制信号波是否同步及载波比的变化情况，PWM 逆变电路有异步调制和同步调制两种控制方式。

1. 异步调制控制方式

当载波比 N 不是 3 的整数倍时，载波与调制信号波就存在不同步的调制，图 5-21 所示的波形就是异步调制三相 PWM 波形（由图中波形可知，$f_c = 10f_r$，载波比 $N = 0$，不是 3 的整数倍）。

在异步调制控制方式中，通常 f_c 固定不变，逆变输出电压频率的调节是通过改变 f_r 的大小来实现的，所以载波比 N 也随时跟着变化，就难以同步。

异步调制控制方式的特点如下。

(1)在调制信号的半个周期内，输出脉冲的个数不固定，脉冲相位也不固定，正、负半周的脉冲不对称，而且半周期内前后 1/4 周期的脉冲也不对称，输出波形就偏离了正弦波。

(2)载波比 N 越大，半周期内调制的 PWM 波形脉冲数就越多，输出波形就越接近于正弦波。所以，在采用异步调制控制方式时，要尽量提高载波频率 f_c，使不对称的影响尽量减小，输出波形接近正弦波。

2. 同步调制控制方式

在三相逆变电路中，当载波比 N 为 3 的整数倍时，载波与调制信号波能同步调制。图 5-22 所示为 $N=9$ 时的同步调制控制的三相 PWM 变频波形。

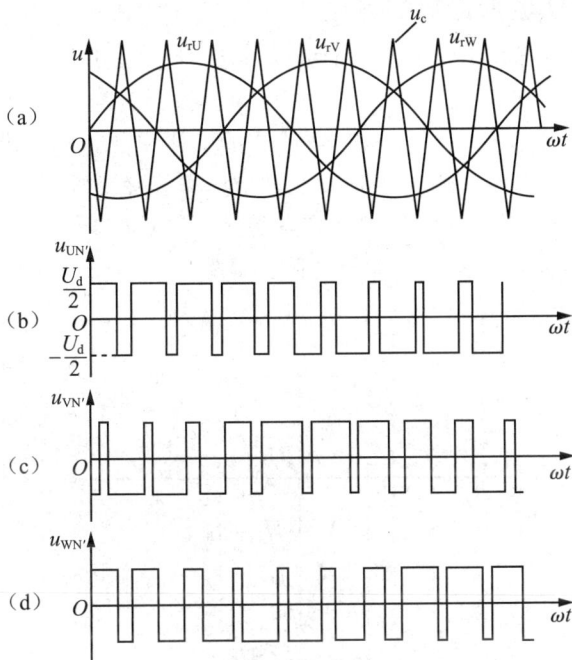

图 5-22　同步调制控制的三相 PWM 变频波形

在同步调制控制方式中，通常保持载波比 N 不变，若要增高逆变输出电压的频率，必须同时增高 f_c 与 f_r，且保持载波比 N 不变，以保证同步调制不变。

同步调制控制方式的特点如下。

(1)控制相对较复杂，通常采用微机控制。

(2)在调制信号的半个周期内，输出脉冲的个数是固定不变的，脉冲相位也是固定的。正、负半周的脉冲对称，而且半个周期脉冲排列其左右也是对称的，输出波形等效于正弦波。

(3)当逆变电路要求输出频率 f_0 很低时，由于半周期内输出脉冲的个数不变，所以由 PWM 调制而产生 f_0 附近的谐波频率也相应很低，这种低频谐波通常不易滤波，而对三相异步电动机造成不利影响，如电动机噪声变大、振动加大等。

为了克服同步调制控制方式低频段的缺点，通常采用"分段同步调制"的方法，即把逆变电路的输出频率范围划分成若干个频率段，每个频率段内都保持载波比恒定，而不同频率段所取的载波比不同：①在输出高频率段时，取较小的载波比，这样载波频率不致过高，能在功率开关器件所允许的频率范围内；②在输出低频段时，取较大的载波比，这样载波频率不致过低，谐波频率也较高且幅值小，也易滤除，从而减小了对异步电动机的不利影响。

综上所述，同步调制控制方式效果比异步调制控制方式好，但同步调制控制方式较复杂，一般采用微机进行控制。

另外一种在工程实践中采用的控制方式是综合调制。它是在输出低频段时采用异步调制，而在输出高频段时切换成同步调制和方波调制。这种综合调制控制方式，其效果与分段同步调制控制方式相接近。

5.4.5 SPWM 波形形成的方法

下面介绍几种常用的 SPWM 波形形成的方法。

1. 自然取样法

自然取样法即计算正弦信号波和三角载波的真实交点，从而求出相应的脉宽和间歇时间，生成 SPWM 波形。图 5-23 所示为截取一段正弦波与三角波相交的实际情况。检测出交点 A 是发出脉冲的初始时刻，B 点是脉冲结束时刻。T_c 为三角波的周期，t_2 为 AB 之间的脉宽时间，t_1 和 t_3 为间歇时间。显然，$T_c = t_1 + t_2 + t_3$。

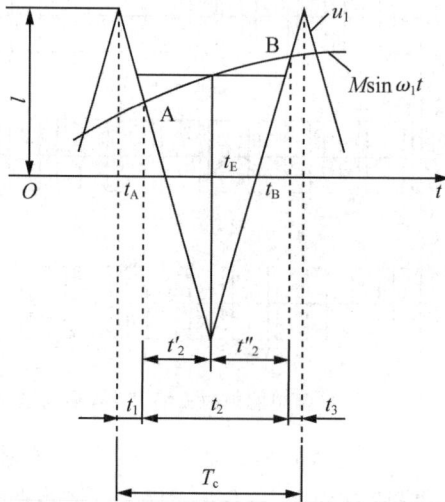

图 5-23 自然取样法生成 SPWM 波形

若以单位量 1 代表三角载波的幅值 U_{tm}，则正弦波的幅值就是调制度 M，$M = U_{rm}/U_{tm} = U_{rm}$，正弦波的公式可写为 $u_r = M\sin \omega_1 t$。式中：ω_1 是正弦波的频率，也就是变频器的输出频率。

经推导，可得脉宽的计算公式

$$t_2 = \frac{T_c}{2}\left[1 + \frac{M}{2}(\sin \omega_1 t_A + \sin \omega_1 t_B)\right] \tag{5-4}$$

2. 规则取样法

自然取样法需要实时取样 t_A、t_B，计算与控制均比较困难，故实际进行微型计算机控制时，取简化的近似处理，在三角波为 $-U_{tm}$ 的 t_E 点进行一次取样，脉宽公式即简化为

$$t_2 = \frac{T_c}{2}(1 + M\sin \omega_1 t_E) \tag{5-5}$$

3. 数字控制法

自然取样法是由模拟控制来实现的，早期使用的方法现在已很少用。现在可由微型计算机来完成，即用数字控制的方法。微型计算机存储预先设计好的 SPWM 数据表格，控制时根据指令调出，由微型计算机的输出接口输出。

4. 采用 SPWM 专用集成芯片

使用微型计算机产生 SPWM 波,其效果受到指令功能、运算速度、存储容量等的限制,有时难以有很好的实时性,因此,完全依靠软件生成 SPWM 波实际上很难适应高频变频器的要求。

随着微电子技术的发展,已开发出一批用于产生 SPWM 信号的集成电路芯片。目前已投入市场的一批 SPWM 芯片,其中进口的有 HEF4752、SLE4520,国产的有 THP4752、ZPS-101 等。有些单片机本身就带有 SPWM 端口,如 8098、80C196C 等。

本 章 小 结

本章主要介绍了电压型变频电路的原理、电流型变频电路和正弦脉宽调制调制变频电路。

电压型变频电路的特点是直流电源接有很大的滤波电容,从逆变器向直流电源看过去,表现为电源内阻很小的电压源,保证直流电压稳定。电流型变频电路的中间直流环节有一个很大的电感作为滤波环节,从逆变器向直流电源看去,为一个具有很大阻抗的恒流源。本章对电压型变频电路和电流型变频电路作了比较。交-直-交变频原理为频率不变的交流电源经整流电路变为直流电,再经逆变器,其开关元件有规律地导通和关断,改变元件导通和关断的频率,就能改变输出交流电频率的高和低;改变直流环节电压的高和低,就能调节交流输出电压幅值的大和小。本章系统地分析了其电压波形和电流波形。

SPWM 变频电路从正弦脉宽调制原理出发,介绍了单极性和双极性脉宽调制;阐述了 SPWM 变频电路的优点及其开关频率;最后介绍了几种常用的 SPWM 波形生成的方法。

>>> 思考题

5-1　电压型变频电路中反馈二极管的作用是什么?

5-2　简述交流-直流-交流变频原理。

5-3　什么是电压型和电流型变频电路?它们各有什么特点?

5-4　交流-直流-交流变频电路中变频电路成功运行的关键是什么?什么是串联电感式逆变器?辅助晶闸管换相逆变器的优点是什么?

5-5　试说明 PWM 控制的基本原理。

5-6　什么是脉宽调制逆变器?它有什么优点?

5-7　单极性和双极性 PWM 有什么区别?

5-8　什么是异步调制?什么是同步调制?它们各有什么特点?

5-9　什么是分段同步调制?

5-10　什么是自然取样法?

5-11　什么是规则取样法?

第 6 章　电力电子技术典型应用

【内容提要】本章介绍电力电子技术在电源、新能源利用、智能电网、轨道交通方面的典型应用，包括不间断电源、太阳能发电系统及光伏逆变器、高压直流输电、有源电力滤波器、IGBT 在轨道交通中的应用分析等内容。所选应用简化了理论与计算，贴近工作实际，可供强电类相关专业的学生更深入地了解电力电子技术的典型应用，提前熟悉就业行业的新装备、新技术。

▶ 6.1　不间断电源

不间断电源(Uninterruptible Power System，UPS)是为了满足高质量供电需求而发展起来的电力电子装置。它不仅能保证供电不间断，还能提供稳压、稳频和波形失真度极小的高质量正弦波电源。目前，UPS 在计算机网络系统、通信系统、银行证券系统、电力系统、工业控制、医疗、轨道交通、航空等领域都得到了广泛应用。

UPS 是一种含有储能元件，以恒压恒频逆变器为主要组成部分的不间断电源。在市电异常时，UPS 可以将机内电池存储的电能，通过无源逆变的方式继续向负载提供不间断的电力供应，维持负载正常工作，保护其软、硬件不受损坏，并进行过电压、欠电压保护。

6.1.1　UPS 的主要技术指标

UPS 有十多项主要指标，现以 Powerson 品牌的 UPS 为例进行说明。

(1)输入电压：其值为 176～253V。后备式 UPS 当输入电压低于 170V 或高于 253V 时会进入后备工作状态。如过 UPS 带有自动电压调节器(Auto Voltage Regulator，AVR)，在额定输入电压范围内，输入电压稳压精度可达到 $220 \times (1 \pm 5\%)$ V。在线式 UPS 当输入电压低于 176V 时会报警，并有可能开始耗用后备电池；当输入电压高于 253V 时，会切断市电输入，由后备电池供电，并禁止旁路从市电直流供电。

(2)输出电压：对正弦波输出的 UPS，其输出电压一般为 $220 \times (1 \pm 3\%)$ V，优于市电；而由于逆变器内阻比电网大，所以瞬态响应是考核 UPS 逆变器性能的比较重要的指标，一般动态电压瞬变范围为 $220 \times (1 \pm 10\%)$ V，瞬变响应恢复时间≤100ms。

(3)输入/输出电源：输入/输出电源是选用 UPS 的重要指标。

输入电流大小和波形反映了 UPS 效率和功率因数。对相同功率 UPS 来说，输入电流越小，效率越高。传统工频在线式 UPS 输入回路采用二极管、晶闸管整流，电流峰值高，因而有效值电流大，其功率因数仅 0.6～0.7，这种整流电路对电网污染大，会造成中性线过载。现在的新一代 UPS 如 Powerson MUI 系列等高频 UPS，输入使用 IGBT 有源整流，功率因数达 0.98 以上，消除了谐波电流对电网的污染，是新一代绿色电源。

输出电流反映了 UPS 输入能力的大小，如 MUI3000UPS，其输入/输出功率为

3000V·A/2000W，输出电流为 13.6A，输出功率因数为 0.67，峰值因数为 1/3，输入电流为 10.7A，输入功率因数为 0.98，说明其逆变器带非线性负载能力强，适用于计算机类负载。

（4）后备时间：一般 UPS 后备时间设计值为 5～10min，但由于用户实际使用总会留有一定功率裕量，故实际后备时间会大于额定值。但要注意由于 UPS 一般被用全密封免维护铅酸蓄电池，后备时间会受下列因素影响：负载大小与后备时间不成线性关系，负载从满载减到半载，后备时间可增加 1.5 倍以上。但在允许使用温度范围内每降低 1℃，将损失 1% 以上的后备时间。

电池使用寿命一般可达 3～5 年，这取决于使用条件、充放电状态、使用环境。要注意的是，长期储存而缺乏维护或使用中只充不放都会影响电池的使用寿命。

6.1.2　UPS 的分类

UPS 有多种类型。其按电路主结构可分为后备式、在线式等；按输出波形可分为方波、正弦波等；按输入/输出方式可分为单相输入/单相输出、三相输入、单相输出，三相输入/三相输出；按后备时间可分为标准机、长效机；按逆变技术可分为 PWM 方波、PWM 正弦波、交互式、铁磁谐振式等；按逆变器器件不同可分为晶闸管、双极晶体管、功率场效应晶体管、绝缘栅极晶体管等。其中，按电路主结构进行分类是较常用的分类方法．

UPS 大致可分为 3 种：离线式/后备式（Off-line UPS/Back-up UPS）、在线式（On-line UPS）和在线交互式（Line-interactive UPS）。

1. 离线式 UPS

离线式 UPS 的基本结构如图 6-1 所示，由交流稳压器、充电器、蓄电池组、逆变器和转换开关等组成。市电正常时，市电经交流稳压器稳压后，通过转换开关向负载供电，同时充电器对蓄电池组充电，逆变器不工作。市电异常时，逆变器投入，将蓄电池组提供的直流电转变为稳压、稳频的交流电，同时转换开关由市电支路切换至逆变器支路，继续向负载提供不间断的交流电。需要指出的是，对离线式 UPS，当市电异常时，切换输出需要一定的转换时间。目前市售的离线式 UPS 功率均不大，一般在 2kW 以下。

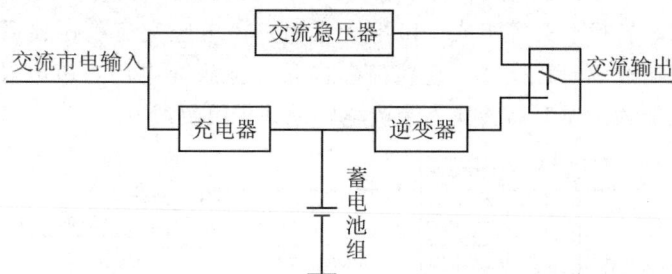

图 6-1　离线式 UPS 的基本结构

离线式 UPS 的特点如下。

（1）当市电正常时，只通过交流稳压后直接输出至负载，因此，电路对市电噪声以及浪涌的抑制能力较差。

（2）存在转换时间。

(3)保护性能较差。

(4)结构简单,体积小,重量轻,控制容易,成本低。

2. 在线式 UPS

在线式 UPS 的基本结构如图 6-2 所示,由整流器、逆变器、蓄电池组和静态开关等组成。市电正常时,市电经整流器变成直流,再经逆变器变换成稳压、稳频的正弦交流电供给负载。市电异常时,由蓄电池组经逆变器继续向负载提供不间断的交流电。在逆变器发生故障时,在线式 UPS 可通过静态开关切换到旁路,直接由市电供电。在逆变器故障消除后,又可重新切换到逆变器支路向负载供电。

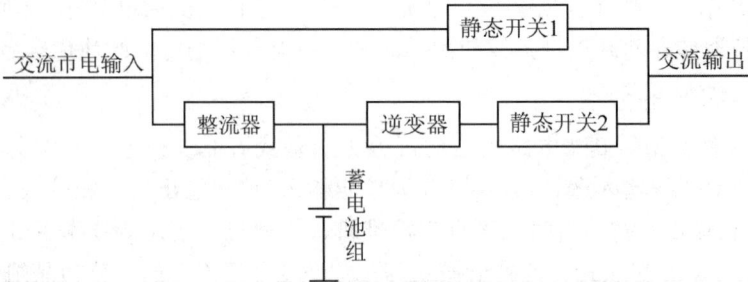

图 6-2　在线式 UPS 的基本结构

由于在线式 UPS 总是处于稳压、稳频供电状态,输出电压动态响应特性好,波形畸变小,供电质量要明显优于离线式 UPS,因此,大功率 UPS 均采用在线式 UPS 结构。

在线式 UPS 的特点如下。

(1)输出的电压经过 UPS 处理,输出电源品质较高。

(2)无转换时间。

(3)结构复杂,成本较高。

(4)保护性能好,对市电噪声以及浪涌的抑制能力强。

3. 在线互交式 UPS

在线互交式 UPS 的基本结构如图 6-3 所示,由交流稳压器、双向转换器、逆变/整流器、蓄电池组、转换开关等组成。市电正常时,市电经交流稳压器后直接输出给负载;此时市电还通过双向转换器,经整流器向蓄电池组充电。当市电异常时,蓄电池组存储的直流电能通过逆变器转换为交流电,继续供给负载。

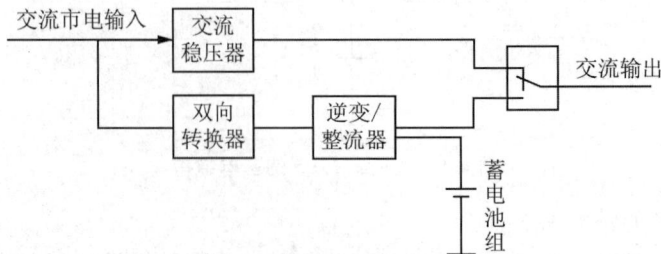

图 6-3　在线交互式 UPS 的基本结构

在线交互式 UPS 的特点如下。

(1)具有双向转换器，UPS 电池充电时间较短。

(2)存在转换时间。

(3)控制结构复杂，成本较高。

(4)保护性能介于在线式与离线式 UPS 之间，对市电噪声和浪涌的抑制能力较差。

6.1.3　单相在线式 UPS 实例

单相在线式 UPS 的结构框图如图 6-4 所示。其主要由 EMI 滤波器、有源功率因数校正(PFC)整流电路、H 形桥式逆变器、输出滤波、充电器、电池组、逆变控制器、保护电路、驱动电路等组成。逆变器是 UPS 中重要的组成部分，基本结构包括 H 形桥式逆变器、逆变控制器、IGBT 驱动电路和保护电路等。其中，H 形桥式逆变器一般选用 IGBT 作为主功率变换器的开关管，调制频率为 20kHz。控制器由单片机及辅助电路组成，主要负责脉宽调制波的产生、输出正弦波与市电同步、UPS 管理、报警和保护等。

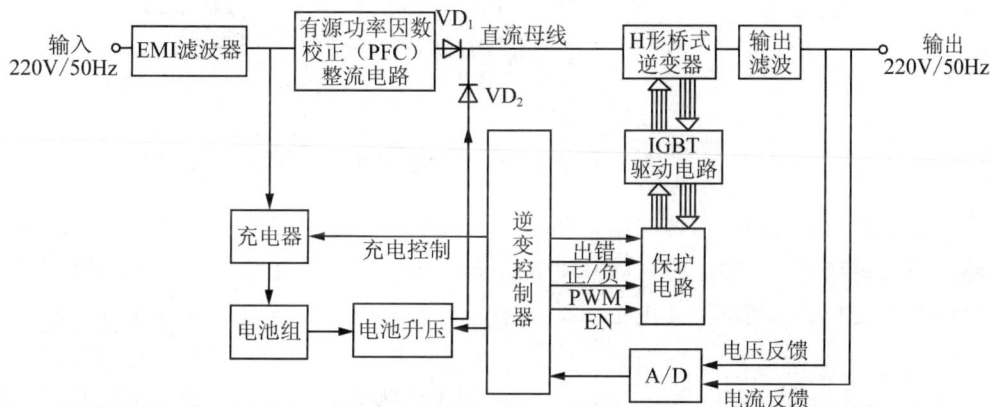

图 6-4　单相在线式 UPS 的结构框图

单相在线式 UPS 的基本工作原理如下。

当市电正常时，输入市电经 EMI 滤波器(共模噪声滤波、尖峰干扰抑制)输入到有源功率因数校正整流电路中。PFC 整流能使 UPS 输入电流正弦化，并使其功率因数接近于 1。由 PFC 电路输出稳定的直流电压与电池升压电路输出电压经二极管 VD$_1$、VD$_2$ 在直流母线上并联。电池升压电路的输出电压略低于 PFC 整流器的输出电压。所以在市电正常的情况下，由 PFC 整流后的市电向逆变器提供能量。H 形桥式逆变器将直流母线上的 400V 电压逆变成 220V/50Hz 的正弦交流电，后经输出滤波器输出。输出滤波器是低通滤波器，能滤除 20kHz 的调制频率和高次谐波分量，输出 50Hz 的工频交流电，输出波形中高频成分不超过 1%。

当市电出现异常情况时，PFC 输出将低于电池升压的输出，此时由电池升压后向逆变器提供能量，充电器停止工作。

6.1.4　三相 UPS 实例

三相 UPS 的电路结构如图 6-5 所示，由整流器、逆变器、电池组、静态旁路开关、

维修旁路开关、逆变变压器等构成。其功率为 $10\sim250\mathrm{W}$，并联后可得到几兆瓦特的大功率。

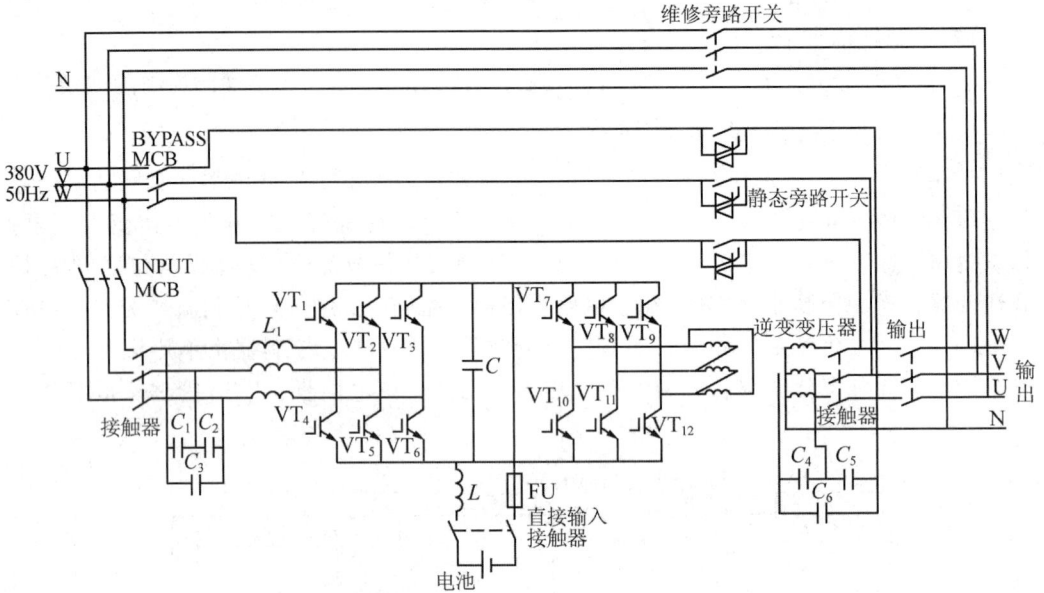

图 6-5 三相 UPS 的电路结构

市电输入一般采用三相四线制，$380\mathrm{V}/50\mathrm{Hz}$ 的交流电通过输入断路器、交流接触器输入到三相整流桥。整流桥采用 PFC 控制，其输出电压在直流母线上与电池组并联，电压的大小受控于电池恒流充电电流的大小，其值为电池充电电压，最高为电池浮充电压。

三相 UPS 均带有旁路开关，图 6-5 中采用了较为先进的复合式静态旁路开关。开关主体是交流接触器，双向晶闸管仅在交流接触器动作时导通 $300\sim500\mathrm{ms}$，以补偿旁路切换时间。图 6-5 中还设置了手动旁路开关或维修旁路开关，它可使 UPS 主机完全脱离供电状态，以便于维护修理。

在正常情况下，市电经整流后向逆变器供电并对电池进行充电，由逆变器向负载提供 $380/220\mathrm{V}$、$50\mathrm{Hz}$ 的交流电。市电异常时，由后备电池向逆电器供电。当逆变器过载或逆变器故障无力向负载提供输出时，静态旁路开关切换到市电，UPS 输出由市电直接提供。

▶ 6.2 太阳能发电系统及光伏逆变器

太阳能发电是将太阳光的辐射能量转化为电能的发电技术。将太阳光的辐射能转换为电能的装置是光伏电池。但光伏电池只输出直流电能，必须通过逆变器将直流电变换为交流电，才能为大多数用电设备提供交流电源。因此，高的转换效率是太阳能发电系统能否得到实际应用的关键因素，进一步来说，电力电子技术中的逆变器及其控制技术在太阳能发电系统中具有非常重要的作用。

对于家用太阳能发电系统的逆变器来说，应满足下述技术要求。

输出功率为 1～10kW。

(2)转换效率为 90%～95%。

(3)直流侧电源电压的变化范围为 10～530V 时，仍能输出稳定的交流电。

(4)交流输出电压为 220V。

(5)输出频率为(50±0.5)Hz。

(6)输出波形失真度小于 10%。

满足上述技术要求的拓扑结构包括推挽式、半桥式、全桥式等，电路结构包括工频变压器(低频环节)、高频变压器(高频环节)和无变压器等多种形式。

6.2.1　太阳能发电系统的结构

太阳能发电系统的结构如图 6-6 所示。从图中可以看出，系统包括太阳能电池阵列、直流控制器、逆变电路、控制电路、电网等部分。

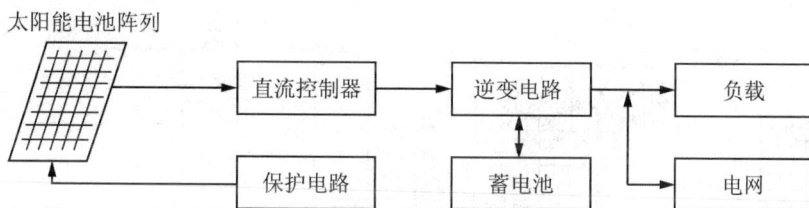

图 6-6　太阳能发电系统的结构

图 6-7 为太阳能发电系统的低频环节全桥式逆变器电路。在该电路中，太阳能电池阵列的直流输出电压经工频 PWM 逆变器转变为交流电压，再经过低频滤波器得到 50Hz 的交流输出电压并并入电网。由于季节和天气的变化，太阳能电池阵列接受到的光照强度会有很大变化。这就要求逆变器能在直流侧电源电压有较大范围的变化时，仍能提供稳定的交流输出。因此，会对控制电路提出较高的技术要求，如采用多种工作模式。

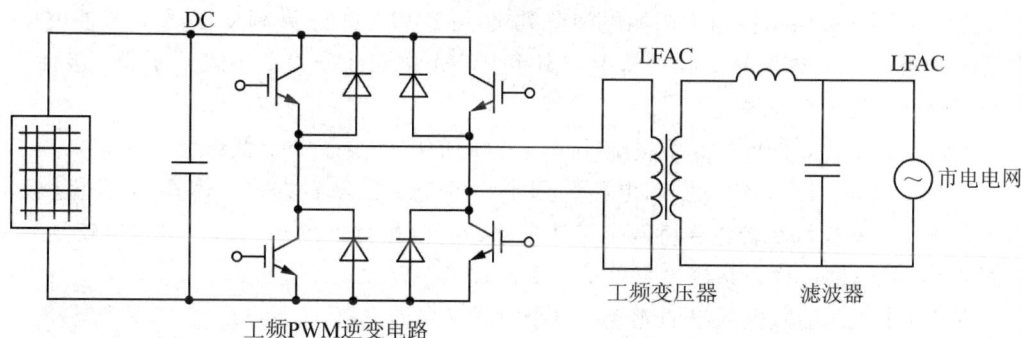

图 6-7　太阳能发电系统的低频环节全桥式逆变器电路

(1)在晴天时，系统工作在 SPWM 逆变模式，太阳能转变成电能后，直接给负载供电或并入电网。

(2)在多云天气时，系统工作在后备模式，由蓄电池为负载供电。

(3)在深夜、不需要为负载供电时，系统工作在整流模式，由电网为蓄电池充电。

需要指出的是，工频变压器的重量和体积很大，影响了低频环节逆变器在太阳能发电系统中的推广使用。

图 6-8 为太阳能发电系统的高频环节全桥式逆变器电路。

（a）

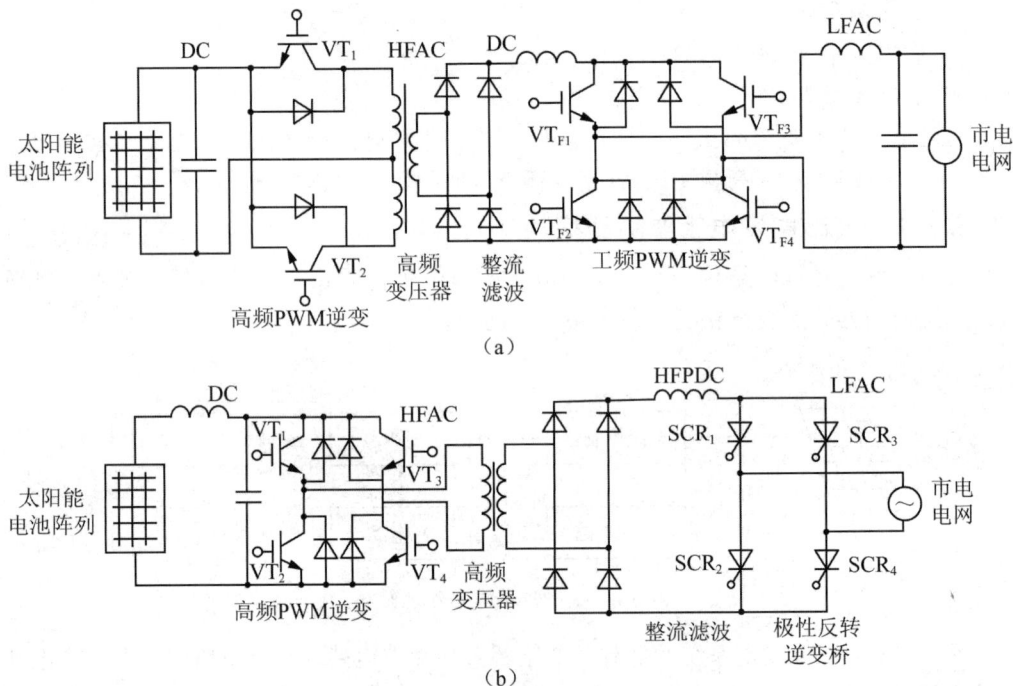

（b）

图 6-8　太阳能发电系统的高频环节全桥式逆变器电路

图 6-8(a)的电路结构为太阳能电池阵列-高频 PWM 逆变-高频变压器-整流滤波-工频 PWM 逆变-滤波-并入电网或负载。其中，高频 PWM 逆变部分为推挽式逆变器，工频 PWM 逆变部分为全桥式逆变器。

图 6-8(b)的电路结构为太阳能电池阵列-高频 PWM 逆变-高频变压器-整流滤波-极性反转逆变桥-并入电网或负载。其中，高频 PWM 逆变部分为全桥式逆变器，极性反转逆变桥也可视为全桥式逆变器。

两种电路相比，图 6-8(b)的电路比图 6-8(a)的电路少了一个低频滤波环节，其工作原理完全相同。图 6-8(b)所示电路采用了高频变压器隔离方式，体积小、重量轻，但有高频逆变和极性反转逆变桥两个逆变电路，所以相对于图 6-8(a)，电路比较复杂。与图 6-7 所示电路一样，系统也可以采取多模式工作方式。

图 6-9 为太阳能发电系统的无变压器全桥式逆变器电路。

该电路的主要特点如下。

(1)由于没有变压器，故效率高，且体积小、重量轻、成本较低。

(2)由于采用了升压和高频 SPWM 控制方式，故可以允许太阳能电池阵列的输出直流电压有较宽的变化范围，其系统的交流输出电压保持稳定。

(3)要采取措施解决输入/输出之间的隔离问题。

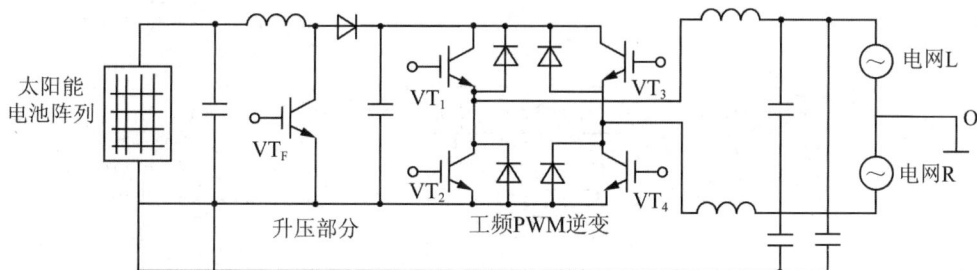

图 6-9　太阳能发电系统的无变压器全桥式逆变器电路

6.2.2　光伏逆变器

太阳能发电又称为光伏发电。逆变器又称电源调整器，根据其在光伏发电系统中的用途可分为独立型电源用逆变器和并网型逆变器两种。

1. 独立型光伏发电系统逆变器

家用光伏发电系统若作为一个独立系统，则不需要与电网并网运行。在没有公共电力网的偏远地区，提倡建立独立运行的光伏发电系统。独立型光伏发电系统逆变器是包括边远地区的村庄供电系统、太阳能用户电源系统、通信信号电源、阴极保护、太阳能路灯等带有蓄电池的独立发电系统。在此系统中，采用蓄电池作为储能单元，日照较强时将剩余的电能储存在蓄电池中；日照不足或夜晚时，再将蓄电池中的电能通过逆变器变换为 50Hz 的交流电，供给照明和家用电器使用。图 6-10 为独立型光伏发电系统的结构图。

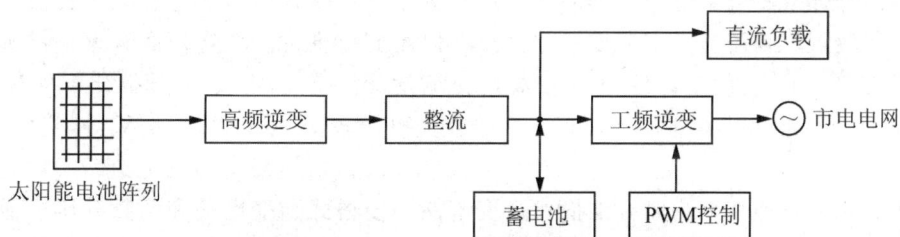

图 6-10　独立型光伏发电系统的结构图

2. 并网型光伏发电系统逆变器

若将光伏发电系统与电网并联，则构成并网型光伏发电系统，其结构如图 6-11 所示。在此系统中，不需要蓄电池作为储能单元，而是以电网作为储能单元。并网发电系统是与电网相连并向电网输送电力的光伏发电系统。通过光伏组件将接收来的太阳辐射能量经过高频直流转换后变成高压直流电，经过逆变器逆变转换后向电网输出与电网电压同频、同相的正弦交流电流。

并网型光伏发电系统逆变器具体有以下特点。

(1)要求具有较高的效率。目前光伏电池的价格偏高，为了最大限度地利用光伏电池，提高系统效率，必须设法提高逆变器的效率。

(2)要求具有较高的可靠性。目前光伏发电系统主要用于边远地区，许多电站无人值守和维护，这就要求逆变器具有合理的电路结构，严格的元器件筛选，并要求逆变

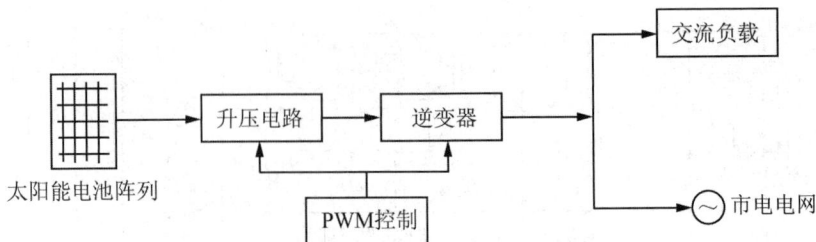

图 6-11　并网型光伏发电系统的结构图

器具备各种保护功能，如输入直流极性接反保护、交流输出短路保护、过热保护、过载保护等。

（3）要求直流输入电压有较宽的适用范围。由于光伏电池的端电压随负荷和日照强度的变化而变化，蓄电池虽然对光伏电池电压具有重要作用，但由于蓄电池的电压随蓄电池剩余容量和内阻的变化而波动，特别是当蓄电池老化时其端电压的变化范围很大，这就要求逆变器必须在较大的直流输入电压范围内保证正常工作，并保证交流输出电压的稳定。

（4）在中、大容量的光伏发电系统中，逆变电源的输出应为失真度较小的正弦波。这是由于在中、大容量系统中，若采用方波供电，则输出将含有较多的谐波分量，高次谐波将产生附加损耗。许多光伏发电系统的负载为通信或仪表设备，这些设备对电网品质有较高的要求。当中、大容量的光伏发电系统并网运营时，为避免与公共电网的电力污染，要求逆变器输出正弦波电流。

并网型光伏发电系统逆变器的工作原理如下：逆变器将直流电转化为交流电，若直流电压较低，则需通过交流变压器升压，以得到标准的交流电压和频率。对于大容量的逆变器，由于直流母线电压较高，交流输出一般不需要变压器升压即能达到220V；而对于中、小容量的逆压器，由于直流电压较低，如 12V、24V 等，就必须设计升压电路。

中、小容量逆变器一般有推挽式逆变电路、全桥式逆变电路和高频升压式逆变电路 3 种。

推挽式逆变电路的功率晶体管共地连接，驱动及控制电路简单；变压器具有一定的漏感，可限制短路电流，因而提高了电路的可靠性。推挽式逆变电路的缺点是变压器利用率低，带感性负载的能力较差。

逆变器常采用全桥式逆变器，如图 6-12 所示。全桥式逆变电路克服了推挽式逆变电路的缺点，由于该电路具有续流回路，故即使对感性负载，输出电压波形也不会畸变。该电路的缺点是上、下桥臂的功率晶体管不共地，因此必须采用专门驱动电路或采用隔离电源。另外，为防止上、下桥臂同时导通，必须设置死区时间，实现"先断后通"。

并网型光伏发电系统逆变器的主电路一般有方波输出和正弦波输出两种控制方式。方波输出的逆变器电路简单、成本低，但效率低、谐波成分大。正弦波输出的逆变器性能优良，具有 PWM 功能的微处理器的应用，使正弦波输出的逆变技术日益成熟。

目前，方波输出的逆变器多采用脉宽调制集成电路，如 SG3525、TL494 等。正弦

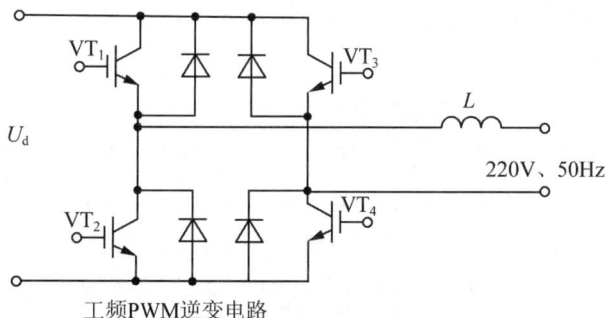

图 6-12　全桥式逆变器

波输出的逆变器的控制电路可采用微处理器，如 Intel 公司的 80C196MC、摩托罗拉公司的 MP16、微芯科技公司的 PIC16C73 等。这些单片机均具有多路 PWM 发生器，可设定上、下桥臂之间的死区时间，自动检测交流输出的电压。

逆变器主开关元件的选择至关重要，目前多采用可关断晶闸管、电力晶体管、功率场效应管、绝缘栅双极晶体管等全控型器件。在小容量低压系统中使用较多的器件为 P-MOSFET，在高压大容量系统中多采用 IGBT 模块，而在特大容量（100kW 以上）系统中，一般采用 GTO 作为开关元件。

6.3　高压直流输电

6.3.1　技术背景

在过去的 100 年里，交流电已经成为全球家庭和企业中电力传输的首选平台。然而，高压交流输电具有一些局限性，如传输容量和距离的限制、不可能直接连接两个不同频率的交流电网等。

新能源时代的开启，需要构建一个智能的电网，高压直流输电（HVDC）作为交流输电的补充将有望远远超出它的传统定位而快速成长。

高压直流输电是 20 世纪 50 年代发展起来的一种新型输电方式。高压直流输电是利用稳定的直流电具有无感抗、容抗不起作用、无同步问题等优点而被采用的大功率、远距离直流输电。在直流输电系统中，交流电在换流站被转换为直流电，再通过架空线缆传输至接收点。输电过程为直流，不产生振荡，因此直流输电的电能损失较少。在接收点，另一个换流站将直流电转换为交流电并接入交流电网。高压直流输电常用于海底电缆输电、非同步运行的交流系统之间的联络等方面。

在 1954 年，世界上第一条商业化的高压直流输电线路诞生于瑞典，用于连接瑞典本土和哥特兰岛，由阿西亚公司（ASEA，今 ABB 集团）完成。

竣工于 1990 年的葛上（葛洲坝-上海）1100km、±500V 高压直流输电系统是中国第一个超高压、远距离直流输电工程。整个系统由送端交流系统、整流站、直流输电线路、逆变站、受端交流系统、控制保护系统等组成，是一个典型的"两线一地制"直流输电系统。全套设备从瑞士、德国公司引进。葛上高压直流输电系统填补了我国超高压直流输电技术的空白，实现了华中、华东两大电网的非同步联网，取得了两大电网的联网

效益，解决了华中电网调峰容量不足引起的葛洲坝电站弃水问题，使葛洲坝水电站得到了充分利用，并在一定程度上调剂了两网余缺，缓解了华东电网的用电紧张问题。

6.3.2 选择高压直流输电的原因

高压直流输电现在是海底电力传输和异步交流电网互联的选择，提供了高效、稳定的传输和控制能力。高压直流输电也是长距离大量电力传输的技术选择，其能在较低的电力损失下传输大量的电能，使其克服了一个巨大的关键技术性问题，在可再生发电方面，如风能、太阳能和水力发电，获得了广泛应用。

在某些特定情况下，选择高压直流输电代替交流输电的原因是众多且复杂的，从技术的观点要么高压直流输电是必要或可取的，即可控性，要么高压直流输电在一个较低的总投资下解决，包括降低损失和/或环境优越。在许多情况下，高压直流输电环节是基于技术的结合、经济和环境优势被调整的。

1. 技术优势

高压直流输电是一种具有多方面技术优势的成熟解决方案。它使得提高能效、降低损耗在远距离大容量的电力传输应用中成为可能。

高压直流输电使得处于不同频率等互不兼容的状态下运行的电网得以安全、稳定地异步联网运行。同时，高压直流输电还可以对功率传输提供实时、准确的控制。

高压直流输电系统作为电力系统的一个组成部分，将提高系统整体稳定性、可靠性和传输能力。

1）异步联网

大量的高压直流输电应用于两个不同步的交流电网的互联。同步是交流电网互联的必要条件，包括电压相同、频率相同。这种同步很难实现。由于高压直流输电是异步的，它可以连接任何电压和频率的电网。因此，高压直流输电在世界范围内常应用于大型交流电网之间的异步互连。

例如，Scandinavia 的 NORDEL 电网系统和欧洲西部的 UCTE 电网系统的异步互连（即使额定频率相同），美国东部的电力系统和美国西部、得克萨斯州和魁北克电网的异步互连；还包括不同频率（50Hz 和 60Hz）的异步互连，如日本和南美。

2）远距离跨海传输

高压直流输电在技术角度上对电缆长度没有限制。在远距离交流电缆传输中，由电缆电容引起的无功功率限制了可能的最大传输距离。而高压直流输电则没有这种限制。这就是在远距离电缆传输中，高压直流输电是唯一可行的技术方案的原因。

ABB 集团建设的 580km 的 NorNed 电缆是世界上最长的海底高压电缆之一。它以挪威南部为起点，穿过北海和荷兰的土地。目前，几个海底电缆直流输电方案正在考虑中，项目主要集中在欧洲。

3）可控性

高压直流输电技术的一个根本优点在于控制电路中有功功率的便捷性。

在大多数高压直流输电线路中，主要的控制是针对恒定功率的传输。随着近年来很多国家对电力市场管制的撤销，电网的裕度被压缩，高压直流输电的这种属性也变得越来越重要。

在许多情况下，高压直流输电线路还可以通过附加控制设备来提高交流电网系统的性能。通常，这些控制策略在满足特定条件下可以自动启动。自动高压直流输电控制功能包括恒定频率控制、交流电网的功率流分配、交流电网的阻尼功率波动等。在许多情况下，这种附加的控制功能可以对交流电路在稳定性要求的条件下使安全地提高电力传输容量成为可能。

当今用于电力电子器件和微处理器控制系统的先进半导体技术，已经创造了高压直流输电系统控制的几乎无限的可能性。

4）低短路电流

高压直流输电不会提高与其相连的交流网络的短路电流。新建从发电厂到主负荷中心的高电压交流输电线将导致接收系统短路电流的升高，而高短路电流产生的提高断路器等相关设备的需求越来越成为许多大城市面临的难题。但如果新发电厂使用直流电路连接到负荷中心，情况就完全不同了，因为高压直流输电不会引起相关联的交流系统的短路电流。

2. 经济和环境优势

在输电线路超过"盈亏平衡距离"时，即使加上终端站的额外费用，高压直流输电系统也会具有更低的成本。与此同时，几乎在所有情况下，高压直流传输线路功率损耗低于相同容量的交流输电系统，这意味着更多的电力能到达最终的目的地。

高压直流输电系统也有着较低的环境影响，相较于同等传输容量的交流系统，它所需的架空线更少。同时，高压直流传输系统的互联可帮助电力系统更有效地利用发电厂，如用水电资源替代火力发电。

该技术是未来基于可再生能源的能源系统的一个关键组成部分，尤其是对不稳定和位置偏远的风能和太阳能而言。

1）对电力系统的积极影响

众多高压直流传输系统用于互连不同的电力系统，帮助现有的发电厂接入电力系统并更有效地运作，从而推迟新发电站的建设，这就带来了经济效益和环保意义。

最为明显的环境优势便是无须建设新的发电厂，而更大的收益在于电力系统的互连，使得现有发电厂能够更有效地被利用。将水电资源通过输电线路接入到以热电为主的电力系统中有着巨大的环境优势，如在需求高峰时段增加水电能源、减少热力发电、帮助恒定输出时，热力发电更加有效，而不必随负载量变化。

2）更低的线路走廊的占用

从可靠性角度来讲，一个双极高压直流传输架空线路堪比一个双回路交流传输线路。因此，一个用 2 根导线的高压直流传输线路对环境的影响少于一个用 6 根导线的双电路交流线路——更少的空间需求和更低的视觉冲击。
利用轻型高压直流技术，可以使用聚合物挤压电缆实现直流输电。这使得埋地电缆成为传统架空线的有益替代。

3）更低的损耗

在几乎所有情况下，高压直流输电的损耗均低于交流输电损耗。一个优化的高压直流输电线路损耗低于相同容量的交流线路。换流站的损失也必须考虑进去，对于常规高压直流，该损耗占 0.6%，而轻型高压直流单个换流站的损失低于传输功率的 1%。

因此，综合比较起来，几乎在所有情况下高压直流输电的总损耗仍低于交流输电损耗，直流电缆的损耗相较于交流输电也更低一些。图 6-13 展示了一个在 1200MW 架空线路传输中使用交流和直流的损失比较。

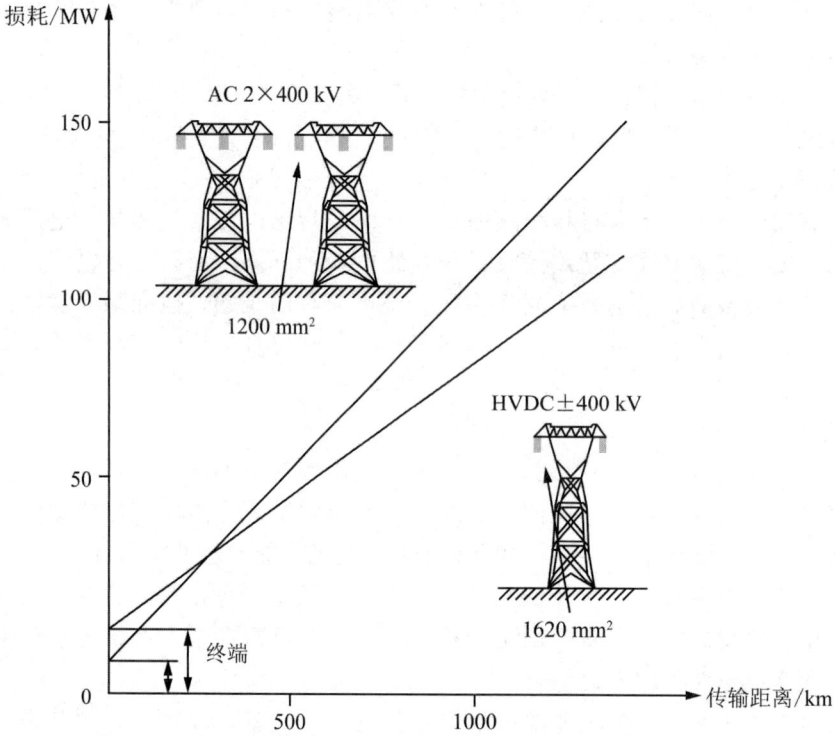

图 6-13　1200MW 架空线路传输中使用交流和直流的损失比较

4）更低的投资成本

图 6-14 展示了交直流线路的投资成本。显然，高压直流传输线路成本少于相同传输容量的交流传输线路。

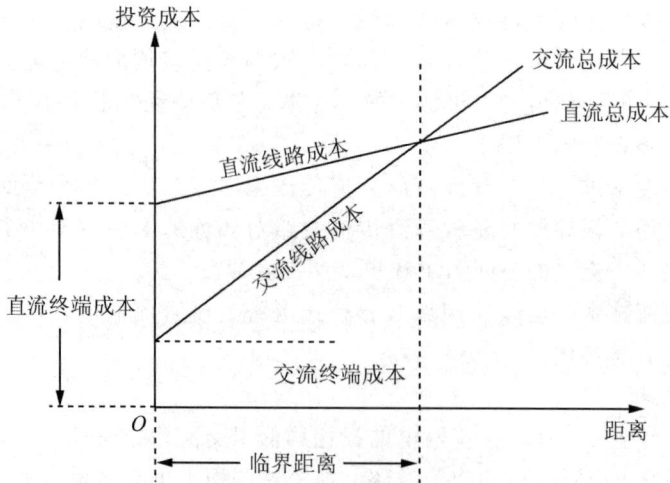

图 6-14　交直流线路的投资成本

    然而，高压直流传输系统终端站确实更加昂贵，这是因为它们必须执行从交流到直流、直流到交流的转换。但超过一定距离［被称为"盈亏平衡距离"（600～800km）］，用高压直流替代方案往往能使成本最低化。海底电缆的盈亏平衡距离比架空线路传输要小得多（通常约为 50km）。这个距离取决于几个因素（线路和电缆）和单独的个案分析。盈亏平衡距离的概念是很重要的，但只是众多因素中的一个。其他因素如可控性，也是在选择一个交流或直流输电系统时需要考虑的重要因素。

6.3.3　高压直流输电的工作原理

    高压直流输电系统的工作原理如图 6-15 所示。

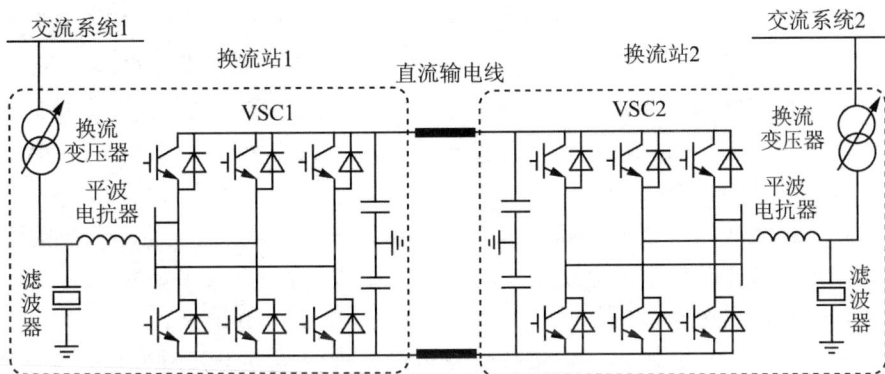

图 6-15　高压直流输电系统的工作原理

    高压直流输电系统的主要设备包括换流器、换流变压器、平波电抗器、交流滤波器、直流避雷器及控制保护设备等。

    换流器又称换流阀，是换流站的关键设备，其功能是实现整流和逆变。目前换流器多数采用晶闸管组成三相桥式整流作为基本单元，称为换流桥。一般由两个或多个换流桥组成换流系统，实现交流变直流、直流变交流的功能。

    换流器在整流和逆变过程中将要产生 5、7、11、13、17、19 等多次谐波。为了减少各次谐波进入交流系统，需在换流站交流母线上装设滤波器。它由电抗线圈、电容器和小电阻 3 种设备串联组成，通过调谐的参数配合可滤掉多次谐波。一般在换流站的交流侧母线上装有 5、7、11、13 次谐波滤波器组。

    单极又分为一线一地和单极两线的方式。直流输电一般采用双极线路，当换流器有一极退出运行时，直流系统可按单极两线运行，但输送功率会减少一半。

    高压直流输电系统的基本工作原理如下：交流电能从交流系统 1 的一点导出，通过换流变压器的变换和滤波后，在送端的换流站 1 转换成直流；直流电能通过架空线或电缆传送到接收点；直流在受端的换流站 2 转化成交流后，再进入交流系统 2。

    应用高压直流输电系统，电能等级和方向均能得到快速精确的控制，这种性能可提高它所连接的交流电网的性能和效率。直流输电的额定功率通常大于 100MW，多数为 1000～3000MW。作为高压直流输电系统的新突破，特高压直流输电系统的输电电压等级达 800kV，输电容量最高至 7GW。

6.3.4 高压直流输电的发展前景

自 20 世纪 80 年代以来，电力传输技术的发展步伐明显加快，提高传输能力的办法不断涌现，既有直流输电技术、柔性交流输电技术、分频输电技术等高新技术，又有对现有高压交流输电线路的增容改造技术，如升压改造、复导增容改造、交流输电线路改为直流输电技术等。直流输电对于提高现有传输系统的传输能力、挖掘现有设备潜力具有十分重要的现实意义，实施起来可收到事半功倍的效果。

1. 三大特性突出节能效果

从经济方面看，直流输电有以下 3 个主要优点。

首先，线路造价低，节省电缆费用。直流输电只需两根导线，采用大地或海水作为回路时只用一根导线，能够节省大量线路投资，因此电缆费用节省得多。

其次，运行电能损耗小，传输节能效果显著。直流输电导线根数少，电阻发热损耗小，没有感抗和容抗的无功损耗，且传输功率的增加使单位损耗降低了，大大提高了电力传输中的节能效果。

最后，线路走廊窄，省征地费。以同级 500kV 电压为例，直流线路走廊宽仅 40m，对于数百千米或数千千米的输电线路来说，其节约的土地量是很可观的。

除了经济性，直流输电的技术性也可圈可点。直流输电调节速度快，运行可靠，在正常情况下能保证稳定输出，在事故情况下可实现紧急支援，因为直流输电可通过可控硅换流器快速调整功率、实现潮流翻转。此外，直流输电线路无电容充电电流、电压分布平稳、负载大小不发生电压异常时不用并联电抗。

2. 提升空间大功率电力电子器件将改善直流输电性能

直流输电最核心的技术集中于换流站设备。换流站实现了直流输电工程中直流和交流能量的相互转换，除在交流场具有交流变电站相同的设备外，还有以下特有设备：换流阀、控制保护系统、换流变压器、交流滤波器和无功补偿设备、直流滤波器、平波电抗器以及直流场设备。而换流阀是换流站中的核心设备，其主要功能是进行交直流转换，从最初的汞弧阀发展到现在的电控和光控晶闸管阀。

晶闸管用于高压直流输电已有很长的历史。近十多年来，可关断的晶闸管、绝缘门极双极性晶体管等大功率电子器件的开断能力不断提高，新的大功率电力电子器件的研究开发和应用，将进一步改善新一代的直流输电性能、大幅度简化设备、减少换流站的占地、降低造价。

3. 远距离输电优势明显

发电厂发出的交流电通过换流阀变成直流电，再通过直流输电线路送至受电端后变成交流电，注入受端交流电网。业内专家一致认为：高压直流输电具有线路输电能力强、损耗小、两侧交流系统不需同步运行、发生故障时对电网造成的损失小等优点，特别适用于长距离点对点大功率输电。

其中，轻型直流输电系统采用可关断的晶闸管、绝缘门极双极性晶体管等可关断的器件组成换流器，使中型的直流输电工程在较短输送距离上也具有竞争力。

此外，可关断器件组成的换流器还可用于向海上石油平台、海岛等孤立小系统供电，未来还可用于城市配电系统，接入燃料电池、光伏发电等分布式电源。

综上所述，HVDC 是一项极具吸引力的技术。在输电过程中，HVDC 技术的电能损耗低于传统交流输电技术的损耗，同时，HVDC 需要的传输线缆更少，能减少占地。由于交流和直流电间的转化需要特殊的设备，因此，HVDC 一般在远距离输电时才能体现出经济效益。一般认为架空线路超过 $600\sim800\mathrm{km}$、电缆线路超过 $40\sim60\mathrm{km}$ 时，直流输电较交流输电经济。例如，一条输电容量 6000MW 的线路，如果采用传统 800kV 交流输电技术，1500km 输电距离的电能损耗约为 7%；如果采用 800kV 直流输电线路，则电能损耗可降至 5%；即便采用电压相对较低的 500kV 直流输电线路，损耗也仅为 6%。

HVDC 的另一个优势是它可以连接不同的交流电网并提高其效率。HVDC 还能够补偿潮流的波动，这使它成为连接风电场和电网的理想技术，可以避免因风电场不均匀的电力输出而影响电网的可靠性。

随着高电压、大容量晶闸管及控制保护技术的发展，换流设备造价逐步降低，高压直流输电近年来发展迅速。有别于煤炭、石油和天然气等可直接运输的不可再生能源，水力、风能、太阳能和潮汐能等新兴可再生能源只能以电力的形式输送；此外，大型可再生能源所在地通常远离城市和工业区等用电中心，因此，随着人类开发利用的可再生能源的增多，远距离输电的市场需求也越来越大。

▶ 6.4   有源电力滤波器

用于电力系统中的滤波器称为电力滤波器。LC 滤波器用于电力系统时，称为无源电力滤波器，其动态特性较差。有源电力滤波器的特点是利用大功率开关器件和 PWM 控制技术来抑制谐波和补偿无功功率。有源电力滤波器动态特性较好，能对谐波和无功功率进行动态补偿。按有源电力滤波器与被补偿对象（通常为电网）的连接方式，可分为并联型有源电力滤波器和串联型有源电力滤波器两大类。由此，派生出串并联型和混合型等多种类型的有源电力滤波器。

6.4.1   有源电力滤波器的工作原理

有源电力滤波器的结构图如图 6-16 所示。图中的 $U_\sim$ 和 Z 分别为市电电网电压和负载，有源电力滤波器由电流检测电路、PWM、主电路组成。电流检测电路的作用是检测负载电流中的谐波分量和无功电流分量；主电路为双向功率传输的逆变电路；PWM 为逆变电路的控制电路；PWM 及主电路的作用是对负载电流中的谐波分量和无功电流分量进行动态补偿。

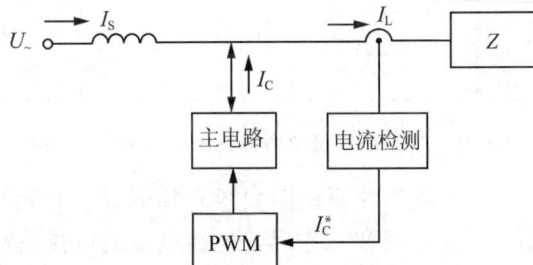

图 6-16   有源电力滤波器的结构图

在图 6-16 中，市电电网输入电流 I_S 由负载电流 I_L 工和补偿电流 I_C 两部分组成，即

$$I_S = I_L - I_C \qquad (16-1)$$

由于 I_C 跟踪指令信号 I_C^*，所以 $I_C = I_C^*$，则有

$$I_S = I_L - I_C^* \qquad (16-2)$$

由于 I_C^* 是检测电路从负载电流 I_L 中检测出的谐波电流分量 I_n 和无功电流分量 I_q 之和，即

$$I_C^* = I_n + I_q$$

而 $I_L = I_p + I_q + I_n$，I_p 为基波有功分量，所以

$$I_S = I_L - (I_n + I_q) = I_p \qquad (16-3)$$

由此可知，有源电力滤波器抑制了谐波分量，并对无功电流分量进行了补偿。

根据逆变器在其直流侧所用储能元件的不同，有源电力滤波器可以分为以下两种类型。

(1)储能元件为电容器的电压型有源电力滤波器，其优点是效率高。

(2)储能元件为电感的电流型有源电力滤波器，由于储能电感中有电流流过，会产生较大的损耗，故其效率较低。

6.4.2 有源电力滤波器的主电路

一般情况下，电力系统的容量比较大，单相逆变电路无法满足要求，这就要求采用三相逆变器或叠加逆变器。

1. 三相逆变器

有源电力滤波器多用于三相电力系统中。在供电系统中，多采用三相三线制有源电力滤波器；而在配电系统中，多采用三相四线制有源电力滤波器。

有源电力滤波器分为电压型和电流型两种。

电压型有源电力滤波器主电路的原理图如图 6-17 所示。电压型 PWM 逆变器的直流侧并有大容量电容器，逆变器正常工作时，电容器上的电压基本保持不变，可以视为电压源。

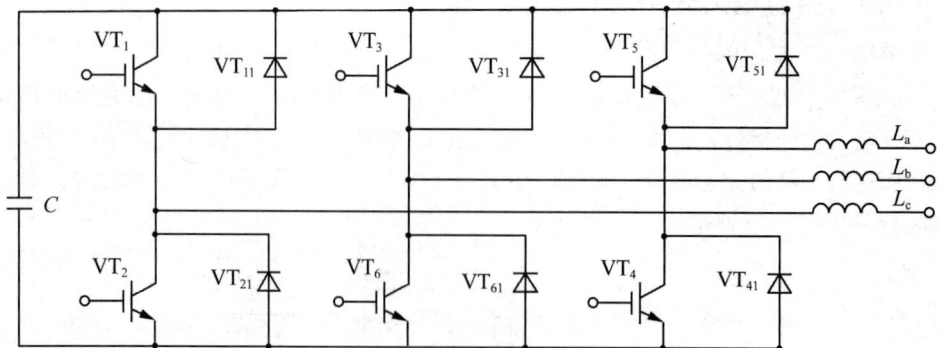

图 6-17　电压型有源电力滤波器主电路的原理图

电流型有源电力滤波器主电路的原理图如图 6-18 所示。电流型 PWM 逆变器的直流侧串有大容量的电感，逆变器正常工作时，流经电感的电流(输出电流)基本保持不变，可以视为电流源。

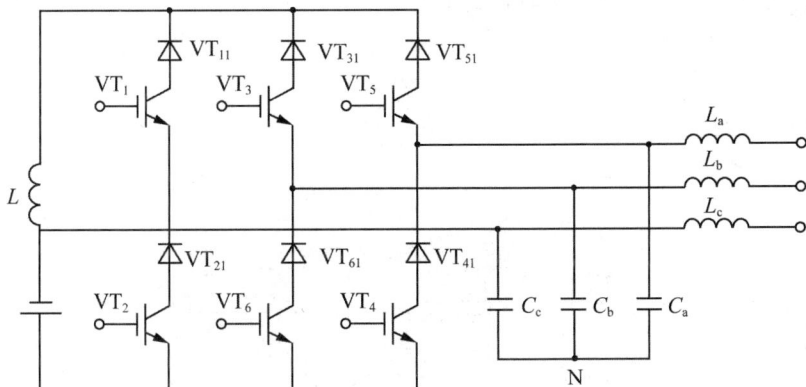

图 6-18　电流型有源电力滤波器主电路的原理图

由于电感中始终有电流流过，会产生较大的损耗，效率降低，从而限制了电流型有源电力滤波器的应用。但是，电流型有源电力滤波器也有自己的优点，如电流控制能力较强、滤除开关谐波的效率较高、工作稳定性高等。

2. 叠加逆变器

在大容量的有源电力滤波器中，一个三相逆变器无法满足大容量的要求，可采用叠加主电路的方法来扩容。叠加法扩容比采用串、并联器件扩容要简单一些，也可以降低开关管的开关频率。叠加逆变器的主电路使系统的等效开关频率提高了，相当于降低了单个开关管的开关频率。开关管开关频率的降低，会减小开关损耗，提高逆变效率。

叠加主电路有以下 3 种方式。

1) 串联电抗器叠加主电路

串联电抗器叠加主电路的原理图如图 6-19 所示。它是通过串联电抗器将几个三相逆变器并联在市电电网上的。这种主电路叠加方式比较简单，容易实现，应用也广泛。

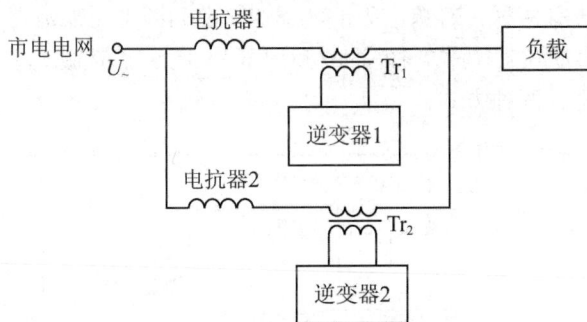

图 6-19　串联电抗器叠加主电路的原理图

2) 平衡电抗器叠加主电路

平衡电抗器叠加主电路的原理图如图 6-20 所示。它是通过平衡电抗器将每个三相逆变器并联，再经电抗器与市电电网连接的。当三相逆变器的开关频率较低时，在三相逆变器之间会产生较大的环流，接入平衡电抗器可以抑制环流。所以，平衡电抗器

叠加主电路方式多用于开关频率较低的场合。

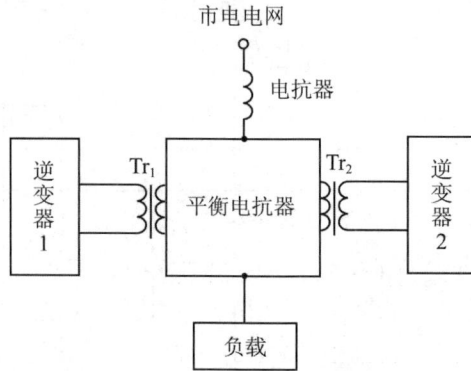

图 6-20　平衡电抗器叠加主电路的原理图

3）串联变压器叠加主电路

串联变压器叠加主电路的原理图如图 6-21 所示。它是将每个三相逆变器的输出变压器的二次绕组串联，再经电抗器与市电电网连接的。由于每个三相逆变器输出的 PWM 波在变压器上叠加会引起变压器铁芯损耗的增大，故较少应用。

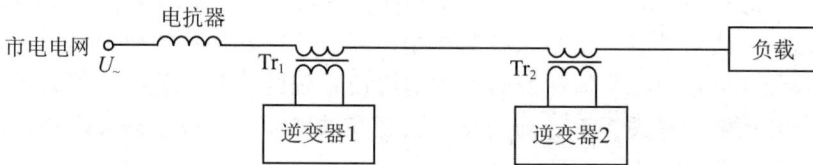

图 6-21　串联变压器叠加主电路的原理图

3. 有源电力滤波器与 _LC_ 无源电力滤波器的混合使用

有源电力滤波器与 _LC_ 无源电力滤波器混合使用的目的是减少有源电力滤波器的容量，因为部分容量可由 _LC_ 无源电力滤波器来分担。

混合使用的方式有两种：有源电力滤波器与 _LC_ 无源电力滤波器并联；有源电力滤波器与 _LC_ 无源电力滤波器串联。图 6-22 和图 6-23 展示了有源电力滤波器与 _LC_ 无源电力滤波器并联使用的两种方式。

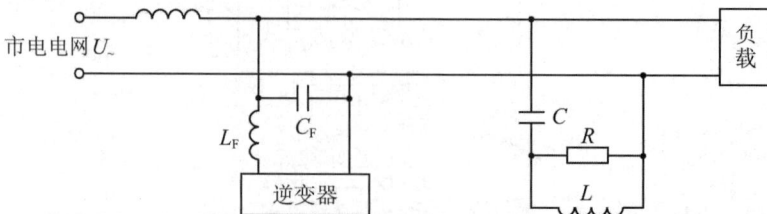

图 6-22　有源电力滤波器与 _LC_ 无源电力滤波器并联使用的方式一

两者的主要区别是，在图 6-22 中，_LC_ 无源电力滤波器是一个高通滤波器，它的截止频率较高，其主要作用是滤掉逆变器功率开关管开关过程中产生的高次谐波，也附带滤掉负载电流中的较高次谐波；而图 6-23 中的 _LC_ 无源电力滤波器是一个 _LC_ 滤波器

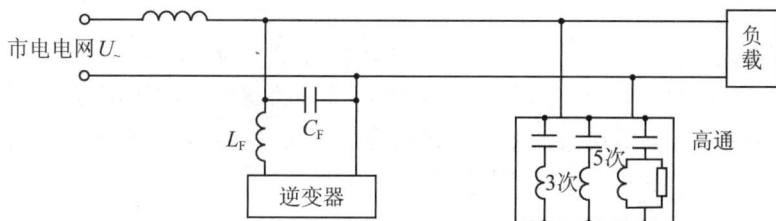

图 6-23　有源电力滤波器与 LC 无源电力滤波器并联使用的方式二

组，其中包括 5 次、7 次谐波滤波器和高通滤波器，有时还包括 11 次、13 次谐波滤波器。这样，大多数高次谐波即可被 LC 滤波器组滤掉，可以降低有源滤波器的容量。

图 6-24 和图 6-25 展示了有源电力滤波器与 LC 无源电力滤波器串联使用的两种方式。

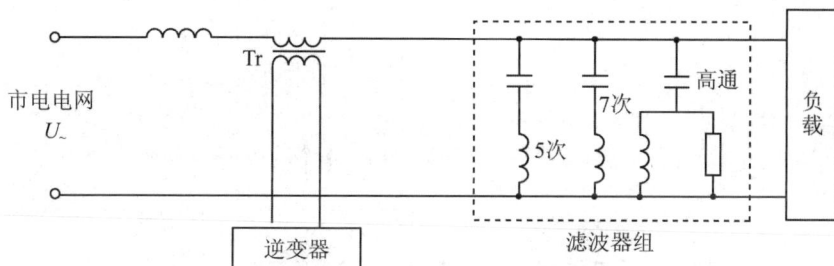

图 6-24　有源电力滤波器与 LC 无源电力滤波器串联使用的方式一

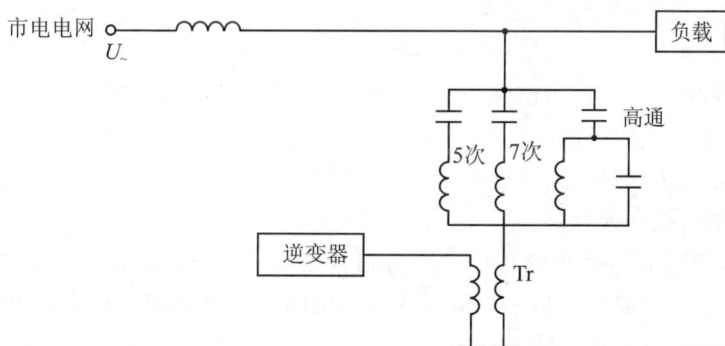

图 6-25　有源电力滤波器与 LC 无源电力滤波器串联使用的方式二

在图 6-24 中，有源电力滤波器是串联有源电力滤波器，LC 无源电力滤波器是 LC 滤波器组，它和有源电力滤波器并联后接入市电电网。在图 6-25 中，有源电力滤波器与 LC 无源电力滤波器串联后，接入市电电网并与负载并联，所以此时的有源电力滤波器可认为是并联有源电力滤波器。当有源电力滤波器与 LC 无源电力滤波器串联使用时，有源电力滤波器不承受基波电流分量，因此容量较小。一般情况下，有源电力滤波器的容量只占滤波器总容量的 2%～3%，而谐波和无功电流分量主要由 LC 无源电力滤波器来补偿。有源电力滤波器的作用主要是改善 LC 无源电力滤波器的滤波特性。

4. 注入电路

除利用叠加主电路来提高有源电力滤波器的容量，与 LC 无源电力滤波器混合使用，LC 无源滤波器分担大部分容量，来降低有源电力滤波器的使用容量以外，还可以利用注入电路来降低有源电力滤波器的使用容量。注入电路是由电感和电容器组成的，将其注入主电路中，利用 LC 的谐振特性，使有源电力滤波器只承受很小一部分的基波分量，以降低有源电力滤波器的容量。

按 LC 电路的谐振特性的不同，注入电路分为 LC 串联注入电路、LC 串联谐振注入电路和 LC 并联注入电路。

1)LC 串联注入电路

图 6-26 是 LC 串联注入电路的原理图。

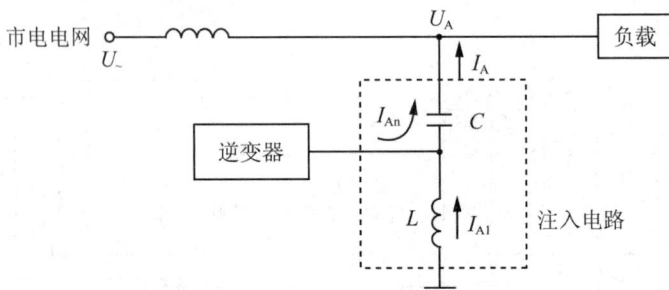

图 6-26　LC 串联注入电路的原理图

图 6-26 中，电感器 L 和电容器 C 串联，并接入市电电网。为了补偿负载电流中的谐波分量，流过电容器 C 的电流为

$$I_A = I_{A1} + I_{An} \tag{6-4}$$

式中：I_{A1} 为基波电流，I_{An} 为谐波分量。选择电感 L 参数时，使其对谐波呈高阻抗，而对基波呈低阻抗。这样，基波电流 I_{A1} 绝大部分流过电感 L，逆变器只需要输出小部分基波电流 I_{A1}，而主要提供谐波分量 I_{An}，从而降低了逆变器的容量。

2)LC 串联谐振注入电路

在图 6-27 所示的注入电路中，电感 L 对基波仍有一定的阻抗，逆变器仍要承受一定的基波电压，逆变器的容量不是最小的。利用图 6-27 所示的 LC 串联谐振注入电路，可以使逆变器不需要输出基波电流，进而使其容量达到最小。

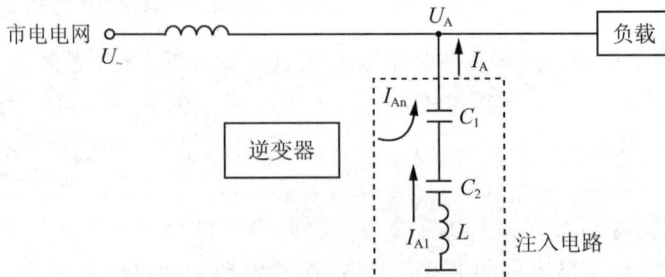

图 6-27　LC 串联谐振注入电路的原理图

图 6-27 中，电容器 C_1 和 C_2 串联后的等值电容应等于图 6-26 中的电容 C，即 L、C 组成的串联谐振电路在基波频率上谐振，对基波电流的阻抗等于 0。这样，逆变器仅需提供谐波电流分量 I_{An}，从而使逆变器的容量达到最小。

3）LC 并联谐振注入电路

LC 并联谐振注入电路的原理图如图 6-28 所示。

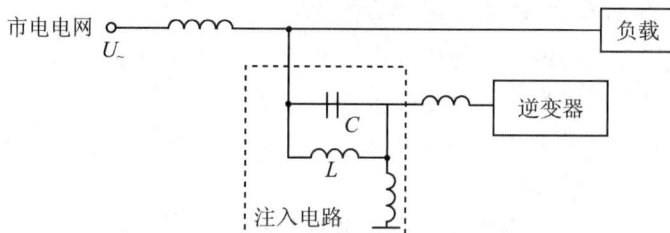

图 6-28　LC 并联谐振注入电路的原理图

注入电路串联在市电电网和有源滤波器之间，LC 注入电路中的电感 L 和电容器 C 组成在基波频率上谐振的并联谐振电路，形成对基波电流的高阻抗，大部分基波电压降在 LC 并联谐振电路上，逆变器仅承受小部分基波电压，从而降低了有源电力滤波器的容量。

6.4.3　有源电力滤波器的控制

有源电力滤波器控制系统的原理图如图 6-29 所示。

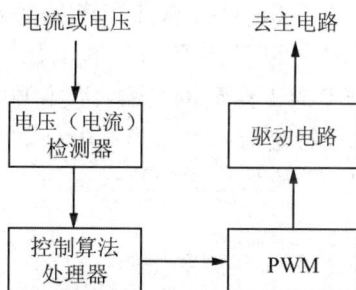

图 6-29　有源电力滤波器控制系统的原理图

在图 6-29 中，有源电力滤波器的控制系统主要由电压（电流）检测器、控制算法处理器、PWM 和驱动电路 4 部分组成。

电压（电流）检测器的作用是快速而精确地检测电压或电流信号。其输出信号经控制算法处理器得到补偿对象的指令信号。

在有源电力滤波器的实际应用中，绝大多数情况下只对谐波进行补偿，而不补偿无功功率。谐波电流的数字检测法有基于快速傅里叶变换的检测方法、基于瞬时无功理论的谐波快速检测方法（三相三线制系统的谐波检测、虚拟运算方法检测谐波电流、三相四线制系统的谐波检测）等。

控制算法处理器产生的谐波信号与有源电力滤波器的谐波相比，所得到的差值信号通过相应的控制技术，产生 PWM 控制信号，再经驱动电路输出触发脉冲，触发主

电路(逆变器)相应的功率器件,逆变器产生的谐波电流(电压)应与所要补偿的谐波电流(电压)大小相等、极性相反,从而达到谐波补偿的效果。

6.5 IGBT 在轨道交通中的应用分析

6.5.1 高铁动车组变流器电路及控制

大功率交流传动电力机车内部构成有两个重要的功率模块,即主牵引变流器和辅助变流器。主牵引变流器为牵引机车提供动力,功率最高、电压最大,工作条件最为严酷。辅助变流器为其他非动力电源供电,如空调、车灯、后备电源等,电压、功率相对较低,工作条件也相对较好。

图 6-30 为南车青岛四方机车车辆股份有限公司所生产的高铁动车组牵引变流器主电路,它可为动车组提供牵引动力。图 6-30(见本书末尾插页)中,M_1 与 M_2 车为一个牵引单元,M_3 与 M_4 车为一个牵引单元,M_5 与 M_6 车为一个牵引单元。

图 6-31 为南车青岛四方机车车辆股份有限公司所生产的高铁动车组辅助变流器,它为其他非动力电源提供电力。图 6-31(见本书末尾插页)中,APU_3 装置控制的三相输出按照 U(772)—V(782)—W(792)的相序依次错开 $120°$。

图 6-30 中的主牵引变流器需要 3.3kV 或 6.5kV 高压模块,图 6-31 中的辅助变流器所需的电压则相对比较低,1.7kV 模块即能满足。因为机车工作环境非常恶劣,所以它们均需要选用比车辆级 IGBT 等级更高的牵引级 IGBT 模块。牵引级 IGBT 是电力电子应用领域要求等级最高的 IGBT,对可靠性和产品生命周期的要求极高。牵引级 IGBT 的功率高达 MW 级,每个 IGBT 承受的最高电压可达 6.5kV,标称电流高达 600A。牵引级高压大功率 IGBT 的工作环境严酷,负载剧烈变化,对 IGBT 模块的使用寿命影响很大,这就需要采用特定的技术来提高器件的温度循环使用寿命和功率循环使用寿命。目前,牵引级 IGBT 模块已成为轨道交通车辆牵引变流器和各种辅助变流器的主流电力电子器件。

图 6-32 展示的是高铁动车组随速度而变化的综合调制过程。在输出低频段,采用异步调制方式;在输出高频段,变换成同步调制方式。其调制效果与分段同步调制控制方式相近。

(1)列车启动时,调制比小、脉宽很窄,采用更低的开关频率 150Hz。

(2)加速至 6.2km/h 时,开始增加开关频率。

(3)当车速为 9km/h、同步频率为 5.8Hz 时,进入异步调制区,开关频率固定保持为 460Hz。

(4)当加速至 49km/h、同步频率为 26Hz 时,进入同步调制区域,载频比 N 从 15 开始,依次变化为 13、11、9、7、5、3。

(5)当车速为 222km/h、同步频率 120Hz 时,由 3 脉波切换为方波调制方式。

(6)当列车最高运行速度为 350km/h 时,同步频率为 190Hz。

一般情况下,牵引变流器的开关频率最高约为 600Hz。

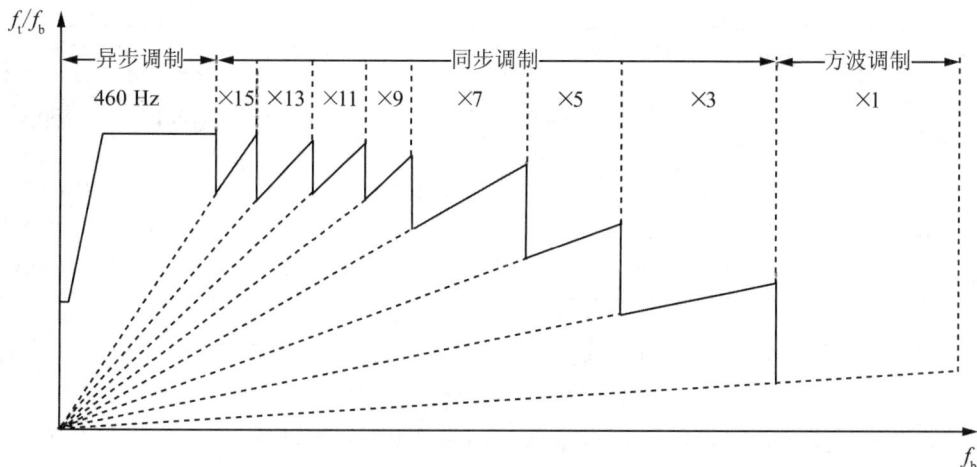

图 6-32　高铁动车组综合调制过程

6.5.2　轨道交通 IGBT 应用需求分析

高速和重载是现代机车车辆装备发展的两个重要方向，两者的关键都在于给机车提供一个强大而持续发力的"心脏"——牵引电传动系统。目前，交流传动技术已成为现代轨道交通技术装备的核心技术之一。在交流传动系统中，牵引变流器是最重要的关键部件，而电力电子器件又是牵引变流器最核心的器件之一。"一代器件带动一代应用"，电力电子器件的制造及应用技术是电力电子技术的基础和核心，是电力电子技术得以快速发展的物质基础。

在铁路运输领域，牵引传动系统是动车组、机车等装备的核心部件，而 IGBT 又是牵引传动系统的核心部件，是"核心中的核心"。IGBT 作为新一代复合型电力电子器件，具有驱动容易、控制简单、开关频率高、导通电压低、通态电流大、损耗小等优点，是自动控制和功率变换的核心部件，被广泛应用在轨道交通装备、电力系统、工业变频、风电、太阳能、电动汽车和家电产业中。

表 6-1 列出了我国主要交流传动机车及动车组的变流器参数。

表 6-1　交流传动机车及动车组变流器参数

机车型号	HXD3	HXD1	HXD2	CRH2	CRH1	CRH5	CRH3
牵引变流器 输入电压	1450 V	970V	900V	1500V	900V	1770V	1550V
牵引变流器 输入电流	927 A	1510A	1660A	857A	650A	540A	910A
中间回路电压	2800V	1800V	1800V	3000V	1650V	2700～ 3600V	2700～ 3600V
牵引变流器 输出电压	2150 V	1285 V	1390V	1475V	1287V	2808V	1700V

续表

机车型号	HXD3	HXD1	HXD2	CRH2	CRH1	CRH5	CRH3
牵引变流器输出电流	380 A	1628 A	620A	857A	650A	459.4A	880A
开关器件	IGBT 4.5kV /900A	IGBT 3.3kV /1.2kA	IGBT 3.3kV /1.2kA	IPM/IGBT 3.3kV /1.2kA	IGBT 3.3kV /1.2kA	IGBT 6.5kV /600A	IGBT 6.5kV /600A

可以看出，铁路和城市轨道车辆用牵引变流器所需的 IGBT 器件较其他工业变流器用 IGBT 器件具有更高的要求，具体表现在以下几方面。

(1)功率要求更高，因需要在有限的空间发挥很大的牵引功率，要求更高的功率密度。

(2)要实现制动能量的回馈，IGBT 内反并联二极管要求更大的容量。

(3)车载运行环境相对地面静止环境，在温度、振动、冲击、灰尘等诸多方面更加严格。

(4)牵引系统特殊的负荷特性。

鉴于 IGBT 对交流传动技术的巨大促进作用，西门子、庞巴迪、阿尔斯通、三菱等拥有先进交流传动系统技术的国外公司都有紧密的 IGBT 制造企业为之配套，它们投入大量资金，有效组织电力电子和微电子业界的专门人才进行联合开发，一直占据着高压大电流 IGBT 器件研发的制高点。

随着应用的发展，IGBT 技术的发展重点转到了模块技术上。IGBT 模块多以超大功率 IGBT 模块与 IGBT-IPM 智能功率模块为主。IGBT-IPM 是以 IGBT 芯片为基体的，内含接口、传感、保护和功率控制等功能电路的智能功率模块。在轨道交通牵引应用领域中，经过市场的磨合，IGBT 模块的主要厂商集中在 Infineon、Mitsubishi、ABB 与 Toshiba 上。

表 6-2 为几种常用轨道交通牵引 IGBT 模块的应用情况。

表 6-2　常用轨道交通牵引 IGBT 模块的应用情况

电压定额	电流定额	制造厂家	型号	应用领域	应用实例
1200V	300A	ABB	5SNS 0300U120100	辅助变流器	
		Infineon	BSM300GA120DN2S		
1700V	1600A	ABB	5SNA 1600N170100	DC 750 供电的地铁、轻轨	北京地铁
		Mitsubishi	CM1600HC-34H		
		Infineon	FZ1600R17KE3_B2		
	2400A	ABB	5SNA 2400E170100		
		Mitsubishi	CM2400HC-34N		
		Infineon	FZ2400R17KE3_B2		

电压定额	电流定额	制造厂家	型号	应用领域	应用实例
3300V	800A	ABB	5SNA 0800N330100	DC 1500V 供电的地铁、轻轨及机车领域	上海地铁等
		Mitsubishi	CM800HC-66H		
		Infineon	FZ800R33KL2C_B5		
		Toshiba	MG800FXF1US53		
	1200A	ABB	5SNA 1200E330100	DC 1500V 供电的地铁、轻轨及中间电压为 DC 1800V 的机车、动车领域	CHR2 动车组、HXD1 大功率机车
		Mitsubishi	CM1200HG-66H		
		Infineon	FZ1200R33KL2C_B5		
		Toshiba	ST1200FXF22		
4500V	900A	Mitsubishi	CM900HB-90H	中间电压为 DC 2500V 的机车、动车领域	HXD3 大功率机车
		Toshiba	MG900GXH1US53		
		WESTCODE	T0900EA45A		
6500V	600A	ABB、Infineon	5SNA0600G650100	中间电压为 DC 3500V 的机车、动车领域	HXD2 大功率机车、CRH3 动车组

西门子公司应用于机车及动车组中的模块化功率单元如图 6-33 所示。其采用水冷方式，可应用于直流电压 1.2～3.6kV（最大可达 4.3kV）、相电流 300～2000A，最高开关频率可达 800～1000Hz。

(a) SIBAC@BB Sx-1500　　　　　(b) SIBAC@BB Sx-3000

图 6-33　西门子模块化功率单元

阿尔斯通公司的模块化功率单元如图 6-34 所示。其型号为 ALSTOM6500V－600A，开关频率可达 1000Hz。

图 6-34　阿尔斯通模块化功率单元

图 6-34　阿尔斯通模块化功率单元(续)

在我国引进的大功率交流传动机车和高速动车组中，牵引变流器主要采用大功率IGBT器件，其等级及数量分别如表6-3和表6-4所示。

表 6-3　大功率交流传动机车中的 IGBT 等级及数量

机车型号	HXD1 (HXD1C)	HXD2	HXD3/D3C	HXN3	HXN5	六轴 9600kW 货运机车		
						大连厂	大同厂	株洲厂
IGBT 等级	3300V/ 1200A	3300V/ 1200A	4500V/ 900A	4500V/ 1200A	2400V/ 2200A	4500V/ 900A	6500V/ 600A	6500V/ 600A
IGBT 数量 /(个/台)	88(96)	80	66	24	36	90	90	88
机车数量/台	220(990)	180	1430	300	300	500	500	500
IGBT 总量/个	19360 (95040)	14400	94380	7200	10800	4500	61200	44000

表 6-4　高速动车组中的 IGBT 等级及数量

动车组型号	200km/h 等级			300km/h 等级	
	CRH1	CRH2	CRH5	CRH3	CRH2
IGBT 等级	3300V/1200A	3300V/1200A	6500V/600A	6500V/600A	3300V/1200A
IGBT 数量/(个/列)	80	80	150	128	100
动车组数量/列	100	100	80	235	100
IGBT 总量/个	8000	8000	12000	30080	10000

从中可以看出，3300V/1200A、4500V/900A、6500V/600A 等级为 IGBT 器件的主流产品，分别占总量的 33%、33%、28%，合计占总量的 94%。其统计直方图如图 6-35 所示。

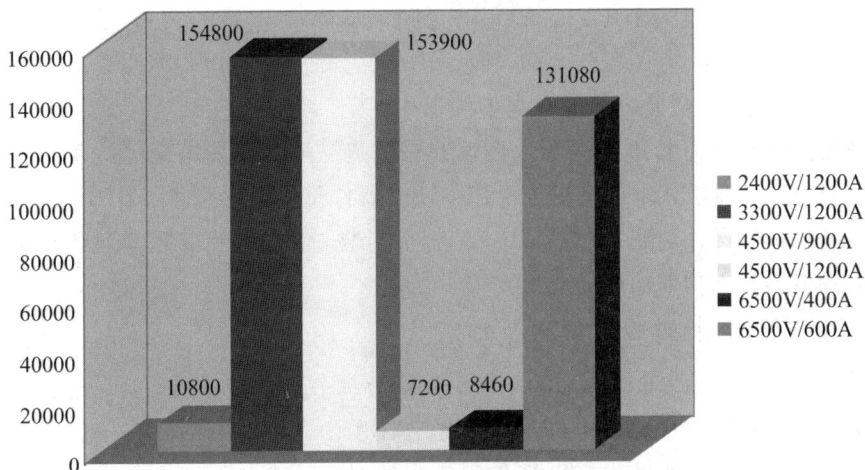

图 6-35　主流 IGBT 产品统计直方图

　　在城市轨道交通领域，北京、上海、广州、深圳、南京等多个城市在"十一五"期间新建城市轨道交通线路 1400 多千米，总投资达 5000 多亿元人民币。

　　以北京城铁 13 号线为例，该线路全长 40.85km，共配备 52 列列车，每列目前编组为 2M2T，远期将改造为 3M3T。该车采用架控方式，即一个变流器控制一个转向架上的两台电动机，每个动车有两个变流器。变流器开关器件采用 1700V/1200A 等级的 IGBT，由于是车载限压斩波器，所以每个主变流器共有 7 个 IGBT。

　　广州地铁 3 号线全长 36.33km，共配备 40 列列车，每列目前编组为 2M1T 三节车厢，远期将改造为 4M2T，该线路最高速度为 120km/h。列车同样采用架控方式，由于接触网电压为 DC 1500V，因此变流器开关器件采用 3300V/1200A 等级的 IGBT，每个主变流器共有 7 个 IGBT。

　　以上两种型号作为 DC 750V 和 DC 1500V 供电地铁车辆应用的典型代表，根据上面的数据，按照单位线路所需要的车辆可以估算出我国城市轨道交通在"十一五"期间对大功率 IGBT 器件的需求大约为 15 万个，估计总值 10 亿元。需要说明的是，以上铁路和城市轨道交通的统计仅仅针对"十一五"期间新制造的车辆，不包括后续车辆维修以及原有车辆的升级改造所需要的部分，因此对大功率 IGBT 器件的实际需求会更多。

　　据统计，近几年 IGBT 市场规模如图 6-36 所示。

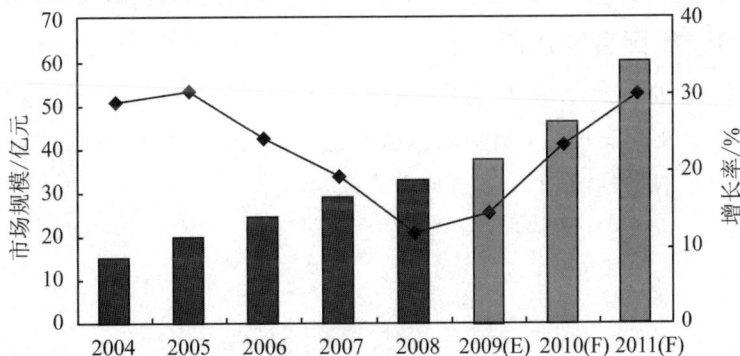

图 6-36　IGBT 市场规模(2004—2011)

目前，中国已经成为 IGBT 的最大消费国，年需求量超过 75 亿元，而且每年以 30% 以上的速度增长。有关资料预测，到 2020 年，轨道交通电力牵引每年 IGBT 模块的市场规模不低于 10 亿元，智能电网不低于 4 亿元。

为满足这种旺盛而紧迫的需求，必须针对轨道交通、智能电网等应用领域，开发高压大电流 IGBT 器件，掌握高压大电流 IGBT 器件总体设计技术、IGBT 芯片及其配套用软恢复二极管设计与制造技术、IGBT 器件封装与测试技术，以满足各种牵引变流器、辅助变流器和大功率输电的应用需求。

6.5.3　IGBT 的研究与规模化制造

IGBT 器件是电力电子器件发展过程中借鉴微电子工艺发展而来的，是大规模集成电路技术和功率器件制造技术相结合的产物，ABB、Infineon、Mitsubishi、Toshiba 等正是通过制造传统功率器件与大规模集成电路的双重技术的有机融合，占领了这些功率开关器件的市场制高点。

在我国，大功率器件与微电子器件属于不同的行业，长期的条块分割，关注不同的应用用途，缺乏交流与协作，迫切需要以市场项目调动各方合作的积极性，加速我国大功率电力电子元器件的开发步伐，加速规模化制造能力的提升。

国内 IGBT 器件的检测能力严重不足，配置不尽合理。IGBT 器件的静态电特性参数测试、动态开关特性测试、热与机械参数测试以及电耐久性试验、稳态湿热环境试验、振动试验、热循环负载试验、电磁兼容试验等都需要使用不同的专用测试台，这些专用测试台目前大多需要进口，而国内微电子企业一般不具备这些测试试验能力。国内个别电力电子器件制造企业（如株洲电力机车研究所、西安电力电子研究所等）建有先进的大功率器件检验检测中心，具备大功率晶闸管、IGCT 器件全套测试试验能力，以及大功率 IGBT 器件的部分测试及可靠性试验能力，但是目前尚不具备高端 IGBT 器件的规模化制造能力。

研发和产业化能力建设的经费严重不足。IGBT 器件的芯片制造需要经历上百道工艺流程，在没有技术积累的情况下，这些工艺流程中上千个工艺变量规律的摸索需要大量的人员、设备与经费。由于人员与经费的限制，国内研制的 IGBT 器件每次只能选择部分工艺变量进行试验，还有很多关键技术没有解决，制造所需要的原材料与工装的系统采购许多还没有到位，这些离产业化的要求还有相当长的一段差距。

6.5.4　IGBT 配套技术的开发

IGBT 功率模块配套技术的开发将集中在以下几方面：①IGBT 驱动技术（模块化、规模化）；②冷却及配套设备（专业化、规模化）；③无感母排（设计技术、规模化）；④模块化设计；⑤试验检测（能力、资质与开放）等。

本 章 小 结

　　本章讨论了电力电子技术在电源、新能源利用、智能电网、轨道交通方面的典型应用。在 UPS 应用中，介绍了 UPS 的主要技术指标、UPS 的分类、单相在线式 UPS 实例、三相 UPS 实例等内容；在太阳能发电系统及光伏逆变器应用中，介绍了太阳能发电系统的结构和光伏逆变器；在高压直流输电应用中，介绍了 HVDC 的技术背景、原因、工作原理和发展前景；在有源电力滤波器应用中，介绍了有源电力滤波器的工作原理、主电路和控制方式；在 IGBT 在轨道交通中的应用分析中，介绍了最新的高铁动车组变流器电路及控制、轨道交通 IGBT 应用需求分析、IGBT 的研究与规模化制造、IGBT 配套技术的开发等内容。

>>>　思考题

6-1　简述不间断电源和开关电源的区别。

6-2　试区分光伏逆变器的两种类型。

6-3　简述高压直流输电的基本工作原理。

6-4　简述有源电力滤波器的基本工作原理。

6-5　自定方向，查找资料，制作一份 IGBT 在轨道交通中的典型应用的分析报告。

第7章 电力电子技术应用中的一些问题

【内容提要】本章介绍变换器的保护电路、电力电子器件散热器的设计和软开关技术。保护电路和散热器对变换器运行的可靠性起着重要作用。保护电路包括过电压保护、过电流保护和电压上升率、电流上升率的限制。为了减小变换器的尺寸与重量，希望提高变换器的工作通断频率。但为减少开关型变换器的开关的通断损耗和电磁干扰，可采取软开关技术。本章介绍不同的过电压保护电路、过电流保护电路的几种形式及其作用原理，介绍散热器的热传导原理和选择散热器的方法，介绍软开关的概念和几种软开关电路。

7.1 变换器的保护

在电力电子电路中，除了电力电子器件参数要选择合适、驱动电路设计优良之外，对电力电子器件进行合适的过电压保护、过电流保护、du/dt 保护和 di/dt 保护也是很必要的。

7.1.1 过电压的产生及保护

变换器中的电力电子器件在正常工作时所承受的最大峰值电压 U_{TM} 与电源电压、电路的接线形式有关，它是选择电力电子器件额定电压的依据。以晶闸管为例，如正向过电压超过了晶闸管正向转折电压，则将产生误导通。如反向过电压超过其反向重复峰值电压 U_{RRM}，则晶闸管被击穿，造成永久性损坏。因此，为防止短时过电压对变换器的损坏，必须采取适当的保护措施。

1. 引起过电压的原因

(1)操作过电压。由变换器拉闸、合闸、快速直流开关的切断等经常性操作中的电磁过程引起的过电压。

(2)浪涌电压。由雷击等偶然原因引起，从电网进入变换器的过电压，其幅值远远高于工作电压。

(3)电力电子器件关断过电压。电力电子器件关断时，因正向电流的迅速下降，造成线路电感在电力电子器件两端感应出的过电压。

(4)在电力电子变换器-电动机调速系统中，由于电动机回馈制动造成直流侧直流电压过高产生的过电压，也称为泵升电压。

2. 过电压保护方法

过电压保护的基本原则如下：根据电路中过电压产生的不同部位，加入不同的附加电路，当达到一定过电压值时，自动开通附加电路，使过电压通过附加电路形成通路，消耗过电压存储的电磁能量，从而使过电压的能量不会加到主开关器件上，以保护电力电子器件。保护电路形式很多，也很复杂。过电压保护方法的原理图如图 7-1 所示。下面分析几种常用方式。

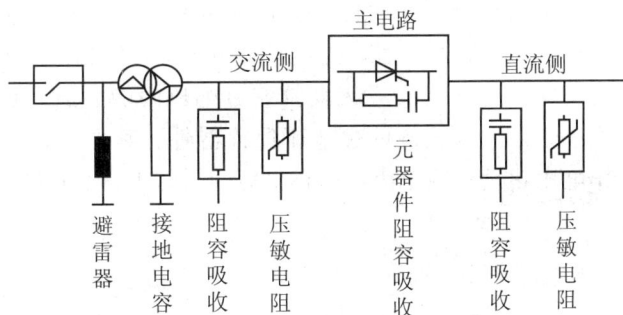

图 7-1　过电压保护方法的原理图

（1）雷击过电压可在变压器一次侧接避雷器加以保护。

（2）二次侧电压很高或电压比很大的变压器，一次侧合闸时，由于一次侧、二次侧绕组间存在分布电容，高电压可能通过分布电容耦合到二次侧而出现瞬时过电压。对此，可采取变压器附加屏蔽层接地或变压器星形中点通过电容接地的方法来减小电压。

（3）阻容保护电路是变换器中使用最多的过电压保护措施。将电容并联在回路中，当电路中出现尖峰电压时，电容两端电压不能突变的特性可以有效地抑制电路中的过电压，与电容串联的电阻能消耗部分过电压能量，同时抑制电路中的电感与电容产生振荡。

RC 阻容保护电路可以设置在变换器装置的交流侧、直流侧，其接法如图 7-2 所示。也可将 RC 保护电路直接并在主电路的元器件上，从而有效地抑制元器件关断时的关断电压。其中，图 7-2(d) 为整流式阻容电路，它只用一个电容，电容上只承受直流电压，可选取体积较小的电解电容。

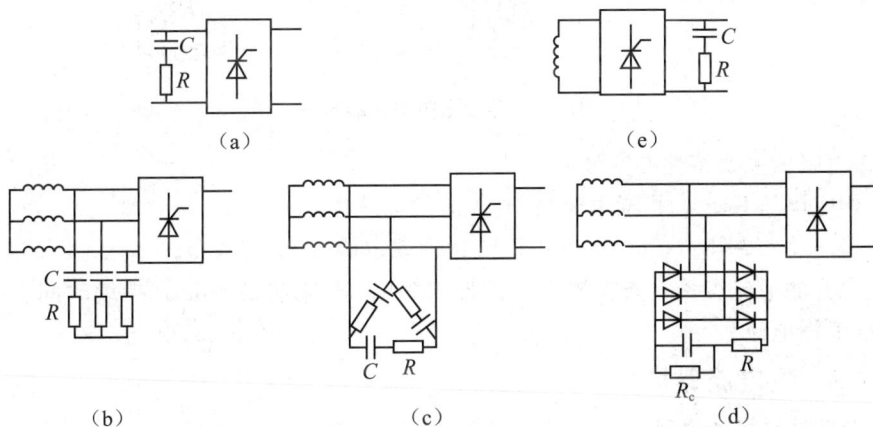

图 7-2　几种 RC 阻容保护电路的接法

（4）非线性电阻保护。非线性电阻具有近似稳压管的伏安特性，可把浪涌电压限制在电力电子器件允许的电压范围内。硒堆是过去经常采用的一种非线性电阻，因其伏安特性不理想、长期不用会老化、体积大等缺陷而被淘汰。现在常采用压敏电阻来实现过电压保护。

压敏电阻是一种金属氧化物的非线性电阻,它具有正、反两个方向相同但很陡的伏安特性,如图 7-3 所示。正常工作时,漏电流很小(微安级),故损耗小。当过电压时,可通过高达数千安的放电电流 I_Y,因此抑制过电压的能力强。此外,它对浪涌电压反应快,而且体积小,是一种较好的过电压保护器件。其主要缺点是持续平均功率很小,如果正常工作电压超过其额定值,则在很短的时间内就会烧毁。

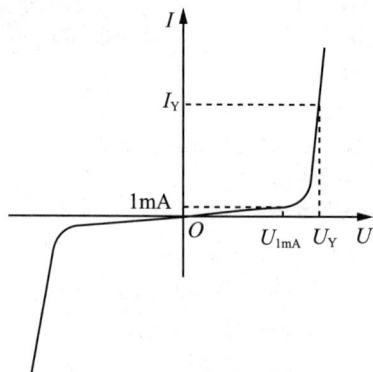

图 7-3   压敏电阻的伏安特性

由于压敏电阻的正、反向特性对称,因此单相电路只需 1 个,三相电路要用 3 个,连接成 Y 形或△形。另外,压敏电阻在交、直流侧都可取代 RC 吸收电路,但因其不能限制 $\mathrm{d}u/\mathrm{d}t$,故不宜并在晶闸管两端,如图 7-4 所示。

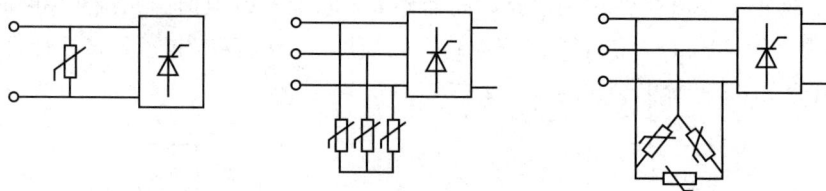

图 7-4   压敏电阻保护的接法

压敏电阻的主要特性参数如下。

(1)额定电压 U_{1mA},指漏电流为 1mA 时的电压值。

(2)残压比 U_Y/U_{1mA},U_Y 为放电电流达到规定值时 I_Y 的电压。

(3)允许的通流容量,指在规定的波形下(冲击电流前沿 $10\mu s$,持续时间 $20\mu s$)允许通过的浪涌电流。

7.1.2   过电流保护

1. 引起过电流的原因

当电力电子变换器内部某一器件击穿或短路、触发电路或控制电路发生故障、外部出现负载过载、直流侧短路、可逆传动系统产生环流或逆变失败,以及交流电源电压过高或过低、缺相等时,均会使变换器内元件的电流超过正常工作电流,即出现过电流。由于电力电子器件的电流过载能力比一般的电气设备差得多,因此,必须对变换器进行适当的过电流保护。变换器的过电流有两种情况:过载和短路。

2. 过电流保护的方法

变换器采用的过电流保护方法如图 7-5 所示。

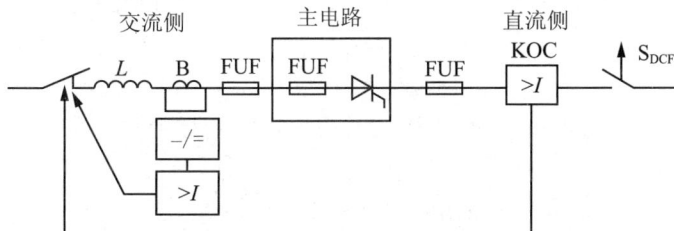

图 7-5　过电流保护方法

(1)交流进线电抗器(图 7-5 中的 L)：或采用漏抗大的整流变压器，利用电抗限制短路电流。这种方法行之有效，但正常工作时有较大的交流压降。

(2)电流检测装置(图 7-5 中的 B)：过电流时发出信号，过电流信号既可以封锁触发电路，使变换器的故障电流迅速下降至零，从而有效抑制电流；又可控制过电流继电器，使交流接触器触点跳开，切断电源。但过电流继电器和交流接触器动作都需要一定的时间(100～200ms)，故只有在电流不大的情况下这种保护才能有效。

(3)直流快速开关(图 7-5 中的 S_{DCF})：对于大、中型容量的变换器，快速熔断器的价格高且更换不方便。为避免过电流时烧断快速熔断器，采用动作时间只有 2ms 的直流快速开关，它可先于快速熔断器动作而达到保护电力电子器件的目的。

(4)快速熔断器(图 7-5 中的 FUF)：快速熔断器是防止变换器过电流损坏的最后一道防线。在晶闸管变换器中，快速熔断器是应用最普遍的过电流保护措施，可用于交流侧、直流侧和装置主电路。具体接法如图 7-6 所示。其中，交流侧接快速熔断器，如图 7-6(a)所示，能对晶闸管元件短路及直流侧短路起保护作用，但要求正常工作时，快速熔断器电流定额大于晶闸管电流定额。直流侧接快速熔断器，如图 7-6(c)所示，只对负载短路起保护作用，对元件无保护作用。只有晶闸管直接串联快速熔断器，如图 7-6(b)所示，才对元件的保护作用最好，因为它们流过同一个电流，因而被广泛使用。

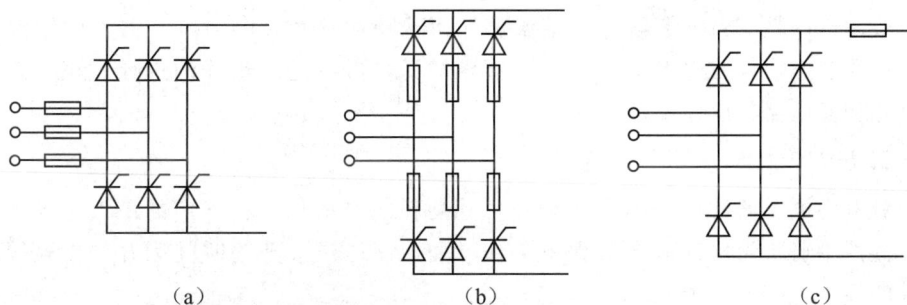

（a）　　　　　　　　　　（b）　　　　　　　　　　（c）

图 7-6　快速熔断器在电路中的接法

与晶闸管串联的快速熔断器的选用一般遵循以下几个原则。

(1)快速熔断器的额定电压应大于线路正常工作电压的有效值。

(2)快速熔断器熔体的额定电流 I_{KR} 指电流有效值,晶闸管额定电流指电流平均值(通态电流平均值)。选用时要求快速熔断器的熔体额定电流 I_{KR} 小于被保护晶闸管额定电流所对应的有效值的 $1.57I_{T(AV)}$,同时要大于正常运行时线路中流过该元件实际电流的有效值 I_T,即

$$I_T \leqslant I_{KR} \leqslant 1.57I_{T(AV)} \qquad (7\text{-}1)$$

式中:$I_{T(AV)}$ 为晶闸管通态电流平均值;I_{KR} 为快速熔断器的熔体额定电流;I_T 为流过晶闸管的电流有效值。

(3)熔断器(安装熔体的外壳)的额定电流应大于或等于熔体额定电流值。

值得指出的是,一般装置中多采用过电流信号控制触发脉冲的方法抑制过电流,再配合快速熔断器,把快速熔断器作为过电流保护的最后措施。

7.1.3 电压上升率及电流上升率的限制

1. 电压上升率 du/dt 的限制

晶闸管阻断时,其阳、阴极之间相当于一个结电容,当突加正向阳极电压时会产生充电电流,此电流流过门极相当于触发电流,可能导致晶闸管误导通。因此,对管子的最大正向电压上升率必须加以限制,如 100A 以上的 KP 型晶闸管允许断态电压临界值 du/dt 为 $100V/\mu s$。

在有整流变压器的装置中,由于变压器漏感与管子两端阻容吸收电路的作用,加到管子的 du/dt 值不会太大,在无整流变压器时可串入交流进线电抗,也可在每整流桥臂串入桥臂电感($20 \sim 30\mu H$)或在桥臂上套入 1 或 2 个铁淦氧磁环。

2. 电流上升率 di/dt 的限制

晶闸管开通时,如阳极电流上升太快,使电流来不及扩展到整个管子的 PN 结面,会造成门极附近因电流密度过大而烧毁,故必须限定晶闸管的通态电流临界值 di/dt,如 KP100 管子的值为 $50A/\mu s$。串接进线电感或桥臂电感和采用图 7-2(d)所示整流式阻容电路,使电容放电电流不经过管子,都可限制 di/dt 值。

▶ 7.2 器件的热传导和散热器的选择

本节讨论的是电力电子器件的结温和如何选择散热器。电力电子器件的结温对其使用有重要的影响,因此本节先介绍热传导知识,再讨论散热片的选择。该方面的知识对电感和变压器的设计及选择也适用。

7.2.1 电力电子器件的温度

随着电力电子器件内部温度的增加,其功耗也在增加。在规定的最大温度下,器件能在器件手册所给出的额定参数下工作,如通态电压、开关时间和开关损耗等。一般器件的规定温度值为 125℃。

使用者必须保证器件在数据手册中规定的条件下运行,器件允许的电流和电压会随着环境温度的变化而变化。在恶劣的环境下,器件的定额会下降,性能会变差,可靠性会降低。如果电力电子装置要在高于数据手册中的最高温度下运行,那么设计者/制造商必须测量装置内所有器件在高温下的特性。只要有一个器件在温度升高后的特性变差，就会导致整个装置的失效。

在设计电力电子装置时，必须在设计的初始阶段考虑散热器的尺寸和重量以及其在设备柜内的位置和周围温度。在垂直位置安装有鳍状物散热器，并注意使其有充足的空间产生对流，且应该考虑最恶劣的情况。

散热器设计得不好，将使设备的可靠性降低。在高于 50℃ 后，每升高 10～15℃，电力电子装置的故障率将翻倍。选择正确的散热器是电力电子系统设计的一部分。应优先考虑自然冷却，或风扇冷却，最后考虑采用水冷或油冷。

7.2.2　热传导

1. 热阻

如图 7-7 所示，当材料的两端有温差时，能量就会从高温处流向低温处。每单位时间流过横截面 A 的能量称为功率，如下式所示。

$$P_{cond} = \frac{\lambda A \Delta T}{d} \tag{7-2}$$

式中：$\Delta T = T_2 - T_1$，℃；A 是横截面的面积，m^2；d 是长度，m；λ 为热导率，$W/(m \cdot ℃)$。散热器大部分由纯铝制成，其热导率为 $220W/(m \cdot ℃)$。其他材料的 λ 值可在相关文献中查到。

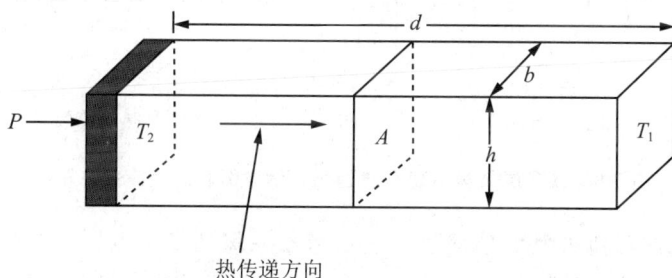

图 7-7　绝缘长方形棒的传热示意图

例 7-1　考虑如图 7-7 所示铝棒，$h = b = 1cm$，$d = 20cm$。其左端的温度为 T_2，从左端进入的热功率为 3W，右端表面的温度 $T_1 = 40℃$。求 T_2。

解：$T_2 = \dfrac{P_{cond}d}{\lambda hb} + T_1 = \dfrac{3 \times 0.2}{220 \times 0.01 \times 0.01}℃ + 40℃ = 67.3℃$

例 7-2　一安装在铝板上的晶体管模块，铝板尺寸为 $h = 3cm$，$b = 4cm$，$d = 2cm$。截面积是 $3cm \times 4cm$，温度为 3℃。求模块允许产生的最大热功率(忽略对周围空气的任何热损耗)。

解：$P_{cond} = \dfrac{\lambda A(T_2 - T_1)}{d} = \dfrac{220 \times 0.03 \times 0.04 \times 3}{0.02}W = 39.6W$

定义材料的热阻 $R_{\theta,cond}$ 为

$$R_{\theta,cond} = \frac{\Delta T}{P_{cond}} \tag{7-3}$$

由式(7-2)、式(7-3)得

$$R_{\theta,cond} = \frac{d}{\lambda A} \tag{7-4}$$

热阻的单位是℃/W。

通常热量会流过不同的材料,每种材料有不同的热导率和不同的截面积及厚度。如图 7-8 所示,模块的热量由硅装置向周围传导,从 PN 结到周围环境的总热阻 $R_{\theta ja}$ 为

$$R_{\theta ja}=R_{\theta jc}+R_{\theta cs}+R_{\theta sa} \tag{7-5}$$

式中:$R_{\theta jc}$ 为 PN 结到衬底的热阻;$R_{\theta cs}$ 为衬底到散热器的热阻;$R_{\theta sa}$ 为散热器到环境的热阻。

假设功耗为 P_d,则结温为

$$T_j=P_d(R_{\theta jc}+R_{\theta cs}+R_{\theta sa})+T_a \tag{7-6}$$

用电路图模拟热阻的等效电路,如图 7-8(b)所示。如果有热流量的并行路径,则热阻和电阻的并行计算方式完全相同。

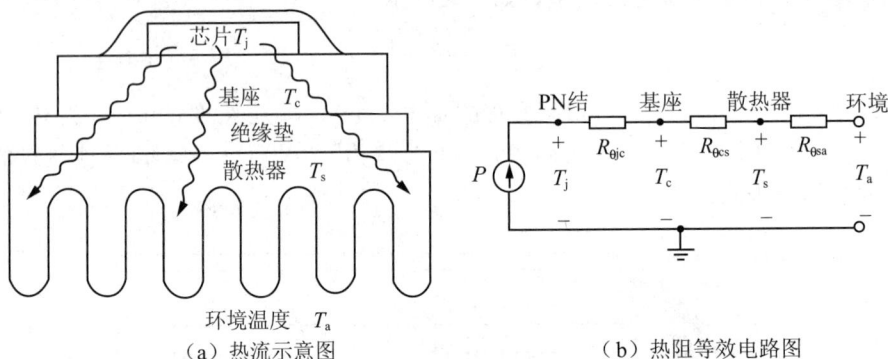

图 7-8 在多层结构中稳态时的热流示意图和热阻等效电路图

制造商应当注意使热阻尽量减小。这意味着在保证击穿电压、机械强度和其他要求而保持长度 d 不变的情况下,应尽量使热流动的路径缩短,横截面积 A 应该尽量大,以便与设计中其他要求相匹配,使寄生电容最小。

封装外壳应该用高热传导率的材料制成。大功率器件的外壳应该固定在具有风冷或水冷的散热器上。通过上述措施,有可能使 PN 结到衬底的热阻 $R_{\theta jc}$ 小于 $1℃/W$。

2. 瞬态热阻抗

在系统发生瞬时超载、功率上升的情况下,器件的瞬时损耗可能大大超过平均额定功率,器件的结温是否超过允许的最大额定值,取决于功率冲击的量级、持续的时间及器件的热特性。

在瞬态情况下,热容 C_V 必须与热阻一同考虑。每单位体积的热能密度 q 相对于温度的变化率被定义为材料的热容,即

$$C_V=dq/dT_V \tag{7-7}$$

式中:C_V 是每单位体积的热容。

将横截面积为 A、厚度(热传导方向)为 d 的长方形的热容 C_S 定义为

$$C_S=C_V Ad \tag{7-8}$$

结温的瞬态性是由与时间相关的热扩散方程决定的。本节中可用如图 7-8 所示的模拟电路得到近似解。如果输入功率 $P(t)$ 是阶跃信号,则温度 $T_j(t)$ 的上升为

$$T_j(t) = P_0 [4t/(\pi R_\theta C_s)]^{1/2} + T_a \tag{7-9}$$

式中：P_0 是阶跃信号的幅值，上式适用于 t 小于比热时间常数 τ_θ 的情况。

$$\tau_\theta = \pi R_\theta C_s / 4 \tag{7-10}$$

当比热时间常数 τ_θ 大时，T_j 接近稳态状态下的值 $P_0 R_\theta + T_a$。图 7-9(c) 给出了 $T_j(t)$ 的近似解。

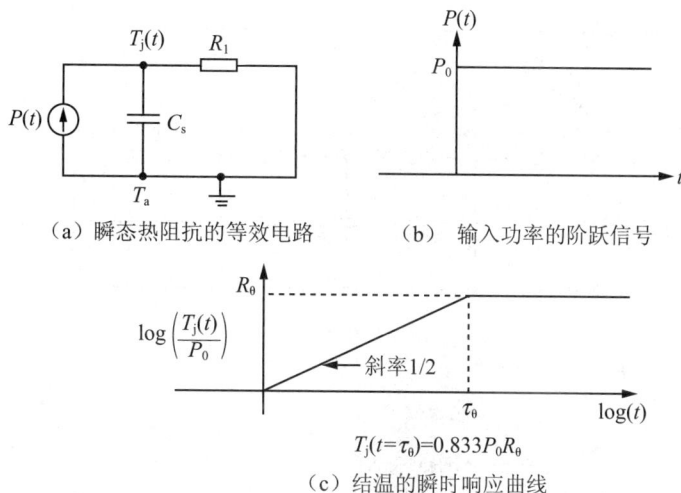

（a）瞬态热阻抗的等效电路　　　（b）输入功率的阶跃信号

$$T_j(t = \tau_\theta) = 0.833 P_0 R_\theta$$

（c）结温的瞬时响应曲线

图 7-9　结温的热效应图

以上是对瞬时热传导行为的简化分析，实际的方程要比简化的方程复杂得多。

在实际应用中，热流会流过不同的层，如图 7-10（a）所示，其等效电路如图 7-10(b) 所示。总的瞬态热阻抗 $Z_\theta(t)$ 就是图 7-10(c) 中与时间相对应的各个层次热阻抗之和。该曲线图一般会在功率器件的说明书中给出。

如果功率损耗是一个矩形脉冲，在 $t = t_1$ 开始，在 $t = t_2$ 结束，则可计算出 $T_j(t)$ 为

$$T_j(t) = P_0 [Z_\theta(t - t_1) - Z_\theta(t - t_2)] + T_a \tag{7-11}$$

用图 7-10(c) 所示的 $Z_\theta(t)$ 曲线估计热阻抗，用式(7-11)计算 $T_j(t)$。当实际的 $P(t)$ 不是矩形脉冲而是可近似为等效矩形脉冲时，同样可以使用上述方法。例如，实际的 $P(t)$ 是如图 7-11 所示的正弦半波脉冲，用和它有同样的峰值和面积的矩形脉冲代替来计算 $T_j(t)$。这种矩形脉冲产生的近似结温为

$$T_j(t) = P_0 [Z_\theta(t - T/8) - Z_\theta(t - 3T/8)] + T_a \tag{7-12}$$

显然，可通过加大热时间常数 $R_\theta C_s$ 来增加器件的瞬时功率容量。但由式(7-4)和式(7-8)可得该时间常数为

$$R_\theta C_s = C_V \lambda^{-1} d^2 \tag{7-13}$$

式中：C_V 为封装材料的热容；$R_\theta C_s$ 为器件比热时间常数；λ 为材料的热导率。

通常器件封装材料的热容 C_V 是相同的，要求材料的热导率较大，这样热阻就会较低。关于小热阻和大时间常数之间的冲突，首先应考虑采用小的热阻。这是因为器件在很多情况下是工作在正常状态而不是瞬时过载方式的，而且大多数功率器件的过载能力大大超过了其平均额定功率。因此，瞬时额定功率与总的功率损耗相比并不是太

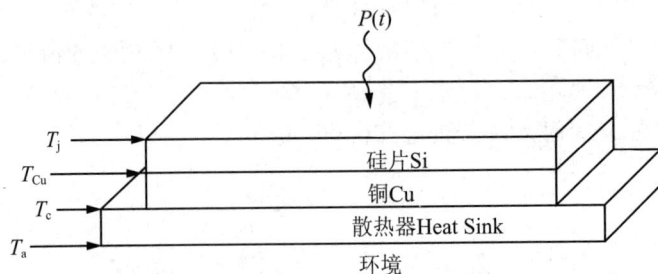

（a）结构图

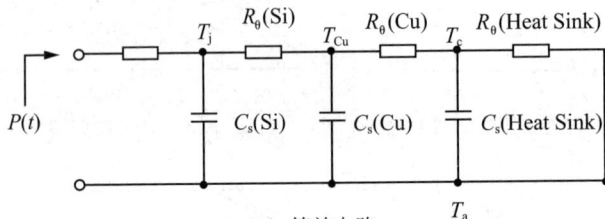

（b）等效电路

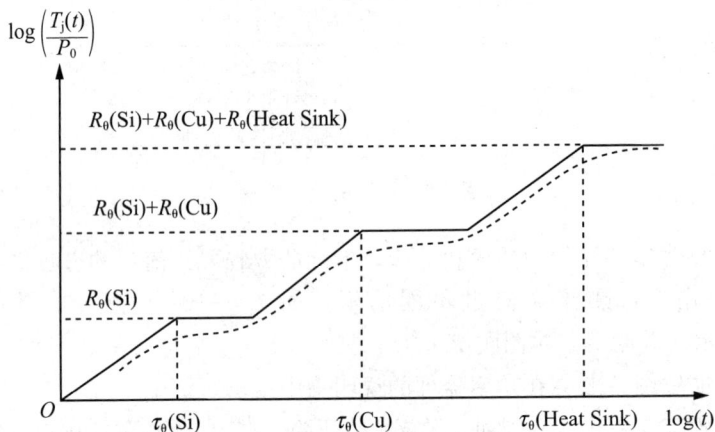

（c）瞬态热阻抗曲线

图 7-10 有多层结构的情况

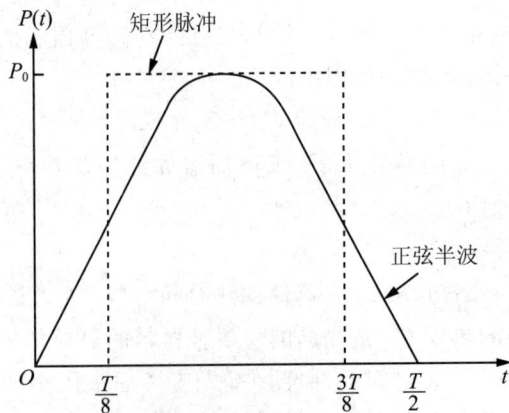

图 7-11 功率波形

重要。在使用功率器件前，最好仔细阅读并完全理解说明书的内容。

7.2.3　电力电子器件的功率损耗

功率器件的耗散功率和结温是散热器设计的基本出发点，是关系到器件安全使用的两个重要参数。

1. 耗散功率

耗散功率是散热器在单位时间内散失的能量，而功率损耗是器件在单位时间内消耗的能量，平衡时两者相等，所以应先求出器件的功率损耗。功率损耗包括器件的开关损耗、通态损耗、断态损耗及驱动损耗。

1)开关损耗 P_s

器件的开关损耗与负载有关。一般情况下，分阻感性负载和电阻性负载两类来计算开关损耗。图 7-12 给出了阻感性负载和电阻性负载两种情况的关断过程中的电压、电流波形，可见两种情况是不一样的。开通过程的波形与此类似。因此，开关损耗 P_s 按如下两式计算。

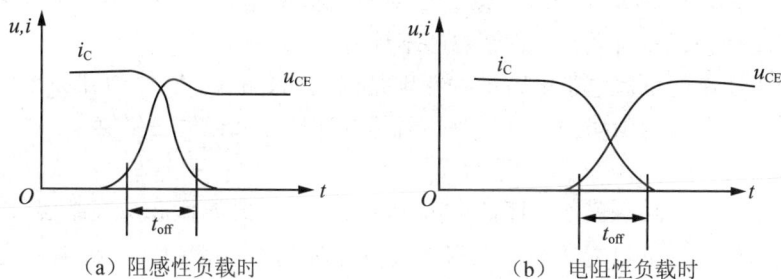

（a）阻感性负载时　　　　　（b）电阻性负载时

图 7-12　关断过程电压、电流波形

对于阻感性负载：

$$P_s = \frac{U_{CE} I_{CM}}{2}(t_{on} + t_{off}) f_s \tag{7-14}$$

对于电阻性负载：

$$P_s = \frac{U_{CE} I_{CM}}{6}(t_{on} + t_{off}) f_s \tag{7-15}$$

式中：U_{CE} 和 I_{CM} 分别代表断态电压和通态最大电流；f_s 代表开关频率；t_{on} 代表开通时间；t_{off} 代表关断时间。

2)通态损耗 P_{on}

功率器件在通过占空比为 D 的矩形连续电流脉冲时的平均通态损耗 P_{on} 可用下式计算。

$$P_{on} = I_p U_T D \tag{7-16}$$

式中：I_p 代表脉冲电流幅值；U_T 代表器件通态压降；D 代表占空比。

对于 VMOS，厂商提供的参数大都为其通态电阻而非通态压降，因此通态损耗用下式计算。

$$P_{on} = I_{DS}^2 R_{DS} \tag{7-17}$$

式中：I_{DS} 代表 VMOS 漏极电流；R_{DS} 代表通态电阻。要注意的是，R_{DS} 是温度的函数。

3）断态损耗 P_{off}

在器件已被关断的期间，若断态电压 U_s 很高，微小的漏电流 I_{off} 仍有可能产生明显的断态功率损耗 P_{off}，其计算式为

$$P_{off} = I_{off} U_s (1-D) \tag{7-18}$$

4）驱动损耗 P_g

驱动损耗是指器件在开关过程中消耗在控制极上的功率及在导通过程中维持一定的控制极电流所消耗的功率。一般情况下，这种损耗与器件的其他功耗及外部驱动电路的功耗相比是可以忽略的，只有 GTR 和 GTO 在通态电流较大时例外。GTO 在关断大电流时的控制极关断电流也比较大。GTR 由于正向电流增益相对较小，为维持集电极电流所需的基极电流 I_B 自然就大，而基-射极饱和压降 U_{BES} 往往比集-射极饱和压降 U_{CES} 大得多，因而驱动损耗为

$$P_g = I_B U_{BES} D \tag{7-19}$$

它常常与通态损耗相当。

一般情况下，设计散热器时，计算功率损耗只需考虑开关损耗和通态损耗两类，断态损耗和驱动损耗相对微小，常常忽略不计。

但在较大功率的电力电子电路中，特别是以 GTR 和 GTO 作为开关元件时，必须考虑驱动损耗部分，否则误差太大，散热器的设计计算就会失去价值。

2. 结温

对于一定型号的功率器件，厂商一般给出了 $R_{\theta jc}$ 的典型值和最高结温 $T_{j,max}$。器件运行时的最高结温是不能突破的，否则将造成器件的永久性损坏。根据厂商提供的数据和具体工作条件下计算出的功率损耗 P_{loss}，不难求得器件的最大管壳温度 $T_{c,max}$。管壳温度由下式决定。

$$T_{c,max} = T_{j,max} - P_{loss} R_{\theta jc} \tag{7-20}$$

7.2.4 散热器

功率器件在运行时，其结温应该在合理的范围内。制造商会尽量降低功率器件与外部衬底之间的热阻 R_θ，用户必须在器件衬底和环境间提供热传导途径，使衬底和环境间的热阻 $R_{\theta sa}$ 在低成本方式下达到最小。

用户可以选择不同形状的铝散热器使功率器件冷却，如果散热器是自然对流冷却的，则图 7-8(a)所示的散热片鳍状片间的间距应该为 $10 \sim 15cm$。在自然对流冷却方式下，散热器的热时间常数为 $4 \sim 15min$。在散热器表面涂一层黑色氧化物，会导致热阻减少 25%。如果增加一个风扇，热阻将变小，散热器可以做得更小、更轻，并减少热容 C_V。采用强制风冷的散热器，鳍状片间的间距可以不大于几毫米。在较大容量的功率装置中，采用水冷和油冷可以大大改善散热效果。

应依据器件可承受的允许结温选择合适的散热器。在最恶劣的情况下，最大结温 $T_{j,max}$、环绕空间最大温度 $T_{a,max}$、最高操作电压和最大通态电流都是特定的。根据器件的工作情况，可以估算出器件损耗 P_{loss}。

允许的最大 PN 结-环境的热阻 $R_{\theta sa}$ 可以从下式估算出来。

$$R_{\theta ja} = (T_{j,max} - T_{d,max})/P_{loss} \tag{7-21}$$

PN 结-衬底的热阻 $R_{\theta ja}$ 可以从电力电子器件手册上查到，衬底-散热器的热阻 $R_{\theta cs}$ 取决于热化合物和使用的绝缘体。绝缘体的热阻可以从数据手册中查到。例如，用 TO-3 封装的晶体管的一个 $75\mu m$ 厚的云母绝缘体，当它用作热润滑脂或散热器化合物时，R_{θ} 约为 $0.4℃/W$，热润滑脂用来去除器件和散热器表面间的细微不平之间的空气，以便有效地利用整个表面区域进行热传导。但使用过多过厚的热润滑脂，将导致热阻增加。已知 $R_{\theta ja}$ 和 $R_{\theta cs}$，散热器环绕空间的热阻 $R_{\theta sa}$ 可以从式(7-5)、式(7-21)算出。此后可以依据散热器厂商提供的数据表选择一个合适的散热器。一些散热器的形状如图 7-13 所示。对应的散热器的规格在表 7-1 中给出。

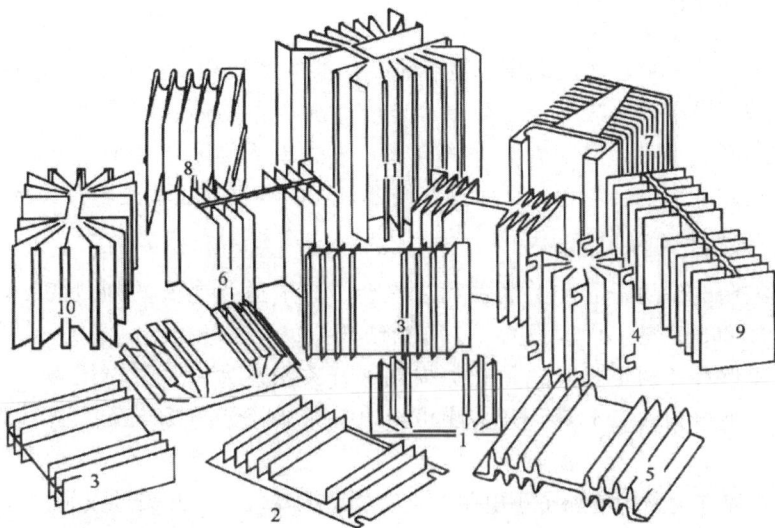

图 7-13　散热器的外形

注：图中数字为表 7-1 中散热器编号。

表 7-1　散热器的规格

散热器	1	2	3	4	5	6	7	8	9	10	11
$R_{\theta sa}/(℃/W)$	3.2	2.3	2.2	2.1	1.7	1.3	1.3	1.25	1.2	0.8	0.65
体积/cm^3	76	99	181	198	298	435	675	608	634	695	1311

任何散热器都必须严格按照厂商的要求使用。在散热器上不正确地安装功率器件，将导致 $R_{\theta sa}$ 比预期值大，因此导致正常工作过程中结温过高的情况。少量的热润滑脂用来增加器件和散热器间的接触面积。用螺栓紧固器件和散热器也会保证器件和散热器间良好的接触。

例 7-3　当结温为 $125℃$ 时，TO-3 封装的晶体管功耗是 $26W$。晶体管制造商给出热阻 $R_{\theta jc}$ 为 $0.9℃/W$。$75\mu m$ 厚的云母绝缘体用作热润滑脂，其热阻是 $0.4℃/W$。散热器所在的柜体内最恶劣的环境温度为 $55℃$，因此，散热器-环境间允许的热阻 $R_{\theta sa}$ 是

$$R_{\theta sa} = R_{\theta ja} - (R_{\theta jc} + R_{\theta cs})$$

$$= \frac{T_{j,max} - T_{a,max}}{P_{loss}} - (R_{\theta jc} + R_{\theta cs})$$

$$=\left[\frac{125-55}{26}-(0.9+0.4)\right]℃/W=1.39℃/W$$

可以选用表 7-1 中的 7 号散热器，其热阻为 1.3℃/W。事实上，由于热阻比计算的小，因此使用这种散热器将使器件的结温降到 122.6℃，此温度低于规定值。因此，晶体管上的功耗将比 26W 小一些，真正的结温也将稍微变小，可能低于 120℃。如果使用这种散热器的变换器很多，则从经济角度考虑，要选用 $R_{\theta sa}=139℃/W$ 的散热器，因为它将比图 7-13 中的 7 号散热器更小、更轻。

▶ 7.3 软开关技术

在电力电子装置中，滤波电感、电容、变压器的体积和重量往往占有较大的比例。提高开关频率可以有效地减小滤波电感、电容、变压器的体积和重量，因此，电路的高频化就成为必然趋势。但随着频率的提高，开关损耗也随之增加，电路效率会严重下降，同时电磁干扰也会增大。针对这些问题采取的解决办法就是软开关技术。

7.3.1 硬开关和软开关

开关在控制电路的开通和关断过程中，会引起电压和电流的剧烈变化，并产生较大的开关损耗和开关噪声，这样的开关称为硬开关。

硬开关电路存在的主要问题是开关损耗和开关噪声大。开关损耗随着开关频率的提高而增加，使电路效率下降。开关噪声给电路带来了严重的电磁干扰，影响了周边电子设备的工作。

软开关电路在电路中增加了小电感、电容等谐振器件，在开关过程前后引入谐振，使开关条件得以改善，从而降低开关损耗和开关噪声。因此，软开关有时也称为谐振开关。

图 7-14 所示为软、硬开关电路及波形对比。

零电压开关准谐振电路是一种较典型的软开关电路，与硬开关电路相比，软开关电路中增加了谐振电感 L_r 和谐振电容 C_r，与滤波电感 L、滤波电容 C 相比，L_r 和 C_r 的值小得多。另一个差别是在开关 S 处增加了反并联二极管 VD_s。软开关电路中 S 关断后，L_r 和 C_r 间发生谐振，电路中电压与电流波形类似于正弦半波。谐振减缓了开关过程的电压、电流变化，并使 S 两端的电压在其开通前就降为 0，使得开关损耗和开关噪声都大为降低。

7.3.2 软开关电路

软开关技术问世以来，出现了许多种软开关电路，直到目前为止，新型的软开关电路还在不断出现。根据电路中主要的开关器件是零电压开通或是零电流关断，可将软开关电路分为零电压电路和零电流电路两大类。根据软开关技术发展的历程，可将软开关电路分成准谐振电路、零开关 PWM 电路和零转换 PWM 电路 3 类。

由于每一种软开关电路都可以用于降压型、升压型等不同电路，因此可以用如图 7-15 所示的基本开关单元来表示，不必画出各种具体电路。实际使用时，可以从基本开关单元导出具体电路，开关和二极管的方向应根据电流的方向作相应调整。

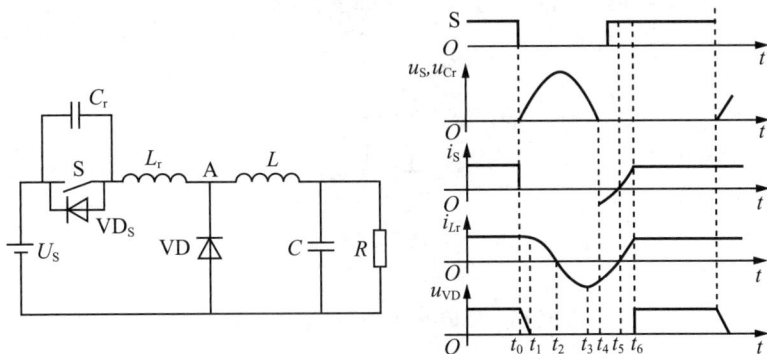

（a）软开关

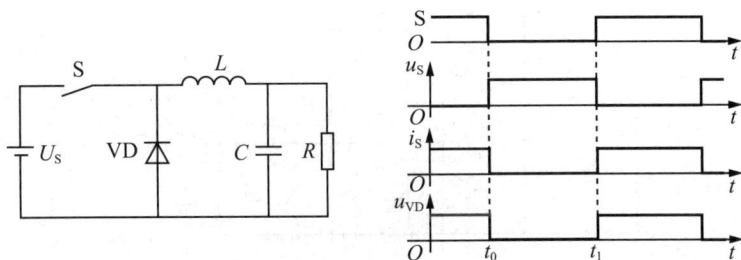

（b）硬开关电路及工作波形

图 7-14　软、硬开关电路及波形对比

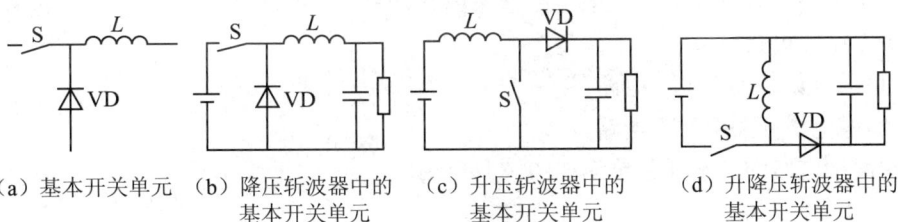

（a）基本开关单元　（b）降压斩波器中的　（c）升压斩波器中的　（d）升降压斩波器中的
　　　　　　　　　　　　基本开关单元　　　　基本开关单元　　　　　基本开关单元

图 7-15　软开关电路的基本开关单元

下面对上述 3 类软开关电路加以简述。

1. 准谐振电路

准谐振电路可以分为以下几种。

(1)零电压开关准谐振电路。

(2)零电流开关准谐振电路。

(3)零电压开关多谐振电路。

(4)用于逆变器的谐振直流环节电路。

准谐振电路中电压或电流的波形为正弦半波，因此称之为准谐振。谐振的引入使得电路的开关损耗和开关噪声都大大下降了，但也带来了一些负面问题，如谐振电压峰值高，要求器件耐压性必须提高；谐振电流的有效值很大，电路中存在大量的无功功率的交换，造成电路导通损耗加大；谐振周期随输入电压、负载变化而变化，因此，电路只能采用脉冲频率调制方式控制。图 7-16 所示为准谐振电路的基本开关单元，图

7-17 所示为用于逆变器的谐振直流环节电路原理图。

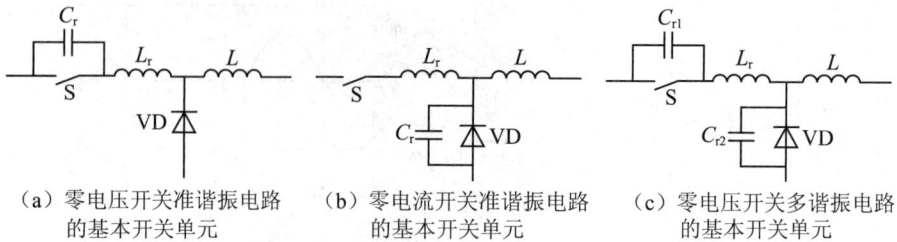

（a）零电压开关准谐振电路的基本开关单元　（b）零电流开关准谐振电路的基本开关单元　（c）零电压开关多谐振电路的基本开关单元

图 7-16　准谐振电路的基本开关单元

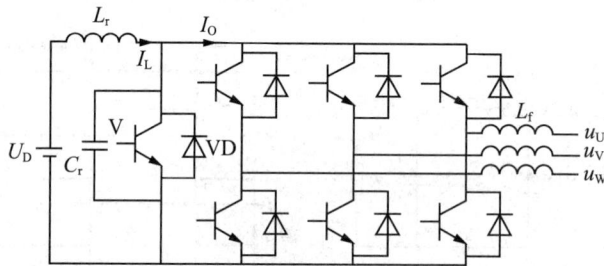

图 7-17　谐振直流环节电路原理图

2. 零开关 PWM 电路

这类电路引入了辅助开关来控制谐振的开始时刻，使谐振仅发生于开关过程前后。零开关 PWM 电路可分为以下两类。

(1)零电压开关 PWM 电路。

(2)零电流开关 PWM 电路。

这两种电路的基本开关单元如图 7-18 所示。

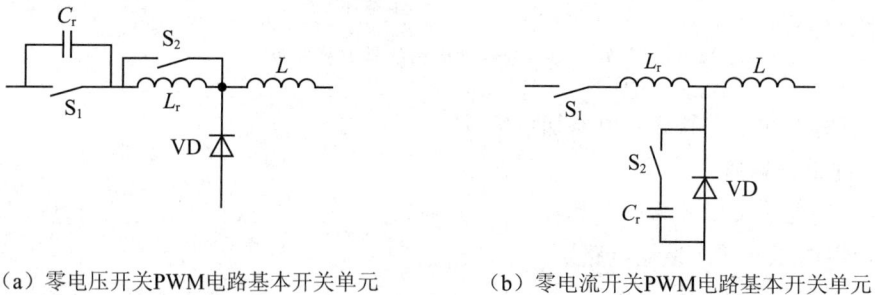

（a）零电压开关PWM电路基本开关单元　　　（b）零电流开关PWM电路基本开关单元

图 7-18　零电压开关和零电流开关 PWM 电路基本开关单元

同谐振电路相比，这类电路有很多明显的优势：电压和电流基本上是方波，只是上升沿和下降沿较缓，开关承受的电压明显降低，电路可以采用开关频率固定的 PWM 控制方式。

3. 零转换 PWM 电路

零转换 PWM 电路可以分为以下两类。

(1)零电压转换 PWM 电路。

(2)零电流转换 PWM 电路。

这两种电路的基本开关单元如图 7-19 所示。

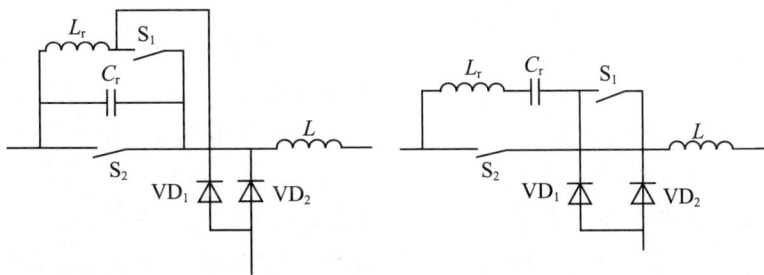

（a）零电压转换基本开关单元　　　　（b）零电流转换基本开关单元

图 7-19　零电压转换和零电流转换 PWM 电路基本开关单元

　　这类软开关电路还是采用辅助开关控制谐振的开始时刻，不同的是，谐振电路是与主开关并联的。因此，输入电压和负载电流对电路的谐振过程影响很小，电路在很宽的输入电压范围内并从零负载到满载都能工作在软开关状态，而且电路中无功功率的交换被削减到最小，这使得电路效率进一步提高。

本 章 小 结

　　本章讨论了变换器的保护电路、散热器和软开关技术，要求学生了解和掌握不同保护的工作原理和应用场合，在变换器中的位置和作用；了解影响电力电子器件散热的因素和达到良好散热效果的方法；掌握软开关和硬开关的概念、区别和特点，以及几种软开关电路。

>>> 思考题

7-1　简述产生过电压的原因，对不同的过电压应分别采取什么样的保护措施？

7-2　简述过电流的两种类型，对不同的过电流应分别采取什么样的保护措施？

7-3　简述不同过电流保护的动作顺序。

7-4　在三相桥式整流电路中，画出 3 种过电压和 3 种过电流的保护方法。

7-5　与硬开关相比，软开关具有什么优越之处？

第8章 电力电子的 Matlab 仿真

【内容提要】Matlab 是由美国 Mathworks 公司开发的大型软件。在 Matlab 软件中，包括了两大部分：数学计算和工程仿真。其数学计算部分提供了强大的矩阵处理和绘图功能。在工程仿真方面，Matlab 提供的软件支持几乎遍布各个工程领域，如自动控制理论、数字信号处理、时间序列分析、动态系统仿真、图像处理、电力电子等领域的仿真，并且功能不断加以完善。本章以 Matlab 6.5 为例，介绍 Simulink 和 Power System 工具箱的模块资源、模型窗口和菜单的构成、模块和系统模型的基本操作方法、系统的仿真技术，对典型电力电子电路建立仿真模型并进行仿真。

▶ 8.1 Matlab/Simulink/Power System 工具箱及应用简介

Simulink 是在 Matlab 环境下对动态系统进行建模、仿真和分析的一个软件包。它支持线性和非线性系统、连续时间系统、离散时间系统、连续和离散混合系统的建模、仿真和分析。电力系统(Power System)仿真工具箱是在 Simulink 环境下使用的工具箱，其功能比较强大，可用于电路、电力电子电路、电动机、电力传输等领域的仿真，它提供了一种类似电路搭建的方法，用于系统的建模。

8.1.1 Simulink 工具箱

在 Matlab 的命令窗口中输入"Simulink"或单击 Matlab 工具条中的 Simulink 图标，即可打开如图 8-1 所示的 Simulink 模块库窗口。

从图 8-1 中可以看出，Simulink 模块库为用户提供了多种多样的功能模块，其中基本功能模块包括连续系统(Continuous)、离散系统(Discrete)和非线性系统(Nonlinear)的构成模块。连接、运算类模块包括函数与表(Functions & Tables)、数学运算(Math)和信号与系统(Signals & Systems)模块。更重要的是，它还提供子系统模块(Subsystems)，用户可以自行构建复杂系统的子系统。此外，它的输入源模块(Sources)和

图 8-1 Simulink 模块库窗口

变量接收模块(Sinks)为模型仿真系统提供了信号源和结果输出设备，以便于用户对模型进行仿真和分析。

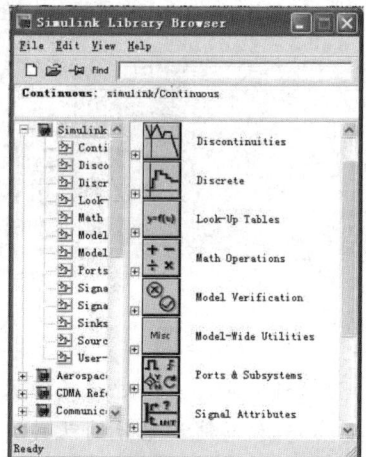

本章使用的功能模块有连续系统模块、数学运算模块、非线性系统模块、信号与系统模块、接收模块、信号源模块和子系统模块等。

1. 连续系统模块

连续系统模块组中的主要模块及其图标如图 8-2 所示，连续系统模块组中共有 7 个标准基本模块，分别是输入信号微分(Derivative)、输入信号积分(Integrator)、输入信

号延时一个固定时间再输出（Transport Delay）、输入信号延时一个可变时间再输出（Variable Transport Delay）、线性传递函数模型（Transfer-Fcn）、线性状态空间系统模型（State-Space）、以零极点表示的传递函数模型（Zero-Pole），基本模块的用途和使用方法可参看相关书籍。

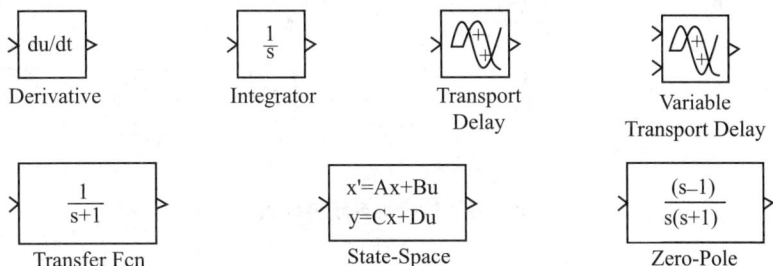

图 8-2　连续系统模块组

2. 数学运算模块

数学运算模块组及其图标如图 8-3 所示，它共有 25 个标准基本模块。

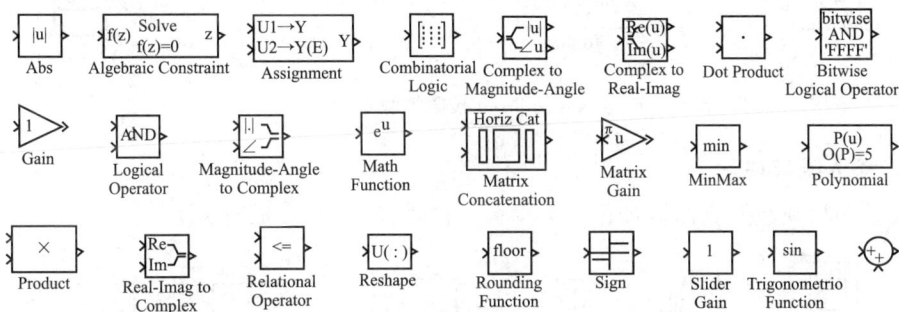

图 8-3　数学运算模块组

3. 非线性系统模块

非线性系统模块组及其图标如图 8-4 所示，它共有 8 个标准基本模块。

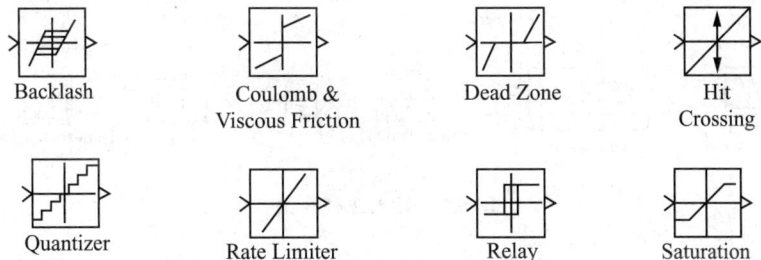

图 8-4　非线性系统模块组

4. 信号与系统模块

信号与系统模块组及其图标如图 8-5 所示，它共有 21 个标准基本模块。

5. 接收模块

接收模块组及其图标如图 8-6 所示，它共有 9 个标准基本模块。

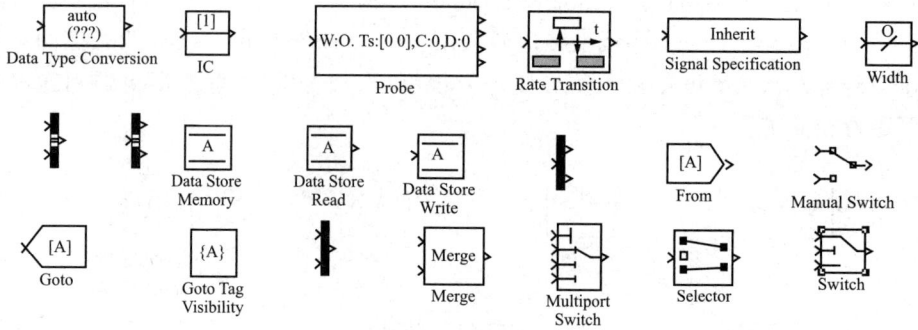

图 8-5 信号与系统模块组

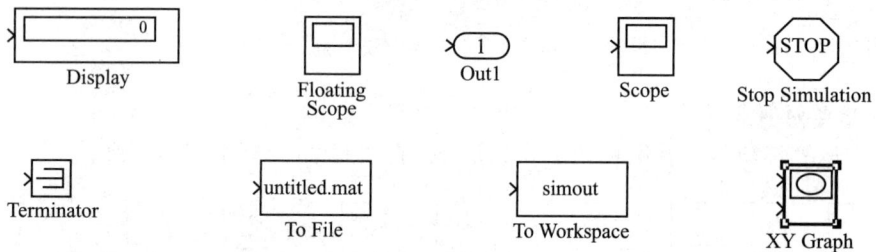

图 8-6 接收模块组

6. 输入源模块

输入源模块组及其图标如图 8-7 所示,它共有 18 个标准基本模块。

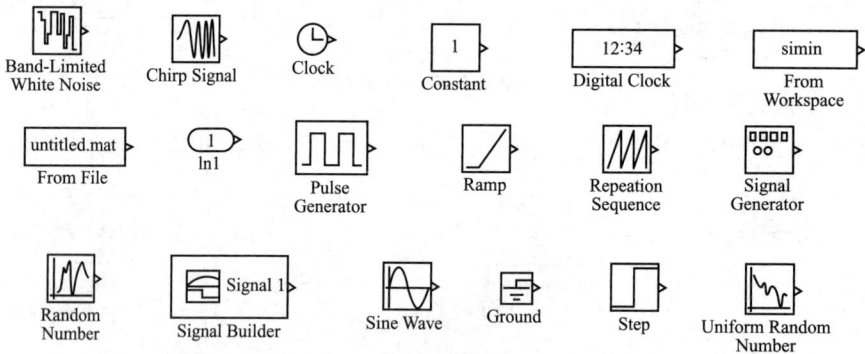

图 8-7 输入源模块组

熟悉这些模块组所包含的模块及其在工具箱中的位置,有助于建模时迅速查找到相应模块。

8.1.2 Power System 工具箱

在 Matlab 6.5 命令窗口中输入"powerlib"命令,得到如图 8-8 所示的工具箱。该工具箱中有很多模块组,几乎提供了组成电力系统的所有元件,主要有电源(Electrical Sources)、元件(Elements)、电力电子元件(Power Electronics)、电动机系统(Machines)、模块连接器(Connectors)、测量元件(Measurements)、附加(Extras)、演示(Demos)等模块组。

　　双击任一个图标均可打开一个模块组，下面对本章所要使用的相关模块组做简要介绍。

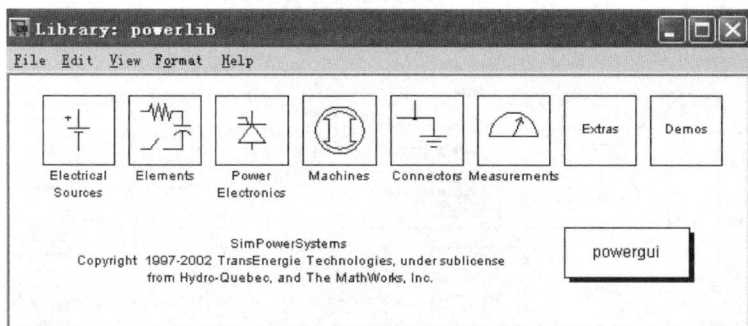

图 8-8　Matlab 的电力系统工具箱

1. 电源模块组

　　电源模块组包括直流电压源(DC Voltage Source)、交流电压源(AC Current Source)、交流电流源(AC Voltage Source)、三相电源(3-Phase Source)、三相可编程电压源(3-Phase Programmable Voltage Source)、受控电压源(Controlled Voltage Source)及受控电流源(Controlled Current Source)7 种电源模型。电源模块组中各基本模块及其图标如图 8-9 所示。

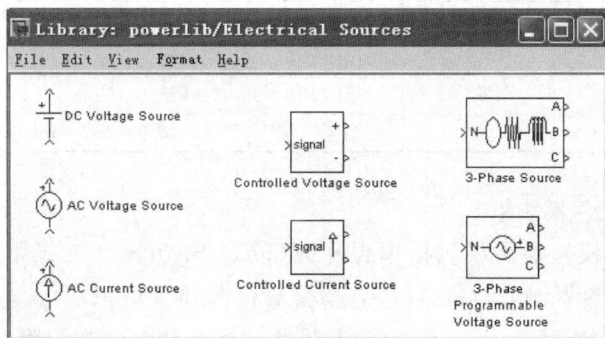

图 8-9　电源模块组

2. 元件模块组

　　元件模块组主要包括各种电阻、电容、电感、导线、开关器件和各种变压器元件。元件块组中各基本模块及其图标如图 8-10 所示。

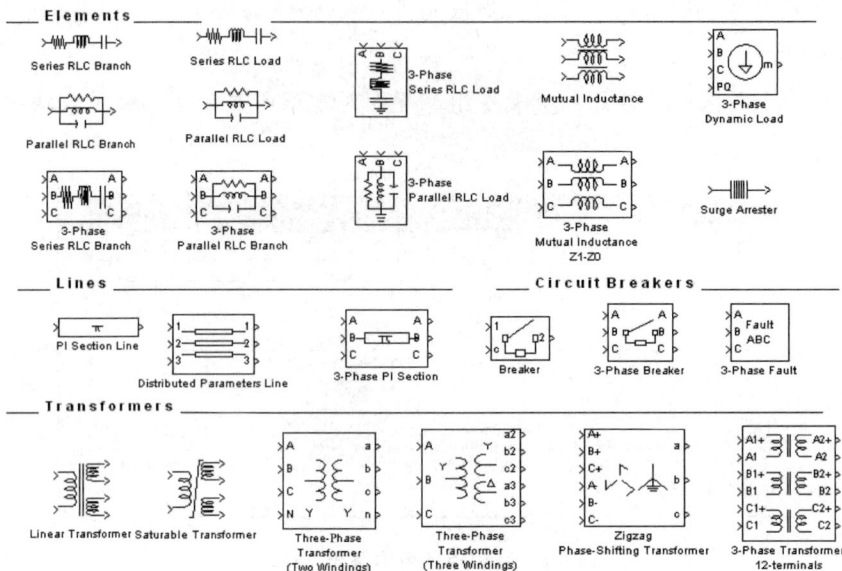

图 8-10　元件模块组

需要注意的是，元件模块组中不包括单个的电阻、电容和电感元件，单个的元件只能通过串联或并联的 *RLC* 分支及其负载形式来确定。单个元件的参数设置在不同的分支电路中有所区别，具体设置如表 8-1 所示。

表 8-1　单个电阻、电容、电感元件的参数设置

元件	*RLC* 串联分支			*RLC* 并联分支		
类型	电阻	电感	电容	电阻	电感	电容
单个电阻	R	0	inf 或 0	R	inf 或 0	0
单个电感	0	L	inf 或 0	inf 或 0	L	0
单个电容	0	0	C	inf 或 0	inf 或 0	C

3. 电力电子元件模块组

电力电子元件模块组主要包括理想开关(Ideal Switch)、二极管(Diode)、晶闸管(Thyristor)、可关断晶闸管(GTO)、绝缘栅双极晶体管(IGBT)、电力场效应晶体管(MOSFET)、整流桥(Universal Bridge)等模块，还有两个附加的附加控制模块组。电力电子元件模块组中各基本模块及其图标如图 8-11 所示。

4. 测量元件模块组

测量元件模块组主要包括电压表(Voltage Measurement)、电流表(Current Measurement)、阻抗表(Impedance Measurement)、多用表(Multimeter)、三相电压电流表(Three-Phase V-I Measurement)、附加子模块组等。测量元件模块组中各基本模块及其图标如图 8-12 所示。

5. 模块连接器

模块连接器包括 10 个常用的连接器，其基本图标如图 8-13 所示。

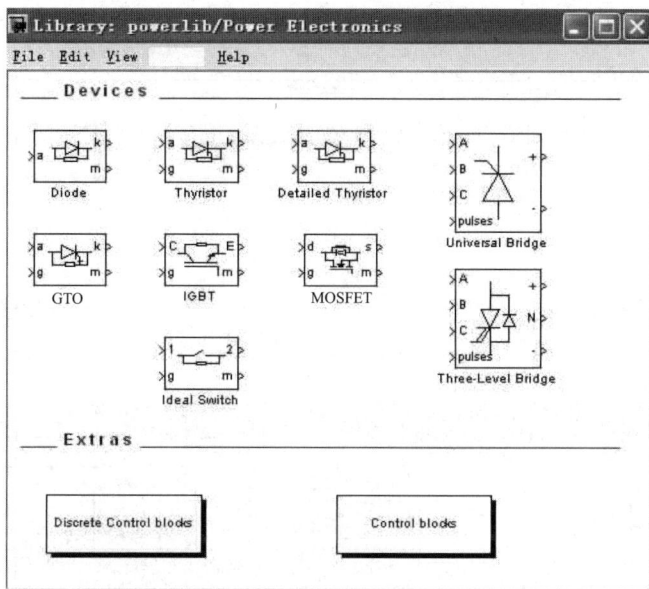

图 8-11　电力电子元件模块组

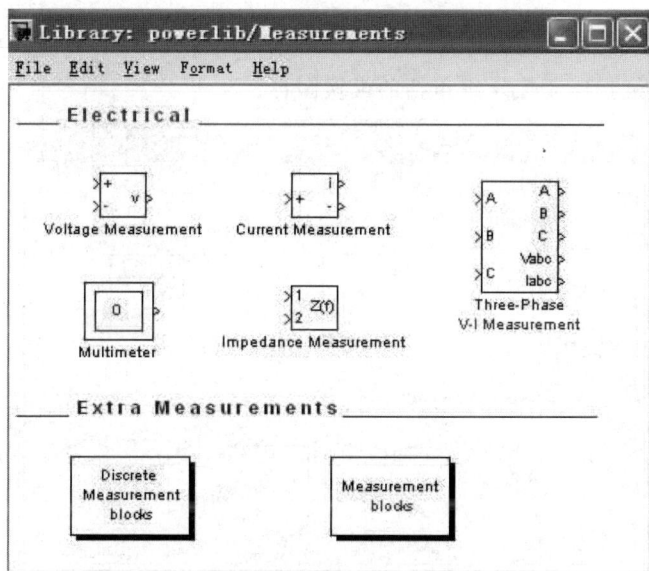

图 8-12　测量元件模块组

6. 附加模块组

附加模块组包括了上述各模块组中的各个附加子模块组，其图标如图 8-14 所示。其主要包括附加测量子模块组（Measurements）、离散型附加测量子模块组（Discrete Measurements）、附加控制子模块组（Control Blocks）、离散型附加控制子模块组（Discrete Control Blocks）、附加电动机子模块组（Additional Machines）、相量库子模块组（Phasor Library）等。

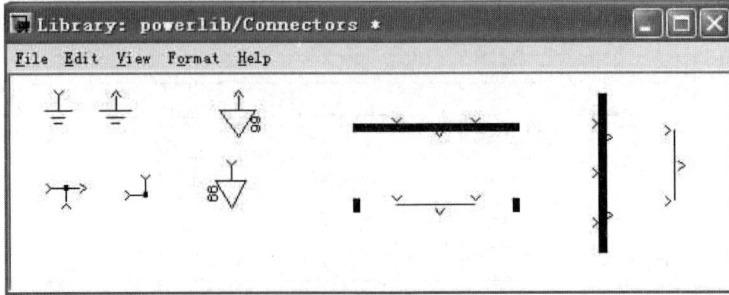

图 8-13　模块连接器

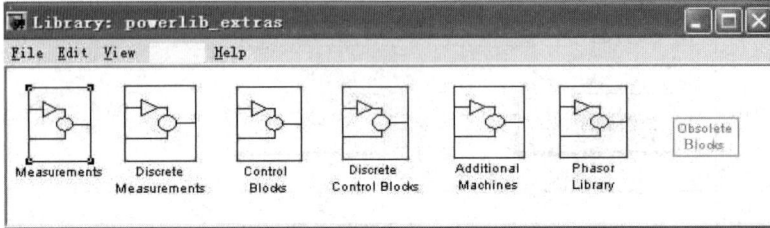

图 8-14　附加模块组

每个子模块又包括了多个模块，图 8-15 所示为附加测量子模块组包括的模块图表，图 8-16 所示为附加控制子模块组包括的模块图标。

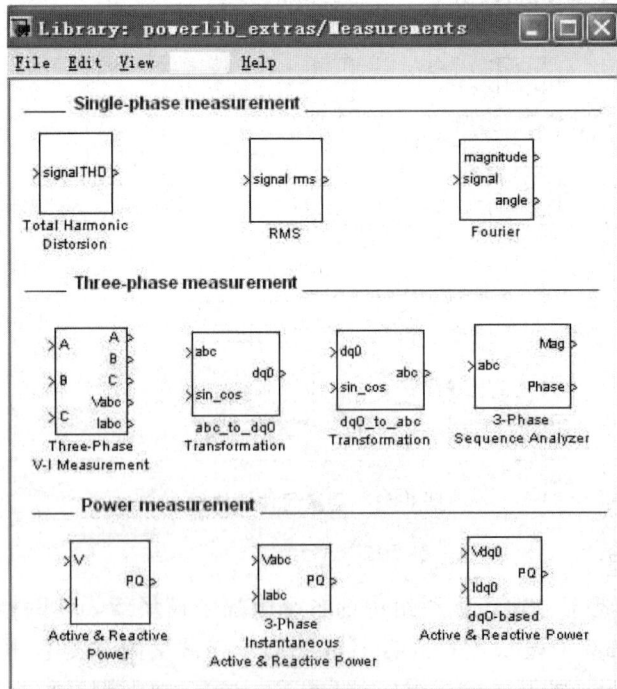

图 8-15　附加测量子模块组

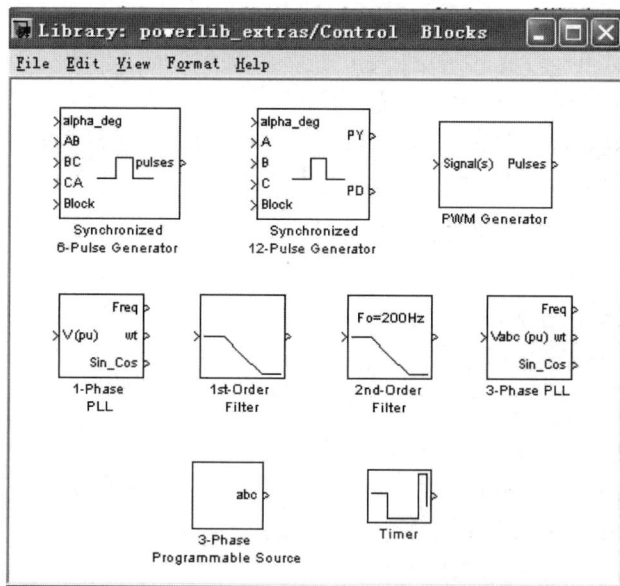

图 8-16　附加控制子模块组

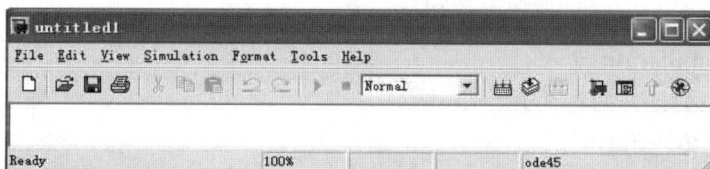

图 8-17　Simulink/Power System 的模型窗口

8.1.3　Simulink/Power System 的模型窗口

在 Simulink/Power System 的模型窗口中，选择"File"菜单中的"New"命令时，会打开无标题名称的"untitled 1"新建模型窗口，如图 8-17 所示。当建立的模型文件命名后，标题"untitled 1"将改变为文件的名称。模型文件的后缀为".mdl"，命名时可以不写入扩展名，由系统自行添加。

模型窗口的第二行是菜单栏，第三行是工具栏，最下方是状态栏。工作窗口是建立模型、修改模型及进行仿真的操作界面。

1. 模型窗口的菜单

Simulink/Power System 模型窗口的菜单栏中主要包括文件(File)菜单、编辑(Edit)菜单、视图(View)菜单、仿真(Simulation)菜单、格式设定(Format)菜单、工具(Tools)菜单和帮助(Help)菜单，如图 8-17 所示。下面仅列出除标准 Windows 菜单以外的主要菜单项。

1)文件(File)菜单

(1)New：创建新的模型或模块库。

(2)Model properties：模型属性。

(3)Preference：参数首选项。

（4）Print：打印模型。

2）编辑（Edit）菜单

（1）Create subsystem：创建子系统。

（2）Mask subsystem：封装子系统模块。

（3）Look under mask：查看封装模块的内部结构。

（4）Update diagram：更新封装模块的外观。

3）视图（View）菜单

（1）Go to parent：进入母系统模型。

（2）Tool bar：显示或隐藏工具栏。

（3）Status bar：显示或隐藏状态工具栏。

（4）Model browser options：模型浏览器。

（5）Block data tips options：光标位于模块上方时显示内部数据。

（6）Library browser：Simulink 模块库浏览器。

（7）Zoom in：放大模型显示比例。

（8）Zoom out：缩小模型显示比例。

（9）Fit system to view：自动选择最合适的显示比例。

（10）Normal（100%）：以正常比例（100%）显示模型。

4）仿真（Simulation）菜单

（1）Start：启动或暂停仿真。

（2）Stop：停止仿真。

（3）Simulation parameters...：设置仿真参数。

（4）Normal：常规标准仿真。

（5）Accelerator：加速仿真。

（6）External：外部仿真。

5）格式设定（Format）菜单

（1）Font：字体选择。

（2）Text alignment：文字对齐方式。

（3）Flip name：模块标题名称上下换位。

（4）Hide name：显示/隐藏模块名。

（5）Flip block：将功能模块图旋转 180°。

（6）Rotate block：将功能模块图顺时针旋转 90°。

（7）Show drop shadow：显示或隐藏模块的阴影。

（8）Sample time color：给不同取样时间序列添加颜色。

（9）Wide nonscalar lines：用宽信号线表示相量信号。

（10）Signal dimensions：设置相量信号的宽度。

（11）Port data types：标明端口数据的类型。

6）工具（Tools）菜单

Linear analysis：线性化分析工具。

2. 模型窗口工具栏

模型窗口工具栏提供了一些命令按钮，使用命令按钮可使操作更快捷、更方便。模型窗口工具栏中的命令按钮主要包括新建、打开、保存、打印、剪切、复制、粘贴、取消、重复、启动/暂停仿真、停止仿真、打开 Simulink 库、触发模型、母系统和调试等，如图 8-18 所示。

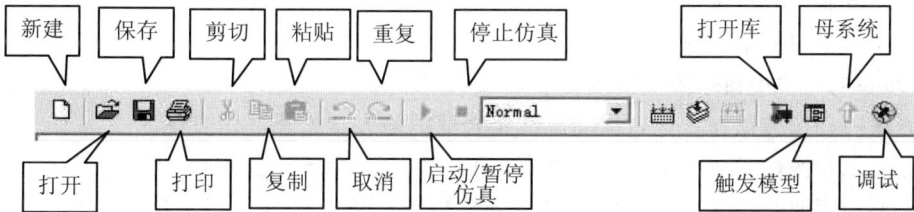

图 8-18　模型窗口工具栏

8.1.4　Simulink/Power System 的模块操作

Simulink 和 Power System 模块的基本操作相同，下面介绍的模块操作对两者都适用。

1. 模块的基本操作

1）模块的选定

模块选定操作是许多其他操作(如复制、移动、删除)的前导操作。被选定的模块4个角处会出现小黑块，这种小黑块称为柄，如图 8-19 所示。

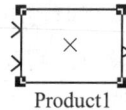

图 8-19　选定的模块

(1)选定单个模块的操作方法：将光标指向待选模块，单击即可。

(2)选定多个模块的操作方法如下。

方法一：按住 Shift 键，依次单击所需选定的模块。

方法二：按住的鼠标任一键，拖动出矩形虚线框，将所有待选模块框在其中，并松开按键，于是矩形框中的所有模块(包括连接模块的信号线)均被选中，如图 8-20 所示。

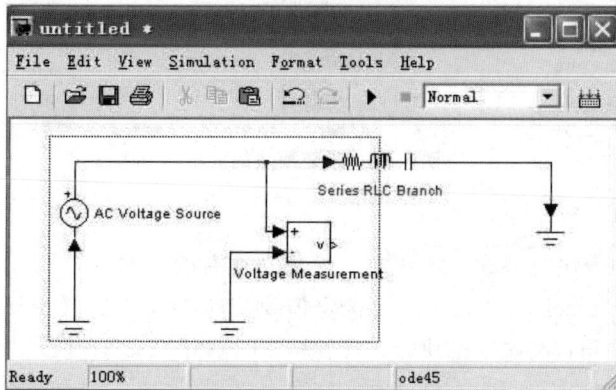

图 8-20　用矩形框同时选定多个对象

<100></100>

2）模块的复制

（1）不同模型窗（包括库窗口在内）之间的模块复制方法如下。

方法一：在一窗口中选中模块，按下鼠标左键，将其拖动到另一模型窗口中，松开鼠标左键。

方法二：在一窗口中选中模块，单击窗口工具栏中的复制按钮，并单击目标模型窗口中需复制模块的位置，再用鼠标单击工具栏中的粘贴命令按钮即可（此方法也适用于同一窗口中的复制）。

（2）在同一模型窗口中的复制方法如下。

方法一：按住鼠标右键，拖动鼠标至合适的地方，松开鼠标右键。

方法二：按住 Ctrl 键，再按住鼠标左键，拖动鼠标至合适的地方，松开鼠标左键。

需要说明的是，复制所得模块具有和源模块一样的属性，复制所得模块与源模块同名，如同一个模型中有两个或两个以上的相同模块，那么这些模块将以其名后的数字进行区分。

3）模块的移动

方法：选中需移动的模块，按住鼠标左键将模块拖动到合适的地方并松开鼠标左键即可。

注意：模块移动时，与之相连的连线也随之移动。在不同模型窗口之间移动模块时，需要同时按下 Shift 键。

4）模块的删除

在选定待删除模块后，可以采用以下任何一种方法完成删除操作。

方法一：按 Delete 键。

方法二：单击工具栏中的剪切命令按钮，将选定内容剪除并存放于剪贴板中。

5）改变模块的大小

为改变模块大小，应先选中该模块，待模块柄出现之后，将光标指向适当的柄，进行拖动操作即可。整个过程如图 8-21 所示。

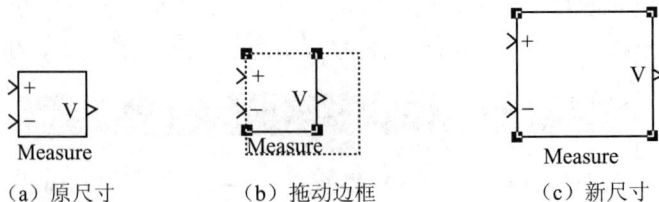

（a）原尺寸　　（b）拖动边框　　（c）新尺寸

图 8-21　改变模块的大小

6）模块的旋转

默认状态下的模块总是输入端在左、输出端在右的，如图 8-22(a) 所示。通过格式设定菜单中的 Flip block 命令，可以将选定模块旋转 180°，如图 8-22(b) 所示；而选择 Rotate block 命令，可以将选定模块顺时针旋转 90°，如图 8-22(c) 所示。

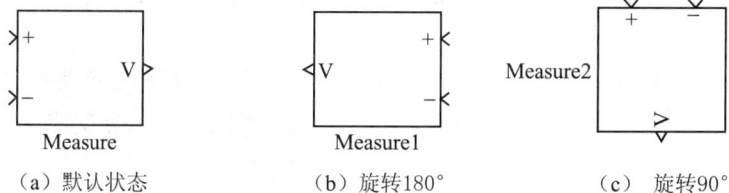

（a）默认状态　　　　（b）旋转180°　　　　（c）旋转90°

图 8-22　模块的旋转

2. 模块的连接

当把一个控制系统所需的各个模块都复制到模型窗口中后，需要用信号线将这些模块图标连接起来，构成系统模型。在连接模块时，总是由输入口接收信号，由输出口发出信号。

1）信号线的使用

信号线的作用是连接各功能模块。在模型窗口中，拖动鼠标箭头，可以在模块的输入与输出之间连接信号线。为了连接两个模块的端口，可按住鼠标的左键，单击输入或输出端口，当光标变为"＋"形状后，拖动"＋"字图形符号到另一处端口，鼠标指针将变成双"＋"字形状，松开鼠标左键，就会形成一根信号线，箭头表示信号的流向。

对信号线的操作和对模块的操作一样，也需先选中信号线（单击该线），被选中的信号线两端将出现两个小黑块，这样就可以对该信号线进行其他操作了，如可以进行改变粗细、设置标签、弯折、分支、删除等操作。

2）信号线的宽度显示

信号线所携带的信号既可能是标量又可能是相量，对于相量信号线，在模型窗口中，选择格式设定菜单中的"Signal dimensions"命令，对模型执行完仿真菜单中的"Start"命令或编辑菜单中的"Update diagram"命令后，传输相量的信号线就会变粗，变粗的线段表示该连线上的信号为相量形式。

3）信号线的标签设置

在信号线上双击即可在该信号线的下方出现一个矩形框，在矩形框内的光标处可输入该信号的标签说明，中英文字符均可。如果标签的信息内容较多，则可以按 Enter 键进行换行。如果标签信息有错或者需要修改，则重新选中再进行编辑即可。

4）信号线的折曲

在构建方块图模型时，有时需要使两个模块之间的连线折曲，以让出空白，绘制其他东西。产生折曲的过程如下：选中信号线，按住 Shift 键，再在要折曲的地方单击，在此处就会出现一个小圆圈，表示折点，利用折点可以改变信号线的形状。

选中信号线，将光标指到线段端头的小黑块上，直到箭头指针变为"O"形，按住鼠标左键，拖动线段，即可将线段以直角的方式折曲。

如果不想以直角的方式折曲，则可以在线段的任一位置按住 Shift 键与鼠标左键，该线段将以任意角度折曲。

5）信号线的分支

在实际模型中，一个信号往往需要分送到不同模块的多个输入端，此时就需要绘

制分支线(Branch line)。如反馈控制系统中反馈线的绘制就要使用分支操作产生。分支线的绘制步骤如下。

选中信号线,按住 Ctrl 键,在要建立分支的地方按住鼠标左键并拉出即可;也可以将光标指到要引出分支的信号线段上,按住鼠标右键拖动作出分支线段。

6)信号线的平行移动

将光标指到要平行移动的信号线段上,按住鼠标左键不放,鼠标指针变为"+"字箭头形状,在水平或垂直方向拖动鼠标到目的位置,松开鼠标左键,即可完成信号线的平行移动。

7)信号线与模块的分离

将鼠标指针放到想要分离的模块上,按住 Shift 键不放,再用鼠标把模块拖动到其他位置,即可将模块与连接线分离。

8)信号线的删除

选定要删除的信号线,按 Delete 键,即可将选中的信号线删除。

3. 模块的标题名称、内部参数的修改

1)模块标题名称的修改

模块标题名称是指标志模块图标的字符串,通常模块标题名称设置在模块图标的下方,也可以将模块标题名称设置在模块图标的上方。对模型窗口中标题名称的修改方法如下。

(1)单击功能模块的标题,在原模块标题外拖动出一矩形框,按住鼠标左键,选取要修改的标题字符部分,使之增亮呈反相显示。

(2)按 Enter 键,反相显示的需修改的部分字符被删除,重新输入新的标题信息(中英文字符均可)。

(3)单击窗口中的其他任一地方,修改操作结束。

2)模块内部参数的修改

在模型窗口中,双击待修改参数的模块图标,弹出功能模块内部参数设置对话框,通过改变对话框相关项目中的数据即可。

8.1.5 Simulink/Power System 系统模型的操作

1. 系统模型文件的保存与打开

编辑好一个模型后,可以在 untitled 模型窗口中选择文件菜单中的"Save"命令将模型以原文件名保存在当前工作目录下。模型是以 ASCII 码形式存储的 .MDL 文件,扩展名为".mdl"。模型的扩展名可以省略,系统会自行添加。当以已经存在的文件名保存与其内容不同的文件时,新的文件内容将覆盖原文件内容。

另外,可以在 untitled 模型窗口中选择文件菜单中的"Save as"命令,将模型文件在设定的路径和设定的目录下,以一个新文件名保存。

已经保存在计算机中的模型文件可以通过以下方式打开。单击库浏览器或模型窗口中的打开命令按钮;可以选择模型窗口文件菜单中的"Open"命令;可以在 Matlab 命令窗口中直接输入要打开的模型文件的名称(需注明模型文件所在的路径和子目录,且不要带文件扩展名)。

2. 系统模型标题名称的标注

在 untitled 模型窗口中，将鼠标指针放在窗口的任一空白处，双击即可在鼠标指定的位置出现一个小方框，小方框内有文字光标闪动，此时可在方框内为系统模型标注名称、标题或注释。

3. 模型的打印

Simulink 环境下建立的系统模型框图可以用以下方法打印输出：在模型窗口中，选择文件菜单中的"Print"命令或单击工具栏的打印命令按钮，即可打印当前活动窗口的模型框图，而不打印任何打开的 Scope 模块。

4. 观察 Simulink 的仿真结果

系统仿真后的结果可以用 Simulink 提供的多种工具查看，变量接收模块（Sinks）组中的几个模块都可以用来观察仿真结果，如表 8-2 所示，下面介绍常用的几种方法。

表 8-2　接收模块（Sinks）一览表

名　称	模块形状	功　能	说　明
Display	Display	数值显示	数字显示器
Scope	Scope	示波器	显示实时信号
Stop	STOP Stop Simulation	终止仿真	可接收向量输入，任何分量非零时，终止整个仿真
To File	untitled.mat To File	把数据保存为文件	以行方式保存时间或信号序列
To Workspace	simout To Workspace	把数据写成矩阵	以列方式保存时间或信号序列
X Y Graph	XY Graph	显示 x-y 图形	利用 Matlab 图形窗口显示 x-y 曲线，横、纵坐标范围均可设置
Out1	1 Out1	输出	将输出信息返回到 Matlab 命令窗口中

第一种方法是将仿真结果信号输入到"Scope"示波器、"XY Graph"二维图形显示器或"Display"数字显示器中，直接查看图形或数据。如果将这 3 种示波器图标放在构建的系统结构模型图的输出端，就可以在系统仿真的同时看到仿真输出结果，"Display"将结果数据直接显示在模块的窗口中；"Scope"示波器、"XY Graph"图形显示器会产生新的窗口。

需要注意的是，用示波器只能即时查看结果而不能保存结果。

第二种方法是将仿真结果信号输入到"To Workspace"模块中，以变量名"simout"保存到 Matlab 工作空间中，再用绘图命令 Plot(tout，simout)在 Matlab 命令窗口中绘制图形，并对图形进行编辑。

第三种方法是使用"Out1"模块将输出信息返回到 Matlab 命令窗口，并自动用"yout"的变量保存起来（前提是在选择仿真参数时，要选择 yout 选项），Matlab 也会自动将每个时间数据存入到 Matlab 命令中，用"tout"变量保存起来，再利用绘图命令 Plot(tout，yout)绘制出图形，并对图形进行编辑。

8.1.6　Simulink/Power System 系统仿真的配置

在 Simulink 环境中，编辑模型的一般过程如下：新建一个空白的编辑窗口，将模块库中需要的模块复制到编辑窗口中，并按照系统要求修改窗口中的模块参数，再用信号线将各个模块按照给定的框图连接起来，完成上述工作后即可对整个模型进行仿真。

单击模型仿真(Simulation)菜单中的"Start"按钮，就可启动仿真。在进行仿真前，假如不采用系统默认设置，那么必须对各种仿真参数进行配置，包括仿真的起始和终止时刻的设定、仿真步长的选择、数值积分算法的选择、是否从外界获得数据、是否向外界输出数据等。

选择"Simulation"菜单中的"Simulation parameters..."命令，即可弹出变步长的仿真参数对话框，如图 8-23 所示。固定步长时的仿真参数对话框如图 8-24 所示，可以进行仿真参数的修改。

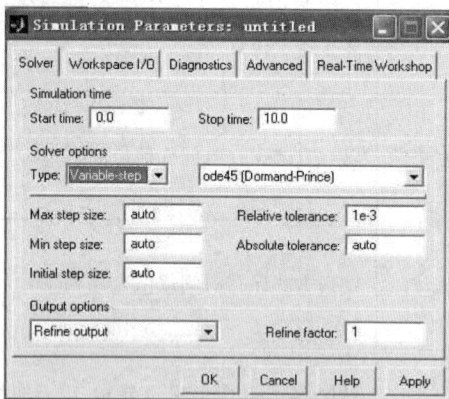

图 8-23　变步长仿真参数的设置　　　图 8-24　固定步长仿真参数的设置

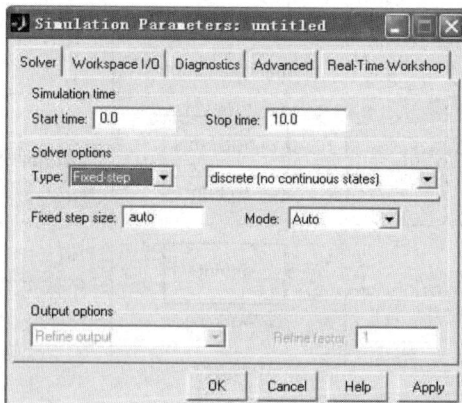

1. 解算器参数的设置

1)仿真时间的设置

"Simulation time"选项组用于设置仿真时间，在"Start time"和"Stop time"右侧的编辑框内分别输入仿真的起始时间与停止时间，默认值分别为"0""10"，单位为"秒"。

2)算法选择

"Solver options"选项组用于选择算法，在"Type"下拉列表中选择算法类型，包括变步长和固定步长两种。

（1）变步长（Variable-step）类型算法。这种算法在保证精度下使用尽可能大的步长，能完全排除积分步长和输出解点间隔之间的相互制约，可不必为获得光滑输出而设定很小的步长。属于 Variable-step 的仿真算法有 ode45、ode23、ode113、ode15s、ode23s、ode23t、ode23tb 以及 discrete，默认设置是 ode45，上述算法的特点请查阅相关参考书籍。

（2）固定步长（Fix-step）参数的设置。属于固定步长的仿真算法有 ode5、ode4、ode3、ode2、od1、discrete，如表 8-3 所示，其中，discrete 是不含积分运算的定步长算法，适用于求解非连续状态的系统模型问题。

表 8-3　固定步长仿真算法一览表

算法指令	特　　点
ode5	ode45 定步长形式
ode4	采用定步长的经典 4 阶 Runge-Kutta 算法
ode3	ode23 定步长形式
ode2	定步长的 2 阶 Runge-Kutta 算法
ode1	定步长的 Euler 算法
discrete	纯离散系统的特殊解法

Simulink 模型本质上是一个计算机程序，它定义了描写被仿真系统的一组微分或差分方程，因此用户需针对不同类型的仿真模型，按照各种算法的特点、仿真性能与适用范围，正确选择算法，并确定适当的仿真参数，从而得到最佳仿真结果。

3）解算器运算步长时间和误差的设置

"Max step size"选项用于设定解算器的时间上限，"Initial step size"选项用于设定解算器第一步运算的时间，默认值为"auto"。相对误差"Relative tolerance"的默认值为"1e-3"，绝对误差"Absolute tolerance"的默认值为"auto"。

固定步长一般以 ode4 为默认算法，等效于 ode45，只可以设定"Fixed-step size"为"auto"。"Mode"选项用于选择模型的类型，有"Multitasking（多任务）""Single tasking（单一任务）""auto（自动）"3 种类型。"Multitasking"模型指其中有些模块具有不同的取样速率，并对模块采用不同的取样速率；"Single tasking"模型中各模块的取样速率相同，不检测取样速率的传递；"auto"则根据模型中取样速率是否相同，决定采用前两者的哪一种。

4）输出设置

"Output options"下拉列表中的第一项为细化输出（Refine Output），细化系数（Refine Factor）的最大值为"4"，默认值为"1"，数值越大，输出越平滑。

第二项为产生附加输出（Produce additional output），允许指定产生输出的附加时间（Output times）。该项被选中后，在"Output times"文本框中可以输入产生输出的附加时间，该方式可改变仿真步长，使其与指定的附加时间一致。

第三项为产生特定的输出（Produce additional output only），只在指定的输出时间中产生仿真输出，该方式可改变仿真步长，使其与产生输出指定时间一致。

2. 仿真数据的输入输出设置

仿真数据的输入输出设置如图 8-25 所示。

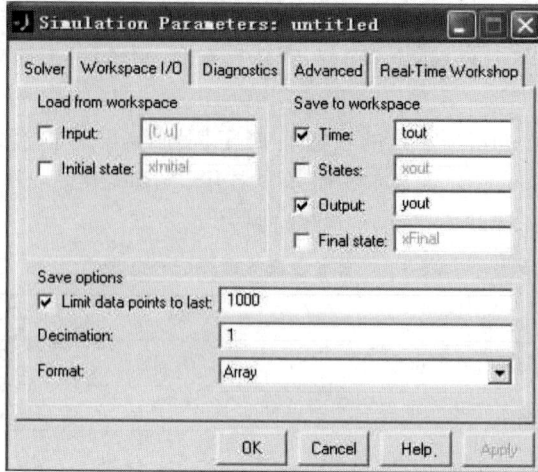

图 8-25 输入输出设置

(1)"Load from workspace"(从 Matlab 工作空间获取输入)选项组。

"Input"复选框：假如模型窗口中使用输入模块 In，则必须勾选"Input"复进框，并填写在 Matlab 工作空间中的输入数据变量名，变量名默认值为$[t, u]$。t 是一维时间列相量，u 是与 t 相同的二维列相量。若输入模块有 n 个，则 u 的第 1，2，…，n 列分别送往输入模块 In1，In2，…，In n。

勾选"Initial state"复进框，将强迫模型从工作空间获取模型中全部模块所有状态变量的初始值，称为初始化状态模块。该栏空白处填写的变量名(默认名为 x Initial)应是工作空间中存在的变量，该变量包含模型状态相量的初始值。

(2)"Save to workspace"(将输出保存在 Matlab 工作空间中)选项组。

"Time"复选框：勾选该复选框，模型将把(时间)独立变量以指定的变量名(默认名为 tout)存放于工作空间中。

"State"复选框：勾选该复选框，模型将状态变量以指定的变量名(默认名为 xout)存放于工作空间中。

"Output"复选框：假如模型窗口中使用输出模块 Out，就需要勾选该复选框，并填写 Matlab 工作空间中的输出数据变量名，数据的存放方式与输入情况相似。

"Final state"复选框：勾选该复选框，将向工作空间以指定的名称(默认名为 xFinal)存放最终状态值。状态变量的最终状态值还可以被模型再次调用。

(3)"Save options"(变量存放选项)选项组。

该选项组必须与"Save to workspace"选项组配合使用。

"Limit rows to last"复选框：勾选该复选框，可设定保存变量接收数据的长度，默认值为 1000。假如输入数据长度超过设定值，那么最早的历史数据被清除。

"Decimation"文本框：设定解点保存频度。若取 n，则每隔 $n-1$ 点保存一个解点，默认值为 1。

"Format"下拉列表：对 Simulink 而言，保存数据有 3 种格式选项，即矩阵(Matrix)、构架(Structure)、带时间的构架(Structure with time)。

3. 其他

除了前面介绍的两个参数设置选项外，仿真控制参数的选项还有诊断(Diagnostics)、实时工作空间(Real-Time Workshop)和高级(Advanced)等，对于这些选项的参数设置方法，请查阅相关参考书籍。

8.2　电力电子器件的仿真模型

8.2.1　晶闸管的仿真模型

1. 晶闸管元件的仿真模型

晶闸管是一种可以通过门极信号触发导通的半导体器件，晶闸管的仿真模型由一个电阻 R_{on}、一个电感 L_{on}、一个直流电压源 U_f 和一个开关串联组成。开关受阳极电压 U_{ak}、阳极电流 I_{ak} 和门极触发信号控制，其数学模型如图 8-26 所示。

晶闸管模块中还包括一个 R_S-C_S 缓冲电路，其通常与晶闸管并联。缓冲电路的 R_S 和 C_S 可以分别设定，当 $C_S=\inf$ 时，缓冲电路为纯电阻；当 $R_S=0$ 时，缓冲电路为纯电容；当 $R_S=\inf$ 或 $C_S=0$ 时，缓冲电路去除。其图标如图 8-27 所示。

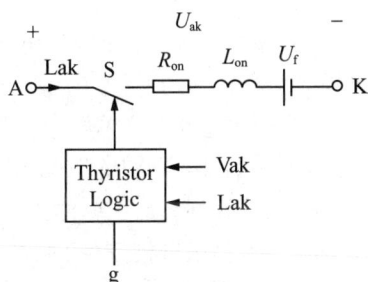

图 8-26　晶闸管的数学模型

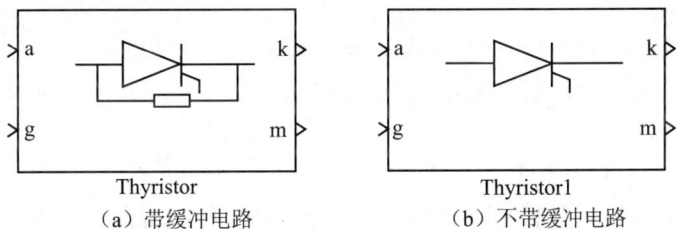

图 8-27　晶闸管模块的图标

（a）带缓冲电路　　　　（b）不带缓冲电路

2. 晶闸管元件仿真模型的类别和输入、输出设置

1)晶闸管的仿真模型类型

晶闸管的仿真模型分为标准模型和简化模型两种。为了提高仿真速度，可以采用简化模型，即将擎住电流 I_L 和关断时间 T_q 分别设为零。

2)输入和输出

晶闸管模块图标上有两个输入和输出端，第一个输入 a 和输出 k 对应于晶闸管的阳极和阴极；第二个输入 g 为加在门极上的触发信号，第二个输出 m 用于阳极电流和电压的测量。

3. 晶闸管元件仿真参数的设置

晶闸管元件仿真参数设置对话框如图 8-28 所示，根据晶闸管的数学模型构成，需要设置的参数主要有以下几个。

(1)晶闸管元件内电阻 R_{on}：单位为 Ω，当电感 L_{on} 参数设置为零时，R_{on} 不能为零。

(2)晶闸管元件内电感 L_{on}：单位为 H，当电阻 R_{on} 参数设置为零时，L_{on} 不能为零。

(3)晶闸管元件的正向管压降 U_f：单位为 V。

(4)初始电流 I_C：初始电流的设置比较麻烦，为了配合仿真，通常将 I_C 设为零。

(5)缓冲电阻 R_S 和缓冲电容 C_S：设置方法见前。

(6)擎住电流 I_L：单位为 A，该参数值出现在标准晶闸管模型(Detailed Thyristor)中。

(7)关断时间 T_q：单位为 s，该参数值也仅出现在标准晶闸管模型中。

图 8-28　晶闸管元件仿真参数设置对话框

4. 仿真实例

下面以单相半波可控整流电路为例，对由晶闸管构成的电力电子电路的建模和仿真方法作简要介绍。

1)建模及参数选择

(1)在 Matlab 命令窗口中建立一个新的模型窗口，命名为 psbzl。

(2)打开电力电子模块组，复制一个晶闸管(Thyristor)到 psbzl 模型中。在晶闸管对话框中，进行参数设置：$R_{on}=0.001\Omega$、$L_{on}=0H$、$U_f=0.8V$、$R_S=20\Omega$、$C_S=4.7e-06F$，并重新命名为 Thyristor。

(3)打开电源模块，复制一个交流电压源到 psbzl 模型窗口中，在参数设置对话框中将电压幅值设为 100V、频率设为 50Hz。

(4)打开元件和接地模块组，复制一个串联 RL 元件模块和接地模块到 psbzl 模型窗口中，在参数设置对话框中设置 $R=1\Omega$、$L=10mH$。

(5)打开测量模块组，分别复制一个电压和电流测量装置来测量负载上的电压和电流。

(6)从信号与系统模块组中复制一个具有两个输出信号的分离器，命名为 Demux，输入端连接到晶闸管的 m 端(用于晶闸管电流和电压的测量)，两个输出端分别接到四通道示波器的输入端上。

(7)从图 8-7 输入源模块组中复制一个脉冲发生器模型到 psbzl 仿真模型窗口中，命名为 Pulse，并将其输出接到晶闸管的门极上。在参数设置对话框中，选择相位控制角(Phase Delay，用时间表示)。

(8)通过信号线的适当连接后，得到如图 8-29 所示的单相半波可控整流电路的仿真模型。

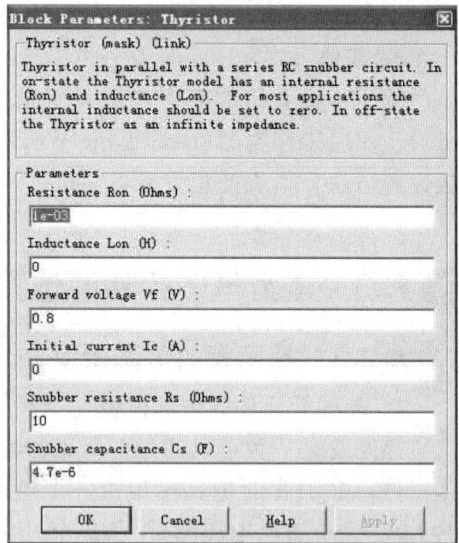

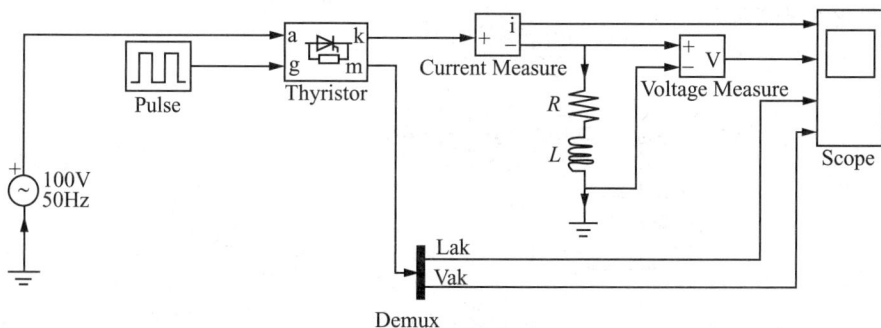

图 8-29　单相半波可控整流电路仿真模型

2)单相半波可控整流电路的仿真

打开仿真参数窗口，选择 ode23tb 算法，相对误差设置为 1e-03，开始仿真时间设置为 0，停止仿真时间设置为 0.1。选择相控角为 $\alpha=30°$，启动仿真，得到图 8-30 所示的仿真结果，从上至下依次为负载电流、负载电压、晶闸管电流、晶闸管电压的波形。

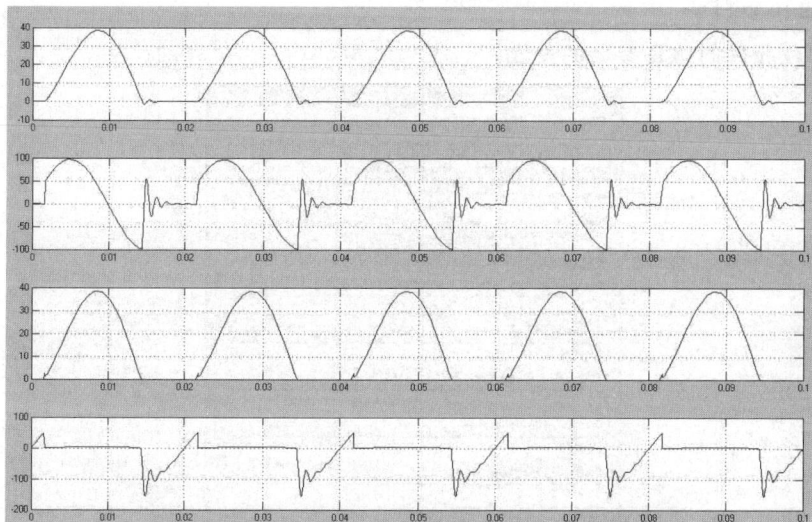

图 8-30　单相半波可控整流电路 $\alpha=30°$ 时的仿真结果

8.2.2　GTO 的仿真模型

1. GTO 元件的仿真模型

GTO 是一种可以通过门极信号触发导通和关断的半导体器件。与普通晶闸管一样，GTO 可由正向门极电压触发导通。普通晶闸管导通后，门极即失去控制作用，只有当承受反向电压或阳极电流小于维持电流时才会截止。而 GTO 可在任何时刻，通过施加反向的门极信号将其关断。

GTO 的数学模型由一个电阻 R_{on}、一个电感 L_{on}、一个直流电压源 U_f 和一个开关串联组成。开关受阳极电压 U_{ak}、阳极电流 I_{ak} 和门极触发信号 G 控制，其数学模型如图 8-31(a)所示。

GTO 模块还包括一个 R_S-C_S 缓冲电路，它通常与 GTO 并联。带缓冲电路的 GTO

图标如图 8-31(b)所示。

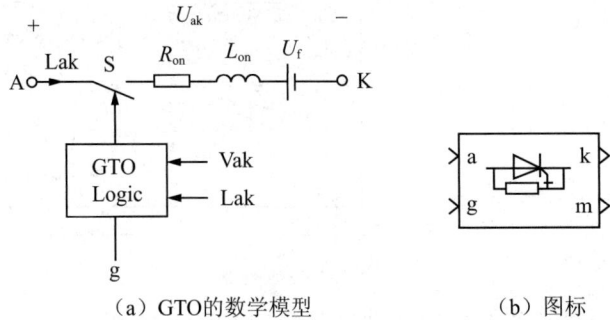

（a）GTO的数学模型 　　　　　　　（b）图标

图 8-31　GTO 的数学模型和带缓冲电路的 GTO 图标

2. GTO 元件的输入、输出设置

与晶闸管相似，GTO 图标上也有两个输入和输出端，第一个输入 a 和输出 k 对应于 GTO 的阳极和阴极；第二个输入 g 为加在门极上的触发信号，第二个输出 m 用于阳极电流和电压的测量。

3. GTO 元件的仿真参数的设置

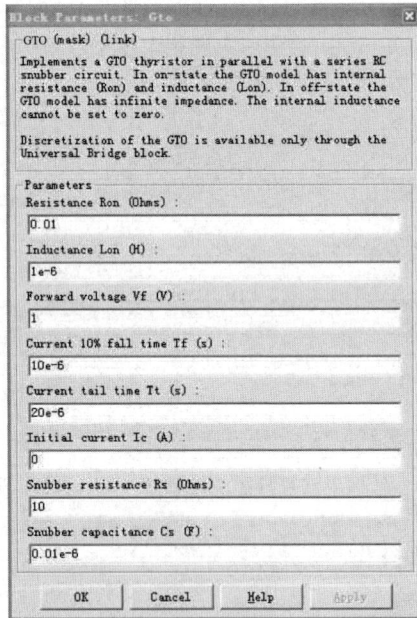

图 8-32　GTO 元件仿真参数设置对话框

GTO 元件仿真参数设置对话框如图 8-32所示，根据 GTO 的数学模型构成，需要设置的主要参数如下。

(1)GTO 元件内电阻 R_{on}：单位为 Ω。

(2)GTO 元件内电感 L_{on}：单位为 H。

(3)GTO 元件的正向管压降 U_f：单位为 V。

(4)电流下降到 10%的时间：单位为 s。

(5)电流拖尾时间 T_t：单位为 s。

(6)初始电流 I_c：与晶闸管相似，通常将 I_c 设为零。

(7)缓冲电阻 R_S：单位为 Ω，为了在模型中消除缓冲电路，可将 R_S 设置为 inf。

(8)缓冲电容 C_S：单位为 F，为了在模型中消除缓冲电路，可将 C_S 设置为 0；为了得到纯电阻 R_S，可将 C_S 设置为 inf。

仿真含有 GTO 的电路时，须使用刚性积分算法，常使用 ode23tb 或 ode15s，以获得较快的仿真速度。

4. 仿真实例

下面是一个由 GTO 元件组成的降压斩波器的建模与仿真实例。

1)建模及参数选择

(1)在命令窗口中建立一个新的模型窗口，命名为 Buck。

(2)打开 Power System 工具箱中的电力电子模块组，分别复制一个 GTO 模块、二极管 Ds 模块、二极管 Diode 模块到 Buck 模型中。在 GTO 对话框中，按照默认值设置相关参数，并取消内部缓冲电路，即 $R_S=$inf、$C_S=0$。

(3)打开电源模块，分别复制一个直流电压源模块 U_s、一个直流电压源模块 E 到 Buck 模型窗口中，在参数设置对话框中，设置在电压源 $U_s=200$V、$E=80$V。

(4)打开元件和接地模块组，复制一个串联 RL 元件模块和接地模块到 Buck 模型窗口中。在参数设置对话框中，设置 $R=1Ω$、$L=5$mH。再复制一个串联 L_S 和 C_S 元件模块到 Buck 模型窗口中，作为外部缓冲电路，设置 $L_S=5\mathrm{e}-07$H、$C_S=2\mathrm{e}-06$F。

(5)打开测量模块组，分别复制一个电压和电流测量装置，用来测量负载上的电压和电流。

(6)从图 8-5 信号与系统模块组中复制一个具有两个输出信号的分离器，命名为 Demux，输入端连接到 GTO 的 m 端(用于 GTO 电流和电压的测量)上，两个输出端分别接到二通道示波器 Scope1 的输入端上。

(7)从图 8-7 输入源模块组中复制一个脉冲发生器模型到 Buck 模型窗口中，命名为 Pulse，并将其输出连接到 GTO 的门极上。

(8)从连接器模块组中复制两个 T 连接器到仿真模型窗口中，作为多元件连接的节点。

(9)通过信号线的适当连接后，得到图 8-33 所示的 Buck 仿真电路。

2)GTO 元件组成的降压斩波器的仿真

打开仿真参数窗口，选择 ode23tb 算法，相对误差设置为 1e-03，开始仿真时间设置为 0，停止仿真时间设置为 0.02s，控制脉冲周期设置为 0.001s(频率为 1000Hz)，控制脉冲占空比设置为 50%。启动仿真，得到图 8-34 所示的仿真结果，从上至下依次为 GTO 电压、GTO 电流、负载电流、负载电压的波形。

8.2.3　IGBT 的仿真模型

1. IGBT 元件的仿真模型

IGBT 是一个受门极信号控制的半导体器件，它由一个电阻 R_{on}、一个电感 L_{on}、一个直流电压源 U_f 和一个由逻辑信号(g>0 或 g=0)控制的开关串联组成，其数学模型

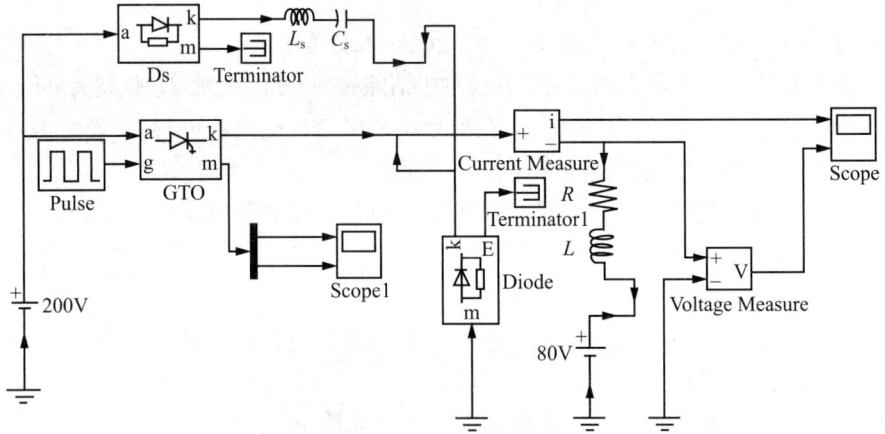

图 8-33 Buck 直流变换器仿真模型

如图 8-35(a)所示。IGBT 模块还包括一个 R_S-C_S 缓冲电路，它通常与 IGBT 并联，其图标如图 8-35(b)所示。

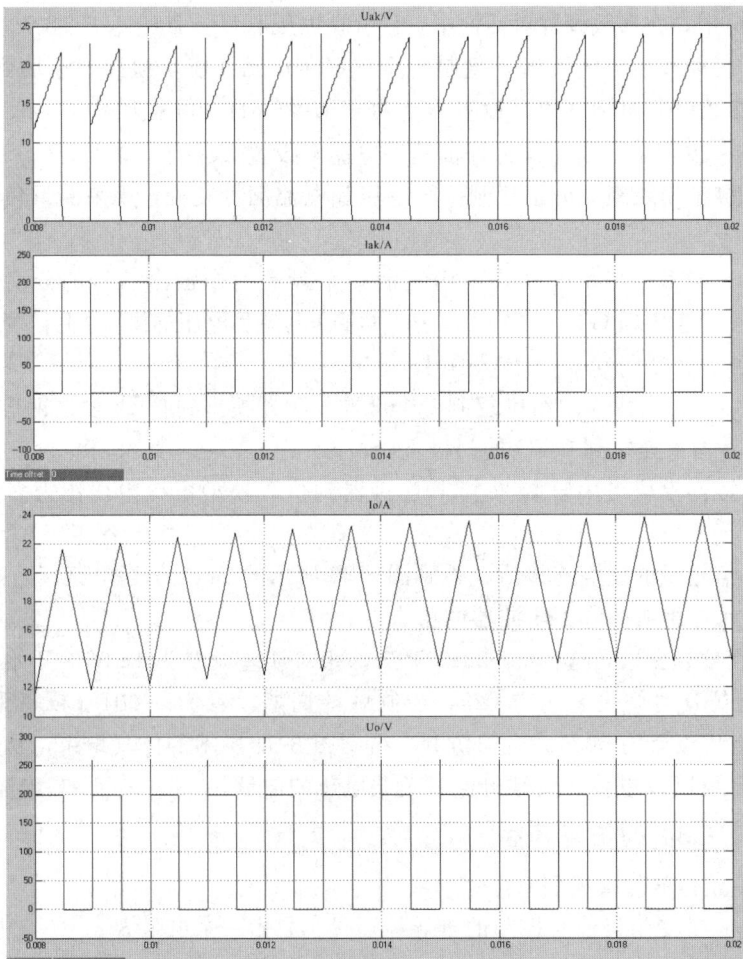

图 8-34 Buck 直流变换器仿真结果(占空比为 50%)

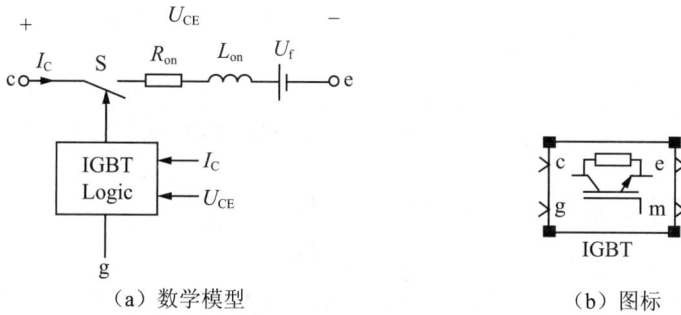

（a）数学模型　　　　　　　　（b）图标

图 8-35　IGBT 的数学模型和图标

2. IGBT 元件的输入、输出设置

与晶闸管和 GTO 相似，IGBT 图标上也有两个输入和输出端，第一个输入 c 和输出 e 对应于 IGBT 的集电极和发射极；第二个输入 g 为加在门极上的触发信号，第二个输出 m 用于 IGBT 电流和电压的测量。

3. IGBT 元件仿真参数的设置

IGBT 元件仿真参数设置对话框如图 8-36 所示，根据 IGBT 的数学模型构成，需要设置的参数主要有 IGBT 元件内电阻 R_{on}、内电感 L_{on}、正向管压降 U_f、电流下降到 10% 的时间 T_f、电流拖尾时间 T_t、初始电流 I_C、缓冲电阻 R_S、缓冲电容 C_S 等。这些参数的含义和设置方法与 GTO 元件基本相同。在仿真含有 IGBT 元件的电路时，也须使用刚性积分算法，常使用 ode23tb 或 ode15s，以获得较快的仿真速度。

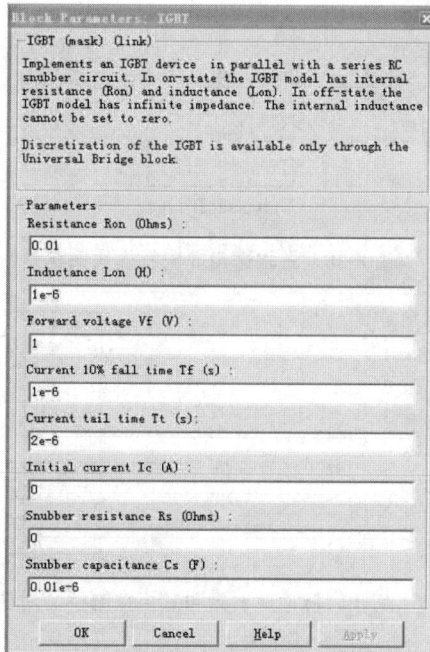

图 8-36　IGBT 元件仿真参数设置对话框

4. 仿真实例

由 IGBT 元件组成的斩波电路见 8.4.4 节。

8.3 电力电子电路中典型环节的仿真模型

8.3.1 同步六脉冲触发器的仿真模型

1. 同步六脉冲触发器仿真模块的功能和图标

同步六脉冲触发器模块用于触发三相全控整流桥的 6 个晶闸管，其图标如图 8-37 所示。

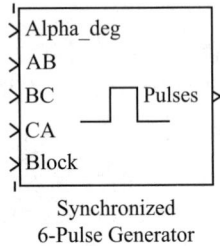

图 8-37 同步六脉冲触发器模块图标

同步六脉冲触发器可以送出双脉冲，双脉冲间隔为 $60°$，触发器输出的 $1\sim6$ 号脉冲依次送给三相全控整流桥对应编号的 6 个晶闸管。如果三相整流桥模块使用 Power System 模块库中的"Universal Bridge"，如图 8-38 所示，选择使用 Thyristor 桥，则同步六脉冲触发器的输出端直接与三相整流桥的脉冲输入端相连接，如图 8-39所示。

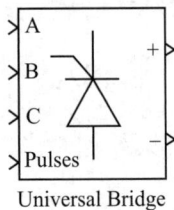

图 8-38 三相通用变流桥模块图标

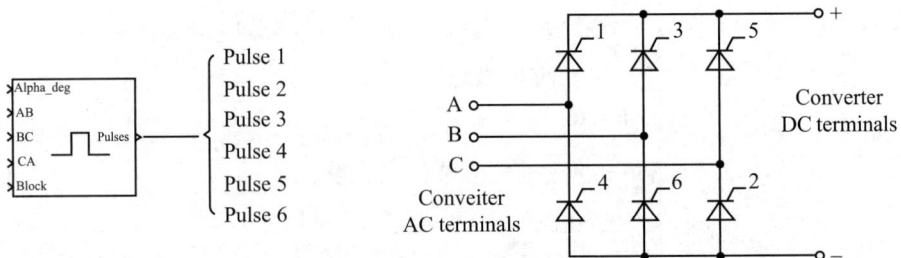

图 8-39 同步六脉冲触发器和三相整流桥的对应连接

2. 同步六脉冲触发器的输入、输出

同步六脉冲触发器模块共有 5 个输入端和 1 个输出端，其功能分别如下。

(1)"Alpha_deg"：移相控制角 α 信号输入端，单位为度。该输入端可与"常数"模块相连，也可与控制系统中的控制器输出端相连，从而对触发脉冲进行移相控制。

（2）"AB、BC、CA"：同步线电压 U_{AB}、U_{BC}、U_{CA} 的输入端，即连接到整流桥的三相交流电压的线电压。

（3）"Block"：触发模块的使能端，用于对触发器模块的开通与封锁进行操作，当施加大于零的信号时，触发脉冲被封锁。

（4）"Pulses"：6 个脉冲输出端。移相控制角的起始点为同步电压的零点。

3. 同步六脉冲触发器的参数设置

同步六脉冲触发器参数设置对话框如图 8-40 所示。需要设置的参数如下。

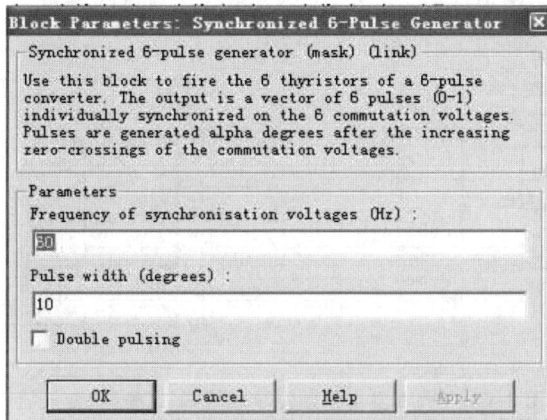

图 8-40　同步六脉冲触发器参数设置对话框

（1）同步电压频率：单位为 Hz，通常选择 50Hz。

（2）脉冲宽度：单位为度。

（3）双脉冲：若勾选该复选框，触发器就能给出间隔为 60°的双脉冲。

8.3.2　PWM 发生器的仿真模型

1. PWM 发生器仿真模块的功能和图标

PWM 发生器模块可以用来产生脉宽调制系统所需要的 PWM 脉冲，该模块产生的脉冲可触发单相变换器（一桥臂）、单相桥式变换器（二桥臂）和三相桥式变换器（三桥臂）中的全控型器件，其图标如图 8-41 所示。

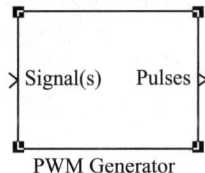

图 8-41　PWM 发生器模块的图标

PWM 发生器的输出脉冲路数决定于所选择的变换器桥中需要触发的元件数。

（1）触发单相变换器（一桥臂）：PWM 发生器需要输出 2 路脉冲。脉冲 1 触发一相变换器的上桥臂元件；脉冲 2 触发一相变换器的下桥臂元件，桥臂元件为 IGBT，如图 8-42 所示。

（2）触发单相桥式变换器（二桥臂）：PWM 发生器需要输出 4 路脉冲。脉冲 1、3 触发单相桥式变换器的 1 号、2 号桥臂的上桥臂对应的元件；脉冲 2、4 触发单相桥式变换器的 1 号、2 号下桥臂对应的元件，如图 8-43 所示。

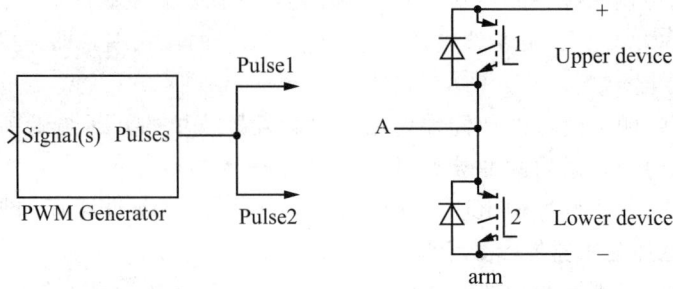

图 8-42　PWM 发生器触发单相(一桥臂)变换器

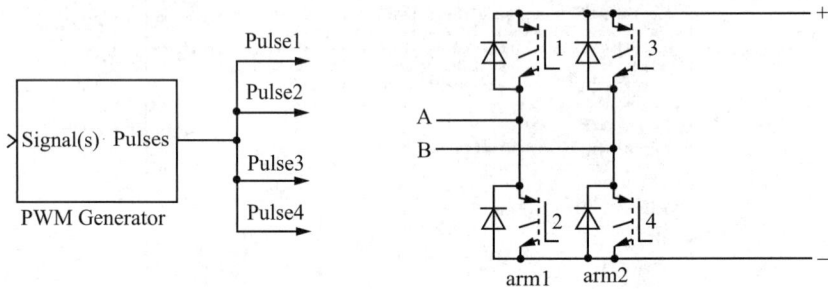

图 8-43　PWM 发生器触发单相桥式(二桥臂)变换器

(3)触发三相桥式变换器(三桥臂)：PWM 发生器需要输出 6 路脉冲。脉冲1、3、5触发三相桥式变换器的 1 号、2 号、3 号桥臂的上桥臂对应的元件；脉冲2、4、6触发三相桥式变换器的 1 号、2 号、3 号下桥臂对应的元件，如图 8-44 所示。

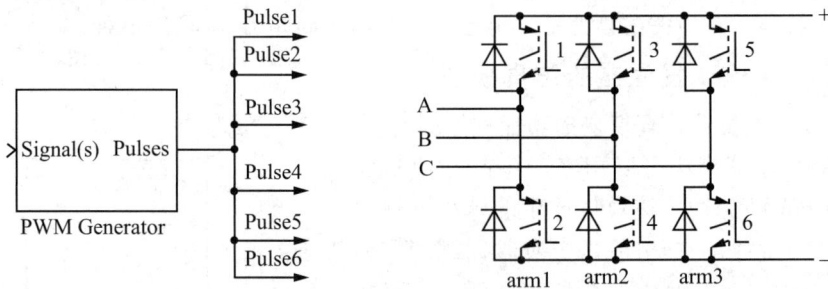

图 8-44　PWM 发生器触发三相桥式(三桥臂)变换器

该模块还能提供用于触发双三相变换器桥所需要的 12 路脉冲。

PWM 调制原理是将三角波载波信号与正弦参考信号相比较来产生 PWM 波形，参考信号可以由 PWM 发生器自身产生，也可以由连接在模块输入端的外部信号源产生。

通过设置参考信号的幅值、相位、频率，可控制与 PWM 发生器相连接的变换器桥的交流侧输出电压。同一个桥臂上的脉冲必须是相反的，即一个为"1"时，另一个为"0"。

2. PWM 发生器仿真模块的输入、输出

(1)"Signal(s)"：当调制信号不选择内部方式时，模块 Signal(s)端应输入一个正弦参考信号，当 PWM 发生器被用于触发单相变换器、单相桥式变换器时，变换器桥的输入端可输入单相正弦参考信号；当 PWM 发生器被用于触发单个或两个三相桥式变换器时，变换器桥的输入端可输入三相正弦参考信号。

(2)"Pulses"：输出有 4 种工作方式，分别输出 2、4、6、12 路触发脉冲，用于触发单相变换器、单相桥式变换器和三相桥式变换器中的全控型器件。

3. PWM 发生器仿真模块的参数设置

PWM 发生器参数设置对话框如图 8-45 所示。需要设置的参数如下。

(1)PWM 发生器的工作模式：用于指定产生的脉冲路数，脉冲路数正比于需要触发的桥臂数，通常一个桥臂上有两个全控型器件，需要 2 路脉冲。

(2)载波频率：单位为 Hz，为三角载波信号的频率。

(3)调制信号的内部产生方式：若选中此复选框，则调制信号由模块内部自身产生；否则，需使用外部信号产生调制信号。

只有选中了"Internal generation of modulating signal(s)"(调制信号的内部产生方式)复选框后，才能看到以 3 个参数设置选项。

(4)调制度($0<m<1$)：内部参考信号的幅度。调制度必须大于 0 且小于 1，该参数用于控制被控变换桥的输出电压幅值。

(5)输出电压频率：单位为 Hz，为内部参考信号的频率。该参数可用于控制受控变换器桥交流侧输出电压的频率。

(6)输出电压相位：单位为度，为内部参考信号的相位。该参数可用于控制受控变换器桥交流侧输出电压的相位。

8.3.3　通用变流桥的仿真模型

1. 通用变流桥仿真模块的功能

通用变流桥模块是由 6 个功率开关元件组成的桥式通用三相变流器模块。功率开关的类型和变流桥的结构可通过对话框来选择，功率开关和变流器的类型有 Diode 桥、Thyristor 桥、GTO-Diode 桥、MOSFET-Diode 桥、IGBT-Diode 桥、Ideal Switch 桥。桥的结构有单相、两相和三相。

2. 通用变流桥仿真模块的图标和输入、输出

通用变流桥仿真模块的图标如图 8-38 所示，模块的输入和输出端取决于所选的变流桥的结构。

(1)当 A、B、C 被选择为输入端时，直流 DC 端为输出端。

(2)当直流 DC 端被选择为输入端时，A、B、C 为输出端。

除 Diode 桥外，其他桥的"Pulses"输入端可接

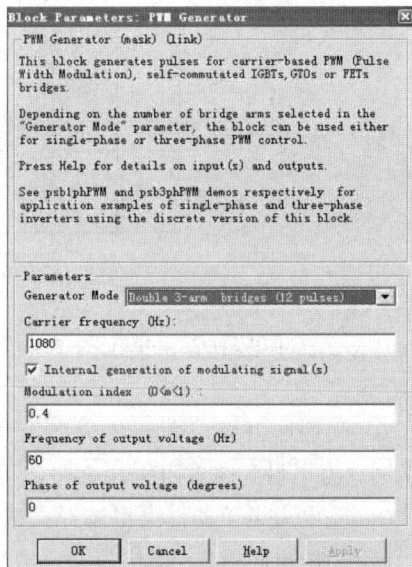

图 8-45　PWM 发生器参数设置对话框

收来自外部的模块、用于触发变流器内功率开关的触发信号。

3. 通用变流桥仿真模块的参数设置

通用变流桥的参数设置对话框如图 8-46 所示。需要设置的参数如下。

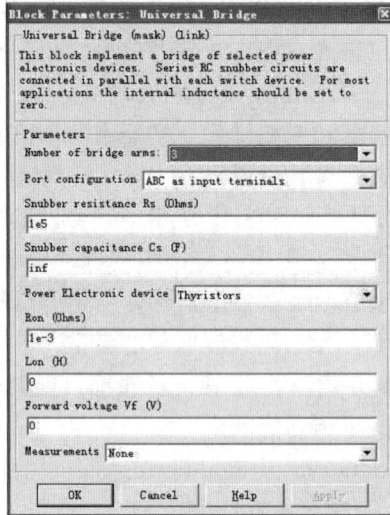

图 8-46　通用变流桥参数设置对话框

（1）桥臂数：分别可以选择单相、单相桥式、三相桥式。

（2）端口结构：即 A、B、C 被选择为输入端，A、B、C 输入与通用变流器桥内的 1、2、3 号桥臂连接起来，模块的"＋、－"端作为直流输出端。

若 A、B、C 被选择为输出端，则通用模块的 A、B、C 输出口与通用变流器桥内的 3、2、1 号桥臂连接起来，模块的"＋、－"端作为直流输入端，如图 8-47 所示。

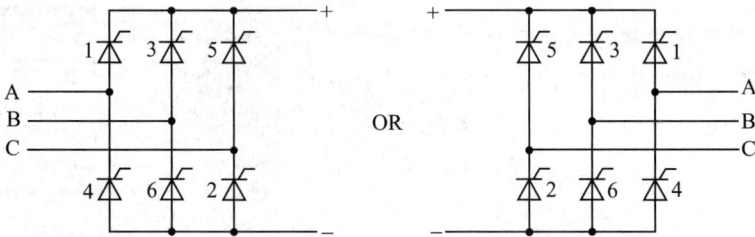

图 8-47　通用变流器的端口结构

（3）缓冲电阻 R_S：单位为 Ω，为了消除模块中的缓冲电路，可将缓冲电阻参数设置为 inf。

（4）缓冲电容 C_S：单位为 F，为了消除模块中的缓冲电路，可将缓冲电容参数设置为 0；为了得到纯电阻缓冲电路，可将缓冲电容参数设置为 inf。

（5）电力电子器件类型选择：选择通用变流桥内使用的器件类型。

（6）内电阻 R_{on}：单位为 Ω，通用变流桥内使用的器件的内电阻。

（7）内电感 L_{on}：单位为 H，通用变流桥内使用的器件的内电感。

（8）正向管压降 U_f：单位为 V，通用变流桥内使用的器件的管压降。

8.4　典型电力电子电路的应用仿真

8.4.1　晶闸管三相桥式全控整流电路的应用仿真

三相桥式全控整流电路在"AC-DC"变换中应用非常广泛，下面介绍整流电路带不同负载、在不同控制触发角的情况下，系统的建模与仿真。

1. 三相桥式全控整流电路的建模和参数设置

(1)在 Matlab 命令窗口中建立一个新的模型窗口，命名为 psbbridges。

(2)打开电源模块组，分别复制 3 个交流电压源到 psbbridges 模型中，重命名为 Ua、Ub、Uc。在参数设置对话框中，按三相对称的电源要求设置参数($U_m = 220$V、$f = 50$Hz，初相位依次为 0°、−120°、120°)。

(3)打开测量模块组，分别复制 3 个电压测量模块到 psbbridges 模型中，重命名为 Uab、Ubc、Uca，用于测量三相交流线电压，获得同步电源。

(4)打开电力电子模块组，复制一个通用变流桥模块，选择 Thyristor 桥，按要求设置晶闸管通用桥参数。

(5)打开电力电子模块组中的附加控制子模块组，复制一个六脉冲触发器模块到 psbbridges 模型中。同步六脉冲触发器模块的输入"Alpha_deg"接收"移相角控制信号"，可通过输入模块组中的"常数"模块设置输入，输入 Block 接收"开放触发控制信号 0"。

(6)打开元件模块组，复制一个串联 RLC 元件模块到 psbbridges 模型中，作为负载，在参数设置对话框中按要求设置参数($R = 5\Omega$)。

(7)打开连接模块组，复制 3 个"接地"模块到 psbbridges 模型中，用于系统的连接。

(8)打开测量模块组，复制一个多用表测量模块到 psbbridges 模型中，用于测量通用桥中 6 个晶闸管的电压和输出负载电压。

(9)通过信号线的适当连接后，得到如图 8-48 所示的晶闸管三相全控整流电路的仿真模型。

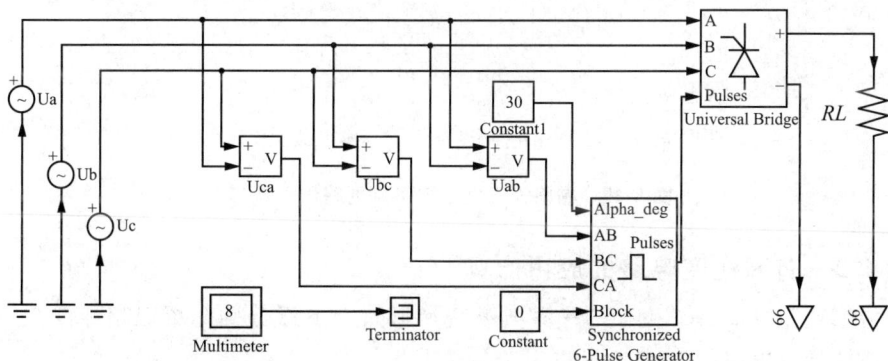

图 8-48　晶闸管三相全控整流电路仿真模型

2. 三相桥式全控整流电路的仿真

打开仿真参数窗口，选择 ode23tb 算法，相对误差设置为 1e-03，开始仿真时间设置为 0，停止仿真时间设置为 0.04s，启动仿真。负载分别选择纯电阻、阻感性负载，移相控制角分别选择 30°、60°，得到图 8-49 所示的 6 个晶闸管电压和负载上电压、电流的波形。

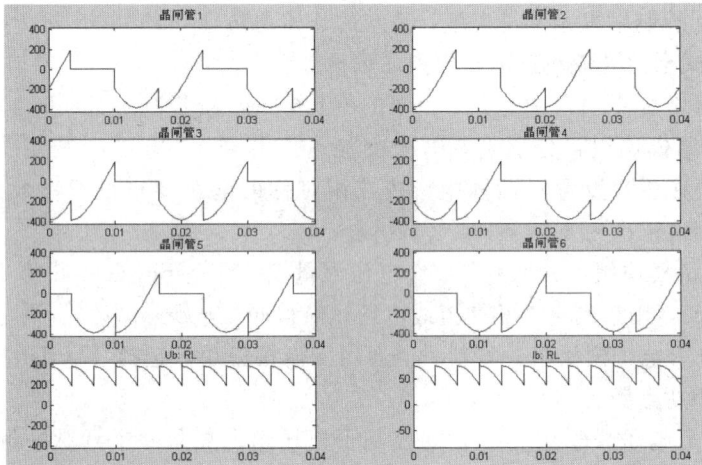

（a）$\alpha=30°$、$R=5\,\Omega$ 时6个晶闸管电压和负载上电压、电流的波形

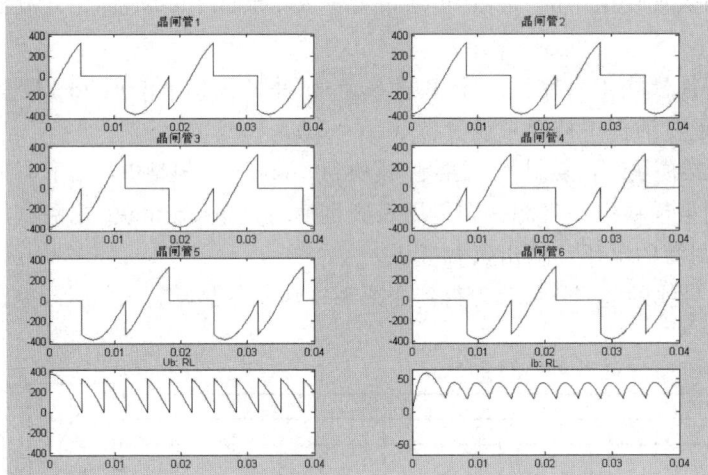

（b）$\alpha=60°$、$R=5\,\Omega$、$L=5mH$时6个晶闸管电压和负载上电压、电流的波形

图 8-49　晶闸管三相全控整流电路仿真波形

8.4.2　有源逆变电路的应用仿真

有源逆变是"DC-AC"变换的一种典型变换形式，下面分别介绍三相半波和三相桥式全控有源逆变电路的建模与仿真。

1. 三相半波有源逆变电路的建模和参数设置

(1)在 Matlab 命令窗口中建立一个新的模型窗口，命名为 psbnb。

(2)打开电源模块组，分别复制 3 个交流电压源到 psbnb 模型中，重命名为 Ua、

Ub、Uc。在参数设置对话框中，按三相对称电源要求设置参数（$U_m = 100V$、$f = 50Hz$，初相位依次为 0°、-120°、120°）。

（3）打开电力电子模块组，复制 3 个晶闸管模块，分别命名为 Thyristor1、Thyristor2、Thyristor3，设置晶闸管参数为 $R_{on} = 0.001\Omega$、$L_{on} = 0.5mH$、$U_f = 0V$、$R_S = 10\Omega$、$C_S = 4.7e-06F$。

（4）打开连接模块组，复制两个 T 形接头，将 3 个晶闸管接成共阴极形式。

（5）打开元件模块组，复制一个串联 RLC 元件模块到 psbnb 模型中，作为负载，在参数设置对话框中，设置参数为 $R = 5\Omega$、$L = 0.08H$、$C = \inf$。

（6）打开电源模块组，复制一个直流电压源模块到 psbnb 模型中，重命名为 DC，将电压设置为 120V。

（7）打开连接模块组，复制 3 个"接地"模块到 psbnb 模型中，用于系统的连接。

（8）打开测量模块组，分别复制一个电压测量模块和一个电流测量模块到 psbnb 模型中，用于测量负载电压和电流。另复制一个示波器，用于显示逆变电压和 A 相晶闸管两端的电压。

（9）打开输入模块组，复制 3 个脉冲发生器模块到 psbnb 模型中，由于电源频率为 50Hz，故将脉冲周期设置为 0.02s，脉冲宽度设置为脉宽的 10%，脉冲高度设置为 1。

（10）通过信号线的适当连接后，得到图 8-50 所示的三相半波有源逆变电路的仿真模型。

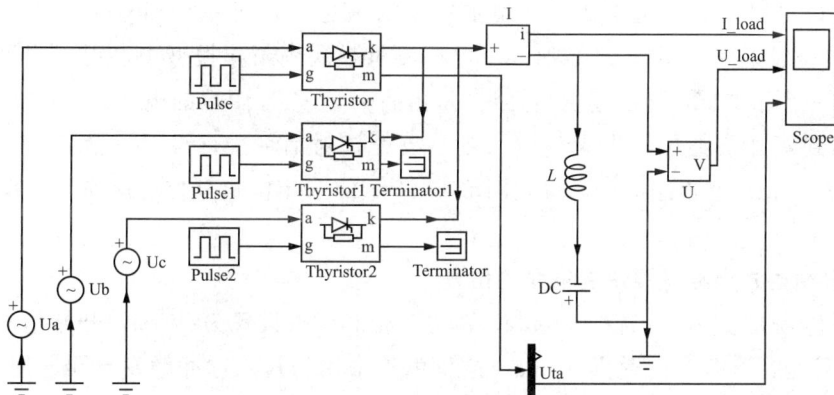

图 8-50　三相半波有源逆变电路仿真模型

2. 三相半波有源逆变电路的仿真

打开仿真参数窗口，选择 ode23tb 算法，相对误差设置为 1e-03，开始仿真时间设置为 0，停止仿真时间设置为 0.10s，由于 3 个晶闸管触发脉冲依次相差 120°，而三相半波整流和逆变电路的移相角 α 零位定在三相交流电压的自然换相点，所以在计算相位角延迟时间时，还必须再增加 30° 相位，表 8-4 列出了 α 分别为 60°、90°、120° 时，Pulse、Pulse1、Pulse2 模块对应的相位延迟时间。参数设置完毕后，启动仿真。

表 8-4 α分别为 60°、90°、120°时对应延迟时间

α	Pulse/s	Pulse1/s	Pulse2/s
60°	0.005	0.01167	0.01833
90°	0.00667	0.01333	0.02
120°	0.00833	0.015	0.021667

需要说明的是，电源频率为 50Hz，周期为 0.02s，30°相位对应延迟时间为 0.001667s，表中对应相位角延迟时间相当于在原计算基础上另加上 0.001667s。

根据三相半波可控整流电路带阻感性负载时输出电压表达式 $U_d = 1.17U_2\cos\alpha$ 可知，当 $\alpha \leq 90°$ 时，$U_d \geq 0$。图 8-51(a)是三相半波变流电路工作在整流状态($\alpha=60°$)时的波形，变流电路输出电压 U_load 波形正面积大于负面积，直流平均电压大于零；图 8-51(b)是三相半波变流电路工作于临界状态($\alpha=90°$)时的波形，变流电路输出电压 U_load 波形正负面积相等，直流平均电压等于零；图 8-51(c)是三相半波变流电路工作逆变状态($\alpha=120°$)时的波形，变流电路输出电压 U_load 波形正面积小于负面积，直流平均电压小于零，仿真结果与前面章节的理论分析基本吻合。

3. 三相桥式全控有源逆变电路的建模和参数设置

与三相桥式全控整流电路的建模和参数设置过程类似，在图 8-48 所示的晶闸管三相全控整流电路仿真模型基础上，增加一个直流电压源模块到新建模型中，命名为 DC，将电压设置为 120V。另增加一个电压测量模块到新建模型中，用于测量负载电压。增加一个示波器，显示逆变电压和 A 相晶闸管 VT$_1$ 两端的电压。增加串联 RLC 元件模块到新建模型中，作为负载。在参数设置对话框中，设置参数 $R=5\Omega$、$L=0.08H$、$C=\inf$。适当连接后，得到图 8-52 所示的三相桥式全控有源逆变电路的仿真模型。

4. 三相桥式全控有源逆变电路的仿真

打开仿真参数窗口，选择 ode23tb 算法，相对误差设置为 1e-03，开始仿真时间设置为 0，停止仿真时间设置为 0.06s。这里由于采用的是六脉冲触发器和通用变流桥，因此无需考虑移相控制角零位在三相交流电压的自然换相点的问题，直接选择 α 为 60°、90°、120°进行仿真即可。

根据三相桥式全控整流电路带阻感性负载时输出电压表达式 $U_d = 2.34U_2\cos\alpha$ 可知，当 $\alpha \leq 90°$ 时，$U_d \geq 0$。图 8-53(a)是三相桥式全控变流电路工作在整流状态($\alpha=60°$)时的波形，直流平均电压大于零；图 8-53(b)是三相桥式全控变流电路工作在临界状态($\alpha=90°$)时的波形，直流平均电压等于零；图 8-53(c)是三相桥式全控变流电路工作在逆变状态($\alpha=120°$)时的波形，直流平均电压小于零，仿真结果与前面章节的理论分析基本吻合。

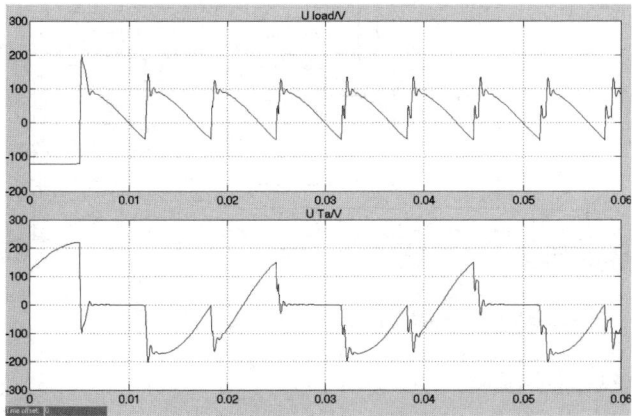

（a）α=60°时的电压波形

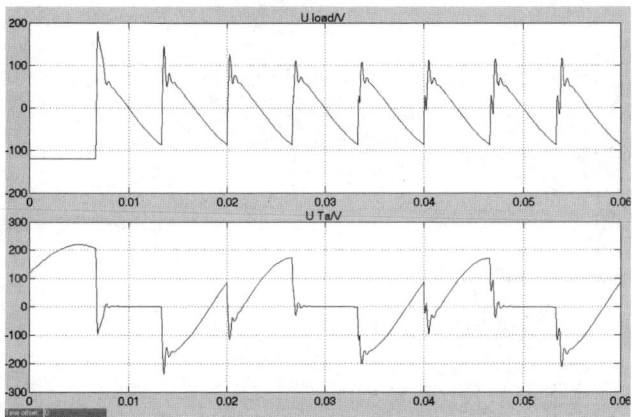

（b）α=90°时的电压波形

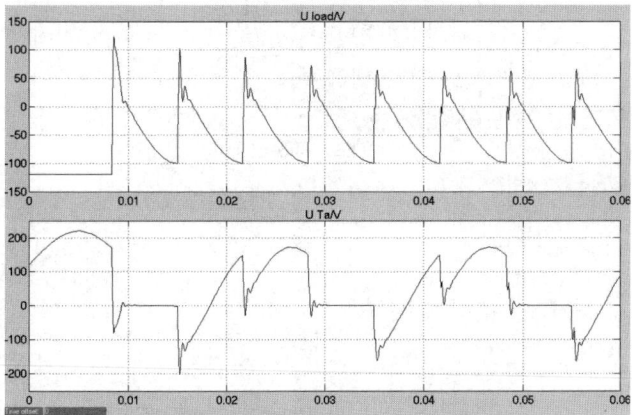

（c）α=120°时的电压波形

图 8-51　不同移相角时，三相半波有源逆变电路负载电压和 A 相晶闸管电压波形

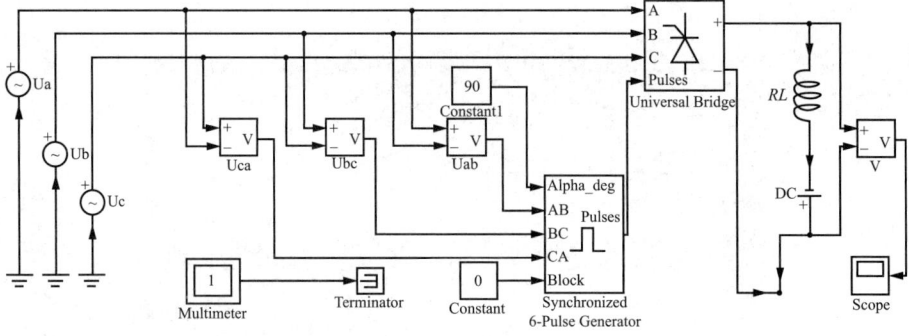

图 8-52　三相桥式全控有源逆变电路仿真模型

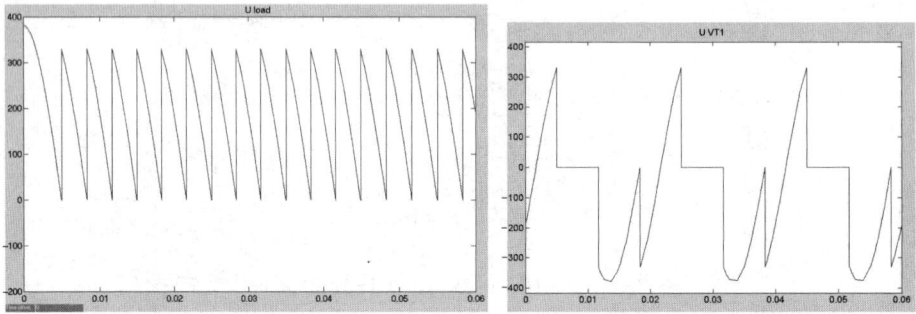

（a）$\alpha=60°$时的电压波形

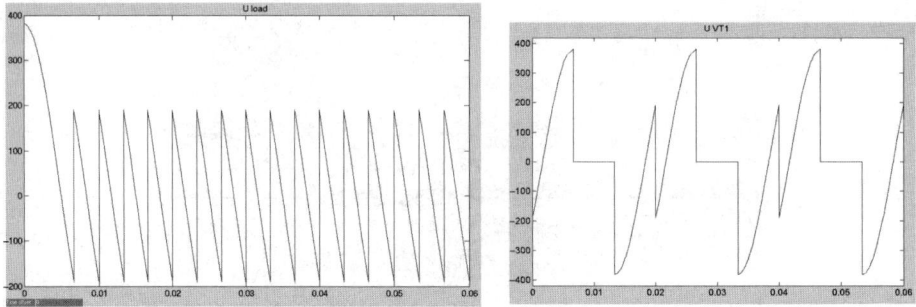

（b）$\alpha=90°$时的电压波形

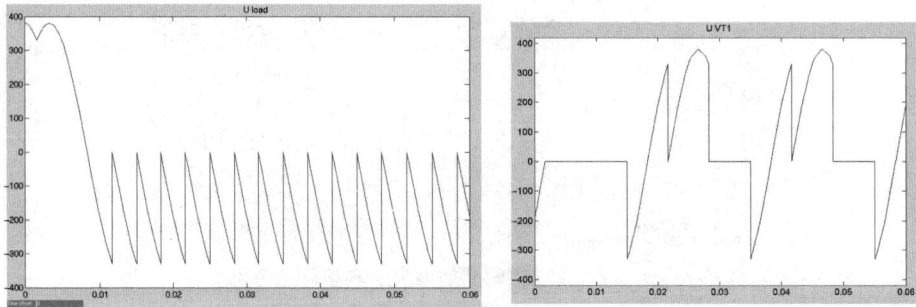

（c）$\alpha=120°$时的电压波形

图 8-53　不同移相角时，三相桥式全控有源逆变电路负载电压和 $\mathbf{VT_1}$ 晶闸管电压波形

8.4.3　交流调压电路的应用仿真

晶闸管交流调压器是"AC-AC"变换的一种典型变换形式，下面介绍相控晶闸管单相交流调压器带不同负载、在不同控制触发角的情况下，系统的建模与仿真。

晶闸管单相交流调压电路与整流电路相比，相当于在原有的晶闸管基础上反并联一只相同规格的晶闸管(或采用双向晶闸管)，其建模过程与单相半波整流电路相似，简单介绍如下。

1. 单相交流调压电路的建模及参数选择

(1)在 Matlab 命令窗口中建立一个新的模型窗口，命名为 psbty。

(2)打开电力电子模块组，复制两个标准晶闸管到 psbty 模型中。在晶闸管对话框中，按照如下参数设置：$R_{on} = 0.001\Omega$、$L_{on} = 0H$、$U_f = 0V$、$R_S = 20\Omega$、$C_S = 4.7 - 06F$，并重新命名为 Thyristor 和 Thyristor1。

(3)打开电源模块，复制一个交流电压源到 psbty 模型窗口中，在参数设置对话框中，将电压幅值设为 100V、频率设为 50Hz、初相位设为 0。

(4)打开元件和接地模块组，复制一个串联 RLC 元件模块和接地模块到模型窗口中，在参数设置对话框中，根据电阻性和阻感性负载分别设置相应的 R、L。

(5)打开测量模块组，复制一个电压和电流测量装置来测量负载上的电压和电流。

(6)从输入源模块组中复制两个脉冲发生器模型到仿真模型窗口中，命名为 Pulse、Pulse1，并将其输出接到两个晶闸管的门极上。在参数设置对话框中，选择相位控制角 Phase Delay(用时间表示)，由于电源频率为 50Hz，因此将脉冲周期设置为 0.02s，脉冲宽度设置为脉宽的 10%，脉冲高度设置为 1。

(7)通过信号线的适当连接后，得到图 8-54 所示的单相交流调压电路的仿真电路。

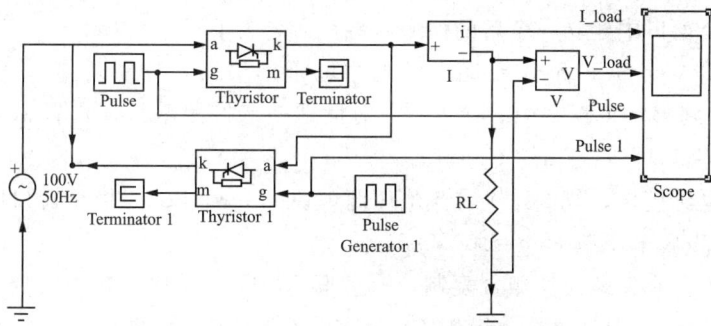

图 8-54　单相交流调压电路仿真模型

2. 单相交流调压电路的仿真

打开仿真参数窗口，选择 ode23tb 算法，相对误差设置为 1e-03，开始仿真时间设置为 0，停止仿真时间设置为 0.10s。α 分别为 60°、120°时 Pulse 模块对应的相位延迟时间为 0.003333s 和 0.006667s。而触发反向晶闸管的脉冲相位延迟时间需要再增加半个周期(0.01s)，即 Pulse1 模块对应的相位延迟时间为 0.013333s 和 0.016667s。参数设置完毕后，启动仿真，仿真结果如图 8-55 所示。

（a）$R=2\Omega$、$\alpha=60°$ 时带纯电阻负载　　　　（b）$R=2\Omega$、$\alpha=120°$ 时带纯电阻负载

（c）$R=10\Omega$、$L=0.02H$、$\alpha=60°$ 时带阻感性负载　（d）$R=10\Omega$、$L=0.02H$、$\alpha=120°$ 时带阻感性负载

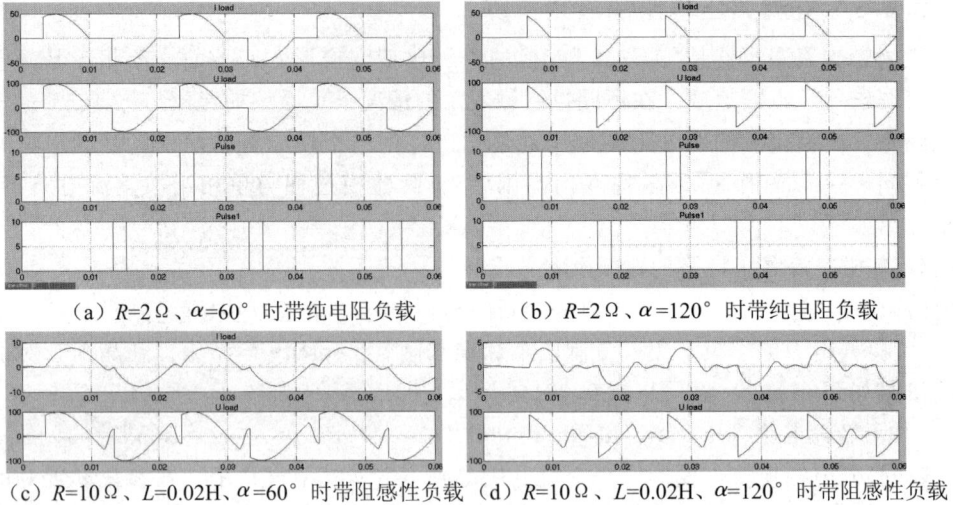

图 8-55　晶闸管单相交流调压电路仿真波形

8.4.4　直流斩波电路的应用仿真

直流斩波电路的功能是将一种直流电变为另一固定电压或可调电压的直流电，包括降压斩波器、升压斩波器、升降压斩波器、Cuk 斩波器等多种类型，在 8.2.2 小节中介绍了由 GTO 构成的 Buck 斩波电路的建模和仿真。在此基础上，本节主要介绍由 IGBT 构成的 Boost、Buck、Boost-Buck 等斩波电路系统的建模与仿真。

1. 由 IGBT 元件组成的升压斩波器的建模与仿真实例

1）建模及参数选择

（1）在命令窗口中建立一个新的模型窗口，命名为 Boost。

（2）打开 Power System 工具箱中的电力电子模块组，分别复制一个 IGBT 模块、二极管 D 模块到 Boost 模型中。在 IGBT 对话框中，按照默认值设置相关参数，并取消内部缓冲电路，即 $R_s=\inf$、$C_s=0$。

（3）打开电源模块，复制一个直流电压源模块 Udc 到 Boost 模型窗口中，在参数设置对话框中，设置电压源 Udc=100V。

（4）打开元件和接地模块组，复制一个并联 RC 元件模块和接地模块到 Boost 模型窗口中。在参数设置对话框中，设置 $R=100\Omega$、$C=1e-04F$。再复制一个 L 元件模块到 Boost 模型窗口中，串接在电压源模块和二极管模块之间，设置 $L=1e-03H$。

（5）打开测量模块组，分别复制一个电压和一个电流测量装置来测量负载上的电压和电流。

（6）从信号与系统模块组中复制一个具有两个输出信号的分离器，命名为 Demux，输入端连接到 IGBT 的 m 端（用于 IGBT 电流和电压的测量）上，两个输出端分别接到三通道示波器 Scope 的输入端上。

（7）从输入源模块组中复制一个脉冲发生器模型到 Boost 模型窗口中，命名为 Pulse，并将其输出接到 IGBT 的门极上。

（8）通过信号线的适当连接后，得到图 8-56 所示的仿真电路。

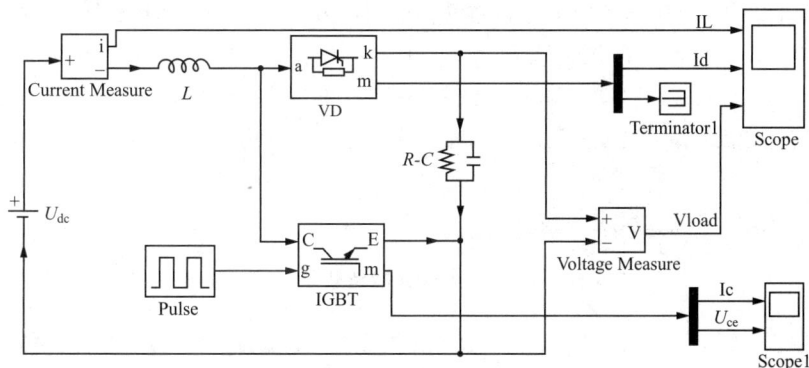

图 8-56　Boost 直流变换器仿真模型

2）IGBT 元件组成的升压斩波器的仿真

打开仿真参数窗口，选择 ode23tb 算法，相对误差设置为 1e-03，开始仿真时间设置为 0，停止仿真时间设置为 0.02s，控制脉冲周期设置为 0.001s（频率为 1000Hz），控制脉冲占空比分别为 50%、80%、20%。启动仿真，得到图 8-57～图 8-59 所示的仿真结果。

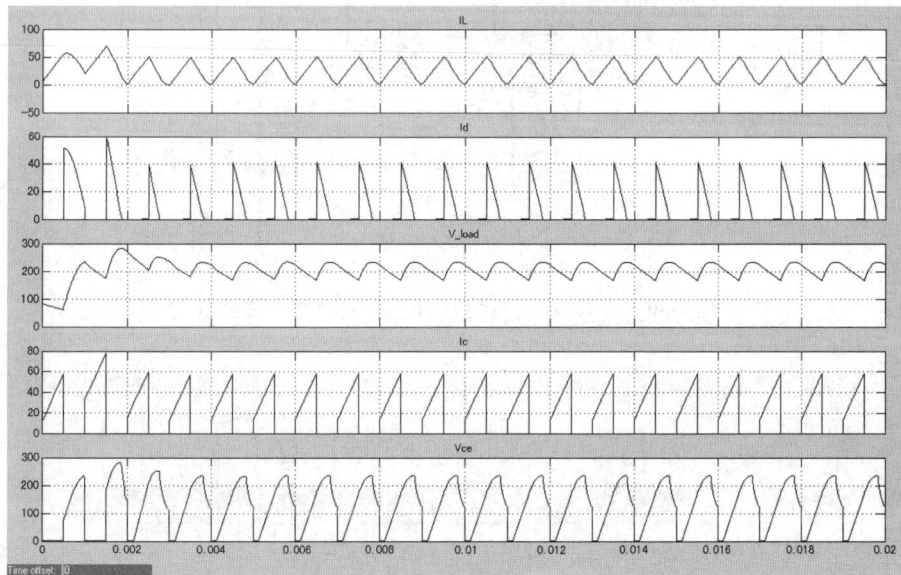

图 8-57　Boost 直流变换器仿真结果（占空比为 50%）

从图 8-57～图 8-59 所示的仿真波形可以看出，原来直流电压为 100V，经过 Boost 直流变换后，电压分别变为 200V、500V、125V，即满足 $U_o = \dfrac{U_{dc}}{1-D}$（其中，$U_o$ 为负载上的输出电压、U_{dc} 为直流电源电压、D 为脉冲占空比）。

2. 降压斩波器的建模与仿真

由 IGBT 构成的 Buck 仿真电路如图 8-60 所示，IGBT 按默认参数设置并取消缓冲电路，二极管参数与 8.2.2 小节中相同，负载 $R=10\Omega$、$L=5\mathrm{mH}$。打开仿真参数窗

口，选择 ode23tb 算法，相对误差设置为 1e-03，开始仿真时间设置为 0，停止仿真时间设置为 0.01s，控制脉冲周期设置为 0.001s(频率为 1000Hz)，控制脉冲占空比分别为 50%、80%、40%。启动仿真，得到图 8-61～图 8-63 所示的仿真结果。

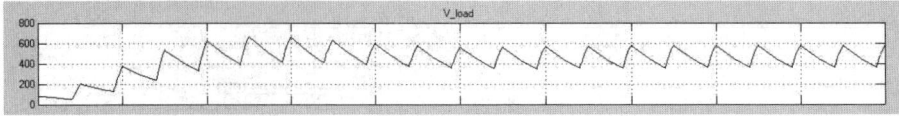

图 8-58　占空比为 80%时负载电压仿真波形

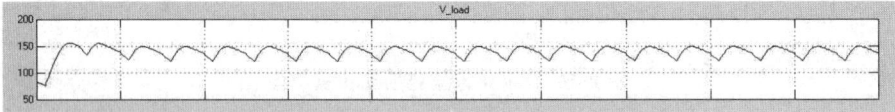

图 8-59　占空比为 20%时负载电压仿真波形

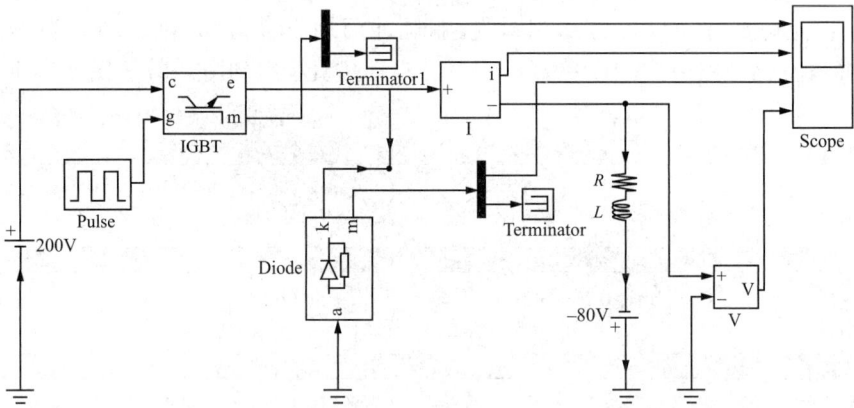

图 8-60　由 IGBT 组成的 Buck 直流变换器仿真模型

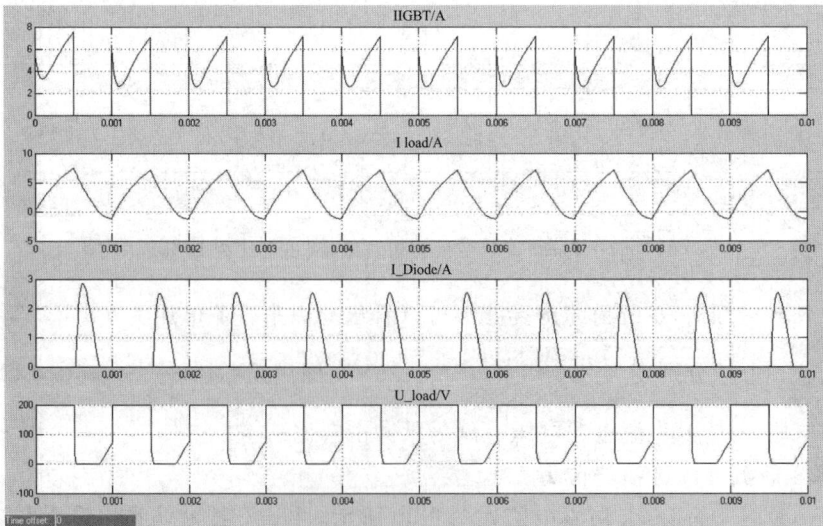

图 8-61　由 IGBT 组成的 Buck 直流变换器仿真结果(占空比为 50%)

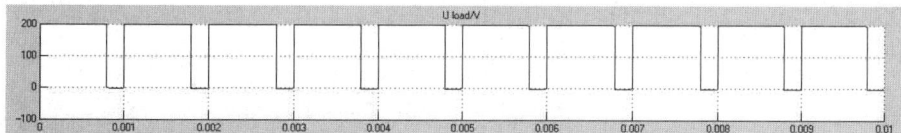

图 8-62　占空比为 80% 时负载电压波形

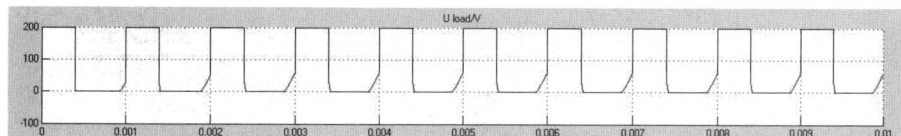

图 8-63　占空比为 40% 时负载电压波形

由图 8-61~图 8-63 可以看出，负载上电压分别为 100V、160V、80V，满足 $U_o=DE$ （D 为脉冲占空比），与降压斩波器理论分析基本吻合。

3. 升降压斩波器的建模与仿真

由 IGBT 构成的 Boost-Buck 仿真电路如图 8-64 所示，IGBT 按默认参数设置并取消缓冲电路，二极管参数与 8.2.2 小节中相同，负载 $R=50\Omega$、$C=3e-05F$，电感支路 $L=5mH$。打开仿真参数窗口，选择 ode23tb 算法，相对误差设置为 1e-03，开始仿真时间设置为 0，停止仿真时间设置为 0.01s，控制脉冲周期设置为 0.001s（频率为 1000Hz），控制脉冲占空比分别为 50%、25%、75%。启动仿真，得到图 8-65~图 8-67 所示的仿真结果。

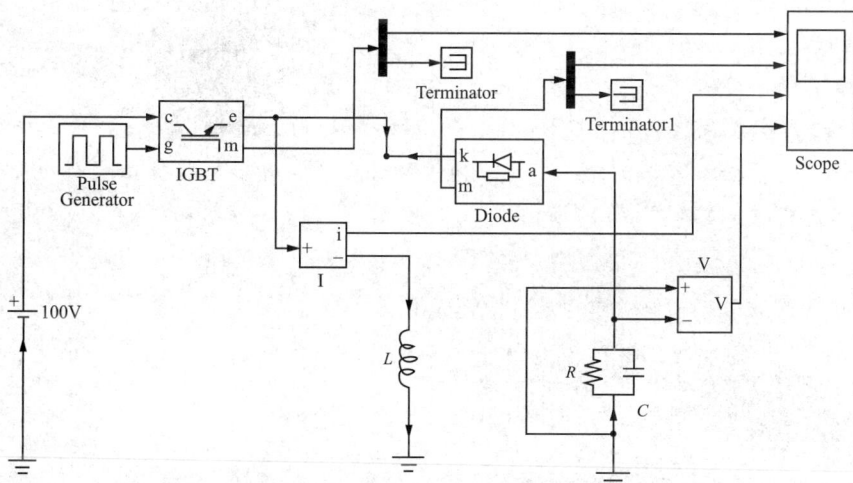

图 8-64　由 IGBT 组成的 Boost-Buck 直流变换器仿真模型

由图 8-65~图 8-67 可以看出，负载上电压分别为 100V、33V、300V，基本满足 $U_o=\dfrac{D}{1-D}E$，与升降压斩波器理论分析吻合。

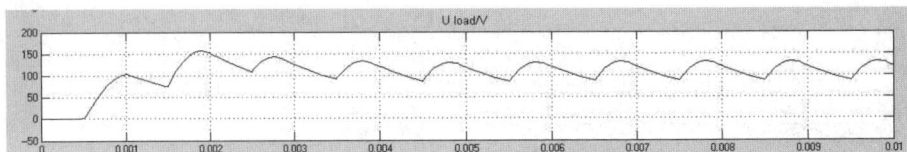

图 8-65　由 IGBT 组成的 Boost-Buck 直流变换器负载电压波形(占空比为 50%)

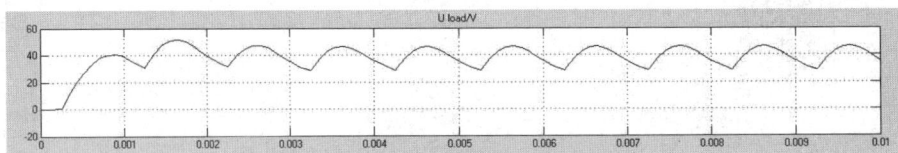

图 8-66　占空比为 25% 时负载电压波形

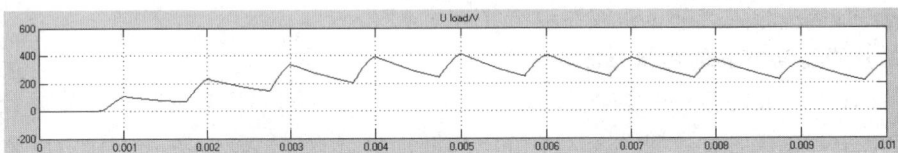

图 8-67　占空比为 75% 时负载电压波形

本 章 小 结

Matlab 软件是当今国内外广泛流行的工程应用软件,它在自动控制理论、数字信号处理、时间序列分析、动态系统仿真、图像处理、电力电子等领域都有广泛应用,并且功能在不断加以完善。本章主要介绍了 Simulink 和 Power System 工具箱的模块资源、模型窗口和菜单的构成、模块和系统模型的基本操作方法及系统的仿真技术,对典型电力电子电路建立了仿真模型并进行了仿真。

(1)电力系统仿真工具箱是在 Simulink 环境中使用的工具箱,其功能比较强大,可用于电路、电力电子电路、电动机、电力传输等领域的仿真,它提供了一种类似电路搭建的方法,可用于系统的建模。工具箱中主要包括电源、元件、电力电子元件、电动机系统、模块连接器、测量元件、附加、演示等模块组。

(2)Simulink/Power System 的模块基本操作包括模块的选定、模块的复制、模块的移动、模块的删除、改变模块的大小、模块的旋转等。

(3)在 Simulink 环境中,编辑模型按照下述进程进行:新建一个空白的编辑窗口,将模块库中需要的模块复制到编辑窗口中,并按照系统要求修改窗口中的模块参数,再使用信号线将各个模块按照给定的框图连接起来,完成上述工作后即可对整个模型进行仿真。

　　单击模型仿真菜单中的"Start"按钮，可启动仿真。在进行仿真前要对各种仿真参数进行配置，包括仿真的起始和终止时刻的设定、仿真步长的选择、数值积分算法的选择、是否从外界获得数据、是否向外界输出数据等。

　　(4)各电力电子元件的仿真模型及相关参数的设置。

　　(5)单相半波整流、三相桥式全控整流、三相半波和三相桥式全控有源逆变、单相交流调压、直流斩波等典型电力电子电路的建模和仿真结果的分析。

>>> 思考题

　　8-1　以两种方式打开 Matlab 工作窗口，进入 Matlab 6.5 工作环境，并尝试用不同的方式退出。

　　8-2　尝试、熟悉 Matlab 6.5 的各菜单以及各个工具栏的功能。

　　8-3　试完成单相桥式全控整流电路带电阻性和阻感性负载的建模及仿真。

　　8-4　试完成单相桥式有源逆变电路的建模及仿真。

　　8-5　试完成三相交流调压电路的建模及仿真。

　　8-6　试完成以 GTR 或 MOSFET 等全控型元器件组成的升压、降压、升降压斩波器的建模及仿真。

第9章 电力电子技术实验

【内容提要】"电子电力技术"是电气、自动化技术等专业的三大电子技术基础课程之一，课程涉及面广，内容包括电力、电子、控制、计算机技术等。而实验环节是该课程的重要组成部分，通过实验，可以加深对理论的理解，培养和提高动手能力、分析和解决问题的独立工作能力。

本章以高职高专院校中广泛使用的浙江天煌科教仪器公司生产的 DJDK-1 型电力电子技术及电机控制实验装置为例，选择了 8 个实验，根据课时供教学中选用。

▶ 9.1 电力电子技术实验概述

9.1.1 实验的特点和要求

电力电子技术实验的内容较多、较新，实验系统也比较复杂，系统性较强。理论教学是实验教学的基础，要求学生在实验中学会运用所学的理论知识去分析和解决实际系统中出现的各种问题，提高动手能力；同时通过实验来验证理论，促进理论和实际的结合，使认识不断提高、深化。通过实验，学生应具备以下能力。

(1)掌握电力电子变流装置的主电路、触发和驱动电路的构成及调试方法，能初步设计和应用这些电路。

(2)熟悉并掌握基本实验设备、测试仪器的性能和使用方法。

(3)能够运用理论知识对实验现象、结果进行分析和处理，解决实验中遇到的问题。

(4)能够综合实验数据，解释实验现象，编写实验报告。

9.1.2 实验准备

实验准备即为实验的预习阶段，是保证实验顺利进行的必要步骤，每次实验前都应先进行预习，从而提高实验质量和效率，否则就有可能在实验时不知如何下手，浪费时间，不但完不成实验要求，甚至损坏实验装置。因此，实验前应做到以下几点。

(1)复习教材中与实验有关的内容，熟悉与本次实验相关的理论知识。

(2)阅读本书中的实验指导，了解本次实验的目的和内容，掌握本次实验系统的工作原理和方法。

(3)写出预习报告，其中应包括实验系统的详细接线图、实验步骤、数据记录表格等。

(4)熟悉实验所用的实验装置、测试仪器等。

(5)进行实验分组。

9.1.3 实施实验

在完成理论学习后，即可以进入实验实施阶段。实验时要做到以下几点。

(1)实验开始前，指导教师要对学生的预习报告作检查，要求学生了解本次实验的目的、内容和方法，只有满足此要求后，方能允许实验开始。

（2）指导教师对实验装置作介绍，要求学生熟悉本次实验使用的实验设备、仪器，明确这些设备的功能和使用方法。

（3）按实验小组进行实验，实验小组成员应进行明确分工，各人的任务应在实验进行中实行轮换，以便实验参加者能全面掌握实验技术，提高动手能力。

（4）按预习报告上的实验系统的详细线路图进行接线。一般情况下，接线次序为先主电路，后控制电路；先串联，后并联。

（5）完成实验系统接线后，必须进行自查。串联回路从电源的某一端出发，按回路逐项检查各仪表、设备、负载的位置和极性等是否正确；并联支路则检查其两端的连接点是否在指定的位置。距离较远的两个连接端必须选用长导线直接跨接，不得用两根导线在实验装置上的某接线端进行过渡连接。自查完成后，须指导教师复查后方可合闸通电，开始实验。

（6）实验时，应按实验教材所提出的要求及步骤，逐项进行实验和操作。一般情况下，系统启动前，应使负载电阻值最大，给定电位器位于零位置。改接线路时，必须拉闸，断开电源。实验中应观察实验现象是否正常，所得数据是否合理，实验结果是否与理论一致。

（7）完成一次实验全部内容后，应请指导教师检查实验数据、记录的波形。经指导教师认可后方可拆除接线，整理好连接线、仪器、工具，使它们物归原位。

9.1.4　实验总结

实验的最后阶段是实验总结，即对实验数据进行整理、绘制波形和图表、分析实验现象、撰写实验报告等。每个实验参与者都要独立完成一份实验报告，实验报告的编写应持严肃认真、实事求是的科学态度。当实验结果与理论有较大出入时，不得随意修改实验数据和结果，不得用凑数据的方法来向理论靠拢，而应用理论知识来分析实验数据和结果，解释实验现象，找出引起较大误差的原因。

实验报告的一般格式如下。

（1）实验名称、班级，实验学生姓名、同组者姓名和实验时间。

（2）实验目的、实验线路、实验内容。

（3）实验设备、仪器、仪表的型号、规格、铭牌数据及实验装置编号。

（4）实验数据的整理、列表、计算，并列出计算所用的计算公式。

（5）画出与实验数据相对应的特性曲线及记录的波形。

（6）用理论知识对实验结果进行分析总结，得出明确结论。

（7）对实验中出现的某些现象、遇到的问题进行分析、讨论，写出心得体会并对实验提出自己的建议和改进措施。

9.1.5　实验安全操作规程

为了顺利完成电力电子技术实验，确保实验时人身安全与设备可靠运行，要严格遵守如下安全操作规程。

（1）在实验过程中，绝对不允许实验者双手同时接触到隔离变压器的两个输出端，将人体作为负载使用。

（2）任何接线和拆线都必须在切断主电源后方可进行。

（3）为了提高实验过程中的效率，完成接线或改接线路后，应仔细再次核对线路，并提醒组内其他同学引起注意后再接通电源。

（4）如果在实验过程中发生过电流报警，应仔细检查线路以及电位器的调节参数，确定无误后方能重新进行实验。

（5）在实验中应注意所接仪表的最大量程，选择合适的负载完成实验，以免损坏仪表、电源或负载。

（6）系统启动前，负载电阻必须位于最大阻值处，给定电位器必须退回至零位置后，才允许合闸启动并慢慢增加给定，以免元件和设备过载损坏。

▶ 9.2 DJDK-1 型电力电子技术及电机控制实验装置简介

9.2.1 实验装置的特点

实验装置的外形如图 9-1 所示，该装置具有以下特点。

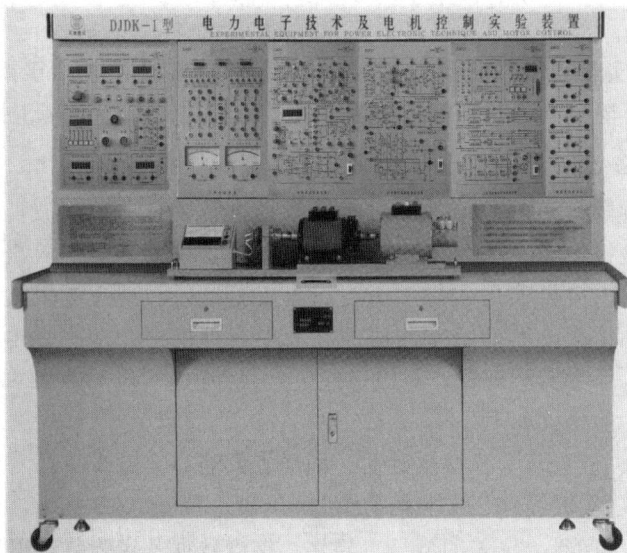

图 9-1 DJDK-1 型电力电子技术及电机控制实验装置外形

（1）实验装置采用挂件结构，可根据不同实验内容进行自由组合，结构紧凑、使用方便、功能齐全、综合性能好。

（2）实验装置占地面积小，节约实验室用地，无须设置电源控制屏、电缆沟、水泥墩等，可减少基建投资。实验装置只需三相四线的电源即可投入使用。

（3）实验机组容量小、耗电小、配置齐全。装置使用的电机经过特殊设计，其参数特性能模拟 3kW 左右的通用实验机组。

（4）装置布局合理，外形美观，面板示意图明确、清晰、直观。实验连接线采用强、弱电分开的手枪式插头，两者不能互插，避免强电接入弱电设备，造成设备损坏。电路连接方式安全、可靠、迅速、简便。除电源控制屏、挂件外，还设置有实验桌，桌面上可放置机组、示波器等实验仪器，操作舒适、方便。电机采用导轨式安装，更换机组简捷、方便。实验台底部安装有轮子和不锈钢固定调节机构，便于移动和固定。

（5）控制屏供电采用三相隔离变压器隔离，设有电压型漏电保护装置和电流型漏电保护装置，切实保护操作者的安全，为开放性的实验室创造了安全条件。

（6）挂件面板有 3 种接线孔，即强电、弱电及波形观测孔，三者有明显的区别，不能互插。

（7）实验线路选择典型线路，完全配合教学内容，满足教学大纲要求。

9.2.2　实验装置技术参数

（1）输入电压：三相四线制，$380 \times (1 \pm 10\%)$V，50Hz。

（2）工作环境：环境温度范围为 $-5 \sim 40℃$，相对湿度 $<75\%$，海拔 <1000m。

（3）装置容量：<1.5kW。

（4）电机输出功率：<200W。

（5）外形尺寸：长×宽×高为 1870mm×730mm×1600mm。

9.2.3　DJK01 电源控制屏

电源控制屏主要为实验提供各种电源，如三相交流电源、直流励磁电源，并为实验提供所需的仪表，如直流电压、电流表，交流电压、电流表。屏上还设有定时器兼报警记录仪，供教师考核学生实验之用。在控制屏正面的大凹槽内设有两根不锈钢管，可挂置实验所需挂件，凹槽底部设有 12 芯、10 芯、4 芯、3 芯等插座，有源挂件的电源由这些插座提供。控制屏两侧设有单相三线 220V 电源插座及三相四线 380V 电源插座，还设有供实验台照明用的 40W 日光灯。主控屏面板如图 9-2 所示。

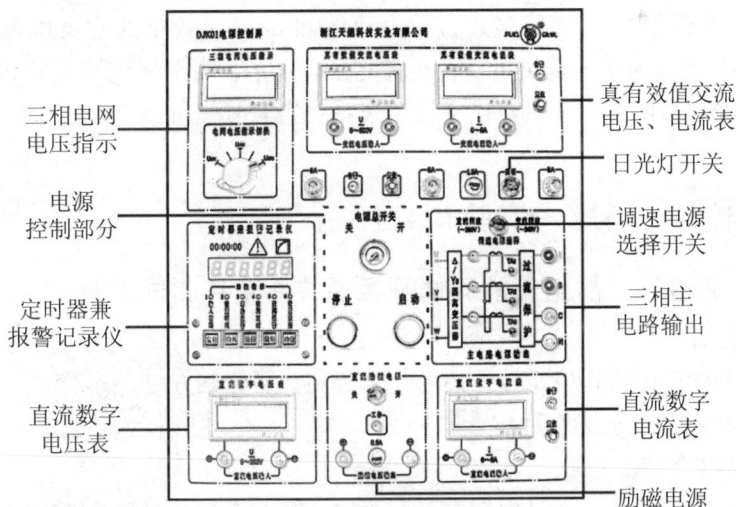

图 9-2　主控屏面板

1）三相电网电压指示

三相电网电压指示主要用于检测输入的电网电压是否有缺相，操作交流电压表下面的切换开关，观测三相电网各线间电压是否平衡。

2）定时器兼报警记录仪

其平时作为时钟使用，具有设定实验时间、定时报警、切断电源等功能，它还可以自动记录由于接线操作错误所导致的报警次数。

3）电源控制部分

它的主要功能是控制电源控制屏的各项功能，由电源总开关、启动按钮及停止按钮组成。当打开电源总开关时，红灯亮；当按下启动按钮后，红灯灭，绿灯亮，此时控制屏的三相主电路及励磁电源都有输出。

4）三相主电路输出

三相主电路输出可提供三相交流 200V/3A 或 240V/3A 电源。输出的电压大小由"调速电源选择开关"调节，当开关置于"直流调速"侧时，A、B、C 输出线电压为 200V，可完成电力电子实验以及直流调速实验；当开关置于"交流调速"侧时，A、B、C 输出线电压为 240V，可完成交流电机调压调速及串级调速等实验。在 A、B、C 三相处装有黄、绿、红发光二极管，用以指示输出电压。同时，主电源输出回路中还装有电流互感器，电流互感器可测定输出电流的大小，供电流反馈和过电流保护使用，面板上的 3 处观测点，TA1、TA2、TA3 用于观测 3 路输出电压信号。

5）励磁电源

在按下启动按钮后，若将励磁电源开关拨向"开"，则励磁电源输出 220V 的直流电压，并有发光二极管指示输出是否正常，励磁电源由 0.5A 熔断器做短路保护。励磁电源仅为直流发电机提供励磁电流，由于励磁电源的容量有限，一般不作为大电流的直流电源使用。

6）面板仪表

面板下部设置有 +300V 数字式直流电压表和 0～5A 数字式直流电流表，精度为 0.5 级，能为可逆调速系统提供电压及电流指示。面板上部设置有 500V 交流电压表和 5A 交流电流表，精度为 0.5 级，供交流调速系统实验时使用。

▶ 9.3　电力电子技术实验内容

9.3.1　实验一　晶闸管的测试及导通关断条件测试实验

1. 实验目的

（1）观察晶闸管的结构，掌握正确的晶闸管的简易测试方法。

（2）验证晶闸管的导通条件及关断方法。

2. 预习要求

（1）阅读电力电子技术教材中有关晶闸管的内容，弄清晶闸管的结构与工作原理。

（2）复习晶闸管基本特征的有关内容，掌握晶闸管正常工作时的特性。

3. 实验器材

（1）±5V、±12V 直流稳压电源（双路）。

（2）万用表一。

（3）晶闸管（用面板上的三相整流桥中的晶闸管）。

(4)DJDK-1 型实验台。

(5)灯泡 12V/0.1A。

(6)交流毫伏表。

4. 实验内容

(1)鉴别晶闸管的好坏。

(2)晶闸管的导通条件测试。

(3)晶闸管的关断方法测试。

5. 实验电路

实验电路图如图 9-3 至图 9-6 所示。

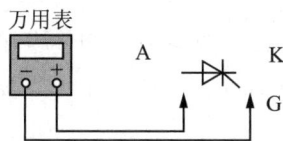

图 9-3　晶闸管的测试

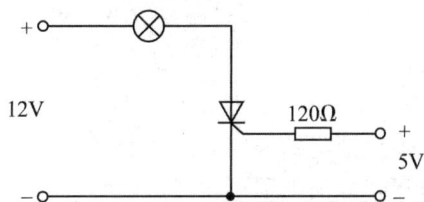

图 9-4　晶闸管导通条件实验电路

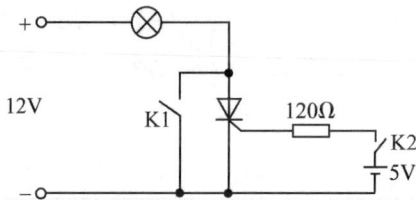

图 9-5　晶闸管关断条件实验电路 1

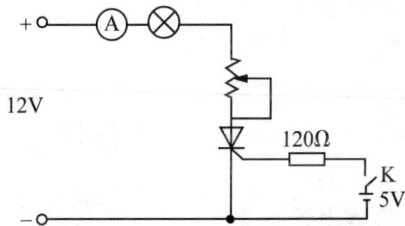

图 9-6　晶闸管关断条件实验电路 2

6. 实验内容及步骤

1)鉴别晶闸管的好坏

如图 9-3 所示,用万用表 $R \times 1 k\Omega$ 的电阻挡测试两个晶闸管的阳极(A)—阴极(K)、门极(G)—阳极(A)之间的正反向电阻,再用万用表 $R \times 100 k\Omega$ 的电阻挡测量两个晶闸管的门极(G)—阴极(K)之间的正反向电阻,将测量数据填入表 9-1,并鉴别晶闸管的好坏。

表 9-1

被测晶闸管	R_{AK}	R_{KA}	R_{AG}	R_{GA}	R_{GK}	R_{KG}	结论
VT_1							
VT_2							

2)晶闸管的导通条件

(1)阳极加 12V 正向电压,门极开路或接−5V 电压,观察灯泡是否亮,判断晶闸管是否导通。

(2)阳极加 12V 反向电压,门极开路或接−5V 电压或接+5V 电压,观察灯泡是否亮,判断晶闸管是否导通。

（3）阳极加 12V 正向电压，门极加＋5V 是否正向电压，观察灯泡是否亮，判断晶闸管是否导通。

（4）灯亮后去掉门极电压，看灯泡是否亮，再加－5V 反向门极电压，看灯泡是否继续亮。

（5）写出导通条件，说明门极作用。

3）晶闸管关断条件实验

（1）按图 9-5 接线，接通 12V 电源电压，再在门极接通＋5V 电压使晶闸管导通，灯泡亮，接着断开门极电压。

（2）去掉 12V 阳极电压，观察灯泡是否亮。

（3）使晶闸管导通，然后断开门极电压，即打开 K_2，接着闭合 K_1，再打开 K_1，观察灯泡是否熄灭。

（4）按图 9-6 接线，再使晶闸管导通，断开门极电压，逐渐减小阳极电压，当电流表指针由某值逐渐降到零时，记下该值，即为被测晶闸管的维持电流，此时若再升高阳极电源电压，灯泡也不再发亮，说明晶闸管已关断。

（5）总结关断晶闸管的方法。

7. 注意事项

用万用表测试晶闸管门极与阴极正反向电阻时，发现有的晶闸管正反向电阻很接近，这种现象并不能说明晶闸管已经损坏，只要正向电阻比反向电阻小些，该晶闸管就是好的。注：用万用表测试晶闸管门极与阴极电阻时，不能用 $R \times 10\Omega$ 挡，以防损坏门极，一般用 $R \times 1k\Omega$ 挡进行测量。

9. 实验报告要求

（1）回答实验中提出的问题。

（2）总结简易判断晶闸管好坏的方法。

9.3.2 实验二 单结晶体管触发电路和单相半波可控整流电路实验

1. 实验目的

（1）熟悉单结晶体管触发电路的工作原理、接线及电路中各元件的作用。

（2）观察单结晶体管触发电路各点的波形，掌握调试步骤和方法。

（3）对单相半波可控整流电路，带电阻负载及阻感性负载时的工作过程作全面分析。

（4）了解续流二极管的作用。

2. 预习要求

（1）了解单结晶体管触发电路的工作原理。

（2）复习单相半波可控整流电路的有关内容，掌握单相半波可控整流电路接电阻性负载和阻感性负载时的工作波形。

（3）掌握单相半波可控整流电路接不同负载时 U_d、I_d 的计算方法。

3. 实验器材

（1）DJDK-1 型电力电子技术及电机控制实验装置。

（2）DJK01、DJK02、DJK03-1、DJK06、D42 等挂箱。

（3）双踪示波器。

（4）万用表。

4．实验内容

（1）单结晶体管触发电路的调试。

（2）单结晶体管触发电路各点电压波形的观察并记录。

（3）单相半波整流电路带电阻性负载时 $U_d/U_2 = f(\alpha)$ 特性的测定。

（4）单相半波整流电路带阻感性负载时续流二极管作用的观察。

5．实验电路

（1）单结晶体管触发电路原理图如图 9-7 所示。

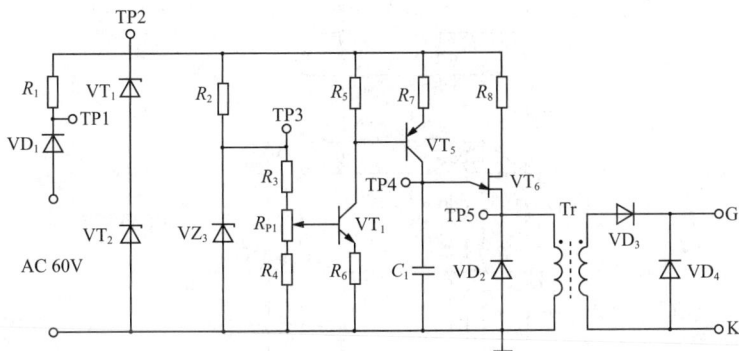

图 9-7　单结晶体管触发电路原理图

触发电路原理：由同步变压器二次侧输出 60V 的交流同步电压，经 VD_1 半波整流，再由稳压管 VT_1、VT_2 进行削波，从而得到梯形波电压，其过零点与电源电压的过零点同步，梯形波通过 R_7 及 VT_2 向电容 C_1 充电，当充电电压达到单结晶体管的峰值电压 U_p 时，单结晶体管 VT_6 导通，电容通过脉冲变压器一次侧放电，脉冲变压器二次侧输出脉冲。同时，由于放电时间常数很小，C_1 两端的电压很快下降到单结晶体管的谷点电压 U_v，使 VT_3 关断，C_1 再次充电，周而复始，在电容 C_1 两端呈现锯齿波形，在脉冲变压器二次侧输出尖脉冲。在一个梯形波周期内，VT_3 可能导通、关断多次，但只有输出的第一个触发脉冲对晶闸管的触发时刻起作用。充电时间常数由电容 C_1 和等效电阻等决定的，调节 R_{P1} 改变 C_1 的充电时间，控制第一个尖脉冲的出现时刻，实现脉冲的移相控制。电位器 R_{P1} 已装在面板上，同步信号已在内部接好，所有的测试信号都在面板上引出。单结晶体管触发电路的各点电压波形如图 9-8 所示。

（2）单相半波可控整流电路如图 9-9 所示。

6．实验内容及步骤

1）单结晶体管触发电路的调试

将 DJK01 电源控制屏的电源选择开关拨到"直流调速"侧，使输出线电压为 200V，用两根导线将 200V 交流电压接到 DJK03-1 的"外接 220V"端，按下"启动"按钮，打开 DJK03-1 电源开关，用双踪示波器观察单结晶体管触发电路中整流输出的梯形波电压、锯齿波电压及单结晶体管触发电路输出电压等波形。调节移相电位器 R_{P1}，观察锯齿波的周期变化及输出脉冲波形的移相范围是否为 30°～170°。

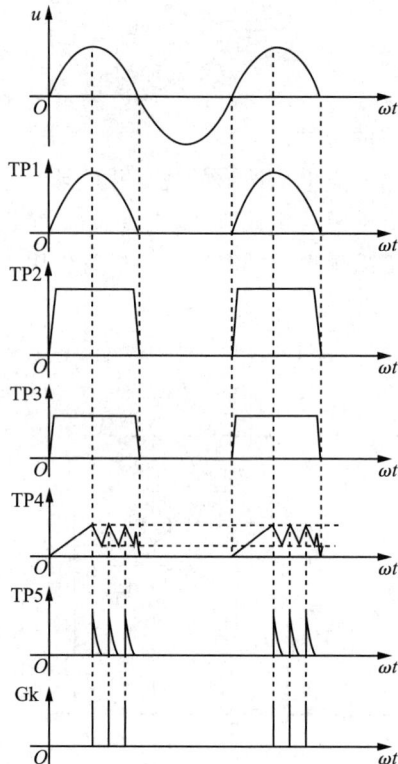

图 9-8 单结晶体管触发电路的各点电压波形($\alpha=90°$)

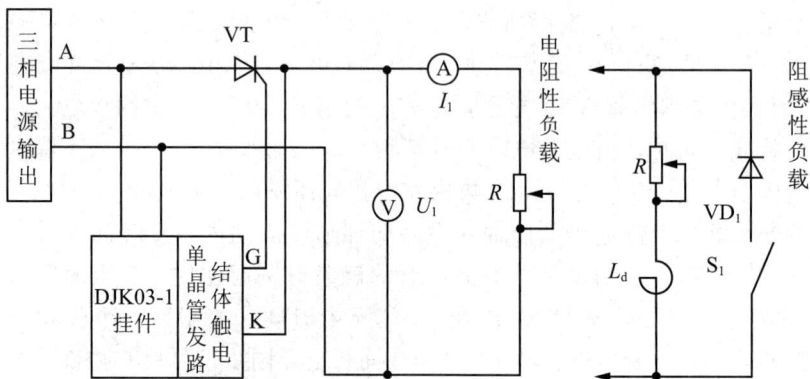

图 9-9 单相半波可控整流电路

2)单相半波可控整流电路接电阻性负载

触发电路调试正常后,按图 9-9 接线。将电阻器调至最大阻值,按下"启动"按钮,用示波器观察负载电压 u_d、晶闸管 VT 两端电压 u_{VT} 的波形,调节电位器 R_{P1},观察$\alpha=$30°、60°、90°、120°、150°时 u_d、u_{VT} 的波形,并测量直流输出电压 U_d 和电源电压 U_2,记录于表 9-2 中。

表 9-2　记录表一

α	30°	60°	90°	120°	150°
U_2					
U_d（记录值）					
U_d/U_2					
U_d（计算值）					

计算值：$U_d=0.45U_2\dfrac{(1+\cos\alpha)}{2}$。

3）单相半波可控整流电路接阻感性负载

将负载电阻 R 改成阻感性负载（由电阻器与平波电抗器 L_d 串联而成）。暂不接续流二极管 VD，在不同阻抗角（阻抗角 $\varphi=\arctan\dfrac{\omega L_d}{R}$）下，保持电感量不变，改变 R 的电阻值，注意电流不要超过 1A，观察并记录 $\alpha=30°$、$60°$、$90°$、$120°$ 时的直流输出电压值 u_d、u_{VT} 的波形，记录于表 9-3 中。

表 9-3　记录表二

α	30°	60°	90°	120°
U_2				
U_d（记录值）				
U_d/U_2				
U_d（计算值）				

接入续流二极管 VD，重复上述实验，观察续流二极管的作用，并观察 u_{VD} 波形的变化，记录于表 9-4 中。

表 9-4　记录表三

α	30°	60°	90°	120°
U_2				
U_d（记录值）				
U_d/U_2				
U_d（计算值）				

7. 注意事项

(1)双踪示波器两个探头的地线端应接在电路的同电位点，以防通过两探头的地线造成被测量电路短路事故，示波器探头的地线与外壳相连时应注意安全。

(2)在主电路未接通时，首先要调试触发电路，只有在触发电路工作正常后，才可以接通主电路。

8. 实验报告要求

(1)画出 $\alpha=90°$ 时，电阻性负载和阻感性负载的 u_d、u_{VT} 波形。

(2)画出电阻性负载时 $U_d/U_2=f(\alpha)$ 的实验曲线，并与计算值 U_d 的对应曲线作比较。

(3)分析实验中出现的现象，写出体会。

9.3.3 实验三 单相桥式全控整流及有源逆变电路实验

1. 实验目的

(1)加深理解单相桥式全控整流及有源逆变电路的工作原理。

(2)研究单相桥式变流电路整流的全过程。

(3)研究单相桥式变流电路逆变的全过程,掌握实现有源逆变的条件。

(4)掌握产生逆变颠覆的原因及预防方法。

2. 预习要求

(1)阅读教材中有关单相桥式全控整流电路的相关内容。

(2)阅读教材中有关有源逆变电路的内容,掌握实现有源逆变的基本条件。

3. 实验器材

(1)DJDK-1型电力电子技术及电机控制实验装置。

(2)DJK01、DJK02、DJK03-1、DJK10、D42等挂箱。

(3)双踪示波器。

(4)万用表。

4. 实验内容

(1)单相桥式全控整流电路带阻感性负载。

(2)单相桥式有源逆变电路带阻感性负载。

(3)有源逆变电路逆变颠覆现象的观察。

5. 实验电路

图 9-10 所示为单相桥式整流带阻感性负载原理图,其输出负载 R 用 D42 三相可调电阻器,将两个 900Ω 接成并联形式,电抗 L_d 选用 DJK02 面板上的 700mH,直流电压、电流表均在 DJK02 面板上。触发电路采用DJK03-1组件挂箱中的"锯齿波触发电路 I"和"锯齿波触发电路 II"。

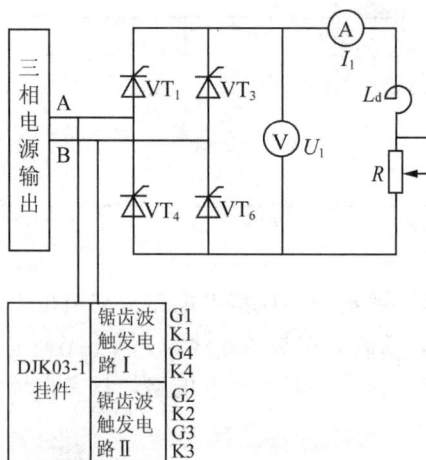

图 9-10 单相桥式整流实验原理图

图 9-11 所示为单相桥式有源逆变电路原理图,三相电源经三相不控整流,得到一个上负下正的直流电源,供逆变桥电路使用,逆变桥电路逆变出的交流电压经升压变

压器反馈回电网。"三相不控整流"是 DJK10 上的一个模块，其"芯式变压器"在此作为升压变压器使用，从晶闸管逆变出的电压接"芯式变压器"的中压端 A_m、B_m，返回电网的电压从其高压端 A、B 输出，为了避免输出的逆变电压过高而损坏芯式变压器，故将变压器接成 Y/Y 接法。图中的电阻 R、电抗 L_d 和触发电路与整流所用相同。

有关实现有源逆变的必要条件等内容可参见前述章节的相关内容。

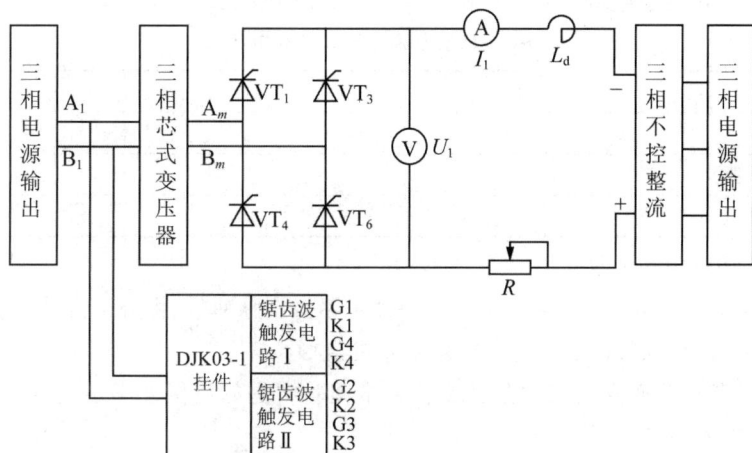

图 9-11　单相桥式有源逆变电路实验原理图

6. 实验内容及步骤

1) 触发电路的调试

将 DJK01 电源控制屏的电源选择开关拨到"直流调速"侧，使输出线电压为 200V，用两根导线将 200V 交流电压接到 DJK03-1 的"外接 220V"端，按下"启动"按钮，打开 DJK03-1 电源开关，用示波器观察锯齿波同步触发电路各观察孔的电压波形。

将控制电压 U_{ct} 调至零（将电位器 R_{P2} 顺时针旋到底），观察同步电压信号和"6"点 U_6 的波形，调节偏移电压 U_b（即调整 R_{P3} 电位器），使 $\alpha=180°$。将锯齿波触发电路的输出脉冲端分别接至全控桥中相应晶闸管的门极和阴极，注意不要把相序接反了，否则无法进行整流和逆变。将 DJK02 上的正桥和反桥触发脉冲开关都拨到"断"的位置，并使 U_{lf} 和 U_{lr} 悬空，确保晶闸管不被误触发。

2) 单相桥式全控整流

按图 9-10 接线，将电阻器调至最大阻值，按下"启动"按钮，保持 U_b 偏移电压不变（即 R_{P3} 固定），逐渐增加 U_{ct}（调节 R_{P2}），在 $\alpha=30°$、$60°$、$90°$、$120°$ 时，用示波器观察、记录整流电压 u_d 和晶闸管两端电压 u_{VT} 的波形，并记录电源电压 U_2 和负载电压 U_d 的数值于表 9-5 中。

表 9-5　记录电源电压和负载电压一

α	30°	60°	90°	120°
U_2				
U_d（记录值）				
U_d（计算值）				

计算值：$U_d = 0.9U_2 \dfrac{(1+\cos\alpha)}{2}$。

3）单相桥式有源逆变电路实验

按图 9-11 所示接线，将电阻器调至最大阻值，按下"启动"按钮，保持 U_b 偏移电压不变，逐渐增加 U_{ct}，在 $\beta = 30°$、$60°$、$90°$ 时，观察、记录逆变电流 i_d 和晶闸管两端电压 u_{VT} 的波形，并记录电源电压 U_2 和负载电压 U_d 的数值于表 9-6 中。

表 9-6　记录电源电压和负载电压二

β	30°	60°	90°
U_2			
U_d（记录值）			
U_d（计算值）			

4）逆变颠覆现象的观察

调节 U_{ct}，使 $\alpha = 150°$，观察 u_d 波形。突然关断触发脉冲（可将触发信号拆去），用双踪示波器观察逆变颠覆现象，记录逆变颠覆时 u_d 的波形。

思考：实现有源逆变的条件是什么？在本实验中是如何保证满足这些条件的？

7. 注意事项

(1)在本实验中，触发脉冲是从外部接入 DJK02 面板上晶闸管的门极和阴极的，此时应将所用晶闸管对应的正桥触发脉冲或反桥触发脉冲的开关拨向"断"的位置，并将 U_{lf} 和 U_{lr} 悬空，避免误触发。

(2)为了保证从逆变到整流不发生过电流，其回路的电阻 R 应取比较大的值，但也要考虑到晶闸管的维持电流，保证其可靠导通。

8. 实验报告要求

(1)画出 $\alpha = 30°$、$60°$、$90°$、$120°$、$150°$ 时 u_d 和 u_{VT} 的波形。

(2)画出电路的移相特性 $U_d/U_2 = f(\alpha)$ 曲线。

(3)分析逆变颠覆的原因及逆变颠覆后产生的后果。

9.3.4　实验四　三相半波可控整流电路实验

1. 实验目的

了解三相半波可控整流电路的工作原理，研究可控整流电路在电阻性负载和阻感性负载时的工作情况。

2. 预习要求

阅读教材中有关三相半波整流电路的内容。

3. 实验器材

(1)DJDK-1 型电力电子技术及电机控制实验装置。

(2)DJK01、DJK02、DJK02-1、DJK06、D42 等挂箱。

(3)双踪示波器。

(4)万用表。

4. 实验内容

(1)研究三相半波可控整流电路带电阻性负载。

(2)研究三相半波可控整流电路带阻感性负载。

5. 实验电路

三相半波可控整流电路使用了 3 个晶闸管,与单相电路比较,其输出电压脉动小,输出功率大。其不足之处是,晶闸管电流即变压器的二次侧电流在一个周期内只有 1/3 时间有电流流过,变压器利用率较低。图 9-12 中晶闸管用 DJK02 正桥组中的 3 个,电阻 R 用 D42 三相可调电阻,将两个 900Ω 的电阻接成并联形式,L_d 电感选用 DJK02 面板上的 $700\mathrm{mH}$,其三相触发信号由 DJK02-1 内部提供,只需外加一个给定电压接到 U_{ct} 端即可。直流电压、电流表由 DJK02 获得。

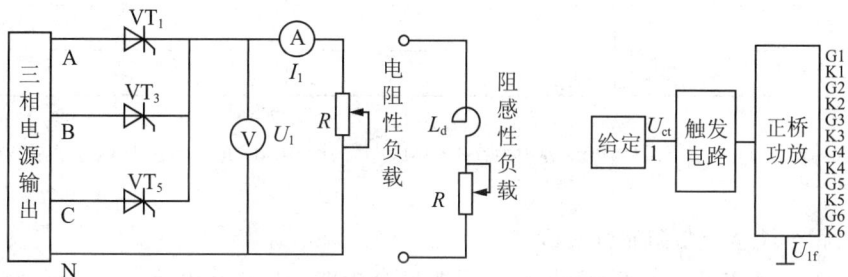

图 9-12　三相半波可控整流电路实验原理图

6. 实验内容及步骤

1)DJK02 和 DJK02-1 上的"触发电路"调试

(1)打开 DJK01 总电源开关,操作"电源控制屏"上的"三相电网电压指示"开关,观察输入的三相电网电压是否平衡。

(2)将 DJK01"电源控制屏"上的"调速电源选择开关"拨至"直流调速"侧。

(3)用 10 芯的扁平电缆将 DJK02 的"三相同步信号输出"端和 DJK02-1 的"三相同步信号输入"端相连,打开 DJK02-1 电源开关,拨动"触发脉冲指示"钮子开关,使"窄"的发光管亮。

(4)观察 A、B、C 三相的锯齿波,并调节 A、B、C 三相锯齿波斜率调节电位器(在各观测孔左侧),使三相锯齿波斜率尽可能一致。

(5)将 DJK06 的"给定"输出 U_g 直接与 DJK02-1 上的移相控制电压 U_{ct} 相接,将给定开关 S_2 拨到接地位置(即 $U_{ct}=0$),调节 DJK02-1 上的偏移电压电位器,用双踪示波器观察 A 相同步电压信号和"双脉冲观察孔"VT_1 的输出波形,使 $\alpha=150°$(注意,此处的 α 表示三相晶闸管电路中的移相角,它的 0° 是从自然换相点开始计算的,前面实验中单相晶闸管电路的 0° 移相角表示从同步信号过零点开始计算,两者存在相位差,前者比后者滞后 30°)。

(6)适当增加给定 U_g 的正电压输出,观测 DJK02-1 上"脉冲观察孔"的波形,此时应测到单窄脉冲和双窄脉冲。

(7)将 DJK02-1 面板上的 U_{lf} 端接地,用 20 芯的扁平电缆将 DJK02-1 的"正桥触发脉冲输出"端和 DJK02 的"正桥触发脉冲输入"端相连,并将 DJK01 的"正桥触发脉冲"的 6 个开关拨至"通",观察正桥 $VT_1 \sim VT_6$ 晶闸管门极和阴极之间的触发脉冲是否正常。

2）三相半波可控整流电路带电阻性负载

按图 9-12 接线，将电阻器调至最大阻值，按下"启动"按钮，DJK06 上的"给定"从零开始，慢慢增加移相电压，使 α 能在 $30°\sim170°$ 内调节，用示波器观察并记录 $\alpha=30°$、$60°$、$90°$、$120°$、$150°$ 时整流输出电压 u_d 和晶闸管两端电压 u_{VT} 的波形，记录电源电压 U_2 和负载电压 U_d 的数值于表 9-7 中。

表 9-7　记录电源电压和负载电压一

α	30°	60°	90°	120°	150°
U_2					
U_d（记录值）					
U_d（计算值）					

计算值：$U_d = 1.17U_2\cos\alpha$（$0\sim30°$），$U_d = 0.675U_2[1+\cos(\alpha+\pi/6)]$（$30°\sim150°$）。

3）三相半波整流带阻感性负载

将 DJK02 上 700mH 的电抗器与负载电阻 R 串联后接入主电路，观察不同移相角 α 时 u_d、i_d 的输出波形，并记录相应的电源电压 U_2 及 U_d 值于表 9-8 中，画出 $\alpha=90°$ 时 u_d、i_d 的波形图。

表 9-8　记录电源电压和负载电压二

α	30°	60°	90°	120°	150°
U_2					
U_d（记录值）					
U_d（计算值）					

计算值：$U_d=1.17U_2\cos\alpha$。

7. 注意事项

整流电路与三相电源连接时，一定要注意相序，必须一一对应。

8. 实验报告要求

绘出当 $\alpha=90°$，整流电路供电给电阻性负载、阻感性负载时的 u_d、i_d 的波形，并进行分析讨论。

9.3.5　实验五　三相桥式全控整流及有源逆变电路实验

1. 实验目的

(1)加深理解三相桥式全控整流及有源逆变电路的工作原理。

(2)了解 KC 系列集成触发器的调整方法和各点的波形。

2. 预习要求

(1)阅读教材中有关三相桥式全控整流电路的相关内容。

(2)阅读教材中有关有源逆变电路的有关内容，掌握实现有源逆变的基本条件。

(3)学习实验指导书中有关集成触发电路的内容，掌握该触发电路的工作原理。

3. 实验器材

(1)DJDK-1 型电力电子技术及电机控制实验装置。

(2)DJK01、DJK02、DJK02-1、DJK06、DJK10、D42 等挂箱。

(3)双踪示波器。

(4)万用表。

4. 实验内容

(1)三相桥式全控整流电路。

(2)三相桥式有源逆变电路。

(3)在整流或有源逆变状态下,当触发电路出现故障(人为模拟)时观测主电路的各电压波形。

5. 实验电路

实验电路如图 9-13 和图 9-14 所示。主电路由三相全控整流电路及作为逆变直流电源的三相不控整流电路组成,触发电路为 DJK02-1 中的集成触发电路,由 KC04、KC41、KC42 等集成芯片组成,可输出经高频调制后的双窄脉冲链。集成触发电路的原理可参考有关内容,三相桥式整流及逆变电路的工作原理可参见前述章节的相关内容。

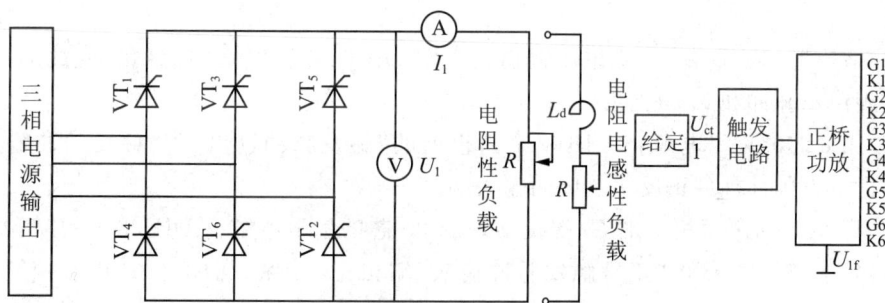

图 9-13   三相桥式全控整流电路实验原理图

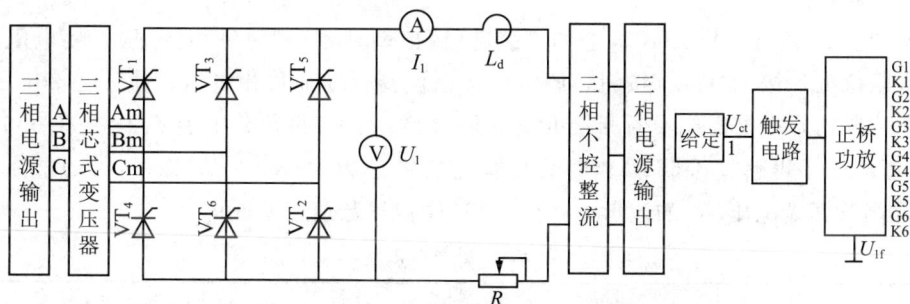

图 9-14   三相桥式有源逆变电路实验原理图

图中的 R 用 D42 三相可调电阻,将两个 900Ω 的电阻接成并联形式,电感 L_d 在 DJK02 面板上,选用 $700mH$,直流电压、电流表由 DJK02 获得。

在三相桥式有源逆变电路中,电阻、电感与整流的一致,而三相不控整流及芯式

变压器均在 DJK10 挂件上,其中,芯式变压器用作升压变压器,逆变输出的电压接芯式变压器的中压端 Am、Bm、Cm,返回电网的电压从高压端 A、B、C 输出,变压器接成 Y/Y 接法。

6. 实验内容及步骤

1)DJK02 和 DJK02-1 上的"触发电路"调试

(1)打开 DJK01 总电源开关,操作"电源控制屏"上的"三相电网电压指示"开关,观察输入的三相电网电压是否平衡。

(2)将 DJK01"电源控制屏"上的"调速电源选择开关"拨至"直流调速"侧。

(3)用 10 芯的扁平电缆将 DJK02 的"三相同步信号输出"端和 DJK02-1 的"三相同步信号输入"端相连,打开 DJK02-1 电源开关,拨动"触发脉冲指示"钮子开关,使"窄"的发光管亮。

(4)观察 A、B、C 三相的锯齿波,并调节 A、B、C 三相锯齿波斜率调节电位器(在各观测孔左侧),使三相锯齿波斜率尽可能一致。

(5)将 DJK06 上的"给定"输出 U_g 直接与 DJK02-1 上的移相控制电压 U_{ct} 相接,将给定开关 S_2 拨到接地位置(即 $U_{ct}=0$),调节 DJK02-1 上的偏移电压电位器,用双踪示波器观察 A 相同步电压信号和"双脉冲观察孔" VT_1 的输出波形,使 $\alpha=150°$(与实验四相同)。

(6)适当增加给定 U_g 的正电压输出,观测 DJK02-1 上"脉冲观察孔"的波形,此时应观测到单窄脉冲和双窄脉冲。

(7)用 8 芯的扁平电缆将 DJK02-1 面板上的"触发脉冲输出"和"触发脉冲输入"相连,使得触发脉冲加到正反桥功放的输入端。

(8)将 DJK02-1 面板上的 U_{lf} 端接地,用 20 芯的扁平电缆将 DJK02-1 的"正桥触发脉冲输出"端和 DJK02 的"正桥触发脉冲输入"端相连,并将 DJK02 的"正桥触发脉冲"的 6 个开关拨至"通",观察正桥 $VT_1 \sim VT_6$ 晶闸管门极和阴极之间的触发脉冲是否正常。

2)三相桥式全控整流电路

按图 9-13 接线,将 DJK06 上的"给定"输出调到零(逆时针旋到底),使电阻器位于最大阻值处,按下"启动"按钮,调节给定电位器,增加移相电压,使 α 在 30°~150° 内调节,同时,根据需要不断调整负载电阻 R 的值,使得负载电流 I_d 保持在 0.6A 左右(注意,I_d 不得超过 0.65A)。用示波器观察并记录 $\alpha=30°$、60° 及 90° 时的整流电压 u_d 和晶闸管两端电压 u_{VT} 的波形,并记录相应的 U_d 数值于表 9-9 中。

表 9-9 记录数据一

α	30°	60°	90°
U_2			
U_d(记录值)			
U_d(计算值)			

计算值:$U_d=2.34U_2\cos \alpha$(阻感性负载)。

3)三相桥式有源逆变电路

按图 9-14 接线，将 DJK06 上的"给定"输出调到零（逆时针旋到底），使电阻器位于最大阻值处，按下"启动"按钮，调节给定电位器，增加移相电压，使 β 在 $30°\sim90°$ 内调节，同时，根据需要不断调整负载电阻 R 的值，使得电流 I_d 保持在 0.6A 左右（注意，I_d 不得超过 0.65A）。用示波器观察并记录 $\beta=30°$、$60°$、$90°$ 时的电压 u_d 和晶闸管两端电压 u_{VT} 的波形，并记录相应的 U_d 数值于表 9-10 中。

表 9-10　记录数据二

β	30°	60°	90°
U_2			
U_d（记录值）			
U_d（计算值）			

4)故障现象的模拟

当 $\beta=60°$ 时，将触发脉冲钮子开关拨向"断开"位置，模拟晶闸管失去触发脉冲时的故障，观察并记录此时的 u_d、u_{VT} 波形的变化情况。

7. 注意事项

(1)为了防止过电流，启动时将负载电阻 R 调至最大阻值。

(2)三相不可控整流桥的输入端可加接三相自耦调压器，以降低逆变用直流电源的电压值。

(3)有时会发现脉冲的相位只能移动 120° 左右就消失了，这是因为 A、C 两相的相位接反了，这对整流状态无影响，但在逆变时，由于调节范围只能到 120°，使得实验效果不明显，实验者可自行将四芯插头内的 A、C 相两相的导线对调，这样即可保证有足够的移相范围了。

8. 实验报告要求

(1)画出电路的移相特性 $U_d/U_2=f(\alpha)$ 曲线。

(2)画出触发电路的传输特性 $\alpha=f(U_{ct})$ 曲线。

(3)画出 $\alpha=30°$、$60°$、$90°$、$120°$、$150°$ 时的整流电压 u_d 和晶闸管两端电压 u_{VT} 的波形。

(4)简单分析模拟的故障现象。

9.3.6　实验六　单相交流调压电路实验

1. 实验目的

(1)加深理解单相交流调压电路的工作原理。

(2)加深理解单相交流调压电路带阻感性负载对脉冲及移相范围的要求。

(3)了解 KC05 晶闸管移相触发器的原理和应用。

2. 预习要求

(1)阅读前述章节中有关交流调压电路的内容，掌握交流调压的工作原理。

(2)学习有关单相交流调压触发电路的内容，了解 KC05 晶闸管触发芯片的工作原理及在单相交流调压电路中的应用。

3．实验器材

(1)DJDK-1 型电力电子技术及电机控制实验装置。

(2)DJK01、DJK02、DJK03-1、D42 等挂箱。

(3)双踪示波器。

(4)万用表。

4．实验内容

(1)KC05 集成移相触发电路的调试。

(2)单相交流调压电路带电阻性负载。

(3)单相交流调压电路带阻感性负载。

5．实验电路

本实验采用 KC05 晶闸管集成移相触发器。该触发器适用于双向晶闸管或两个反向并联晶闸管电路的交流相位控制，具有锯齿波线性好、移相范围宽、控制方式简单、易于集中控制、有失压保护、输出电流大等优点。单相晶闸管交流调压器的主电路由两个反向并联的晶闸管组成，如图 9-15 所示。图中电阻 R 用 D42 三相可调电阻，将两个 900Ω 电阻接成并联形式，晶闸管则利用 DJK02 上的反桥元件，交流电压、电流表由 DJK01 控制屏上得到，电抗器 L_d 从 DJK02 上得到，选用 700mH。

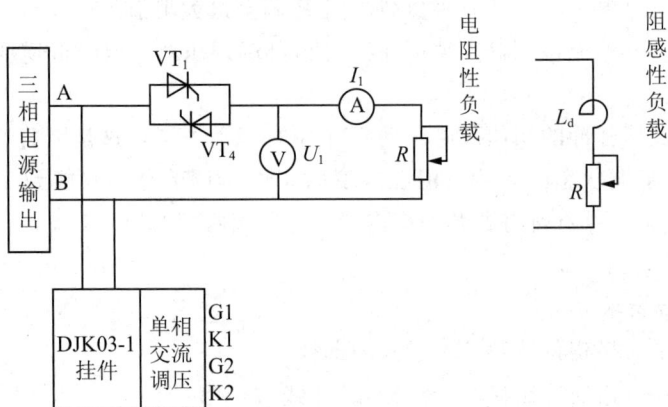

图 9-15　单相交流调压电路实验原理图

6．实验内容及步骤

1)KC05 集成晶闸管移相触发电路调试

将 DJK01 电源控制屏的电源选择开关拨到"直流调速"侧，使输出线电压为 200V，用两根导线将 200V 交流电压接到 DJK03 的"外接 220V"端，按下"启动"按钮，打开 DJK03 电源开关，用示波器观察"1"～"5"端脉冲输出的波形。调节电位器 R_{P1}，观察锯齿波斜率是否变化，调节 R_{P2}，观察输出脉冲的移相范围如何变化，移相能否达到 170°，记录上述过程中观察到的各点电压波形。

2)单相交流调压带电阻性负载

将 DJK02 面板上的两个晶闸管反向并联而构成交流调压器，将触发器的输出脉冲端"G1""K1""G2"和"K2"分别接至主电路相应晶闸管的门极和阴极。接上电阻性负载，用示波器观察负载电压、晶闸管两端电压 u_{VT} 的波形。调节"单相调压触发电路"上的电

位器 R_{P2}，观察在不同 α 时各点波形的变化，并记录 $\alpha=30°$、$60°$、$90°$、$120°$时的波形。

　　3)单相交流调压带阻感性负载

　　(1)在进行阻感性负载实验时，需要调节负载阻抗角的大小，因此应该知道电抗器的内阻和电感量。常采用直流伏安法来测量内阻，如图 9-16 所示。电抗器的内阻为

$$R_{L}=\frac{U_{L}}{I}$$

　　电抗器的电感量可采用交流伏安法测量，如图 9-17 所示。由于电流大时，对电抗器的电感量影响较大，因此采用自耦调压器调压，多测几次取其平均值，从而可得到交流阻抗。

$$Z_{L}=\frac{U_{L}}{I}$$

　　电抗器的电感为

$$L=\frac{\sqrt{Z_{L}^{2}-R_{L}^{2}}}{2\pi f}$$

　　这样即可求得负载阻抗角：

$$\varphi=\arctan\frac{\omega L}{R_{d}+R_{L}}$$

　　在实验中，欲改变阻抗角，只需改变滑线变阻器 R 的电阻值即可。

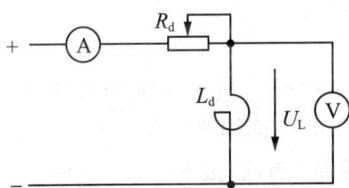

　　图 9-16　用直流伏安法测电抗器内阻　　　　图 9-17　用交流伏安法测电感量

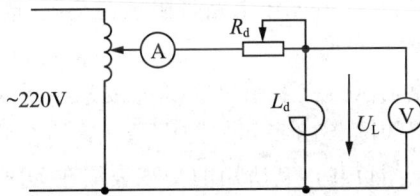

　　(2)切断电源，将 L 与 R 串联，改接为阻感性负载。按下"启动"按钮，用双踪示波器同时观察负载电压 u_1 和负载电流 i_1 的波形。调节 R 的数值，使阻抗角为一定值，观察在不同 α 时波形的变化情况，记录 $\alpha>\varphi$、$\alpha=\varphi$、$\alpha<\varphi$ 3 种情况下负载两端的电压 u_1 和流过负载的电流 i_1 波形。

7. 注意事项

　　(1)触发脉冲是从外部接入 DJK02 面板上晶闸管的门极和阴极的，此时，应将所用晶闸管对应的正桥触发脉冲或反桥触发脉冲的开关拨向"断"的位置，并将 U_{lf} 及 U_{lr} 悬空，避免误触发。

　　(2)可以用 DJK02-1 上的触发电路来触发晶闸管。

　　(3)由于"G""K"输出端有电容影响，故观察触发脉冲电压波形时，需将输出端"G"和"K"分别接到晶闸管的门极和阴极(或者用 100Ω 阻值的电阻接到"G""K"两端，用来模拟晶闸管门极与阴极的阻值)，否则无法观察到正确的脉冲波形。

8. 实验报告要求

　　(1)整理、绘出实验中所记录的各类波形。

　　(2)分析阻感性负载时，α 与 φ 相应关系的变化对调压器工作的影响。

(3)讨论并分析实验中出现的各种问题。

9.3.7 实验七 三相交流调压电路实验

1. 实验目的

(1)了解三相交流调压触发电路的工作原理。

(2)加深理解三相交流调压电路的工作原理。

(3)了解三相交流调压电路带不同负载时的工作特性。

2. 预习要求

(1)阅读教材中有关交流调压的内容,掌握三相交流调压的工作原理。

(2)了解如何使三相可控整流的触发电路用于三相交流调压电路。

3. 实验器材

(1)DJDK-1型电力电子技术及电机控制实验装置。

(2)DJK01、DJK02、DJK02-1、DJK06、D42等挂箱。

(3)双踪示波器。

(4)万用表。

4. 实验内容

(1)三相交流调压器触发电路的调试。

(2)三相交流调压电路带电阻性负载。

(3)三相交流调压电路带阻感性负载(选做)。

5. 实验电路

交流调压器应采用单宽脉冲或双窄脉冲进行触发,本次实验中使用了双窄脉冲。实验电路如图9-18所示。图中晶闸管均在DJK02上,选用其正桥,将D42三相可调电阻接成三相负载,其所用的交流表均在DJK01控制屏的面板上。

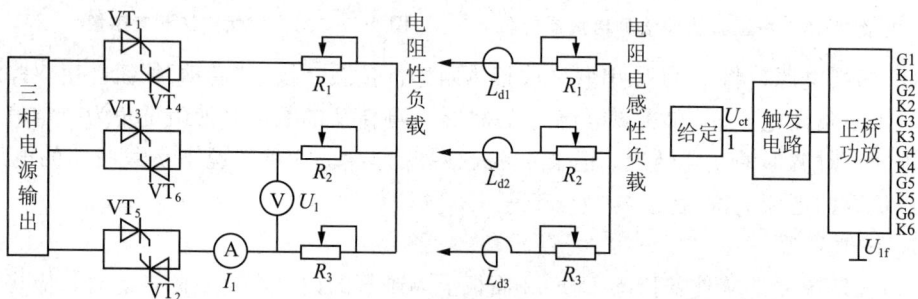

图9-18 三相交流调压实验电路图

6. 实验内容及步骤

1)DJK02和DJK02-1上的"触发电路"调试

(1)打开DJK01总电源开关,操作"电源控制屏"上的"三相电网电压指示"开关,观察输入的三相电网电压是否平衡。

(2)将DJK01"电源控制屏"上的"调速电源选择开关"拨至"直流调速"侧。

(3)用10芯的扁平电缆将DJK02的"三相同步信号输出"端和DJK02-1的"三相同步信号输入"端相连,打开DJK02-1电源开关,拨动"触发脉冲指示"钮子开关,使

"窄"的发光管亮。

(4)观察 A、B、C 三相的锯齿波,并调节 A、B、C 三相锯齿波斜率调节电位器(在各观测孔左侧),使三相锯齿波斜率尽可能一致。

(5)将 DJK06 上的"给定"输出 U_g 直接与 DJK02-1 上的移相控制电压 U_{ct} 相接,将给定开关 S_2 拨到接地位置(即 $U_{ct}=0$),调节 DJK02-1 上的偏移电压电位器,用双踪示波器观察 A 相同步电压信号和"双脉冲观察孔" VT_1 的输出波形,使 $\alpha=180°$。

(6)适当增加给定 U_g 的正电压输出,观测 DJK02-1 上"脉冲观察孔"的波形,此时应观测到单窄脉冲和双窄脉冲。

(7)用 8 芯的扁平电缆将 DJK02-1 面板上的"触发脉冲输出"和"触发脉冲输入"相连,使得触发脉冲加到正、反桥功放的输入端上。

(8)将 DJK02-1 面板上的 U_{lf} 端接地,用 20 芯的扁平电缆将 DJK02-1 的"正桥触发脉冲输出"端和 DJK02 的"正桥触发脉冲输入"端相连,并将 DJK02 的"正桥触发脉冲"的 6 个开关拨至"通",观察正桥 $VT_1\sim VT_6$ 晶闸管门极和阴极之间的触发脉冲是否正常。

2)三相交流调压器带电阻性负载

使用正桥晶闸管 $VT_1\sim VT_6$,按图 9-18 连成三相交流调压主电路,其触发脉冲已通过内部连线接好,只要将正桥脉冲的 6 个开关拨至"接通",并将 U_{lf} 端接地即可。接上三相平衡电阻负载,接通电源,用示波器观察并记录 $\alpha=30°$、$60°$、$90°$、$120°$、$150°$ 及 $180°$ 时的输出电压波形,并记录相应的输出电压有效值,填入表 9-11 中。

表 9-11　记录数据一

α	30°	60°	90°	120°	150°	180°
U_2						
U_1(计算值)						

3)三相交流调压器接阻感性负载(选做)

要完成该实验,需加上 3 个电抗器。切断电源输出,将三相电抗器接入。接通电源,调节三相负载的阻抗角(调节电阻阻值即可),使 $\varphi=60°$,用示波器观察并记录 $\alpha=30°$、$60°$、$90°$ 及 $120°$ 时的波形,并记录输出电压 u_l、电流 i_L 的波形及输出电压 U_l 有效值,记录于表 9-12 中。

表 9-12　记录数据三

α	30°	60°	90°	120°
U_2				
U_1(计算值)				

7. 注意事项

同实验五。

8. 实验报告要求

(1)整理并绘出实验中记录的波形,作出不同负载时的 $U/U_2=f(\alpha)$ 的曲线。

(2)讨论并分析实验中出现的各种问题。

9.3.8 实验八 直流斩波电路实验

1. 实验目的

(1)加深理解斩波器电路的工作原理。

(2)掌握斩波器主电路、触发电路的调试步骤和方法。

(3)熟悉斩波器电路各点的电压波形。

2. 预习要求

(1)阅读教材中有关斩波器的内容,弄清脉宽可调斩波器的工作原理。

(2)学习有关斩波器及其触发电路的内容,掌握斩波器及其触发电路的工作原理及调试方法。

3. 实验器材

(1)DJDK-1型电力电子技术及电机控制实验装置。

(2)DJK01、DJK05、DJK06、D42等挂箱。

(3)双踪示波器。

(4)万用表。

4. 实验内容

(1)直流斩波器触发电路调试。

(2)直流斩波器接电阻性负载。

(3)直流斩波器接阻感性负载(选做)。

5. 实验电路

本实验采用脉宽可调的晶闸管斩波器,其主电路如图 9-19 所示。其中,VT_1 为主晶闸管,VT_2 为辅助晶闸管,C 和 L_1 构成振荡电路,它们与 VD_2、VD_1、L_2 组成 VT_1 的换流关断电路。当接通电源时,C 经 L_1、VD_1、L_2 及负载充电至 $+U_{d0}$,此时 VT_1、VT_2 均不导通,当主脉冲到来时,VT_1 导通,电源电压将通过该晶闸管加到负载上。当辅助脉冲到来时,VT_2 导通,C 通过 VT_2、L_1 放电,然后反向充电,其电容的极性从 $+U_{d0}$ 变为 $-U_{d0}$,当充电电流下降到零时,VT_2 自行关断,此时 VT_1 继续导通。VT_2 关断后,电容 C 通过 VD_1 及 VT_1 反向放电,流过 VT_1 的电流开始减小,当流过 VT_1 的反向放电电流与负载电流相同的时候,VT_1 关断。此时,电容 C 继续通过 VD_1、L_2、VD_2 放电,并经 L_1、VD_1、L_2 及负载充电至 $+U_{d0}$,电源停止输出电流,等待下一个周期的触发脉冲到来。VD_3 为续流二极管,为反电动势负载提供放电回路。

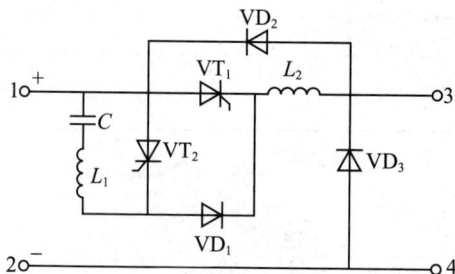

图 9-19 斩波主电路原理图

从以上斩波器工作过程可知，控制 VT_2 脉冲出现的时刻即可调节输出电压的脉宽，从而可达到调节输出直流电压的目的。VT_1、VT_2 的触发脉冲间隔由触发电路确定，斩波器触发电路原理可参考实验指导书。斩波电路实验接线如图 9-20 所示，电阻 R 用 D42 三相可调电阻，选用其中一个 $900\,\Omega$ 的电阻；励磁电源和直流电压表、电流表均在控制屏上。

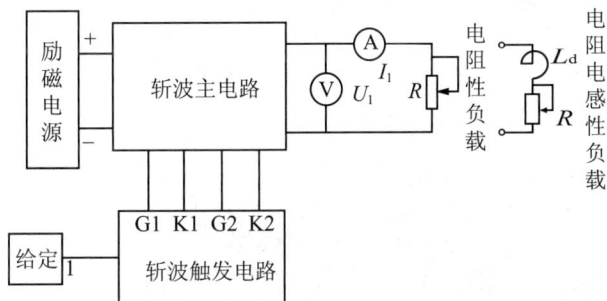

图 9-20　斩波电路实验接线图

6. 实验内容及步骤

1) 斩波器触发电路调试

调节 DJK05 面板上的电位器 R_{P1}、R_{P2}，R_{P1} 用于调节锯齿波的上下电平位置，而 R_{P2} 用于调节锯齿波的频率。先调节 R_{P2}，将频率调节到 $200\sim300\,Hz$，并在保证三角波不失真的情况下，调节 R_{P1} 为三角波提供一个偏置电压(接近电源电压)，使斩波主电路工作的时候有一定的起始直流电压，供晶闸管一定的维持电流，保证系统能可靠工作，将 DJK06 上的"给定"接入，观察触发电路的第二点波形，增加"给定"，将占空比从 0.3 调到 0.9。

2) 斩波器带电阻性负载

(1) 按图 9-20 接线，直流电源由电源控制屏上的励磁电源提供，接斩波主电路(要注意极性)，斩波器主电路接电阻性负载，将触发电路的输出"G1""K1""G2""K2"分别接至 VT_1、VT_2 的门极和阴极。

(2) 用示波器观察并记录触发电路的"G1""K1""G2""K2"的波形，并记录输出电压 u_d 及晶闸管两端电压 u_{VT1} 的波形，注意观测各波形间的相对相位关系。

(3) 调节 DJK06 上的"给定"值，观察在不同 τ(即主脉冲和辅助脉冲的间隔时间)时 u_d 的波形，并记录相应的 U_d 和 τ，从而画出 $U_d = f(\tau/T)$ 的关系曲线，其中 τ/T 为占空比。

3) 斩波器带阻感性负载(选做)

要完成该实验，需加一个电感器。关断主电源后，将负载改接成阻感性负载，重复上述电阻性负载时的实验步骤。

7. 注意事项

(1) 触发电路调试好后，才能接主电路实验。

(2) 将 DJK06 上的"给定"与 DJK05 的公共端相连，以使电路正常工作。

(3) 负载电流不要超过 $0.5\,A$，否则容易造成电路失控。

（4）当斩波器出现失控现象时，请首先检查触发电路参数设置是否正确，确保无误后将直流电源的开关重新打开。

8. 实验报告要求

（1）整理并绘出实验中记录下的各点波形，作出不同负载下 $U_d = f(\tau/T)$ 的关系曲线。

（2）讨论并分析实验中出现的各种现象。

参 考 文 献

[1]王兆安，黄俊. 电力电子技术[M]. 4版. 北京：机械工业出版社，2000.

[2]王云亮. 电力电子技术[M]. 北京：电子工业出版社，2004.

[3]王廷才. 电力电子技术[M]. 北京：高等教育出版社，2006.

[4]莫正康. 电力电子应用技术[M]. 北京：机械工业出版社，2000.

[5]周渊深，宋永英. 电力电子技术[M]. 北京：机械工业出版社，2005.

[6]刘泉海. 电力电子技术[M]. 重庆：重庆大学出版社，2004.

[7]陈坚. 电力电子学[M]. 北京：高等教育出版社，2002.

[8]李传琦. 电力电子技术计算机仿真实验[M]. 北京：电子工业出版社，2006.

[9]浣喜明. 电力电子技术[M]. 北京：高等教育出版社，2005.

[10]张立. 现代电力电子技术[M]. 北京：高等教育出版社，1999.

[11]韩晓东，李梅，张洁. 电力电子技术[M]. 北京：北京理工大学出版社，2012.

[12]曲学基，曲敬铠，于明扬. IGBT及其集成控制器在电力电子装置中的应用[M]. 北京：电子工业出版社，2009.

[13]宋爽. 电力技术技术[M]. 北京：中国电力出版社，2010.

[14]袁艳. 电力电子技术[M]. 2版. 北京：中国电力出版社，2008.

[15]天煌教仪. 电力电子技术及电机控制实验装置指导书[M]. 杭州：浙江天煌科技实业公司，2003.

[16]中国铁道科学研究院集团有限公司相关技术资料.

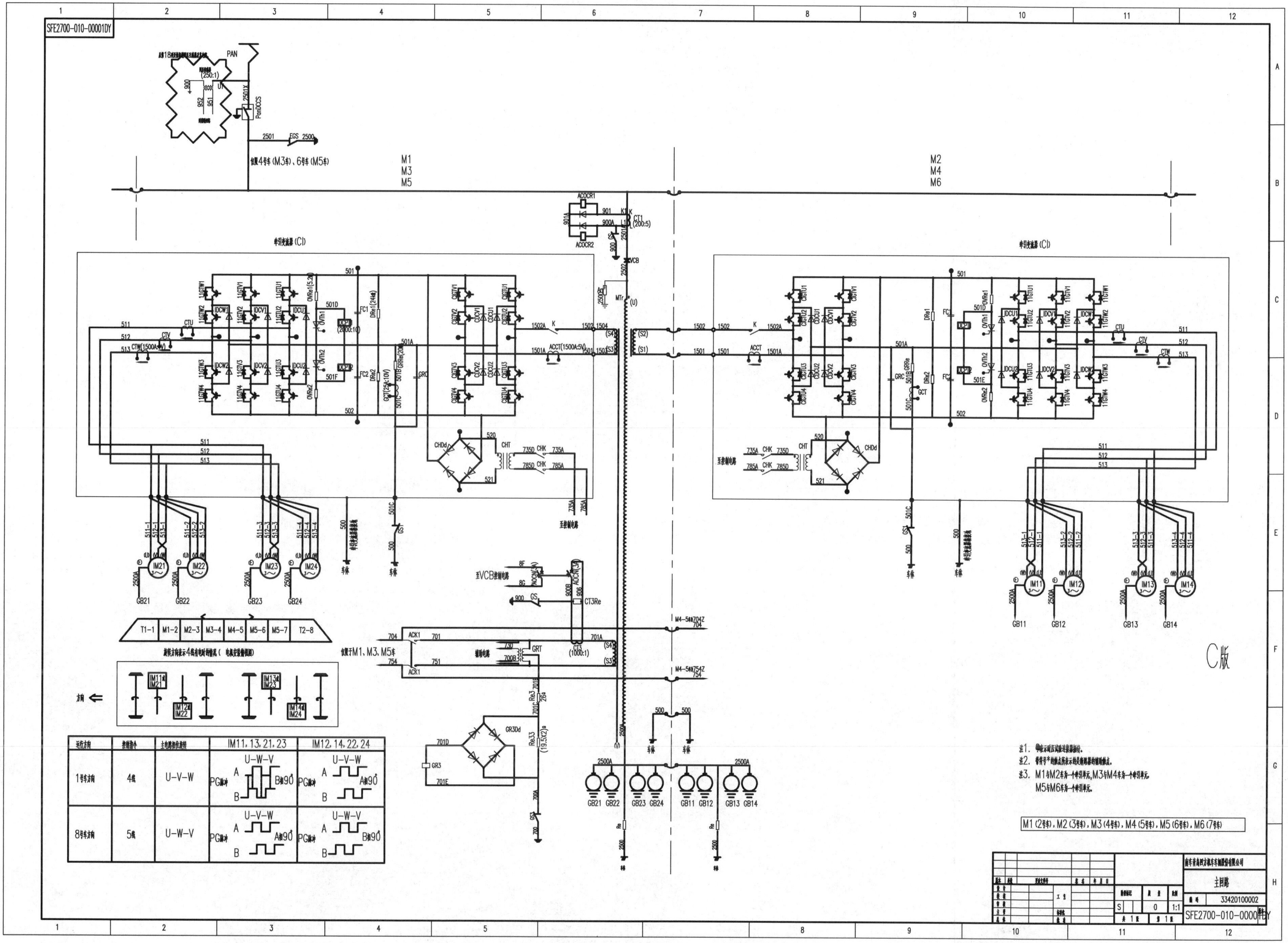

图 6-30 高铁动车组牵引变流器主电路

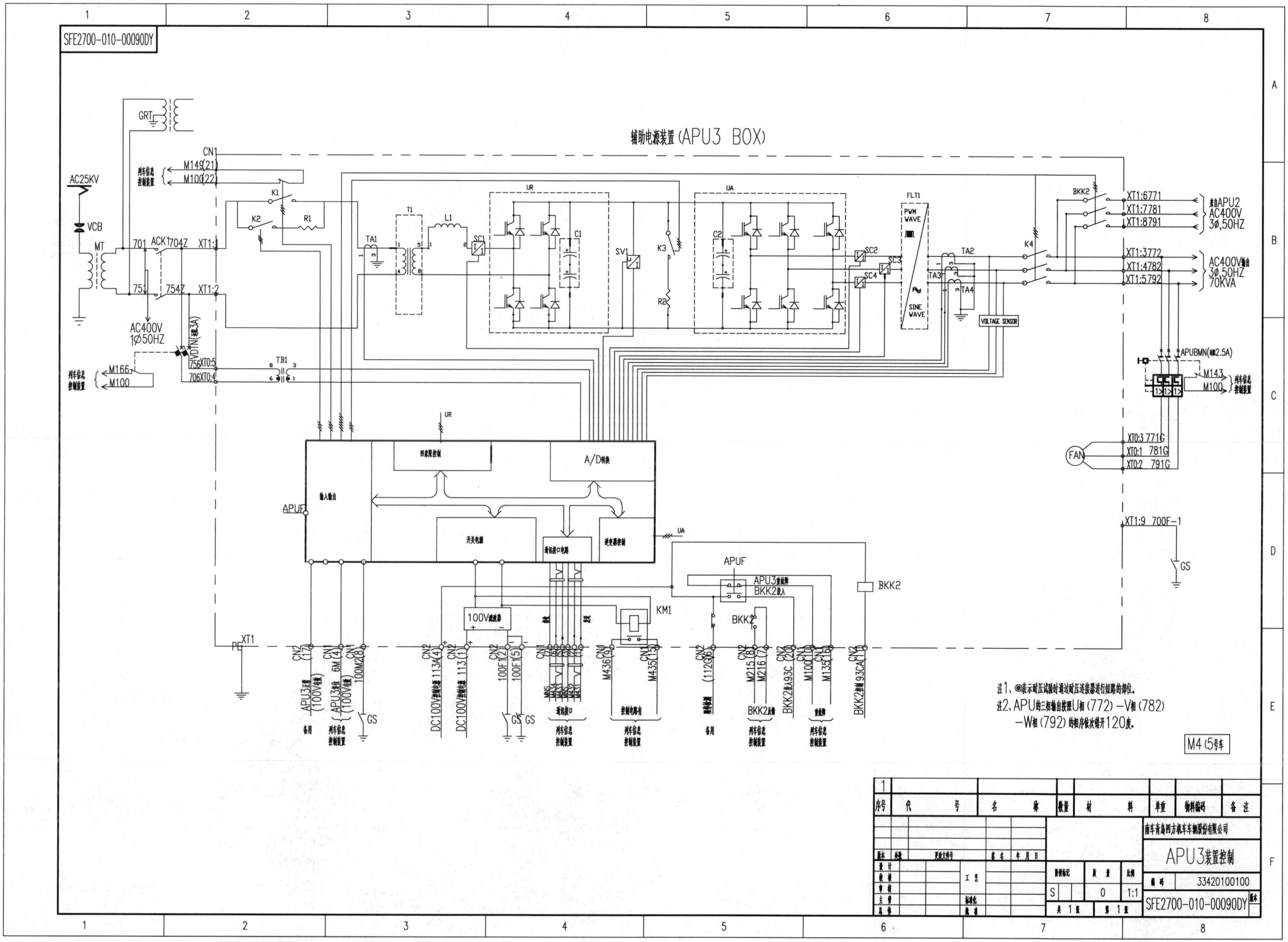

图 6-31 高铁动车组辅助变流器主电路